"十二五"普通高等教育本科国家级规划教材

普通高等教育"十一五"国家级规划教材

高电压技术

第 3 版

西南交通大学　吴广宁　　主　编

西安交通大学　张冠军

重　庆　大　学　司马文霞　副主编

华南理工大学　刘　刚

张血琴　高国强　高　波
李瑞芳　魏文赋　郭裕钧　　参　编
杨泽锋　刘　凯　曹晓斌
杨　雁　黄桂灶　阴国锋

U0257720

机械工业出版社

本书为"十二五"普通高等教育本科国家级规划教材，普通高等教育"十一五"国家级规划教材，也是国家级一流本科课程"高电压技术"的配套教材。全书分为3篇，共9章，以特高压工程和新能源技术的最新发展动态为背景，以"理论基础—试验探究—工程应用"为逻辑主线，介绍了电介质的电气强度，电气绝缘与高电压试验和过电压防护与绝缘配合3篇内容，不仅包含高电压技术领域的基本概念、理论知识和试验操作，还特别加入了新兴理论和工程实际等内容。

本书为中国大学慕课（MOOC）课程"高电压技术"指定教材，课程网址：https://www.icourse163.org/course/SWJTU-1206508804。本书配有免费电子课件，欢迎选用本书作为教材的老师登录 http://www.cmpedu.com 注册下载。

本书可作为普通高等学校电气工程及其自动化专业和其他电类专业的教材，还可供电力、电工以及其他领域高电压与绝缘技术工作者参考。

图书在版编目（CIP）数据

高电压技术/吴广宁主编. —3 版. —北京：机械工业出版社，2022.9（2024.9 重印）

"十二五"普通高等教育本科国家级规划教材

ISBN 978-7-111-71198-8

Ⅰ.①高…　Ⅱ.①吴…　Ⅲ.①高电压-技术-高等学校-教材

Ⅳ.①TM8

中国版本图书馆 CIP 数据核字（2022）第 120730 号

机械工业出版社（北京市百万庄大街 22 号　邮政编码 100037）
策划编辑：王雅新　　　　　　责任编辑：王雅新
责任校对：闫玥红　张　薇　封面设计：王　旭
责任印制：郜　敏
三河市骏杰印刷有限公司印刷
2024 年 9 月第 3 版第 5 次印刷
184mm×260mm · 17.5 印张 · 431 千字
标准书号：ISBN 978-7-111-71198-8
定价：55.00 元

电话服务　　　　　　　　网络服务
客服电话：010-88361066　机　工　官　网：www.cmpbook.com
　　　　　010-88379833　机　工　官　博：weibo.com/cmp1952
　　　　　010-68326294　金　书　网：www.golden-book.com
封底无防伪标均为盗版　机工教育服务网：www.cmpedu.com

前　言

特高压工程、高速铁路在我国和世界上的快速发展，极大地推动了高电压技术学科的进步，《高电压技术》第 1 版、第 2 版教材分别于 2007 年、2014 年出版，并被评选为普通高等教育"十一五"国家级规划教材、"十二五"普通高等教育本科国家级规划教材。本书是首届国家级一流本科课程的配套教材，在国内多所高校以及行业内广泛应用。

为了适应时代的变化，跟进高电压技术学科与各种新技术、新材料等的融合与发展，更好地满足读者的需求、保障教材质量，编写团队在保留第 2 版主要特色与体系的基础上，进行了整理、改写与增减，内容排布更加合理，语言描述更加规范，绪论及各章节案例紧扣现场实际。同时，内容展现更加丰富，增加了二维码等数字化注释，为读者了解高电压发展现状、理解高电压现象本质提供了优秀的学习与思考的平台。

本书由吴广宁任主编，张冠军、司马文霞、刘刚任副主编，张血琴、高国强、高波、李瑞芳、魏文赋、郭裕钧、杨泽锋、刘凯、曹晓斌、杨雁、黄桂灶和阴国锋参与改编。吴广宁、张冠军、司马文霞还分别承担第一、二、三篇的主审工作，在此表示特别感谢。

此外，机械工业出版社的编辑做了大量的策划和审编工作，在此作者也表示深切的谢意。

限于编者水平，对本书的缺点及不足之处，恳请广大读者提出批评与指正。

编　者

目　　录

绪 论

0.1 高电压技术的发展

1. 高电压学科的发展历程

在电工科学研究的领域内，对高电压现象的关注由来已久。通常所说的高电压，一般是针对某些极端条件下的电磁现象，并没有在电压数值上划分一个确定界限。

直到20世纪初高电压才逐渐成为一门独立的学科分支，"高电压工程"这一术语，始于美国工程师皮克（F. W. Peek）于1915年出版的《高电压工程中的电介质现象》一书。当时的高电压技术，主要是为了解决高压输电工程中的绝缘问题。随着电力系统容量的增大，电压水平的提高，以及相关物理学科的迅速发展，高电压学科也快速发展。自20世纪60年代以来，随着超高压、特高压（UHV）输电技术及装备的发展，高电压技术学科已经产生许多新的分支，扩大了其应用领域，成为了电工学科中十分重要的分支。

高电压学科的研究范围，主要包括：如何根据需要获得预期的高电压；如何确定由于随机干扰因素而引起外部电压的特性及其变化规律，从而采取相应的措施。其中，前者是高电压技术中的核心内容，这是因为在电力系统中，在大容量、远距离电力输送要求越来越高的情况下，几十万伏甚至上百万伏的高电压和可靠的绝缘系统是支撑其实现的必备技术条件。而且，从电力建设上看，提高了输电电压，输变电设备绝缘部分占总造价的比重也相应提高。为了使电力系统在安全的基础上运行更加经济，就必须使可能出现的过电压峰值、所采取的过电压限制措施以及绝缘所能承受的能力三者相平衡。另外，在各种新兴领域，比如航空航天、深海探测、新能源和轨道交通等，与高电压技术形成交叉，也对高电压学科提出越来越高的要求。因此，高电压技术在电气工程和多个新兴学科领域的研究中都占有十分重要的地位，具有重要的价值和意义。

2. 高压输电技术的发展

高电压技术随着电力系统输电电压的提高而迅速发展的。由于升高电压等级可以提高电力系统的输送能力，降低线路损耗，增加传输距离，降低电网传输单位容量的造价。因此，电力系统总是在安全与经济效益的平衡下采用较高等级的电压。输电电压一般分为高压（HV）、超高压（EHV）和特高压（UHV）。目前国际上高压一般指交流35～220kV的电压；超高压一般指交流330～1000kV的电压；特高压一般指交流1000kV及以上的电压。而高压直流（HVDC）通常指的是±800kV及以下的直流输电电压，±800kV以上的则称为特高压直流（UHVDC）。

从世界范围来看，交流高压输电发展100多年来，输电电压提高了近100倍。1890年，英国最早建成了一条长达45km的10kV输电线路；随后，德国于1891年建成了一条170km的15kV三相输电线路。在早期的高压输电中，由于变压器不能直接用于直流输电，所以交流输电发展得更加迅速。国际上在20世纪60年代就开始了特高压输电的研究。1985年苏联首先建成了一条长达1228km的1150kV交流输电线路。美国、意大利、日本、法国、巴西等国家也很早就在这方面开始了研究。日本于20世纪90年代也建成了一条长300km的1000kV特高压输电线路。

与高压交流输电的发展相比，高压直流输电的发展相对较晚。高压直流输电具有长距离、大功率的电力输送优势，一般认为高压直流输电适用于以下范围：①长距离、大功率的电力输送，在超过交、直流输电等价距离时最为合适。②海底电缆输电。③交、直流并联输电系统中提高系统稳定性（因为HVDC可以进行快速的功率调节）。④实现两个不同额定功率或者相同频率电网之间非同步的连接。⑤通过地下电缆向用电密度高的城市供电。⑥风电、光伏等新能源并网在经历了"汞弧阀—晶闸管阀—绝缘栅极晶体管（IGBT）"三大换流技术变革的基础上，高压直流输电在世界范围内获得快速发展。直流输电发展可以分为以下四个阶段：

1）20世纪50年代以前——试验阶段。这一阶段为直流输电的初始阶段。其主要代表工程为1945年德国的爱尔巴-柏林工程、瑞典的脱罗里赫坦-密里路特工程以及1950年苏联的卡希拉-莫斯科工程。其特点是：①直流输电工程参数较低。输电电压仅为几十千伏，输送容量小，输送距离短。②换流装置采用的都是低参数汞弧阀。③发展速度较慢。主要是由于20世纪50年代初期交流系统的超高压输电正处于发展的上升时期，是当时的主要发展潮流。而当时的直流设备制造水平也较低，可靠性不高。

2）20世纪50年代至70年代——缓慢发展阶段。1954年瑞典建成了从本土通往哥得兰岛的海底直流输电电缆工程（20MW、98km、100kV），这是世界上第一条工业性直流输电线路，是世界上首次在直流输电工程中采用大功率汞弧阀。其特点是：①直流输电设备的制造技术有了很大提高，直流输电开始进入工业化实用阶段。②直流输电应用于水下输电、远距离大功率输电等多种场景。③虽然换流装置仍然采用汞弧阀，但是技术参数已经有了很大提高，质量得到大幅改善。④由于汞弧阀制造技术复杂、价格昂贵、故障率高以及运行维护不便，直流输电技术的发展受到了限制。

3）20世纪70年代至90年代——发展推广阶段。1972年，晶闸管阀（可控硅阀）在加拿大伊尔河的背靠背高压直流输电工程中得到应用，这是世界上首次采用更先进的晶闸管阀取代原先的汞弧阀。同时，微机控制和保护、光电传输技术、水冷技术和氧化锌避雷器等新技术广泛应用于直流输电工程中，使直流输电技术进入发展推广阶段。这一阶段的特点是：①晶闸管阀在世界范围内的直流输电工程中得到广泛应用。②开始大力建设超高压直流输电工程。③单回线路的输电能力比前阶段有很大提高。④发展速度很快，规模也越来越大。

4）20世纪90年代到现在——新型输电阶段。1997年，第一个采用IGBT阀组成的电压源换流器的直流输电工业性试验工程（3MW、10kV、10km）在瑞典投运，标志着新型氧化物半导体器件——绝缘栅双极晶体管（IGBT）在工业驱动装置上得到广泛应用，并正式进入直流输电领域。IGBT在直流输电领域的应用，为直流输电的发展带来了崭新面貌。这一阶段的特点是：①基于 IGBT 的电压源换流器因为其电流可以双向流动，因而解决了传统直流输电功率不能反转的问题，易于构成多端网络，为未来直流电网的发展打下了坚实的基础。②基于 IGBT 子模块级联的电压源换流器，制造难度下降，也降低了高频投切的影响，促进了柔性直流输电工程的发展。③随着电力电子技术的发展，电力电子设备的成本下降，有利于系统稳定性提升，直流输电的优越性会更大程度提高。

3. 我国高电压技术的发展

我国高电压技术的发展和电力工业的发展是紧密联系的。1949 年新中国成立以前，电力工业发展缓慢，输电线路建设迟缓，输电电压因具体工程的不同而不同，没有标准，输电电压等级繁多。从 1908 年建成的石龙坝水电站-昆明的 22kV 线路，到 1943 年建成的镜泊湖水电站-延边的 110kV 线路，中间出现过的电压等级有 33kV、44kV、66kV 以及 154kV 等。直到新中国成立以后，才逐渐形成了经济合理的电压等级系列。之后，我国输电电压等级经历了从中压、高压到超高压、特高压的发展阶段。

在交流高压输电技术方面，1952 年我国以自己的技术力量开始自主建设 110kV 输电线路，形成了京津唐 110kV 输电网。1954 年建成丰满-李石寨 220kV 输电线路，接下来的几年形成了 220kV 东北骨干输电网架。1972 年建成由我国自行设计和施工的 330kV 刘家峡-关中输电线路，逐渐形成西北电网 330kV 骨干输电网架。1981 年建成第一条 500kV 姚孟-武昌输电线路，开始形成华中电网 500kV 骨干输电网架，从此我国进入 500kV 输电工程发展期。在逐步形成 330kV 区域和 500kV 区域骨干输电网架的同时，我国于 20 世纪 80 年代初开始了更高电压等级的论证，国家明确提出 500kV 以上输电线路的输电电压为 1000kV，330kV 以上输电线路的输电电压为 750kV。20 世纪 80~90 年代，针对输电工程的需要进行了 1000kV 特高压输电和 750kV 超高压输电的基础研究和可行性研究，并建立特高压试验线段，发展特高压输电设备，进一步对特高压输电技术进行试验研究。2005 年建成世界上海拔最高、当时我国运行电压等级最高的 750kV 西北电网输电工程。2009 年，1000kV 晋东南-南阳-荆门特高压交流试验示范工程正式投运，这是当时世界上电压等级最高、技术水平最高的输变电工程，标志着我国在远距离、大容量、低损耗的特高压核心技术和设备国产化上取得重大突破，整体技术和设备达到了国际领先水平。2018 年以来，国家发改委又陆续批准了"张北-雄安""南阳-荆门-长沙""荆门-武汉""南昌-长沙"等 1000kV 特高压交流输变电工程。

我国的高压直流输电技术虽然起步较晚，但发展速度很快，代表性高压直流输电工程见表 0-1。其中，灵宝和高岭输电工程引领了我国背靠背直流输电工程的发展，所谓背靠背直流输电系统是指整流站设备和逆变站设备通常装在一个换流站内，输电线路长度为零的直流输电系统。2010 年成功运行的 ±800kV 向家坝-上海特高压直流输电工程，是我国首个自主研发、设计、建设、运行的特高压直流输电示范工程。2020 年投运的 ±500kV 张北柔性直流输电工程，是世界上第一个实现风、光、储多能互补的、电压等级最高、输送容量最大的柔性直流电网。这些直流输电工程在我国西电东送和全国大区联网工程中发挥了重要作用，标志着我国已成为世界上直流输电容量最大、直流输电电压最高、电压等级最全和发展速度最快的国家。

表 0-1 代表性高压直流输电工程

工程名称	电压/kV	投运年份	意义
舟山直流输电工程	±100	1987	我国首个直流输电工程
葛洲坝-上海	±500	1989	我国首个实现远距离直流输电并实现华中与华东直流联网的直流输电工程
三峡水电站-惠州	±500	2004	实现华中与华南直流联网
灵宝（背靠背工程）	±120	2005	全部采用国产设备，并实现华中与西北直流联网
高岭（背靠背工程）	±125	2008	世界上容量最大的背靠背换流站，并实现华北与东北直流联网
宝鸡-德阳	±500	2010	打通西北与西南（四川）电力大通道
向家坝-上海	±800	2010	我国首个自主研发、设计、建设、运行的特高压直流输电示范工程
哈密南-郑州特高压直流工程	±800	2014	实施"疆电外送"的首个特高压直流输电工程，有效推动了西北煤电、风电、太阳能的集约化开发
张家口国家风光储输示范工程	500	2011	世界上规模最大，集风电、光伏发电、储能及智能电网输电四位一体的新能源试验示范平台
张北柔性直流输电工程	±500	2020	世界上第一个真正具有网络特性的直流电网；世界上第一个实现风、光、储多能互补的直流电网；世界上最高电压等级、最大容量的柔性直流换流站

伴随高压输电工程的发展，20 世纪 90 年代后期，我国已形成以 500kV 为骨干输电网架的东北、华北、西北、华中、华东和南方等六大区域电网的基本格局。2011 年 11 月，±400kV 青藏联网工程投运，标志着除台湾外全国联网格局基本形成。目前，我国已形成以特高压骨干网架为基础，区域电网协同发展的坚强智能电网。其特点是：①区域间相对独立，跨区长距离输电以直流线路为主，实现异步互联，保证电力故障控制在区域内，避免事故跨区大面积蔓延。②区域内进一步优化网架结构，形成以特高压输电网为骨干网架，超高压输电网和高压输电网以及特高压直流输电、高压直流输电和配电网构成的层次结构清晰的主网架结构。③远期将从以集中式大电网为主，逐步向以分布式和综合能源利用的智能电网方向发展，储能、微网、智能通信和能源互联网等技术大范围推广应用，电网智能化水平全面升级。预计"十四五"期间，我国东部继续加快形成华北、华中、华东"三华"特高压同步电网，建成"五纵五横"特高压交流主网架，同时统筹推进特高压直流通道建设。到2025 年进一步完善特高压骨干网架，并加强区域 750kV、500kV 主网架建设，优化完善330kV、220kV 电网分层分区，实现各级电网协同发展。紧密围绕实现"双碳"目标和构建新型电力系统，立足电网主业，规划建设能源互联网，并积极响应"一带一路"建设，引领全球化、构建全方位开放发展的电网新格局。

我国庞大的交直流输电工程网架，对构建科学的能源综合运输体系，保障我国能源和电力供给具有重大意义。由于我国幅员辽阔，一次能源分布不平衡，能源与重要负荷中心距离远，这样的资源禀赋和电力需求的逆向分布决定了我国"西电东送""北电南送"的电力输送格局。基于大规模、远距离输电的考虑，发展特高压输电技术与设备是保障大煤电、大水电和清洁能源基地建设，有效实现蒙电外送、疆电外送和西南水电外送的资源优化配置的关键基础。截至 2021 年底，我国发电装机容量达 23.8 亿 kW，位居世界第一。其中火电装机容量 13 亿 kW，水电装机容量 3 亿 kW，核电装机容量 0.5 亿 kW，并网风电装机容量 3.3 亿 kW，并网太阳能发电装机容量 3.1 亿 kW，我国并网风电和太阳能装机容量年增长达 16.6% 和 20.9%。我国可再生能源发电装机达到 10.63 亿 kW，占总发电装机容量的 44.8%。截至 2020 年，国家电网已建成投运"十四交十二直"26 项特高压工程，核准、在建"两交三直"5 项特高压工程，输电线路长度达到 4.1 万 km，累计送电超过 1.6 万亿 kW·h，电网资源配置能力不断提升，在保障电力供应、促进清洁能源发展、改善环境、提升电网安全水平等方面发挥了重要作用。

0.2　高电压下典型现象与研究简述

1. 电介质的电气强度

随着特高压工程的快速发展，高电压、强电场下电介质的典型现象越来越受到各国学者的关注。

电介质电气强度的相关知识以电介质物理学为理论基础，电介质物理主要是研究介质内部束缚电荷在电和光的作用下的极化过程，阐明其极化规律与介质结构的关系，也研究电介质绝缘材料的击穿过程及其机理。在高电压技术领域，则进一步研究气体放电的基本物理过程和沿面放电，固体和液体电介质的极化、电导、损耗与击穿等方面的性能。

通过全面深刻地理解和掌握电介质电气强度的相关知识，才能设计出严谨、高效并且符合实际情况的电气绝缘与高电压试验，进一步完善电介质电气强度的理论知识；才能制定出正确、安全并且兼顾技术经济性的过电压防护与绝缘配合方案，并应用于工程实践中。目前对于电介质电气强度的研究还不是很完善，尤其是对于气体电介质的电气强度的研究。所以，必须通过借助数学、物理、化学以及材料等学科的知识来解决目前电介质电气强度方面的问题，这对于高电压技术学科的发展具有重大的意义。

2. 电气绝缘与试验

在高电压技术领域，不论要获得高电压，还是研究高电压下系统特性或者在随机干扰下电压的变化规律，都离不开绝缘的支撑。因为高电压、强电场下电介质会显现不一样的介电特性。在一定的电压条件下，必须选择合理的绝缘材料，设计合理的绝缘结构。没有可靠的绝缘，高电压强电场甚至无法实现；没有可靠的绝缘系统，电气设备在高压环境下的安全运行就得不到保障。

由于电介质的电气强度、极化规律与击穿过程复杂且理论尚不完善，而且高电压技术是一门工程性很强的学科，所以电气绝缘试验必不可少。绝缘试验一般分为离线与在线两种。离线试验包括预防性试验与各种高电压试验。预防性试验主要是对各种电气设备绝缘进行定期检查，从而及早发现缺陷，及时修复。高电压试验是通过实验室内产生的高电压来模拟各种交、直流电压与冲击电压，从而考察电气设备绝缘的耐压能力。在线试验通常指电气设备运行状态下的绝缘在线检测。在线检测可以弥补离线试验的一些缺点，有效地防止电力设备绝缘故障的发生，而且经济效益显著。随着传感器、自动控制以及数字信号处理等技术的进步，在线检测将会得到更加广泛的应用与发展。

3. 过电压防护与绝缘配合

绝缘配合是高电压技术的核心，是指在综合考虑电力系统中可能出现的各种作用电压、保护装置特性以及设备绝缘特性的情况下，最终确定电气设备的绝缘水平。电力系统运行过程中，经常会出现各种冲击电压，如自然界的雷击、电力系统开关操作导致的操作过电压等。在这些过电压的作用下，电气设备的绝缘很容易发生闪络而损坏，从而造成停电事故。随着输电电压等级的逐步提升，高压设备的工作电压也越来越高，因此设备造价也会水涨船高。在高压设备昂贵的造价中，设备本身的绝缘占了较大比例。如果在制造设备的过程中，不对各种过电压进行防护而只考虑设备本身绝缘的耐受能力，则设备的性价比将非常低以至于没有实际工程应用价值。因此，对于电气设备采取一定的过电压保护措施非常重要，这样才能更好地解决电气设备的绝缘配合问题。

0.3　高电压技术发展前景

高电压技术是一门学科交叉特色鲜明的学科。在党的十九届五中全会提出的"面向世界科技前沿，面向经济主战场，面向国家重大需求，面向人民生命健康"的科技发展目标指引下，高电压技术学科将在多学科交叉与新领域拓展过程中取得更大的进步。

1. 学科的交叉渗透

由于高电压强电场作用下绝缘介质的性能变化规律复杂，与数学、物理、化学、材料以及信息传感技术等学科形成了紧密的交互关系。当前，数值计算、新材料研发、大数据处理、人工智能、多信息融合检测技术已经成为高电压领域的热点研究内容。

1）与新材料技术交叉。材料学科是发展最快的领域之一。新材料的不断涌现，可能引发电工领域的革命性变化。有机硅橡胶材料在外绝缘领域的应用就是一个突出的实例。众所周知，高压输电线路的绝缘子曾是电瓷一统天下，尽管电瓷材料有耐老化性能好、绝缘性能良好等优点，但是也具有易破碎、抗拉强度低、笨重、生产耗能高等先天弱点，特别是耐污闪性能不好，极大地威胁着电力系统运行的安全稳定性。硅橡胶等有机材料由于重量轻、易加工、耐污闪性能好，已成功地在线路外绝缘上得到推广应用。以硅橡胶材料为伞裙护套，环氧玻璃纤维引拔棒为芯棒的线路悬式合成绝缘子，已在我国线路绝缘子市场占据超过1/3的份额。通过多年恶劣气候条件的严峻考验，事实表明，合成绝缘子的耐污闪能力明显高于电瓷绝缘子和玻璃绝缘子，已成为一项行之有效的防污闪技术，在防止污闪事故发生，保护电力系统安全运行方面发挥了显著作用，受到电力运行部门的欢迎。其他诸如变电站外绝缘，硅橡胶用于棒型支撑绝缘子，绝缘套管等电气设备，高速铁路腕臂支撑绝缘子，车顶外绝缘也采用了合成绝缘子。随着材料技术的进一步发展，高温超导材料、新型磁性材料、新型合金及纳米材料，都将会在高电压设备上得到迅速的推广应用。

2）与计算工程学交叉。传统高电压以试验为主，辅以经验公式和半物理模型以解释高电压物理现象，解决工程中的绝缘配合问题。随着电力需求的快速增长及远距离高压输电技术的需求，进展缓慢的放电理论和模型，试验精确量化与成本，以及未知状态的多物理场分布，需要更先进的研究分析方法推动高电压学科的发展。随着计算机科学、应用数学和软件工程的迅速发展，计算高电压工程学（CHVE）被提出来，它是基于等离子体理论和高电压技术，利用应用数学和计算机科学解决或解释高电压工程实际问题的学科，即通过计算模拟工程实际条件下的多物理场耦合特性和放电演变过程，借助高精度多物理场测量和增材制造技术，实现物理过程的可视化和物理量的精确量化，优化绝缘配合和电气设计，服务于高电压工程。计算高电压工程学研究有助于推动放电模型的发展和工程化应用，有助于理解多物理场耦合的作用机理，以及高电压试验的精准化，对推进高电压技术学科交叉与进步具有较大的影响和引领作用。

3）与信息传感技术交叉。以信息科学为代表的高新技术是推动高电压学科发展的新动力。2019年国家电网提出建设泛在电力物联网，就是围绕电力系统各环节，充分应用移动互联网、人工智能等现代信息技术、先进通信技术，实现电力系统各环节万物互联、人机交互，具有状态全面感知、信息高效处理和应用便捷灵活特征的智慧服务系统，包含感知层、网络层、平台层和应用层四层结构。当前电网已对信息感知的深度和广度提出了更高的要求，其海量数据都来源于信息采集与感知。传感器是电网的底层感知触手，是实现电网信息物理融合的基础，将传感技术与"智能"和"数据"相结合，形成智能感知技术，才能构建电网感知层的核心基础，实现电网业务数据全面感知，从而提升电网运行水平和服务质量。目前电网感知层的传感器存在有效性和可靠性较低，取能困难，功耗过大，感知物理量单一，需传输的数据量大，新原理传感器少等一系列问题，亟需从原理、材料、器件、系统和数据处理等方面进行突破。因此，随着新型传感技术、信息的采集和处理、网络技术、自动化技术、纳米技术、现代通信技术、微电子技术和量子技术等在高电压技术领域的进一步广泛应用，将推动高电压学科快速发展。

2. 应用领域的拓展

高电压系统装备受"更高电压等级、更大容量以及小型轻量化"的发展趋势推动，在诸如可控核聚变、放电等离子体、电磁弹射和纳米材料等高新领域都获得了深度研究。

1）在电力系统的拓展。高电压技术是电力系统发展的关键技术。随着电力系统特高压工程的大力发展，以及国产化高压设备的投运，特殊运行环境导致高电压、高场强下的介质放电问题越来越复杂，需要开展更深入的研究与分析手段，帮助理解问题的本质与影响因素。同时，随着我国特高压工程的大力建设与国际化推广，特高压设备的国产化、自主化也成为保障特高压工程安全运营的重要基础。目前，电网系统已在逐步推进建设"泛在电力物联网"，更多学科融入交叉到电力系统的各环节，推动了电力系统整体的稳定快速发展。

2）在轨道交通的拓展。随着电力技术的发展和经济建设的需要，电气化轨道交通系统逐步向高速和大功率牵引方向发展。由于牵引供电系统绝缘水平低，容易发生雷击跳闸事故，造成运输中断，威胁沿线设备和检修人员的安全，所以借鉴高电压技术领域中的输电线路防雷与接地的相关知识和方法，解决轨道交通领域的类似问题已成为目前的研究热点之一。弓网关系是高速铁路的三大基础关系之一，弓网运行过程中的燃弧、拉弧现象是影响列车能量供给安全的重要因素，揭示弓网电弧的发生、发展机制，为保障高速列车的安全运行提供了重要的理论基础。

3）在军事领域的拓展。随着军事科技、航空航天的发展，迫切需要短行程、大载荷的电磁发射系统。电磁弹射作为一种新兴的直线推进技术应运而生。电磁弹射就是采用电磁的能量来推动被弹射的物体向外运动，为提供足够大的电磁推进力，需要短时间内产生兆安级的电流，为了实现兆安级电流的滑动可靠传输，需要耐电弧、耐高温和耐磨损的滑轨。这些都给高电压技术的发展注入了新的动力。

4）在新能源领域的新拓展。随着常规能源的有限性以及环境问题的日益突出，以环保和可再生为特质的新能源越来越得到各国的重视。新能源技术创新与颠覆性能源技术突破已经成为持续改变世界能源格局、开启全球各国碳中和行动的关键手段。目前，我国已提出构建以新能源为主体的新型电力系统，要加快形成以新能源为主体的电力供应格局，建设高弹性、数字化和智能化电力系统，深入推进能源消费革命，提升能效水平的电力工业规划。其中，受控核聚变、太阳能发电、风力发电以及燃料电池等新能源技术的飞跃发展，离不开属于高电压技术范畴的大能量脉冲电源技术、等离子控制技术等关键技术的突破性进展。电力电子高频变压器的油纸绝缘系统在高频脉冲条件下的老化机理也成为关乎高频变压器寿命的重要研究内容。

5）在生物环保领域的新拓展。随着经济的发展，世界各国越来越认识到环境保护的重要性。目前国际上都在尝试采用高压窄脉冲电晕放电来处理烟气脱硫脱硝除尘、汽车尾气处理以及污水处理问题。此外，通过高压脉冲产生的高浓度臭氧和大量活性自由基，能有效地杀毒灭菌。通过高电压技术人工模拟闪电，能够在无氧状态下，用强带电粒子将有毒废弃物分解成简单无毒分子。研究表明，静电场或脉冲磁场对于促进骨折愈合效果明显。通过营造适当的电磁场环境，对于促进骨细胞生长有着较好的效果。而且在某些医疗诊断仪器或治疗仪器上，高电压技术往往是其核心的技术之一。

6）在材料领域的拓展。利用无机纳米粒子改性有机聚合物，已成为电气绝缘领域的一个非常重要的研究方向。纳米添加物自身具有大的比表面积、大的表面能和量子尺寸效应，赋予复合物优异性能，特别是在力学性能、导热性能、介电性能和磁学性能等方面。添加极少量的纳米添加物将引起复合材料某些介电性能的显著改善，同时又不影响或者较小地影响介质的其他性能。在高耐热性能的绝缘材料中均匀分散一些纳米无机物，如 TiO_2、Al_2O_3 和 ZnO，制作纳米绝缘材料应用在交流变频电动机中，不但大幅度提高了绝缘材料的抗高频脉冲尖峰电压和耐电晕等性能，还提高了电动机的使用寿命。

世界上也有研究实验室用等离子聚合的方法制作具有特殊功能的薄膜。通过等离子聚合所形成的薄膜，具有机械强度高、耐热性好和耐化学侵蚀性强的优点。而介电常数非常大的等离子聚合膜可以用于集成电路芯片制造，电导率较高的等离子聚合膜可以用作防静电的绝缘保护膜。通过低温等离子体技术研制新型半导体材料，不论在制作还是在具体应用中，都与高电压技术有着非常紧密的联系。

第1篇 理论篇

电介质的电气强度

电介质在电气设备中是作为绝缘材料使用的，按其物质形态，可分为气体介质、液体介质和固体介质。在实际应用中，对高压电气设备绝缘的要求是多方面的，单一电介质往往难以满足要求，因此实际的绝缘结构由多种介质组合而成。电气设备的外绝缘一般由气体介质和固体介质联合组成，而设备的内绝缘则往往由固体介质和液体介质联合组成。液体介质和固体介质的电气特性大致相似又各有特点，而它们与气体介质都有很大的差别，主要表现在气体介质的极化、电导和损耗都很微弱。

电介质的电气特性，主要表现为它们在电场作用下的导电性能、介电性能和电气强度。在电场的作用下，电介质中出现的电气现象可分为两大类：

1) 在弱电场的作用下（当电场强度比击穿场强小得多时），主要是极化、电导和介质损耗等。

2) 在强电场的作用下（当电场强度等于或大于放电起始场强或击穿场强时），主要是放电、闪络和击穿等。

本篇介绍气体放电的基本物理过程、气体介质的电气强度及新型气体介质的电气强度及应用。对于液体介质和固体介质则主要介绍极化、电导、损耗、击穿以及固体绝缘表面的气体沿面放电。

第 1 章

气体的绝缘特性与介质的电气强度

1.1 气体放电的基本物理过程

高压电气设备中的绝缘介质有气体、液体、固体以及复合介质。由于气体绝缘介质不存在老化的问题，而且在击穿后有完全的绝缘自恢复特性，再加上成本非常低廉，因此气体成为了在实际应用中最常见的绝缘介质。架空输电线路的绝缘就是靠空气间隙和空气与固体介质的复合绝缘来实现的。

气体击穿过程的理论研究虽然还不完善，但是相对于其他几种绝缘介质来说最为完整。因此，高电压绝缘的论述一般都从气体绝缘开始。

1.1.1 带电质点的产生和消失

气体放电是对气体中流通电流的各种形式的统称。正常状态下，没有受到外电离因素影响的中性气体分子是不导电的。由于空气中存在一些来自于空间的辐射（比如宇宙射线或者大地中一些放射性物质的辐射），气体会发生微弱的电离而产生少量的带电质点，一般大气中每立方厘米存在大约 $500 \sim 1000$ 对正、负带电质点。这个带电质点数量相对于大气分子密度而言非常少，因而正常状态下气体的电导很小，所以空气是性能优良的绝缘体。只有在出现大量带电质点的情况下，气体才会丧失绝缘性能。因此在论述气体放电过程之前，首先要了解气体中带电质点是如何产生与消失的。

1. 气体中电子与正离子的产生

电离是指电子脱离原子核的束缚而形成自由电子和正离子的过程。电离所需的能量称为电离能 W_i，单位是 eV，有时也可以用电离电位差 U_i 表示，$U_i = W_i/e$（e 为电子的电荷量）。电离方式可分为热电离、光电离和碰撞电离。电离的过程可以是一次完成，也可以是先激励再电离的分级电离方式。

（1）**热电离** 由气体的热状态而引起的电离，称为热电离。热电离的本质主要是由于气体分子高速运动碰撞引起的电离（或者是光电离）。由于气体的热能，在高速运动中的高能分子会导致碰撞电离，而在这个过程中产生的电子也处于热运动中，有可能继续由于热运动碰撞造成电离；另外，高热状态下的气体通过热辐射发出的光子数量多、能量大，因此容易与气体分子发生光电离。

在室温下热电离的概率极低，只有在电弧放电产生的高温条件下才有明显的热电离过程。图 1-1 表示不同温度下空气和 SF_6 气体的热电离程度（即单位体积内电离质点数与质点

总数之比）。由图 1-1 可见，只有当温度超过
10000K 时才需要考虑热电离，研究常温下气体绝
缘性能时不需考虑。

（2）光电离　光辐射引起的气体分子的电离
过程称为光电离。频率为 v 的光子能量

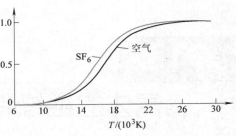

图 1-1　不同温度下空气和 SF_6 气体的
热电离程度

$$w = hv \tag{1-1}$$

式中　h——普朗克常量，$h = 6.63 \times 10^{-34} J \cdot s$。

光辐射要引起气体电离必须满足以下条件

$$hv \geq W_i \text{ 或 } \lambda \leq \frac{hc}{W_i} \tag{1-2}$$

式中　c——光速，$c = 3 \times 10^8 m/s$；

　　　λ——辐射光的波长，单位为 m。

由式（1-2）可得，可见光不能使气体直接发生光电离，紫外线也只能使少数电离能
特别小的金属蒸气发生光电离，只有波长更短的 X 射线、γ 射线才能使气体发生光电离。
必须注意，正、负带电质点在复合时以光子的形式放出电离能，使气体间隙中电离区以
外的空间发生光电离，促使电离区进一步发展。因此，光电离是气体放电过程中一种重
要的电离方式。

（3）碰撞电离　电子或离子在电场作用下加速所获得的动能 $\left(\frac{1}{2}mv^2\right)$ 与质点电荷量
（e）、电场强度（E）以及碰撞前的行程（x）有关。即

$$\frac{1}{2}mv^2 = eEx \tag{1-3}$$

高速运动的质点与中性的原子或分子碰撞时，如原子或分子获得的能量等于或大于其电
离能，则会发生电离。因此，电离条件为

$$eEx \geq W_i \text{ 或 } x \geq \frac{U_i}{E} \tag{1-4}$$

式（1-4）表示为了发生碰撞电离，质点在碰撞前必须经过的距离。由式（1-4）可知，
增大气体中电场强度 E 可以使 x 值减小。因此，提高外施电压可使碰撞电离的概率增大。

碰撞电离是气体放电过程中产生带电质点最重要的方式。必须指出，碰撞电离主要是由
电子的碰撞引起，离子碰撞电离概率比电子小得多。这是因为电子的体积小，其自由行程
（两次碰撞间质点经过的距离）比离子大得多，所以在电场中获得的动能比离子大得多。其
次，由于电子的质量远小于原子或分子，因此当电子的动能不足以使中性质点电离时，电子
遭到弹射而几乎不损失其动能；而离子因其质量与被碰撞的中性质点相近，每次碰撞都会使
其速度减小，影响动能的积累。因此在以后分析气体放电发展时，一般只考虑电子引起的碰
撞电离。

（4）分级电离　电子在外界因素的作用下，可跃迁到能级较高的外层轨道，称之为激
励，所需能量称为激励能 W_e。由于激励能比电离能小，因此原子或分子有可能在外界给予
的能量小于 W_i 但大于 W_e 时发生激励。表 1-1 给出了几种气体和水蒸气的电离能和激励能的
比较，可见激励能通常比电离能小很多。

表 1-1　几种气体和水蒸气的电离能和激励能的比较

气体	电离能/eV	激励能/eV	气体	电离能/eV	激励能/eV
N_2	15.5	6.1	SF_6	15.6	6.8
O_2	12.5	7.9	H_2O	12.7	7.6
CO_2	13.7	10			

原子或分子在激励态再获得能量而发生电离称为分级电离，此时所需能量为 $W_i - W_e$。通常分级电离的概率很小，因为激励态是不稳定的，一般经约 10^{-8}s 就回复到基态（正常状态）。某些原子具有亚稳激励态，这种激励态很难回复到基态，通常需要从外界获得能量跃迁到更高能级后才能回到基态，因此平均寿命较长，可达 $10^{-4} \sim 10^{-8}$s，使分级电离的概率增加。

2. 电极表面的电子逸出

以上讨论的是气体中电子和正离子的产生，但另一方面从金属表面逸出的电子也会进入气体间隙参与碰撞电离过程。要使电子从金属表面逸出需要一定的能量，称为逸出功。不同金属的逸出功不同，其值与金属表面状态有关（氧化层与微观结构等）。表 1-2 给出了一些金属的逸出功。由表 1-2 可见，金属电极的逸出功比气体电离能小得多，因此阴极表面的电子发射在气体放电过程中有重要的作用。

表 1-2　一些金属的逸出功

金属	逸出功/eV	金属	逸出功/eV	金属	逸出功/eV
铝	1.8	铜	3.9	氧化铜	5.3
银	3.1	铁	3.9		

电子从电极表面逸出所需的能量可通过下述途径获得。

（1）正离子撞击阴极　正离子的总能量为动能和势能之和。势能即是气体的电离能。通常正离子的动能较小，若不计动能，则只有当正离子的势能不小于金属表面逸出功的两倍时才能产生电极表面电子发射，因为从金属表面逸出的电子中只有一个和正离子结合成为原子时，其余的才能成为自由电子。比较表 1-1 与表 1-2 的数据可见，这一条件是可以满足的。

（2）光电子发射　用短波长的光照射阴极表面时能产生光电子发射，其条件是光子的能量必须比逸出功大。由于金属的逸出功比气体的电离能小得多，所以用紫外光照射电极也能产生光电子发射。

（3）强场发射　阴极表面电场强度很大时，使阴极释放出电子，称为强场发射或冷发射，所需的电场强度约在 10^8V/m 数量级。一般气隙的击穿场强远低于此值，所以击穿过程不会出现强场发射。但在高气压、特别是强电负性气体的击穿过程中，强场发射起一定的作用。在真空的击穿过程中，强场发射具有决定性的作用。

（4）热电子发射　高温下金属中电子因获得巨大的动能会从电极表面逸出，称为热电子发射。热电子发射仅对电弧放电有意义，并在电子、离子器件中得到应用。常温下气隙的放电过程中不存在热电子发射现象。

3. 气体中负离子的形成

电子与气体分子或原子碰撞时，不但有可能发生碰撞电离产生正离子和电子，也有可能发生电子附着过程而形成负离子。与碰撞电离相反，电子附着过程放出能量。使基态的气体原子获得一个电子形成负离子时所放出的能量称为电子亲和能。电子亲和能的大小可用来衡量原子捕获一个电子的难易程度，电子亲和能越大则越易形成负离子。卤族元素的电子外层轨道中增添一个电子，即可形成像惰性气体一样稳定的电子排列结构，因而具有很大的电子亲和能。但电子亲和能并未考虑原子在分子中的成键作用。为了说明原子在分子中吸引电子的能力，在化学中引入电负性概念。电负性是一个无量纲的数，其值越大表明原子在分子中吸引电子的能力越强（注意：将电负性说成负电性是不正确的）。表 1-3 列出了卤族元素的电子亲和能与电负性值，由表可见 F 的电负性最大。

表 1-3　卤族元素的电子亲和能与电负性值

元素	电子亲和能/eV	电负性值	元素	电子亲和能/eV	电负性值
F	3.45	4.0	Br	3.36	2.8
Cl	3.61	3.0	I	3.06	2.5

必须指出，负离子的形成并未使带电质点数增加，但却使自由电子数减少，因而对放电发展起抑制作用。SF_6 气体含 F，其分子捕获电子的能力很强，属强电负性气体，因而具有很高的耐电强度。空气中的 O_2 与 H_2O 也有一定的电负性，但很微弱，所以研究气体放电时常将空气作为非电负性气体。

电负性气体分子捕获电子的能力除与气体性质有关外，还与电子的动能有关，电子速度高时不容易被捕获，因此，电场强度很高时电子附着率很低。以 SF_6 气体为例，负离子的形成主要有以下两种途径

$$SF_6 + e \rightarrow SF_6^- \tag{1-5}$$

$$SF_6 + e \rightarrow SF_5^- + F \tag{1-6}$$

式（1-5）表示附着过程，式（1-6）表示分解附着过程。图 1-2 表示 SF_6^- 与 SF_5^- 离子电流与电子能量的关系，离子电流的坐标表示的是相对值。

由图 1-2 可见，SF_6^- 在电子能量为 0.05～0.1eV 时最易形成，而 SF_5^- 则是在 0.1～0.3eV 时最易形成，当电子能量超过 1eV 时电子附着过程很难发生。这就是为什么 SF_6 气体在有局部高场强的间隙中，耐电强度会大大下降的原因。

4. 带电质点受电场力的作用流入电极

气体发生放电时，除了不断形成带电质点的电离过程外，还存在相反的过程，即带电质点的消失过程。在电场作用下，气体放电是不断发展以致击穿，还是气体尚能保持电气强度而起绝缘作用，主要取决于上述两种过程的发展。气体放电过程中，带电质点除在电场作用下定向运动，消失于电极上而形成外回路的电流外，还可能因扩散和复合使带电质点在放电空间消失。

带电质点与气体分子碰撞后虽会发生

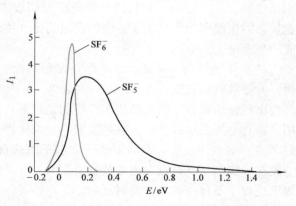

图 1-2　SF_6^- 与 SF_5^- 离子电流与电子能量的关系
（离子电流的坐标表示的是相对值）

散射，但从宏观上看是向电极方向做定向运动。在一定电场强度 E 下，带电质点运动的平均速度将达到某个稳定值。这个平均速度称为带电质点的迁移速度

$$v_b = bE$$

式中 b——带电质点在电场中的迁移率，即单位场强下的运动速度。

电子的迁移率比离子的迁移率约大两个数量级，同一种气体的正、负离子的迁移率相差不大。在标准大气条件下，干燥空气中正、负离子的迁移率分别为 $1.36 \text{cm}^2/(\text{V} \cdot \text{s})$ 和 $1.87 \text{cm}^2/(\text{V} \cdot \text{s})$。

5. 带电质点的扩散

带电质点从浓度较大的区域向浓度较小的区域移动，从而使浓度变均匀的过程，称为带电质点的扩散。带电质点的扩散是由于质点的热运动造成的，其扩散规律与气体扩散规律相似，即气压越高或温度越低时扩散越弱。电子的热运动速度高，自由行程大，所以其扩散速度比离子快得多。

6. 带电质点的复合

带异号电荷的质点相遇，发生电荷的传递和中和而还原为中性质点的过程，称为复合。带电质点复合时会以光辐射的形式将电离获得的能量释放出来，这种光辐射在一定条件下能导致间隙中其他中性原子或分子电离。因此，复合并不一定意味着放电过程的削弱，在某些情况下，复合引起的光电离会促进放电在整个间隙的发展。带电质点的复合率与正、负电荷的浓度有关，浓度越大则复合率越高。

放电过程中的复合绝大多数是正、负离子之间的复合，但并不是异号带电质点每次相遇都能引起复合。质点间的相对速度越大，相互作用时间越短，复合的可能性就越小。气体中电子的速度比离子大得多，所以正、负离子间的复合要比正离子和电子之间的复合容易得多。也可以说，参加复合的电子绝大多数先形成负离子，再与正离子复合。

在气体放电过程中，有时电子和气体分子碰撞，不但没有电离出新的电子，碰撞电子反而被分子吸附形成了负离子。离子的电离能力不如电子，电子被分子捕获而形成负离子后，电离能力大大减小，因此在气体放电过程中，负离子的形成起着阻碍放电的作用。

1.1.2 电子崩与汤逊理论

1. 放电的电子崩阶段

气体放电现象与规律因气体的种类、气压和间隙中电场的均匀程度而异。但气体放电都有从电子碰撞电离开始发展到电子崩的阶段。

（1）非自持放电和自持放电的不同特点　宇宙射线和放射性物质的射线会使气体发生微弱的电离而产生少量带电质点；另一方面，负带电质点又在不断复合，使气体空间存在一定浓度的带电质点。因此，在气隙的电极间施加电压时，可检测到微小的电流。图 1-3 表示气体间隙电流与外施电压的关系。

由图 1-3 可见，在 I—U 曲线的 OA 段，气隙电流随外施电压的提高而增大，这是因为带电质点向电极运动的速度加快导致复合率减小。当电压接近 U_A 时，电流趋于饱和，因

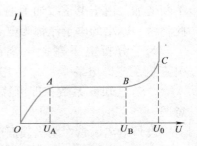

图 1-3　气体间隙电流与
外施电压的关系

为此时由外电离因素产生的带电质点全部进入电极，所以电流值仅取决于外电离因素的强弱而与电压无关。这种饱和电流是很微小的，在无人工照射的情况下，电流密度约在 $10^{-19}\,\mathrm{A/cm^2}$ 数量级，用石英汞灯照射阴极时也不超过 $10^{-12}\,\mathrm{A/cm^2}$，所以，这种情况下气隙仍处于良好的绝缘状态。电压升高至 U_B 时，电流又开始增大，这是由于电子碰撞电离引起的，因为此时电子在电场作用下已积累了足以引起碰撞电离的动能。电压继续升高至 U_0 时，电流急剧上升，说明放电过程又进入了一个新的阶段。此时气隙转入良好的导电状态，即气体发生了击穿。

在 I—U 曲线的 BC 段，虽然电流增长很快，但电流值仍很小，一般在微安级，且此时气体中的电流仍要靠外电离因素来维持，一旦去除外电离因素，气隙电流将消失。因此，外施电压小于 U_0 时的放电是非自持放电。电压达到 U_0 后，电流剧增，而且此时间隙中电离过程仅靠外加电压已能维持，不再需要外电离因素了。外施电压达到 U_0 后的放电称为自持放电，U_0 称为放电的起始电压。

自持放电的形式随气压与外回路阻抗的不同而异。低气压下称为辉光放电，常压或高气压下当外回路阻抗较大时称为火花放电，外回路阻抗很小时称为电弧放电。若气体间隙中电场极不均匀，则当放电由非自持转入自持时，曲率半径较小的电极表面将出现电晕（蓝紫色光晕）。这种情况下起始电压即是电晕起始电压，而击穿电压则比起始电压要高得多。

（2）电子崩的形成　实验表明，放电由非自持向自持转化的机制与气体的压强和气隙长度的乘积（pd）有关，pd 值较小时可以用汤逊理论来解释，而 pd 值较大时则要用流注理论来解释。但这两种理论有一个共同的基础，即图 1-3 中 I—U 曲线 BC 段的电流增长是由电子碰撞电离形成电子崩的结果。图 1-4 所示为电子崩的示意图。

电子崩的形成

对于电子崩的形成过程可简单描述如下：假定由于外电离因素的作用，在阴极附近出现一个初始电子，这一电子在向阳极运动时，如电场强度足够大，则会发生碰撞电离，产生一个新电子。新电子与初始电子在向阳极的行进过程中还会发生碰撞电离，产生两个新电子，电子总数增加到 4 个。第三次电离后电子数将增至 8 个，即按几何级数不断增加。由于电子数如雪崩式地增长，因此将这一剧增的电子流称为电子崩。

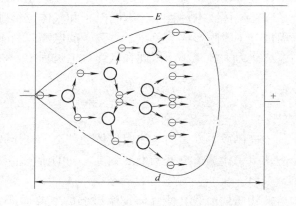

图 1-4　电子崩的示意图

为了分析电子碰撞电离产生的电流，引入电子碰撞电离系数 α，它代表一个电子沿电场方向行经 $1\,\mathrm{cm}$ 时平均发生的碰撞电离次数。若已知 α 系数，即可算出电子数增长的情况。图 1-5 是计算间隙中电子数增长的示意图。

设外电离因素在阴极表面产生的初始电子数为 n_0，当初始电子到达距离阴极 x 处时电子数已增加到 n 个。这 n 个电子行经 $\mathrm{d}x$ 后又会产生 $\mathrm{d}n$ 个新电子，即

$$\mathrm{d}n = n\alpha\mathrm{d}x \quad \text{或} \quad \frac{\mathrm{d}n}{n} = \alpha\mathrm{d}x \tag{1-7}$$

将式 (1-7) 积分，可得

$$n = n_0 e^{\int_0^x \alpha\mathrm{d}x} \tag{1-8}$$

对于均匀电场，α 不随 x 而变化，所以可写出

$$n = n_0 e^{\alpha x} \tag{1-9}$$

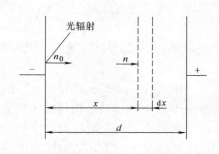

图 1-5　计算间隙中电子数
增长的示意图

因此到达阳极的电子数为

$$n = n_0 e^{\alpha d} \tag{1-10}$$

式 (1-10) 说明，初始电子从阴极到阳极的过程中间隙中新增加的电子数为

$$\Delta n = n - n_0 = n_0(e^{\alpha d} - 1) \tag{1-11}$$

到达阴极的正离子数与新增加的电子数相等，所以回路中各处总电流相等，符合电流连续的原理，其值为

$$I = I_0 e^{\alpha d} \tag{1-12}$$

式中　I_0——外电离因素引起的初始光电流。

式 (1-12) 表明，尽管电子崩电流以指数函数增长，但放电仍不是自持的，因为 $I_0 = 0$ 时，$I = 0$。可见只有电子崩过程（也称 α 过程）时放电不能自持。

(3) 影响碰撞电离系数的因素　若电子的平均自由行程为 λ（指电子相继两次碰撞平均运动的路程，单位为 cm），则在 1cm 长度内一个电子的平均碰撞次数为 $\frac{1}{\lambda}$，如能算出碰撞引起电离的概率，即可求得碰撞电离系数。要计算碰撞引起电离的概率，首先要知道自由行程的分布规律。

设在 $x = 0$ 处有 n_0 个电子沿电力线方向运动，行经距离 x 时还剩下 n 个电子未发生过碰撞，则在 x 到 $x + \mathrm{d}x$ 这一距离中发生碰撞的电子数 $\mathrm{d}n$ 应为

$$-\mathrm{d}n = n\frac{\mathrm{d}x}{\lambda}$$

式中负号是考虑增量 $\mathrm{d}n$ 实际上是负的，将上式积分可得

$$n = n_0 e^{-x/\lambda} \tag{1-13}$$

式 (1-13) 说明了自由行程的分布规律，电子自由行程大于 λ 的占电子总数的 36.8%，大于 3λ 的仅占 5%，大于 5λ 只有不到 0.7%。可见对于一个电子来说，$e^{-x/\lambda}$ 表示自由行程大于 x 的概率。

由式 (1-4) 已知，碰撞引起电离的条件是 $x \geqslant U_i/E$，因此碰撞引起电离的概率为 $e^{-U_i/E\lambda}$。这样就可写出电子碰撞电离系数的表达式为

$$\alpha = \frac{1}{\lambda} e^{-U_i/E\lambda} \tag{1-14}$$

电子的平均自由行程与气体的性质（气体分子的大小）和密度有关。对于同一种气体，平均自由行程与气体密度成反比，即与温度 T 成正比而与气压 p 成反比。

$$\lambda \propto \frac{T}{p} \tag{1-15}$$

因此，当气温恒定时，式（1-14）可改写为

$$\alpha = Ape^{-Bp/E} \tag{1-16}$$

式中　A——与气体性质有关的常数。

$$B = AU_i$$

由式（1-16）不难看出，p 很大（即 λ 很小）或 p 很小（即 λ 很大）时 α 都比较小。这是因为 λ 很小时虽然单位距离内碰撞次数很多，但碰撞引起电离的概率很小；λ 很大时虽然电离概率很大，但碰撞次数却少，所以 α 也不大。关于 p 很大或 p 极小时气隙不容易发生放电的现象，在下一节中还要进一步讨论。

2. 汤逊理论

由前述已知，只有电子崩过程是不会发生自持放电的。要达到自持放电的条件，必须在气隙内初始电子崩消失前产生新的电子（二次电子）来取代外电离因素产生的初始电子。实验表明，二次电子的产生机制与气压和气隙长度的乘积（pd）有关。pd 值较小时自持放电的条件可用汤逊理论来说明；pd 值较大时则要用流注理论来解释。对于空气来说，这一 pd 值的临界值大约为 $26\text{kPa} \cdot \text{cm}$。

汤逊理论认为二次电子的来源是正离子撞击阴极，使阴极表面发生电子逸出。引入的 γ 系数表示每个正离子从阴极表面平均释放的自由电子数。

（1）γ 过程与自持放电条件　由于阴极材料的表面逸出功比气体分子的电离能小很多，因而正离子碰撞阴极较易使阴极释放出电子。此外正负离子复合时，以及分子由激励态跃迁回正常态时，所产生的光子到达阴极表面都将引起阴极表面电离，统称为 γ 过程。为此引入表面电离系数 γ。

设外界光电离因素在阴极表面产生了一个自由电子，此电子到达阳极表面时由于发生 α 过程，电子总数增至 $e^{\alpha d}$ 个。因在对 α 系数进行讨论时已假设每次电离撞出一个正离子，故电极空间共有（$e^{\alpha d} - 1$）个正离子。按照系数 γ 的定义，此（$e^{\alpha d} - 1$）个正离子在到达阴极表面时可撞出 γ（$e^{\alpha d} - 1$）个新电子，这些电子在电极空间的碰撞电离同样又能产生更多的正离子，如此循环下去，这样的重复过程见表1-4。

表1-4　电极空间及气体间隙碰撞电离发展示意过程

位 置 周 期	阴 极 表 面	气 体 间 隙 中	阳 极 表 面
第1周期	一个电子逸出	形成（$e^{\alpha d} - 1$）个正离子	$e^{\alpha d}$ 个电子进入
第2周期	$\gamma(e^{\alpha d} - 1)$ 个电子逸出	形成 $\gamma(e^{\alpha d} - 1)^2$ 个正离子	$\gamma(e^{\alpha d} - 1)e^{\alpha d}$ 个电子进入
第3周期	$\gamma^2(e^{\alpha d} - 1)^2$ 个电子逸出	形成 $\gamma^2(e^{\alpha d} - 1)^3$ 个正离子	$\gamma^2(e^{\alpha d} - 1)^2 e^{\alpha d}$ 个电子进入
⋮	⋮	⋮	⋮

阴极表面发射一个电子，最后阳极表面将进入 Z 个电子。

$$Z = e^{\alpha d} + \gamma(e^{\alpha d} - 1)e^{\alpha d} + \gamma^2(e^{\alpha d} - 1)^2 e^{\alpha d} + \cdots$$

当 γ（$e^{\alpha d} - 1$）< 1 时，此级数收敛为

$$Z = e^{\alpha d}/[1 - \gamma(e^{\alpha d} - 1)]$$

如果单位时间内阴极表面单位面积有 n_0 个初始电子逸出，那么达到稳定状态后，单位时间进入阳极单位面积的电子数 n_a 就为

$$n_a = n_0 e^{\alpha d}/[1 - \gamma(e^{\alpha d} - 1)] \tag{1-17}$$

因此回路中的电流应为

$$I = I_0 e^{\alpha d}/[1 - \gamma(e^{\alpha d} - 1)] \tag{1-18}$$

式中　I_0——由外电离因素决定的饱和电流。

实际上 $e^{\alpha d} \gg 1$，故式（1-18）可简化为

$$I = I_0 e^{\alpha d}/(1 - \gamma e^{\alpha d}) \tag{1-19}$$

将式（1-19）与式（1-12）相比较，由此可见，γ 过程使电流的增长比指数规律还快。

当 d 较小或电场较弱时 $\gamma(e^{\alpha d} - 1) \ll 1$，式（1-18）或式（1-19）恢复为式（1-12），表明此时 γ 过程可忽略不计。

γ 值同样可根据回路中的电流 I 和电极间距离 d 之间的实验曲线决定

$$\gamma = \frac{I - I_0 e^{\alpha d}}{I e^{\alpha d}} = e^{-\alpha d} - \frac{I_0}{I} \tag{1-20}$$

如图 1-6 所示，先从 d 较小时的直线部分决定 α，再从电流增加更快时的部分决定 γ。

在式（1-18）、式（1-19）中，当 $\gamma(e^{\alpha d} - 1) \to 1$ 或 $\gamma e^{\alpha d} \to 1$ 时，似乎电流趋于无穷大。电流当然不会无穷大，实际上 $\gamma(e^{\alpha d} - 1) = 1$ 时，意味着间隙被击穿，电流 I 的大小将由外回路决定。这时即使 $I_0 \to 0$，I 仍能维持一定数值。即 $\gamma(e^{\alpha d} - 1) = 1$ 时，放电可不依赖外电离因素，而仅由电压即可自动维持。

因此，自持放电条件为

$$\gamma(e^{\alpha d} - 1) = 1 \quad 或 \quad \gamma e^{\alpha d} = 1 \tag{1-21}$$

此条件物理概念十分清楚，即一个电子在自己进入阳极后可以由 α 及 γ 过程在阴极上又产生一个新的替身，从而无需外电离因素放电即可继续进行下去。

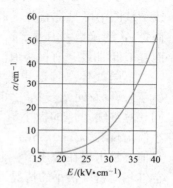

图 1-6　标准参考大气条件下空气电离系数 α 与电场强度 E 的关系

$$\gamma e^{\alpha d} = 1 \quad 或 \quad \alpha d = \ln\frac{1}{\gamma} \tag{1-22}$$

铁、铜、铝在空气中的 γ 值分别为 0.02、0.025、0.035，因此一般 $\ln\gamma^{-1} \approx 4$。由于 γ 和电极材料的逸出功有关，因而汤逊放电显然与电极材料及其表面状态有关。

（2）汤逊放电理论的适用范围　汤逊理论是在低气压、pd 较小的条件下在放电实验的基础上建立的。pd 过小或过大，放电机理将出现变化，汤逊理论就不再适用了。

pd 过小时，气压极低（d 过小实际上是不可能的），d/λ 极小，λ 远大于 d，碰撞电离来不及发生，击穿电压似乎应不断上升，但实际上电压 U 上升到一定程度后，场致发射导致击穿，汤逊碰撞电离理论不再适用，击穿电压将不再增加。

pd 过大时，气压高或距离大，这时气体击穿的很多实验现象无法全部在汤逊理论范围内给以解释：

1）放电外形。高气压时放电外形具有分支的细通道，而按照汤逊放电理论，放电应在整个电极空间连续进行，例如辉光放电。

2）放电时间。根据出现电子崩经几个循环后完成击穿的过程，可以计算出放电时间，在低气压下的计算结果与实验结果比较一致，高气压下的实测放电时间比计算值小得多。

3）击穿电压。pd 较小时，击穿电压计算值与实验值一致；pd 较大时不一致。

4）阴极材料。低气压下击穿电压与电极材料有关；高气压下间隙击穿电压与电极材料无关。

因此，通常认为，$pd > 26.66 \text{kPa} \cdot \text{cm}$（即 $200 \text{cm} \cdot \text{mmHg}$）时，击穿过程发生变化，汤逊理论的计算结果不再适用，但其碰撞电离的基本原理仍是普遍有效的。

1.1.3 巴申定律及其适用范围

1. 巴申定律

早在汤逊理论出现之前，巴申（Paschen）就于1889年从大量的实验中总结出了击穿电压 u_b 与 pd 的关系曲线，称为巴申定律，即

$$u_b = f(pd) \tag{1-23}$$

图1-7给出了空气间隙的 u_b 与 pd 的关系曲线。从图中可见，首先，u_b 并不仅仅由 d 决定，而是 pd 的函数；其次，u_b 不是 pd 的单调函数，而是 U 形曲线，有极小值。

不同气体，其巴申曲线上的最低击穿电压 $U_{b,min}$，以及使 $u_b = U_{b,min}$ 的 pd 值 $(pd)_{min}$ 各不相同。对空气，u_b 的极小值为 $U_{b,min} \approx 325 \text{V}$。此极小值出现在 $pd \approx 0.55 \text{cm} \cdot \text{mmHg}$ 时，即 u_b 的极小值不是出现在常压下，而是出现在低气压，即空气相对密度很小的情况下。

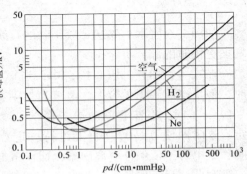

图1-7　实验求得的均匀场
不同气体间隙的 $u_b = f(pd)$ 曲线

表1-5给出了在几种不同气体下实测得到的巴申曲线上的最低击穿电压 $U_{b,min}$，以及使 $u_b = U_{b,min}$ 时的 pd 值 $(pd)_{min}$。

表1-5　几种气体间隙的 $U_{b,min}$ 及 $(pd)_{min}$ 值

气体种类	空气	N_2	O_2	H_2	SF_6	CO_2	Ne	He
$U_{b,min}/\text{V}$	325	240	450	230	507	420	245	155
$(pd)_{min}/\text{cm} \cdot \text{mmHg}$	0.55	0.65	0.7	1.05	0.26	0.57	4.0	4.0

注：$1 \text{mmHg} = 1.33322 \times 10^2 \text{Pa}$。

2. 巴申定律适用范围

巴申定律是在气体温度不变的情况下得出的。对于气温并非恒定的情况，式（1-23）应改写为

$$U_b = f(\delta d) \tag{1-24}$$

式中　δ——气体相对密度，指气体密度与标准大气条件（$p_s = 101.3 \text{kPa}$，$T_s = 293 \text{K}$）下密度之比，即

$$\delta = \frac{T_s}{p_s} \frac{p}{t} = 2.9 \frac{p}{t} \tag{1-25}$$

式中　p——击穿实验时的气压，单位为 kPa；

t——击穿实验时的温度，单位为 K。

1.1.4 气体放电的流注理论

高电压技术所面对的往往不是前面所说的低气压、短气隙的情况，而是高气压（101.3kPa 或更高）、长气隙的情况 $[pd > 26.66\text{kPa} \cdot \text{cm}(200\text{mmHg} \cdot \text{cm})]$。前面介绍的汤逊理论是在气压较低（小于大气压）、气隙相对密度与极间距离的乘积 δd 较小的条件下，进行放电试验的基础上建立起来的。以大自然中最宏伟的气体放电现象——雷电放电为例，它发生在两块雷云之间或雷云与大地之间，这时不存在金属阴极，因而与阴极上的 γ 过程和二次电子发射根本无关。

气体放电的流注理论也是以实验为基础的，它考虑了高气压、长气隙情况下不容忽视的若干因素对气体放电过程的影响，其中包括：电离出来的空间电荷会使电场畸变以及光子在放电过程中的作用（空间光电离和阴极表面光电离）。这个理论认为电子的碰撞电离和空间光电离是自持放电的主要因素，并充分注意到空间电荷对电场畸变的作用。流注理论目前主要还是对放电过程做定性描述，定量的分析计算还不够成熟。下面做简要介绍。

1. 空间电荷对原有电场的影响

如图 1-4 所示，电子崩中的电子由于其迁移率（指单位外电场作用下电子获得的定向漂移速度）远大于正离子，所以绝大多数电子都集中在电子崩的头部，而正离子则基本上停留在产生时的原始位置上，因而其浓度是从尾部向头部递增的，所以在电子崩的头部集中着大部分正离子和几乎全部电子（如图 1-8a 所示）。这些空间电荷在均匀电场中所造成的电场畸变，如图 1-8b 所示。可见在出现电子崩空间电荷之后，原有的均匀场强 E_0 发生了很大的变化，在电子崩前方和尾部处的电场都增强了，而在这两个强场区之间出现了一个电场强度很小的区域，但此处的电子和正离子的浓度却最大，因而是一个十分有利于完成复合的区域，结果是产生强烈的复合并辐射出许多光子，成为引发新的空间光电离的辐射源。

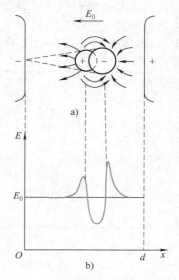

图 1-8 电子崩中的空间电荷在均匀电场中造成的畸变

2. 空间光电离的作用

汤逊理论没有考虑放电本身所引发的空间光电离现象，而这一因素在高气压、长气隙的击穿过程中起着重要的作用。上面所说的初始电子崩（简称初崩）头部成为辐射源后，就会向气隙空间各处发射光子而引起光电离，如果这时产生的光电子位于崩头前方和崩尾附近的强场区内，那么它们所造成的二次电子崩将以大得多的电离强度向阳极发展或汇入崩尾的正离子群中。这些电离强度和发展速度远大于初始电子崩的新放电区（二次电子崩）以及它们不断汇入初崩通道的过程被称为流注。

流注理论认为：在初始阶段，气体放电以碰撞电离和电子崩的形式出现，但当电子崩发展到一定程度后，某一初始电子崩的头部积聚到足够数量的空间电荷，就会引起新的强烈电离和二次电子崩，这种强烈的电离和二次电子崩是由于空间电荷使局部电场大大增强以及发生空间光电离的结果，这时放电即转入新的流注阶段。流注的特点是电离强度很大和传播速度很快（超过初崩发展速度 10 倍以上），出现流注后，放电便获得独立继续发展的能力，而不再依赖外界电离因子的作用，可见这时出现流注的条件也就是自持放电条件。

图 1-9 表示初崩头部放出的光子在崩头前方和崩尾后方引起空间光电离并形成二次崩以及它们和初崩汇合的流注过程。二次崩的电子进入初崩通道后，便与正离子群构成了导电的等离子通道，一旦等离子通道短接了两个电极，放电即转为火花放电或电弧放电。

出现流注的条件是初崩头部的空间电荷数量必须达到某一临界值。对均匀电场来说，其自持放电条件应为

$$e^{\alpha d} = 常数$$

或

$$\alpha d = 常数 \tag{1-26}$$

实验研究所得出的常数值为

$$\alpha d \approx 20$$

或

$$e^{\alpha d} \approx 10^8 \tag{1-27}$$

可见初崩头部的电子数要达到 10^8 时，放电才能转为自持（出现流注）。

如果电极间所加电压正好等于自持放电起始电压 U_0，那就意味着初崩要跑完整个气隙，其头部才能积聚到足够的电子数而引起流注，这时的放电过程如图 1-10 所示。图 1-10a 表示初崩跑完整个气隙后引发流注；图 1-10b 表示出现流注的区域从阳极向阴极方向推移；图 1-10c 为流注放电所产生的等离子通道短接了两个电极，气隙被击穿。

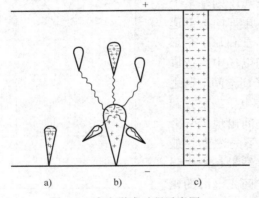

图 1-9　流注形成过程示意图

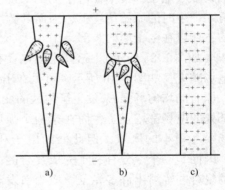

图 1-10　从电子崩到流注的转换

如果所加电压超过了自持放电起始电压 U_0，那么初崩不需要跑完整个气隙，其头部电子数即已达到足够的数量，这时流注将提前出现和以更快的速度发展。

流注理论能够说明汤逊理论所无法解释的一系列在高气压、长气隙情况下出现的放电现象，诸如：这时放电并不充满整个电极空间，而是形成一条细窄的放电通道；有时放电通道呈曲折和分枝状；实际测得的放电时间远小于正离子穿越极间气隙所需的时间；击穿电压值与阴极的材料无关等。不过还应强调指出：这两种理论各适用于一定条件下的放电过程，不能用一种理论来取代另一种理论。在 pd 值较小的情况下，初始电子不可能在穿越极间距离时完成足够多的碰撞电离次数，因而难以积聚到式（1-27）所要求的电子数，这样就不可能出现流注，放电的自持就只能依靠阴极上的 γ 过程了。

1.1.5 不均匀电场中的气体放电

电气设备中很少有均匀电场的情况。但对高压电气绝缘结构中的不均匀电场还要区分两种不同的情况，即稍不均匀电场和极不均匀电场，因为这两种不均匀电场中的放电特点是不同的。全封闭气体绝缘组合电器（GIS）的母线筒和高压实验室中测量电压用的球间隙是典型的稍不均匀电场；高压输电线之间的空气绝缘和实验室中高压发生器的输出端对墙的空气绝缘则属于极不均匀电场。

1. 稍不均匀场和极不均匀场的特点与划分

稍不均匀电场中放电的特点与均匀电场中相似，在间隙击穿前看不到有什么放电的迹象。极不均匀电场中放电则不同，间隙击穿前在高场强区（曲率半径较小的电极表面附近）会出现蓝紫色的晕光，称为电晕放电。刚出现电晕时的电压称为电晕起始电压，随着外施电压的升高电晕层逐渐扩大，此时间隙中放电电流也会从微安级增大到毫安级，但从工程观点看，间隙仍保持其绝缘性能。另外，任何电极形状随着极间距离的增大都会从稍不均匀电场变为极不均匀电场。

通常用电场的不均匀系数 f 来判断稍不均匀电场和极不均匀电场。有些会采用电场利用系数 η 来判断，电场利用系数 η 就是电场不均匀系数 f 的倒数。电场不均匀系数 f 的定义为间隙中最大场强 E_{max} 与平均场强 E_{av} 的比值。

$$f = E_{max}/E_{av} \tag{1-28}$$

$$E_{av} = U/d \tag{1-29}$$

式中　U——间隙上施加的电压；

　　　d——电极间最短的绝缘距离。

而通常用电场不均匀系数可将电场不均匀程度划分为：均匀电场 $f=1$；稍不均匀电场 $1<f<2$；极不均匀电场 $f>4$。

在稍不均匀电场中放电达到自持条件时发生击穿，但因为 $f>1$，此时间隙中平均场强比均匀场间隙要小，因此在同样间隙距离时稍不均匀场间隙的击穿电压比均匀场间隙要低。而在极不均匀场间隙中自持放电条件即是电晕放电的起始条件。

2. 极不均匀电场的电晕放电

（1）电晕放电　在极不均匀场中，当电压升高到一定程度后，在空气间隙完全击穿之前，大曲率电极（曲率半径小）附近会有薄薄的发光层，有点像"月晕"，在黑暗中看得较为真切。因此，这种放电现象称为电晕放电。

电晕放电现象是由电离区放电造成的，电离区中的复合过程以及从激励态恢复到正常态等过程都可能产生大量的光辐射。因为在极不均匀场中，只有大曲率电极附近很小的区域内场强足够高，电离系数 α 达到相当高的数值，而其余绝大部分电极空间场强太低，α 值太小，得不到发展。因此，电晕层也就限于高场强电极附近的薄层内。

电晕放电是极不均匀电场所特有的一种自持放电形式。开始出现电晕时的电压称为电晕起始电压 U_c，而此时电极表面的场强称为电晕起始场强 E_c。

根据电晕层放电的特点，可分为两种形式：电子崩形式和流注形式。当起晕电极的曲率很大时，电晕层很薄，且比较均匀，放电电流比较稳定，自持放电采取汤逊放电的形式，即出现电子崩式的电晕。随着电压升高，电晕层不断扩大，个别电子崩形成流注，出现放电的脉冲现象，开始转入流注形式的电晕放电。若电极曲率加大，则电晕一开始就很强烈，一出现就形成流注的形式。电压进一步升高，个别流注快速发展，出现刷状放电，放电脉冲更强烈，最后贯通间隙，导致间隙完全击穿。冲击电压下，电压上升极快，因此电晕从一开始就具有流注的形式。产生电晕时能听到声，看到光，嗅到臭氧味，并能测到电流。

（2）电晕放电的起始场强　电晕属极不均匀场的自持放电，原理上可由 $\gamma\exp\left(\int\alpha\mathrm{d}x\right)=1$ 来计算起始电压 U_c，但计算十分复杂且结果并不准确，所以实际上 U_c 是由实验总结出的经验公式来计算。电晕的产生主要取决于电极表面的场强，所以研究电晕起始场强 E_c 和各种因素间的关系更直接，也更单纯。

对于输电线路的导线，在标准大气压下其电晕起始场强 E_c 的经验表达式为（此处 E_c 指导线的表面场强，交流电压下用峰值表示，单位为 kV/cm）

$$E_c = 30\left(1 + \frac{0.3}{\sqrt{r}}\right) \tag{1-30}$$

式中　r——导线半径，单位为 cm。

式（1-30）说明导线半径 r 越小则 E_c 值越大。因为 r 越小，则电场就越不均匀，也就是间隙中场强随着其离导线的距离的增加而下降得更快，而碰撞电离系数 α 随着离导线距离的增加而减小得越快。所以输电线路起始电晕条件为

$$\int_0^{x_c}\alpha\mathrm{d}x = K \tag{1-31}$$

式中　x_c——起始电晕层的厚度，$x > x_c$ 时 $\alpha\approx0$。

可见电场越不均匀，要满足式（1-31）时导线表面场强应越高。式（1-30）表明，当 $r\to\infty$ 时，$E_c = 30\mathrm{kV/cm}$。

而对于非标准大气条件，则进行气体密度修正以后的表达式为

$$E_c = 30\delta\left(1 + \frac{0.3}{\sqrt{r\delta}}\right) \tag{1-32}$$

式中　δ——气体相对密度。

实际上导线表面并不光滑，所以对绞线来说要考虑导线的表面粗糙系数 m_1。此外对于雨雪等使导线表面偏离理想状态的因素（雨水的水滴使导线表面形成突起的导电物）可用系数 m_2 加以考虑。此时式（1-32）则写为

$$E_c = 30m_1m_2\delta\left(1 + \frac{0.3}{\sqrt{r\delta}}\right) \tag{1-33}$$

理想光滑导线 $m_1 = 1$，绞线 $m_1 = 0.8\sim0.9$，好天气时 $m_2 = 1$，坏天气时 m_2 可按 0.8 估算。算得 E_c 后就不难根据电极布置求得电晕起始电压 U_c。例如，对于离地面高度为 h 的单根导线可写出

$$U_c = E_c r\ln\frac{2h}{r} \tag{1-34}$$

对于距离为 d 的两根平行导线（$d \gg r$）则可写出

$$U_c = 2E_c r\ln\frac{d}{r} \tag{1-35}$$

（3）电晕放电的危害、对策及其利用　电晕放电时发光并发出咝咝声和引起化学反应

（如使大气中氧变为臭氧），这些都需要能量，所以输电线路发生电晕时会引起功率损耗。其次，电晕放电过程中由于流注的不断消失和重新产生会出现放电脉冲，形成高频电磁波对无线电广播和电视信号产生干扰。此外，电晕放电发出的噪声有可能超过环境保护的标准。因此在建造输电线路时必须考虑输电线电晕问题，并采取措施以减小电晕放电的危害。解决的途径是限制导线的表面场强，通常是以好天气时导线电晕损耗接近于零的条件来选择架空导线的尺寸。对于超高压和特高压线路来说，要做到这一点，导线的直径通常远大于按导线经济电流密度选取的值。当然可以采用大直径空心导线来解决这一矛盾，但最好的解决办法是采用分裂导线，即将每相线路分裂成几根并联的导线。分裂导线超过两根时，通常布置在圆的内接正多边形的顶点。

分裂导线的表面最大场强不仅与导线直径和分裂的根数有关，而且与分裂导线间的距离 D 有关，在某一最佳 D 值时导线表面最大场强 E_m 会出现一个极小值。如果 D 过小，则分裂导线的分裂半径太小，使分裂导线的优点不能得到充分发挥；但 D 过大时，则由于每相的子导线之间的电场屏蔽作用减弱，因此此时 E_m 随着 D 的增加而增大。

另外，在选择 D 值时并不只是以 E_m 为最小条件作为设计依据。使用分裂导线可以增大线路电容，减小线路电感，从而使输电线路的传输能力增加。由于 D 值增大有利于线路电感的减小，所以工程应用中常取 D 值在 $40 \sim 50\text{cm}$。

电晕放电也有有利的一面。例如：在某些情况下，可以利用电晕放电产生的空间电荷来改善极不均匀场的电场分布，以提高击穿电压。而且，电晕放电在其他工业部门也获得了广泛的应用，比如，净化工业废气的静电除尘器、净化水用的臭氧发生器以及静电喷涂等都是电晕放电在工业中应用的例子。

（4）极不均匀电场中放电的极性效应　在电晕放电时，空间电荷对放电的影响已得到关注。由于高场强下电极极性的不同，空间电荷的极性也不同，对放电发展的影响也就不同，这就造成了不同极性的高场强电极的电晕起始电压的不同以及间隙击穿电压的不同，称为极性效应。

例如，棒-板间隙是典型的极不均匀场。分布如下：

当棒具有正极性时，间隙中出现的电子向棒运动，进入强电场区，开始引起电离现象而形成电子崩，如图 1-11a 所示。随着电压的逐渐上升，到形成自持放电爆发电晕之前，在间隙中形成相当多的电子崩。当电子崩达到棒极后，其中的电子就进入棒极，而正离子仍留在空间，相对来说缓慢地向板极移动。于是在棒极附近，积聚起正空间电荷，如图 1-11b 所示。

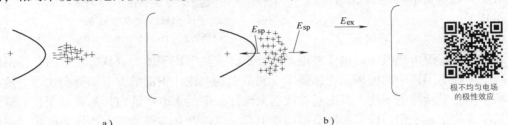

a)　　　　　　　　　　　　　　　　b)

图 1-11　正棒-负板间隙中非自持放电阶段空间电荷对外电场畸变作用

E_{ex}—外电场　E_{sp}—空间电荷电场

这样就减少了紧贴棒极附近的电场，而略微加强了外部空间的电场。因此，棒极附近的电场被削弱，难以形成流注，使得放电难以得到自持。

当棒具有负极性时，阴极表面形成的电子立即进入强电场区，形成电子崩，如图 1-12a 所示。当电子崩中的电子离开强电场区后，电子就不能引起电离，而以越来越慢的速度向阳极运动。一部分电子直接消失于阳极，其余的可为氧原子吸附形成负离子。电子崩中的正离子逐渐向棒极运动而消失于棒极，但由于其运动速度较慢，所以在棒极附近总是存在正空间电荷。结果在棒极附近出现了比较集中的正空间电荷，而在其后则是非常分散的负空间电荷，如图 1-12b 所示。

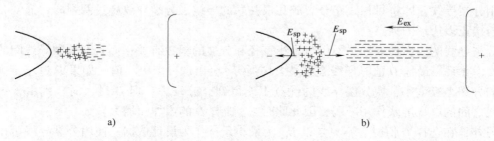

图 1-12　负棒–正板间隙中非自持放电阶段空间电荷对外电场的畸变作用

E_{ex}—外电场　E_{sp}—空间电荷电场

负空间电荷由于浓度小，对外电场的影响不大，而正空间电荷使电场畸变。棒极附近的电场得到增强，因而自持放电条件易于满足，易于转入流注而形成电晕放电。

图 1-13 是两种极性下棒–板间隙的电场分布图，其中曲线 1 为外电场分布，曲线 2 为经过空间电荷畸变以后的电场。

已通过实验证明，棒–板间隙中棒为正极性时电晕起始电压比负极性时略高。

而极性效应的另一个表现，就是间隙击穿电压的不同。随着电压升高，在紧贴棒极附近，形成流注，产生电晕；以后在不同极性下空间电荷对放电的进一步发展所起的影响就和对电晕起的影响相异了。

棒具有正极性时，若电压足

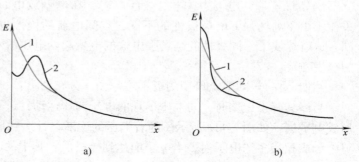

图 1-13　两种极性下棒–板间隙的电场分布图

a）正棒–负板　b）负棒–正板

E—电场场强　x—棒极到板极的距离

够高，则棒极附近形成流注。由于外电场的特点，流注等离子体头部具有正电荷。头部的正电荷减少了等离子体中的电场，而加强了其头部电场。流注头部前方电场得到加强，使得前方电场易于产生新的电子崩，其电子被吸引入流注头部的正电荷区内，加强并延长了流注通道，其尾部的正离子则构成了流注头部的正电荷。流注及其头部的正电荷使强电场区更向前移，好像将棒极向前延伸（当然应考虑到通道中的电压降），于是促进了流注通道的进一步发展，流注通道的头部逐渐向阴极推进。

当棒具有负极性时，虽然在棒极附近容易形成流注，产生电晕，但此后流注向前发展却困难得多了。电压达到电晕起始电压后，紧贴棒极的强电场同时产生了大量的电子崩，汇入围绕棒极的正空间电荷。由于产生了许多电子崩，造成了扩散状分布的等离子体层，基于同样的原因，负极性下非自持放电造成的正空间电荷也比较分散，这也有助于形成扩散状分布的等离子体层。这样的等离子体层起着类似增大了棒极曲率半径的作用，因此使前沿电场受到削弱。继续升高电压时，在相当一段电压范围内，电离只是在棒极和等离子体层外沿之间的空间发展，使得等离子体层逐渐扩大和向前延伸。直到电压很高，使得等离子体层前方电场足够强后，才又形成电子崩。电子崩的正电荷使得等离子体层前沿的电场进一步加强，形成了大量的二次电子崩，汇集起来后使得等离子体层向阳极推进。由于同时形成许多电子崩，通道头部是呈扩散状的，通道前方电场被加强的程度比正极性下要弱得多。

所以，在负极性下，通道的发展要困难得多。因此，负极性下的击穿电压应较正极性时略高。

（5）长间隙击穿过程　在间隙距离较长时，存在某种新的、不同性质的放电过程，称为先导放电。长间隙放电电压的饱和现象可由先导放电现象做出解释。

间隙距离较长时（如棒—板间隙距离大于1m时），在流注通道还不足以贯通整个间隙电压的情况下，仍可能发展起击穿过程。这时流注通道发展到足够长度后，有较多的电子循通道流向电极，通过通道根部的电子最多，于是流注根部温度升高，出现了热电离过程。这个具有热电离过程的通道称为先导通道。

正流注通道中的电子被阳极吸引，当电子的浓度足够高时，即有足够的电流，流注通道就开始热电离。热电离引起了通道中带电质点浓度进一步增大，即引起了电导的增加和电流的继续加大。于是，流注通道变成了有高电导的等离子体通道。这时在先导通道的头部又产生了新的流注，于是先导不断向前推进。

先导具有高电导，相当于从电极伸出的导电棒，保证在其端部有高的场强，因此就容易形成新的流注。

负先导的发生类似，只不过这时电子流动的方向是从电极到流注头部。当由电子崩发展为新流注时，电子进入间隙深处，即在没有发生电离的区域建立负空间电荷，这给先导的推进带来困难。因此，间隙的击穿要在更高的电压下才能发生。当先导推进到间隙深处时，其端部会出现许多流注，其中任何一个都可能成为先导继续发展的方向。通道电离越强的流注，越可能成为先导发展的方向，但是和流注本身一样，其方向具有偶然性，这就说明长间隙放电，例如雷电放电的路径具有分支的特点。

长间隙的放电大致可分为先导放电和主放电两个阶段，在先导放电阶段中包括电子崩和流注的形成及发展过程。不太长间隙的放电没有先导放电阶段，只分为电子崩、流注和主放电阶段。

当先导到达相对电极时，主放电过程就开始了。不论是正先导还是负先导，当通道头部发展到接近对面电极时，在剩余的这一小段间隙中场强剧增，会有十分强烈的放电过程，这个过程将沿着先导通道以一定速度向反方向扩展到棒极，同时中和先导通道中多余的空间电荷，这个过程称为主放电过程。主放电过程使贯穿两极间的通道最终形成温度很高、电导很大、轴向场强很小的等离子体火花通道（若电源功率足够，则转为电弧通道），从而使间隙完全失去了绝缘性能，气隙的击穿就完成了。主放电阶段的放电发展速度很快，可达10^9cm/s。

3. 稍不均匀电场中的极性效应

稍不均匀电场意味着电场还比较均匀，高场强区电子电离系数 α 达到足够数值时，间隙中很大一部分区域中的 α 也达到相当值，起始电子崩在强场区发展起来，经过一部分间隙距离后形成流注。流注一经产生，随即发展至贯通整个间隙，导致完全击穿。

在高电压工程中常用的球—球间隙、同轴圆柱间隙等都属稍不均匀电场。稍不均匀电场间隙的放电特点和均匀电场相似，气隙实现自持放电的条件就是气隙的击穿条件，也就是说，稍不均匀电场直到击穿为止不发生电晕。在直流电压作用下的击穿电压和工频交流下的击穿电压幅值以及50%冲击击穿电压都相同，击穿电压的分散性也不大，这也和均匀电场放电特点一致。

稍不均匀电场也有一定的极性效应，但不很明显。高场强电极为正极性时击穿电压稍高；为负极性时击穿电压稍低。这是因为在负极性下电晕易发生，而稍不均匀场中的电晕很不稳定。这时的电晕起始电压很接近于间隙击穿电压。从击穿电压的特点来看，稍不均匀场的极性效应与极不均匀场的极性效应结果相反。在稍不均匀场中，高场强电极为正电极时，间隙击穿电压比高场强电极为负时稍高；高场强电极为负电极时，间隙击穿电压稍低。而在极不均匀场中却是高场强电极为正时，间隙击穿电压低；高场强电极为负时，间隙击穿电压要显著高于高场强电极为正时的情况。

1.2　气体介质的电气强度

对于气体击穿的实验现象和规律，用上一节所介绍的气体放电的发展过程可以解释，但是由于气体放电理论还不完善，因此并不能对击穿电压进行精确的计算。所以在实际的工程应用中，比较普遍的是通过参照一些典型电极的击穿电压来选择绝缘距离，或者根据实际电极布置情况，通过实验来确定击穿电压。

空气间隙放电电压主要受到电场情况、电压形式以及大气条件的影响。本节主要讨论在不同条件下空气间隙放电电压的一些规律。

1.2.1　持续作用电压下的击穿

气体间隙的击穿电压与外施电压的种类有关。直流与工频电压均为持续作用的电压，这类电压随时间的变化率很小，在放电发展所需的时间范围内（以微秒计）可以认为外施电压没什么变化，因此统称为稳态电压，以区别于作用时间很短的雷电冲击电压(模拟大气过电压）和操作冲击电压(模拟操作过电压）。而冲击电压（雷电冲击、操作冲击）则持续时间极短，以微秒计，放电发展所需的时间不能忽略，间隙的击穿因而也具有新的特点，电场不均匀时，尤为明显。

1. 均匀电场中的击穿

实际工程中很少见到比较大的均匀电场间隙，因为这种情况下为消除电极边缘效应，电极的尺寸必须做得很大。因此，对于均匀场间隙，通常只有间隙长度不大时的击穿数据，如图 1-14 所示。

均匀电场中电极布置对称，因此无击穿的极性效应。均匀场间隙中各处电场强度相等，击穿所需时间极短，因此其直流击穿电压与工频击穿电压峰值以及50%冲击击穿电压（指多次

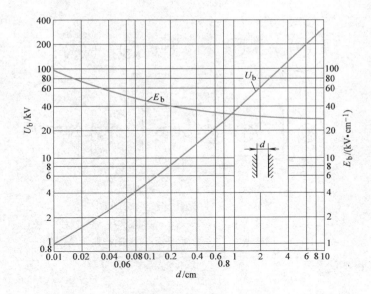

图 1-14　均匀电场中空气间隙的击穿电压峰值 U_b 随间隙距离 d 的变化

施加冲击电压时，其中 50% 导致击穿的电压值），实际上是相同的，且击穿电压的分散性很小。对于图 1-14 所示的击穿电压（峰值）实验曲线，可用以下经验公式表示

$$U_b = 24.22\delta d + 6.08\sqrt{\delta d} \tag{1-36}$$

式中　　d——间隙距离，单位为 cm；

　　　　δ——空气相对密度。

从图 1-14 中可以大致得出，当 d 在 $1\sim10$cm 范围内时，击穿强度 E_b（用电压峰值表示）约等于 30kV/cm。

2. 稍不均匀电场中的击穿

稍不均匀电场的击穿特点是击穿前无电晕，极性效应不很明显，直流击穿电压、工频击穿电压峰值及 50% 冲击击穿电压几乎一致。然而，稍不均匀电场的击穿电压与电场均匀程度 f 关系极大，因而既没有能够概括各种电极结构的统一经验公式，也没有适用于各种电极形状的统一实验数据。通常是对一些典型的电极结构做出一批实验数据，实际的电极结构可能复杂得多，只能从典型电极中选取类似的结构进行估算。

稍不均匀电场的击穿电压通常可以根据起始场强经验公式进行估算，从

$$f = E_{max}/E_{av}, \quad E_{av} = U/d$$

可得

$$U = E_{max}d/f \tag{1-37}$$

f 取决于电极布置，可用静电场计算的方法或电解槽实验的方法求得。图 1-15 给出了几种典型电极结构。

对于稍不均匀电场，当 E_{max} 达到临界场强 E_0 时，U 达到击穿电压 U_b，从而

$$U_b = E_0 d/f \tag{1-38}$$

下面给出几种典型电极结构的电晕起始场强 E_0、电极表面最大场强 E_{max}、电场不均匀系数 f 以及电晕起始电压 U_c（对于 $f<2$ 的稍不均匀间隙，电晕起始电压也就等于间隙击穿

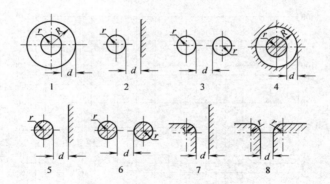

图 1-15　几种典型电极结构示意图

1—同心球　2—球-平板　3—球-球　4—同轴圆柱　5—圆柱-平板
6—圆柱-圆柱　7—曲面-平面　8—曲面-曲面

电压）的经验计算公式。

球-板电极

$$E_0 = 27.7\delta(1 + 0.337/\sqrt{r\delta}) \tag{1-39}$$

$$E_{max} = 0.9U\frac{r + d}{rd} = 0.9\frac{U}{d}\left(1 + \frac{d}{r}\right) \tag{1-40}$$

$$f = 0.9\left(1 + \frac{d}{r}\right) \tag{1-41}$$

$$U_c = E_0\frac{dr}{0.9(d + r)} \tag{1-42}$$

柱-板电极

$$E_0 = 30.3\delta(1 + 0.298/\sqrt{r\delta}) \tag{1-43}$$

$$E_{max} = \frac{0.9U}{r\ln\left(\frac{d + r}{r}\right)} \tag{1-44}$$

$$f = \frac{0.9d}{r\ln\left(\frac{d + r}{r}\right)} \tag{1-45}$$

$$U_c = E_0\frac{r\ln\left(\frac{d + r}{r}\right)}{0.9} \tag{1-46}$$

平行圆柱-圆柱电极

$$E_0 = 30.3\delta(1 + 0.298/\sqrt{r\delta}) \tag{1-47}$$

$$E_{max} = \frac{0.9U}{2r\ln\left(\frac{d + 2r}{2r}\right)} \tag{1-48}$$

$$f = \frac{0.9d}{2r\ln\left(\frac{d + 2r}{2r}\right)} \tag{1-49}$$

$$U_c = E_0 \frac{2r\ln\left(\frac{d+2r}{2r}\right)}{0.9} \tag{1-50}$$

同轴圆柱电极

$$E_0 = 31.5\delta(1 + 0.305/\sqrt{r\delta}) \tag{1-51}$$

$$E_{max} = \frac{U}{r\ln(R/r)} \tag{1-52}$$

$$f = \frac{R-r}{r\ln(R/r)} \tag{1-53}$$

$$U_c = E_0 r\ln\left(\frac{R}{r}\right) \tag{1-54}$$

同心球电极

$$E_0 = 24\delta(1 + 1/\sqrt{r\delta}) \tag{1-55}$$

$$E_{max} = \frac{RU}{r(R-r)} \tag{1-56}$$

$$f = R/r \tag{1-57}$$

$$U_c = E_0 \frac{(R-r)r}{R} \tag{1-58}$$

球–球电极

$$E_0 = 27.7\delta(1 + 0.337/\sqrt{r\delta}) \tag{1-59}$$

$$E_{max} = 0.9\frac{U}{d}\left(1 + \frac{d}{2r}\right) \tag{1-60}$$

$$f = 0.9\left(1 + \frac{d}{2r}\right) \tag{1-61}$$

$$U_c = E_0 \frac{d}{0.9\left(1 + \frac{d}{2r}\right)} \tag{1-62}$$

式中，E_0、E_{max} 单位为 kV/cm（峰值）；U_c 单位为 kV（峰值）；r、R、d 的含义如图 1-15 所示，单位均为 cm。

另外，对于某些不便于根据经验公式求解的电场结构，也可以用 $E_0 = 30\text{kV/cm}$ 进行大致估算，则间隙击穿电压 U_b 为

$$U_b = 30d/f \tag{1-63}$$

3. 极不均匀电场中的击穿

极不均匀电场击穿电压的特点：电场不均匀程度对击穿电压的影响减弱（由于电场已经极不均匀），极间距离对击穿电压的影响增大。

这个结果有很大意义，可以选择电场极不均匀的极端情况，棒–板和棒–棒作为典型电极结构（或尖–板和尖–尖电极结构）。它们的击穿电压具有代表性，当在工程上遇到很多极不均匀的电场时，可以根据这些典型电极的击穿电压数据来做估算。如果电场分布不对称，则可参照棒–板（或尖–板）电极的数据；如果电场分布对称，则可参照棒–棒（或尖–尖）电极的数据。

在直流电压中，极不均匀电场中直流击穿电压的极性效应非常明显。同样间隙距离下，不同极性间，击穿电压相差一倍以上。而尖-尖电极的击穿电压介于两种极性尖-板电极的击穿电压之间，这是因为这种电场有两个强场区，同等间隙距离下，电场均匀程度较尖-板电极为好。

而在工频电压下的击穿，无论是棒-棒电极还是棒-板电极，其击穿都发生在正半周峰值附近（对棒-板电极结构，击穿发生在棒电极处于正半周峰值附近），故击穿电压与直流的正极性相近。工频击穿电压的分散性不大，相对标准偏差 σ 一般不超过2%。当间隙距离不太大时，击穿电压基本上与间隙距离呈线性上升的关系；当间隙距离很大时，平均击穿场强明显降低，即击穿电压不再随间隙距离的加大而线性增加，呈现出饱和现象，这一现象对棒-板间隙尤为明显。

因此，在电气设备上，希望尽量采用棒-棒类对称型的电极结构，而避免棒-板类不对称的电极结构。由于试验时所采用的"棒"或"板"不尽相同，不同实验室的实验曲线会有所不同。这一点在各种电压的空气间隙击穿特性中都存在，使用这些曲线时应注意其试验条件。

在持续作用电压下，电极间距离远小于相应电磁波的波长，所以任一瞬间的这种电场都可以近似作为静电场来考虑。除在很少数情况下可以直接求得解析解外，要想了解局部或整体电场分布的详细情况，主要依靠电场数值计算来求解，应用较多的方法主要有有限元法和模拟电荷法。有限元法在计算封闭场域的电场方面有许多优点，而模拟电荷法在计算开放场域的电场方面应用较多。

1.2.2　雷电冲击电压下的击穿

大气中雷电产生的过电压对高压电气设备绝缘会产生重大威胁。因此，在电力系统中一方面应采取措施限制大气过电压，另一方面应保证高压电气设备能耐受一定水平的雷电过电压。雷电过电压是一种持续时间极短的脉冲电压，在这种电压作用下绝缘的击穿具有与稳态电压下击穿不同的特点。

1. 雷电冲击电压的标准波形

由雷云放电引起的大气过电压的波形是随机的，但在实验室中用冲击电压发生器产生冲击电压来模拟雷电过电压时必须采用标准波形，这样可以使不同实验室的试验结果互相比较。图1-16表示雷电冲击电压的标准波形和确定其波前和半峰值时间的方法（指冲击波衰减至半峰值的时间，也称为波长时间）。

图1-16中 O 为原点，P 点为波峰，但在波形图中这两点都不易确定，因为波形在 O 点处往往模糊不清；而 P 点处波形很平，难以确定其出现时间。国际上都用图示的方法求得名义零点 O_1（即图中虚线所示），连接0.9倍峰值点与0.3倍峰值点作虚线交横轴于 O_1 点，这样波前时间 T_1 和半峰值时间 T_2 都从 O_1 算起。对于操作冲击波，T_1 和 T_2 都从真实原点算起，这是因为操作波上升比较平缓，原点附近的波形可以看得清楚。

目前国际上大多数国家对于标准雷电波的波形规定是

$$T_1 = 1.2(1 \pm 30\%)\mu s, \quad T_2 = 50(1 \pm 20\%)\mu s$$

对于不同极性的标准雷电波形可表示为 $+1.2/50\mu s$ 或 $-1.2/50\mu s$。

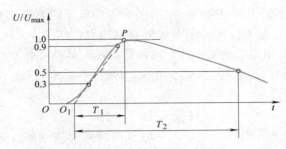

图 1-16　标准雷电冲击电压波形

T_1—波前时间　T_2—半峰值时间　U_{max}—冲击电压峰值

2. 放电时延

每个气隙都有它的**最低静态击穿电压**，即长时间作用在间隙上能使间隙击穿的最低电压。要使气体间隙击穿，不仅需要外施电压高于临界击穿电压 U_0，而且还需要外施电压维持一定的时间以保证放电发展过程的完成。

图 1-17 表示冲击击穿所需要的时间。施加冲击电压经时间 t_0 后电压值达 U_0，但此时间隙不会击穿。从 t_0 至间隙击穿所需的时间 t_1 称为**放电时延**，它包括两部分时间，即 t_s 和 t_f。t_s 表示从外施电压达 U_0 的时刻起，到气隙中出现第一个有效电子的时间，称之为**统计时延**（因为第一个有效自由电子的出现服从统计规律）。t_f 表示从出现第一个有效自由电子的时刻起，到放电过程完成所需的时间，也就是电子崩的形成和发展到流注所需的时间，称为**放电形成时延**。所以，图 1-17 中冲击击穿所需的总时间 t_b 为

$$t_b = t_0 + t_s + t_f \tag{1-64}$$

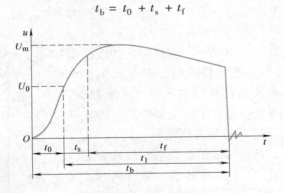

图 1-17　冲击击穿所需时间的示意图

短间隙中，尤其当电场较均匀时，放电形成时延比统计时延小得多，因此这种情况下放电时延主要决定于统计时延。为了减小统计时延，可以采用紫外线或其他高能射线对间隙进行人工照射，使阴极表面释放出更多电子。例如，用较小的球隙测量冲击电压时通常需要采取这种措施。较长的间隙中，放电时延常主要决定于放电形成时延，且电场越不均匀则放电形成时延越长。显然，对间隙施加高于击穿所需的最低电压，可以使统计时延和放电形成时延都缩短。

3. 50%击穿电压

由于放电时延服从统计规律，因此冲击击穿电压具有一定的分散性。一般的规律是，放电时延越长，则冲击击穿电压的分散性越大，即电场越不均匀或间隙越长，则冲击击穿电压

的分散性越大，也就是说低概率击穿电压与 100% 击穿电压的差别越大。从确定间隙耐受冲击电压的绝缘能力来看，希望在实验中求取低概率击穿电压 U_{b0}（U_{b0} 可看作是绝缘的冲击耐受电压），但这通常是很难准确求得的。国内外实践大多是求取 50% 放电电压，即多次施加电压时有 50% 概率会导致间隙击穿或不击穿。根据 50% 冲击击穿电压（U_{b50}）和标准偏差 σ 即可估算出 U_{b0} 值

$$U_{b0} = U_{b50} - 3\sigma \tag{1-65}$$

一般来说 50% 冲击击穿电压比工频击穿电压的峰值要高一些，这是由于雷电冲击电压作用时间短的缘故。同一间隙的 50% 冲击击穿电压 U_{b50} 与稳态击穿电压 U_0 之比，称为冲击系数 β。

$$\beta = \frac{U_{b50}}{U_0} \tag{1-66}$$

均匀电场和稍不均匀电场间隙的放电时延短，击穿的分散性小，冲击击穿通常发生在波峰附近，所以这种情况下冲击系数接近于 1。极不均匀电场间隙的放电时延长，冲击击穿常发生在波尾部分，这种情况下冲击系数大于 1。

4. 伏秒特性

由于放电时延的影响，气隙击穿需要一定的时间才能完成，对于不是持续作用而是脉冲性质的电压，气隙的击穿电压就与该电压作用的时间有很大关系。同一个气隙，在峰值较低但延续时间较长的冲击电压作用下可能被击穿，而在峰值较高但延续时间较短的冲击电压作用下可能反而不被击穿。因此，在冲击电压下仅用单一的击穿电压值描述间隙的绝缘特性是不全面的。一般用间隙上出现的电压最大值和间隙击穿时间的关系曲线来表示间隙的冲击绝缘特性，此曲线称间隙的伏秒特性曲线。

伏秒特性绘制方法如图 1-18 所示。保持一定的波形而逐级升高冲击电压的峰值，电压较低时，击穿发生在波尾。在击穿前的瞬时，电压虽已从峰值下降到一定数值，但该电压峰值仍然是气隙击穿过程中的主要因素，因此以该电压峰值为纵坐标，以击穿时刻为横坐标，得点 "1"、点 "2"。电压再升高时，击穿可能正好发生在波峰，则该点当然是伏秒特性曲线上的一点。电压进一步升高时，气隙很可能在电压尚未升到波形的峰值时就已经被击穿，如图中的点 "3"。把这些相应的点连成一条曲线，就是该气隙在该电压波形下的伏秒特性曲线。

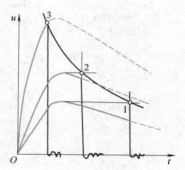

图 1-18 伏秒特性绘制方法
（虚线表示所加的原始冲击电压波形）

由于放电时间具有分散性，所以在每级电压下可得到一系列放电时间。实际上伏秒特性是以上、下包线为界的一个带状区域。工程上还采用所谓 50% 伏秒特性，或称平均伏秒特性。每级电压下，放电时间小于下包线横坐标所示数值的概率为 0%，大于上包线横坐标所示数值的概率为 100%。现于上下限间选一个数值，使放电时间小于该值的概率等于 50%，即某个电压下多次击穿中放电时间小于该值者恰占一半，这个数值可称为 50% 概率放电时间。以 50% 概率放电时间为横坐标，纵坐标仍为该电压值，连成曲线就是 50% 伏秒特性曲线，如图 1-19 所示。同理，上下包线可相应地称为 100% 及 0% 伏秒特性曲线。较多地采用的是 50% 伏秒特性，它从较少次的实验中就可得到。但应用

它时应注意，它只是大致地反映了该间隙的伏秒特性，在其两侧还有一定的分散范围。

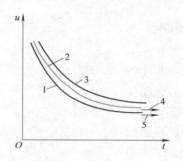

伏秒特性

图 1-19　50% 伏秒特性示意图

1—0% 伏秒特性　2—50% 伏秒特性　3—100% 伏秒特性
4—50% 冲击击穿电压　5—0% 冲击击穿电压（静态击穿电压）

1.2.3　操作冲击电压下的击穿

电力系统在操作或发生事故时，因状态发生突然变化引起电感和电容回路的振荡产生过电压，称为操作过电压。操作过电压幅值与波形显然跟电力系统的参数有密切关系，这一点与雷电过电压不同，后者一般取决于接地电阻，与系统电压等级无关。操作过电压则不然，由于其过渡过程的振荡基值即是系统运行电压，因此电压等级越高，操作过电压的幅值也越高。在不同的振荡过程中，振荡幅值最高可达最大相电压峰值的 3~4 倍。因此为保证安全运行，需要对高压电气设备绝缘考察其耐受操作过电压的能力。早期的工程实践中，采用工频高电压试验来考验绝缘耐受操作过电压的能力。但其后的研究表明，长间隙在操作冲击波作用下的击穿电压比工频击穿电压低。因此目前的试验标准规定，对额定电压在 300kV 以上的高压电气设备要进行操作冲击电压试验。这说明操作冲击电压下的击穿只对长间隙才有重要意义。

1. 操作冲击电压波形

操作过电压波形随着电压等级、系统参数、设备性能、操作性质、操作时机等因素而有很大变化。IEC 推荐了 250/2500μs 的操作冲击电压标准波形，我国国家标准也采用了这个标准波形。如图 1-20 所示，图中 0 点为实际零点，u 为电压值，图中 $u = 1.0$ 处为电压 u 峰值。波形特征参数为：波前时间 $T_{cr} = 250\mu s$，允许误差为 ±20%；半峰值时间 $T_2 = 2500\mu s$，允许误差为 ±60%；峰值允许误差 ±3%；90% 峰值以上持续时间 T_d 未做规定。

2. 操作冲击放电电压的特点

（1）U 形曲线　通常采用与雷电冲击波相似的非周期性指数衰减波来模拟频率为数千赫兹的操作过电压。研究表明，长空气间隙的操作冲击击穿通常发生在波前部分，因而其击穿电压与波前时间有关而

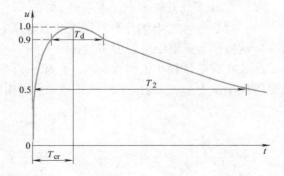

图 1-20　250/2500μs 的
操作冲击电压标准波形

与波尾时间无关。

图 1-21 表示空气中 3m 的棒-棒（一极接地）和导线-板间隙的平均击穿场强与操作冲击电压的波前时间的关系。由此可见，雷电冲击击穿场强高于工频击穿场强，但操作冲击波作用下当波前时间 t_{cr} 为 $100 \sim 300 \mu s$ 时，击穿场强出现极小值，其值比工频击穿场强要低。进一步的研究还表明，出现击穿场强极小值的波前时间随间隙距离的增加而增大。对于操作冲击电压作用下长间隙击穿的"U 形曲线"通常是用放电时延和空间电荷的形成与迁移这两种作用相反的影响因素来解释的。U 形曲线极小值

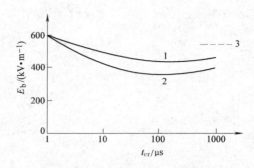

图 1-21　3m 空气间隙的平均击穿场强与
操作冲击的波前时间的关系
1—棒—棒（一极接地）　2—导线—板间隙
3—工频击穿场强

左边 E_b 随 t_{cr} 的减小而增大是放电时延在起作用，这一点与雷电冲击电压下的伏秒特性是相似的。U 形曲线极小值右边 E_b 随 t_{cr} 的增加而增大，是因为电压作用时间增加后空间电荷迁移的范围扩大，更好地改善了整个间隙电场分布，从而使击穿电压提高。

（2）极性效应　在各种不同的电场结构中，正极性操作冲击的 50% 击穿电压都比负极性的低，所以是更危险的。在讨论操作冲击电压下的间隙击穿特性时，若无特别说明，一般均指正极性的情况。还有一点值得注意的是，在同极性的雷电冲击标准波作用下，棒-板间隙的击穿电压比棒-棒间隙的击穿电压低得不多，而在操作过电压作用下，前者却比后者低得多。这个情况启示我们在设计高压电力装置时应注意尽量避免出现棒-板间隙。

（3）饱和现象　与工频击穿电压的规律性类似，长间隙在操作波电压作用下也呈现出显著的饱和现象，特别是棒-板间隙，其饱和程度更加突出。这是因为长间隙下先导形成之后，放电更易发展。而雷电冲击时，作用时间太短，所以雷电的饱和现象很不明显，放电电压与气隙距离一般呈线性关系。

（4）分散性大　在操作冲击电压作用下，间隙的 50% 击穿电压的分散性比雷电冲击下大得多，集中电极（如棒极）比伸长电极（如导线）要大。波前时间较长时（比如，大于 $1000 \mu s$）比波前时间较短时（比如 $100 \sim 300 \mu s$）要大。对棒—板间隙，50% 击穿电压的相对标准偏差前者达 8% 左右，波前时间较短时约 5%。而雷电冲击电压下，分散性小得多，$\sigma \approx 3\%$；工频下分散性更小，不超过 2%。

（5）邻近效应　电场分布对操作冲击电压 $U_{50\%}$ 影响很大，接地物体靠近放电间隙会显著降低正极性击穿电压（但能多少提高一些负极性击穿电压），称邻近效应。

$U_{50\%}$ 击穿电压极小值经验公式：正棒—板空气间隙操作冲击电压的 U 形曲线中 50% 放电电压极小值 $U_{50\%,\min}$ 与间隙距离 d 的关系可用如下经验公式表示

$$U_{50\%,\min} = \frac{3400}{1 + \dfrac{8}{d}} \tag{1-67}$$

$U_{50\%,\min}$ 与 d 的单位分别为 kV 和 m。

由实验结果，对于 $1 \sim 20$m 的长间隙，式（1-67）能很好地吻合。

1.2.4　大气条件对气体击穿的影响

大气中间隙的放电电压随空气密度的增大而提高，这是因为空气密度增大时电子的平均自由行程缩短，使电离过程削弱的缘故。而对于空气湿度来说，在极不均匀电场中，空气中的水分能使间隙的击穿电压有所提高，这是因为水分子具有弱电负性，容易吸附电子使其形成负离子的缘故。但湿度对均匀电场间隙击穿的影响很小，因为均匀场间隙在击穿前各处的场强都很高，即各处电子运动速度都很高，不易被水分子捕获而形成负离子。所以，在均匀场或稍不均匀场间隙中，通常对湿度的影响可忽略不计。本节中讨论湿度对放电的影响是指空气中水汽分子的影响，当空气的相对湿度很高而在固体绝缘表面发生凝露时情况就不同了。这种情况下电场分布会发生畸变，因而导致气隙击穿电压或沿固体绝缘表面的闪络电压下降。

1. 湿度校正因数和空气密度校正因数

根据我国国家标准 GB/T 16927.1—2011《高电压试验技术 第 1 部分：一般定义及试验要求》，在不同大气状态下，外绝缘放电电压可按如下公式校正：

$$U = K_{t}U_{0} \tag{1-68}$$

式中　U_{0}——标准大气状态下（气压为 101.3kPa，温度为 20℃，绝对湿度为 11g/m³）外绝缘放电电压；

　　U——实际大气状态下外绝缘放电电压；

　　K_{t}——大气修正因素。K_{t} 是下列两个因素的乘积：

$$K_{t} = k_{1}k_{2} \tag{1-69}$$

式中　k_{1}——空气密度校正因数；

　　k_{2}——湿度校正因数。

空气密度校正因数 k_{1} 取决于相对空气密度 δ，一般可表达为

$$k_{1} = \delta^{m} = \left(\frac{p}{p_{0}} \cdot \frac{273 + t_{0}}{273 + t} \right)^{m} \tag{1-70}$$

式中　p，t——试验条件下的气压、气温，单位分别为 Pa、℃；

　　p_{0}，t_{0}——标准状态下的气压、气温，单位分别为 Pa、℃。

湿度校正因数可表达为

$$k_{2} = k^{w} \tag{1-71}$$

式中　k——绝对湿度的函数，取决于试验电压类型，并与绝对湿度 h 与相对空气密度 δ 的比率有关。

式（1-70）和式（1-71）中的幂指数 m 和 w，取决于电压的类型、放电电压值和最小放电路径，可参考标准 GB/T 16927.1—2011 获得。

2. 海拔的影响

随着海拔的增加，大气压力下降，空气密度减小，导致外绝缘放电电压也随之下降。

海拔对外绝缘放电电压的影响一般也由经验公式估计。根据我国国家标准 GB 311.1—2012《绝缘配合第 1 部分：定义、原则和规则》规定，对用于海拔 4000m 以下 1000m 以上的设备外绝缘以及干式变压器绝缘，在非高海拔地区试验时，其试验电压 U 应为标准状态下试验电压 U_{s} 乘以海拔校正系数 K_{a}，即

$$U = K_a U_s = e^{q(H-1000)/8150} U_s \qquad (1-72)$$

式中 H——安装地点海拔，单位为 m；

　　　 q ——指数，取值为：对雷电冲击耐受电压，取 1.0；对空气间隙和清洁绝缘子的短时工频耐受电压，取 1.0；对操作冲击耐受电压，q 按图 1-22 选取。

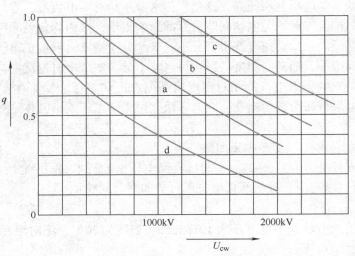

图 1-22   指数 q 与配合操作冲击耐受电压的关系

a—相对地绝缘；b—纵绝缘；c—相间绝缘；d—棒-板间隙（标准间隙）

注：对于由两个分量组成的电压，电压值是各分量的和。

1.2.5　提高气体击穿电压的措施

提高气体击穿电压不外乎两个途径：一方面是改善电场分布，使之尽量均匀；另一方面是利用其他方法来削弱气体中的电离过程。改善电场分布也有两种途径：一种是改进电极形状；另一种是利用气体放电本身的空间电荷畸变电场的作用。

1. 电极形状的改进

均匀电场和稍不均匀电场间隙的平均击穿场强比极不均匀电场间隙的要高很多。一般来说，电场分布越均匀，平均击穿场强越高。因此，可以通过改进电极形状、增大电极曲率半径，以改善电场分布，提高间隙的击穿电压。同时，电极表面应尽量避免毛刺、棱角等以消除电场局部增强的现象。若不可避免出现极不均匀电场，则尽可能采用对称电场（棒-棒类型）。即使是极不均匀电场，很多情况下，为了避免在工作电压下出现强烈电晕放电，必须增大电极曲率半径。

改变电极形状以调整电场的方法有：

1）增大电极曲率半径。如变压器套管端部加球形屏蔽罩，采用扩径导线（截面积相同，半径增大）等，用增大电极曲率半径的方法来减小表面场强。

2）改善电极边缘。电极边缘做成弧形，或尽量使其与某等位面相近，以消除边缘效应。

3）使电极具有最佳外形。如穿墙高压引线上加金属扁球，墙洞边缘做成近似垂链线旋转体，以此改善其电场分布。

2. 空间电荷对原电场的畸变作用

极不均匀电场中间隙被击穿前先发生电晕现象，所以在一定条件下，可以利用放电自身产生的空间电荷来改善电场分布，以提高击穿电压。例如，导线与平板间隙中，当导线直径减小到一定程度后，间隙的工频击穿电压反而显著提高。

当导线直径很小时，导线周围容易形成比较均匀的电晕层，电压增加，电晕层也逐渐扩大，电晕放电所形成的空间电荷使电场分布改变。由于电晕层比较均匀，电场分布改善了，从而提高了击穿电压。当导线直径较大时，情况就不同了。电极表面不可能绝对光滑，总存在电场局部强的地方，从而存在电离局部强的现象。此外，由于导线直径较大，导线表面附近的强场区也较大，电离一经发展，就比较强烈。局部电离的发展，将显著加强电离区前方的电场，而削弱了周围附近的电场（类似于出现了金属尖端），从而使该电离区进一步发展。这样，电晕就容易转入刷状放电，从而其击穿电压就和尖-板间隙的击穿电压相近了。只有在一定间隙距离范围内才存在上述"细线"效应。间隙距离超过一定值时，细线也将产生刷状放电，从而破坏比较均匀的电晕层，此后击穿电压也同尖-板间隙的击穿电压相近了。

实验表明，雷电冲击电压下没有细线效应。这是由于电压作用时间太短，来不及形成充分的空间电荷层的缘故。利用空间电荷（均匀的电晕层）提高间隙的击穿电压，仅在持续作用电压下才有效，而且此时在击穿前将出现持续的电晕现象，这在很多场合下是不允许的。

3. 极不均匀场中屏障的采用

在极不均匀场的空气间隙中，放入薄片固体绝缘材料（如纸或纸板），在一定条件下可以显著地提高间隙的击穿电压。屏障的作用在于屏障表面上积聚的空间电荷，使屏障与板电极之间形成比较均匀的电场，从而使整个间隙的击穿电压提高。

工频电压下，在尖-板电极中设置屏障可以显著地提高击穿电压，因为工频电压下击穿总是发生在尖电极为正极性的半周内。雷电冲击电压下，屏障可提高尖-板间隙的击穿电压，但是幅度比稳态电压下要小一些。

4. 提高气体压力的作用

提高间隙击穿电压的另一个途径是采取其他方法削弱气体中的电离过程，比如，在设备内绝缘等有条件的情况下提高气体压力。由于大气压下空气的电气强度约为$30kV/cm$，即使采取上述措施，尽可能改善电场分布，其平均击穿场强最高也不会超过这个数值。而提高气体压力可以减小电子的平均自由行程，削弱电离过程，从而提高击穿电压。

在采取这种措施时必须注意电场均匀程度和电极表面状态。当间隙距离不变时，击穿电压随压力的提高而很快增加；但当压力增加到一定程度后，击穿电压增加的幅度逐渐减小，说明此后继续增加压力的效果逐渐下降了。在高气压下，电场的均匀程度对击穿电压的影响比在标准大气压下要显著得多，电场均匀程度下降，击穿电压急剧降低。因此采用高气压的电气设备应使电场尽可能均匀。而在实际工程中采用的高气压值不会太大，因为气压太高时，击穿电压随气压升高的规律不符合巴申定律，气压越高，二者分歧越大。而且同一δd条件下，气压越高，击穿电压越低。另外气压太高，工程制造成本会大幅度增加。

在高气压下，气隙的击穿电压和电极表面的粗糙度有很大关系。电极表面越粗糙，气隙的击穿电压就越低，气体压力越大，影响就越显著。一个新的电极最初几次的击穿电压往往较低，经过多次限制能量的火花击穿后，气隙的击穿电压就有显著的提高，分散性减小，这个过程称作对电极进行"老炼"处理。气压越高，"老炼"处理所需的击穿次数越多。电极表面不洁，有污物以及湿度等因素在高气压下对气隙击穿电压的影响都要比常压下显著。如果电场不均匀，湿度使击穿电压下降的程度更显著。

因此，高气压下应尽可能改进电极形状，以改善电场分布。在比较均匀的电场中，电极应仔细加工光洁。气体要过滤，滤去尘埃和水分。充气后需放置较长时间净化后再使用。

5. 高真空和高电气强度气体 SF_6 的采用

(1) 高真空的采用 采用高真空削弱了电极间气体的电离过程，虽然电子的自由行程变得很大，但间隙中很少气体分子可供碰撞，因此电离过程难以发展，从而可以显著提高间隙击穿电压。

间隙距离较小时，高真空的击穿场强很高，其值超过压缩气体间隙；但间隙距离较大时，击穿场强急剧减小，明显低于压缩气体间隙的击穿场强。真空击穿理论对这一现象是这样解释的：高真空小间隙的击穿是与阴极表面的强场发射密切有关。由于强场发射造成很大的电流密度，导致电极局部过热使电极发生金属汽化并释放出气体，破坏了真空，从而引起击穿。间隙距离较大时，击穿是由所谓全电压效应引起的。随着间隙距离及击穿电压的增大，电子从阴极到阳极经过巨大的电位差，积聚了很大的动能，高能电子轰击阳极时使阳极释放出正离子及辐射出光子；正离子及光子到达阴极后又将加强阴极的表面电离。在此反复过程中产生越来越大的电子流，使电极局部汽化，导致间隙击穿，这就是全电压效应引起平均击穿场强随间隙距离的增加而降低的原因。由此可见，真空间隙的击穿电压与电极材料、电极表面粗糙度和清洁度（包括吸附气体的多少和种类）等多种因素有关，因此击穿分散性很大。在完全相同的实验条件下，击穿电压随电极材料熔点的提高而增大。在电力设备中目前还很少采用高真空作为绝缘介质，因为电力设备的绝缘结构中总会使用固体绝缘材料，这些固体绝缘材料会逐渐释放出吸附的气体，使真空无法保持。目前真空间隙只在真空断路器中得到应用。真空不仅绝缘性能好，而且有很强的灭弧能力，所以真空断路器已广泛应用于配电网。

(2) 高电气强度气体 SF_6 的采用 高气压高真空到一定限度后，给设备密封带来很大困难，造价大为上升。而且 10 个大气压（atm，$1atm = 101.325kPa$）以后，再提高气压，效果越来越差。近几十年，人们发现许多含卤族元素的气体化合物，如 SF_6、CCl_4、CCl_2F_2 等的电气强度都比空气高很多，这些气体通常称为高电气强度气体。采用这些气体代替空气可以提高间隙击穿电压，缩小设备尺寸，降低工作气压。

表 1-6 中列出了几种气体的相对电气强度。所谓某种气体的相对电气强度是指在气压与间隙距离相同的条件下该气体的电气强度与空气电气强度之比。

表 1-6　几种气体的相对电气强度

气　　体	N_2	SF_6	CCl_2F_2	CCl_4
相对电气强度	1.0	2.3 ~ 2.5	2.4 ~ 2.6	6.3
作为绝缘介质的 1atm 下的液化温度/℃	-195.8	-63.8	-28	26

SF_6 气体的主要优点除了具有较高的电气强度外，还有很强的灭弧性能，是一种无色、无味、无毒、非燃性的惰性化合物，对金属和其他绝缘材料没有腐蚀作用，被加热到 500℃ 仍不会分解。在中等压力下，SF_6 气体可以被液化，便于储藏和运输。SF_6 气体被广泛用于

大容量高压断路器、高压充气电缆、高压电容器、高压充气套管以及全封闭组合电器中。采用 SF_6 的电气设备的尺寸大为缩小，例如，500kV 的 SF_6 金属封闭式变电站的占地仅为开放式 500kV 变电站用地的 5%，且不受外界气候变化的影响。

用 SF_6 电气设备的缺点是造价太高，而且作为一种对臭氧层有破坏作用的温室气体，SF_6 的进一步应用遇到一些问题，不过目前还找不到一种在性能、价格方面都能与 SF_6 竞争的高电气强度气体。

1.3   新型气体介质的电气强度及应用

在电力系统和电气设备中常用气体作为绝缘介质，空气、N_2 等常规气体以及 SF_6 气体在目前应用得最为广泛。六氟化硫（SF_6）气体具有极其优秀的绝缘性能和灭弧能力，其电气强度约为空气的 2.5 倍，其灭弧能力更是高达空气的 100 倍以上。然而，SF_6 气体被公认为一种对大气环境有较大危害的温室气体，是人类目前已知的最强温室气体之一。为了减少 SF_6 气体排放，探索环境友好型的 SF_6 替代气体作为绝缘媒质一直是电气工程领域重要的研究方向和迫切需要解决的热点问题。

近年来，在国内外相关高校、研究机构和企业的共同努力探索下，SF_6 气体的等效替代技术研究及应用取得了一系列重大进展。SF_6 替代介质的研究主要分为三个方向，一是使用常规气体（空气、N_2 和 CO_2）；二是使用 SF_6 混合气体（包括 $SF_6 - N_2$、$SF_6 - CO_2$、$SF_6 - CF_4$ 等）；三是使用新型环保替代气体介质（如 C_4F_7N、$C_5F_{10}O$ 等）。

1.3.1 SF_6 气体介质的电气强度及应用

1. SF_6 气体介质的电气特性

SF_6 气体在常温下惰性极强，与氮气相似，是已知化学稳定性最好的物质之一，一般不与其他材料发生化学反应。但在大功率电弧、火花放电和电晕放电作用下，SF_6 气体会发生不同程度的分解，生成各种低氟硫化物（SF_x，$x = 1，2，3，4，5$），如果 SF_6 气体绝缘装备内部同时存在微量的 H_2O 和 O_2 等杂质成分，其分解物还会进一步与之发生反应，生成如 SO_2F_2、SOF_2、SO_2、HF 和 H_2S 等组分气体，这些分解气体具有腐蚀性以及不同程度的毒性，会给电气设备和电力工作者带来安全隐患。一般来说，不必考虑 SF_6 气体的液化问题，但在高寒地区应用时，需考虑对电气设备采取加热措施，或采用 SF_6 混合气体降低液化温度。

SF_6 气体具有极为优异的电气性能，在均匀电场下，SF_6 气体的绝缘强度能够达到空气的 2.5 倍。原因在于：

1）SF_6 气体分子的电子碰撞附着截面较大，使之具有很强的电子吸附能力，容易俘获自由电子而形成负离子（电子附着过程），这些电子结合 SF_6 分子形成负离子之后，引起碰撞电离的能力大大削弱，弱化了放电发展的过程。

2）SF_6 分子直径比空气中氧气分子、氮气分子的大，使得电子在 SF_6 气体中的平均自由行程缩短而不易在电场中积累能量，减少了碰撞电离的能力。同时，SF_6 气体分子量是空气的 5 倍，离子的运动速度比空气中氧、氮离子的运动速度慢，正、负离子更容易发生复合，使得 SF_6 气体中带电质点减少，阻碍了气体放电的形成和发展。

SF₆气体具有很强的电负性以及较高的热传导效率，因此在交流电弧下具有强烈的电弧冷却能力。SF₆分子量大，在交流电弧过零时，电子运动速度较慢，不能获得使电子再次碰撞的速度，因此电弧较容易熄灭，灭弧性能可达到空气的100倍。

SF₆气体对电场均匀程度的敏感性要远高于空气等介质。具体来说，与均匀电场中的击穿电压相比，SF₆在极不均匀电场中击穿电压下降的程度比空气要大，如图1-23所示，当电极曲率半径小、气压低时，尖电极在SF₆中的局部放电起始电压约为在空气中的2倍，而当尖电极的曲率半径加大50倍时，局部放电起始电压才增加到空气3倍。换言之，SF₆优异的绝缘性能只有在电场比较均匀的场合才能得到充分的发挥。因此，在设计以SF₆气体作为绝缘介质的各种电气设备时，应尽可能使气隙中的电场均匀化，使SF₆优异的绝缘性能得到充分的利用。

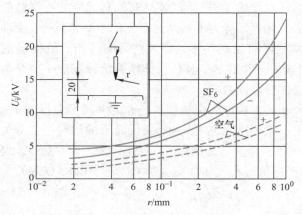

图1-23 尖-板电极间，气压为0.1MPa的SF₆及空气的局部放电起始
电压 U_i 与电极曲率半径 r 的关系

2. 电气设备中SF₆的应用

SF₆最早出现在1900年，40年后，才首次作为绝缘气体使用于核物理高压研究装置中。20世纪50年代末SF₆才真正应用于电力工业，用作断路器的内部绝缘和灭弧介质。1965年出现SF₆金属密封式组合电器。

到目前为止，从性能、价格角度来看，SF₆气体仍是已知最好的高电气强度气体。SF₆气体以其绝佳的绝缘性能和灭弧能力，广泛应用于气体绝缘设备中。在超高压和特高压的范畴内，SF₆气体甚至已经完全取代了绝缘油和压缩空气，成为唯一的断路器灭弧介质。时至今日，SF₆气体已经是除空气外应用得最为广泛的气体介质。SF₆气体在电气设备中的应用主要分为四类：

（1）全封闭组合电器 SF₆全封闭组合电器（Gas Insulated Substation, GIS），主要由接地开关、母线、出线终端、断路器、避雷器、连接件、互感器和隔离开关等组成，将这些重要的组件和设备全部密闭封装在接地良好的金属外壳内，内部充入SF₆气体。与常规的敞开式变电站相比，GIS具有占地面积小、安装方便、维护工作量很小、结构紧凑、安全性强、可靠性高、环境适应能力强和配置灵活等优点，广泛应用于特高压、超高压和高压等领域。但如果内部出现隐患或故障，检测难度较大，同时GIS存在漏气隐患。据统计，某些大型变电站每年平均漏气量达数百公斤。

基于 GIS 良好的运维优势，气体绝缘线路（GIL）作为其衍生产品，是将导体封装在充以压缩高强度气体（SF_6 或其混合气体）的管道里的输电线路。具有安全可靠、输电容量大及环境影响小等优点，在某些场合（如跨越江河或海峡），可用来取代电力电缆或架空线。

（2）断路器 SF_6 的良好灭弧性和绝缘性使得断路器具有维护工作量小、尺寸小、重量轻和开断容量大等优点。在当前 35kV 的中压断路器市场上，基本全为 SF_6 断路器和真空断路器。而在 110kV 及以上电压的高压及超高压断路器，几乎全都为 SF_6 断路器。

（3）互感器 电压等级越高，填充 SF_6 的电流互感器的比例越大，但是近年来填充 SF_6 的电流互感器出现的故障率和事故率呈上升趋势，500kV 的互感器尤甚，因此目前仍是电容式电压互感器和油浸式互感器占据市场的主要份额。

（4）其他设备 具有良好灭弧性、散热性及绝缘性的 SF_6，当前在中压设备中也有一定的应用。比如填充 SF_6 的开关柜逐渐提升市场份额，配电用的填充 SF_6 的环网柜、开关柜等新产品在近几年不断推出，SF_6 气体绝缘的电缆（GIC）和变压器（GIT）也在研究中，并且 GIT 已在北京、深圳等地有了现场应用。

1.3.2 环保气体的电气强度及应用

SF_6 气体是一种对大气环境有较大危害的温室气体，其以 100 年为基准的温室效应潜在值（Global Warming Potential，GWP）是 CO_2 的 23900 倍，且 SF_6 的化学性质极为稳定，可以在大气中存在 3200 年之久。为了控制大气中的温室气体含量，国际社会开展了广泛的全球性合作和努力，我国作为《联合国气候变化公约》和《京都协定书》的主要缔约国之一，也积极地采取了一系列措施，推进和执行温室气体的节能减排。因此严格限制 SF_6 气体排放，减少 SF_6 气体的使用，探索研究能替代 SF_6 的环保气体作为绝缘媒质具有十分重要的意义。

表 1-7 给出了一些目前关注度较高的环保绝缘气体介质的物理和环境参数。可以看到，绝缘性能优于 SF_6 或者与 SF_6 相当的绝缘气体都存在 GWP 较高或者液化温度过高的缺点，如 $C-C_4F_8$ 等。而对环境友好的气体，如 CO_2、N_2 等，则由于电负性太弱或不具有电负性，导致气体的绝缘强度过低而无法用于高压电气设备中。因此目前对于替代 SF_6 的环保气体研究主要集中在以下三个方向。

表 1-7 环保型绝缘气体与 SF_6 气体性能比较

序号	分子式	理化性能		电气性能	
		沸点/℃	GWP_{100}	绝缘性能	灭弧性能
1	SF_6	−62.0	23900	1.0	1.0
2	CO_2	−78.5	1	0.3 ~ 0.4	0.01
3	N_2	−196.0	…	0.3 ~ 0.4	0.01
4	干燥空气	−183	…	0.33	0.01
5	CF_4	−128	6500	0.39	0.5
6	CF_3I	−22.5	1 ~ 5	1.2	0.9

(续)

序号	分子式	理化性能		电气性能	
		沸点/℃	GWP_{100}	绝缘性能	灭弧性能
7	$C-C_4F_8$	-8	8700	1.2	1
8	C_4F_7N	-4.7	2200	2.1	—
9	$C_5F_{10}O$	26.9	1	2	—
10	$C_6F_{12}O$	49	1	2.8	—

注：电气性能指的是相对 SF_6 气体的值，其中绝缘性能是均匀电场下的直流击穿电压值；表中"…"代表不存在 GWP 问题，"—"代表缺乏试验数据；GWP_{100} 表示在 100 年时间尺度下的 GWP 值。

1. 常规环保气体

常规环保气体主要为自然界本身存在的气体，如干燥空气、N_2、CO_2 以及相应的混合气体等，由于常规气体理化性质比较稳定，制备成本较低，不易燃且不助燃，液化温度远低于 SF_6，且有较低的温室效应，应用于气体绝缘设备中的前景受到较大关注。国内外学者针对常规气体的局部放电特性、击穿特性和灭弧能力展开了大量实验研究。

研究发现，在常规气体之中，当气压为 0.5MPa 时，空气的绝缘强度大于纯 N_2 和 CO_2，与 N_2/O_2（O_2 体积分数为 20%）绝缘强度相当；在棒-板电极下，空气与 N_2 的局部放电起始电压几乎相同而空气的击穿电压大于纯 N_2，同时在气压 0.6MPa 时，空气的绝缘强度能达到 SF_6/N_2（SF_6 体积分数为 5%）的 95%。在灭弧能力方面，CO_2 的灭弧能力优于空气，一定程度上弱于 SF_6，30% CO_2 混合 O_2 或 He 击穿后残余电弧的电导下降更快，具备更优秀的开断能力。此外，常规气体与固体相结合的绝缘方式也有一定的研究成果，针对常规气体绝缘设备，在电极表面添加固体绝缘涂料，电极间击穿电压可提升至原来的 1.5 倍，有效增加了设备的绝缘水平。基于此种方法，在不改变设备尺寸的条件下，采用 1.0MPa N_2 与固体绝缘涂料结合即可替代 0.5MPa 的 SF_6。此种方法已有实际应用，例如日本东芝三菱输配电株式会社设计并制造的 31.5~72.5kV 等级 CO_2 气体绝缘开关柜。

常规气体虽然性质稳定，在部分中低压设备中作为绝缘介质可以替代 SF_6，但是气体分子吸附电子的能力远小于 SF_6，导致绝缘强度远低于 SF_6。在设备中使用常规气体一般要增大气压同时增大电气设备的尺寸，且对气体绝缘电气设备的容器刚度、耐压强度等设计有较高的要求，造成设备占地面积增加，经济成本相对增加，不利于大范围的推广使用。

2. SF_6 混合气体

SF_6 气体有良好的电气特性和化学稳定性，但其价格较高、液化温度不够低，且对电场不均匀度太敏感，所以将 SF_6 气体与空气、N_2、CO_2、CF_4 等气体混合，一直是国内外研究的热点，以期在某些场合用 SF_6 混合气体来代替纯 SF_6 气体。以常见的廉价气体如 N_2、CO_2 或空气与 SF_6 气体组成混合气体时，即使加入少量的 SF_6 就能使这些常见气体的电气强度有很大的提高，但继续增加 SF_6 的含量，上述电气强度的增大会出现饱和趋势。这是因为少量的 SF_6 分子已能起俘获电子而形成负离子的作用。虽然其电气强度比不上纯 SF_6 气体，但经济上十分合算。若将 SF_6 气体与一些其他卤族元素的气体混合，其电气强度甚至能有所提升，以至于所应用的电气设备的制造体积进一步缩小。

（1）SF_6-N_2 混合气体　目前已获工业应用的是 SF_6-N_2 混合气体，主要用作高寒地区断路器的绝缘媒质和灭弧媒质，采用的混合比通常为 50%∶50% 或 60%∶40%，此时的介电强度可达到 SF_6 的 85% ~ 90%，且可以提高在极不均匀电场下的脉冲和交流击穿强度。所谓混合比是指两种气体成分的体积比，也就是两种气体分压之比。图 1-24 给出 $SF_6 - N_2$ 气体在不同混合比时有效电离系数 $\bar\alpha$ 随电场强度的变化曲线。可以看出，在 SF_6 含量减小时，同一 E/P 值下的 $\bar\alpha/P$ 值变大，但这时 $\bar\alpha/P = f(E/P)$ 曲线的斜率也在减小，表明混合气体的电气强度对电场的敏感度减低了，亦说明混合气体对电极表面缺陷和导电微粒等因素也不像纯 SF_6 气体那样敏感。

图 1-25 为 SF_6 含量不同时 $SF_6 - N_2$ 混合气体的击穿场强和纯 SF_6 气体的击穿场强之比，以 RES 来表示。当 SF_6 含量 x 超过 0.1 时，$SF_6 - N_2$ 混合气体的 RES 可近似地表示为

$$RES = x^{0.18} \tag{1-73}$$

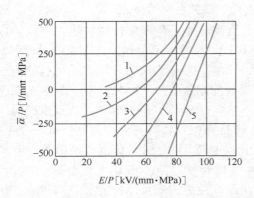

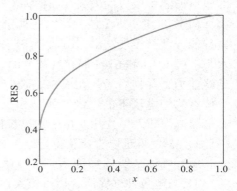

图 1-24　$SF_6 - N_2$ 混合气体中的 $\bar\alpha/P = f(E/P)$ 关系曲线

1—纯 N_2　2—SF_6 含量为 10%　3—SF_6 含量为 25%

4—SF_6 含量为 50%　5—纯 SF_6

图 1-25　$SF_6 - N_2$ 混合气体的

RES 与 SF_6 含量 x 的关系

对于混合气体的应用，一般需将充混合气体的设备的工作气压再提高 0.1MPa，以提高混合气体的绝缘性能和灭弧能力，以 $SF_6 - N_2$ 混合气体代替纯 SF_6 气体，可取得很大的经济效益。尤其在用气量很大的长管道输电线中，即使将工作气压提高 0.1MPa，在 50% 的混合比下，仍可使气体的费用减少约 40%。2001 年，西门子公司推出了世界首条以 $SF_6 - N_2$ 混合气体为绝缘介质的 GIL，并在瑞士日内瓦国际机场示范运行。2018 年，我国华东首条 30% $SF_6 - 70\%$ N_2 混合气体母线在安徽芜湖 220kV 普庆变电站成功投运。国家电网有限公司研发的 1100kV 特高压 $SF_6 - N_2$ 混合气体 GIL 样机，在武汉特高压交流试验基地通过一年带电考核。SF_6 混合气体在绝缘电气设备的推广和使用，可以一定程度减少 SF_6 气体的使用量和排放量，但不能彻底避免 SF_6 的使用，无法从根本上解决温室效应问题。

（2）$SF_6 - CF_4$ 混合气体　CF_4 气体具有良好的灭弧性能和较低的液化温度，在 SF_6 中加入适当的 CF_4，可以实现在绝缘与灭弧性能下降不多的前提下，降低气体的液化温度，从而满足高寒地区的需求。目前，已经生产了一些成熟的产品，例如 115kV/40kA $SF_6 - CF_4$ 混合气体断路器，245kV/40kA、550kV/40kA 甚至 800kV/40kA 的 $SF_6 - CF_4$ 混合气体断路器等。加拿大马尼托巴水电站为适应低温环境，研制了一种充气压力为 0.7MPa，以体积分数 50% $SF_6 - 50\%$ CF_4 为灭弧介质的 115kV/40kA 高压断路器。ABB 公司推出了其研制的额定电压为 550kV、额定电流为 4kA、开断容量为 40kA 的 $SF_6 - CF_4$ 断路器，并在多尔西换流站

稳定运行。

（3）SF_6 - He 混合气体 研究人员还研究了 SF_6 与惰性气体 He 混合物的绝缘和灭弧性能。He 的热导率远高于 SF_6，25% SF_6 - 75% He 混合气体的介质恢复性能比纯 SF_6 高约 10%。日本九州大学的研究人员认为，SF_6 - He 混合气体适用于开断线路短路故障。但由于和惰性气体混合后绝缘性能普遍被大幅削弱，目前仍处于基础研究阶段，没有成熟的产品得到实际应用。

3. 新型环保绝缘气体

除上述常规气体和 SF_6 混合气体外，一些物理化学性质稳定、绝缘强度高且温室效应较低的电负性气体在电气领域中的研究取得一些成果。一些氢氟碳化物（Hydrofluorocarbons，HFCs）和全氟化碳（Perfluorocarbons，PFCs）气体因其优良的介电特性，较强的电负性和相对较低的温室效应而被关注。比如 CF_3I、$C\text{-}C_4F_8$、C_4F_7N 和 $C_5F_{10}O$ 等。

（1）CF_3I CF_3I 是一种性能稳定的典型电负性气体，在理化性能、热力学性质以及电气性能方面都表现突出。CF_3I 和 SF_6 的导热率接近，在传导热量和灭弧方面可以达到 SF_6 的水平；纯 CF_3I 和 CF_3I 混合气体的电导率都低于 SF_6，印证了 CF_3I 及其混合气体具有较强的绝缘能力，其临界场强大于 SF_6，相对 SF_6 更容易抑制放电的产生和发展。而纯净的 $C\text{-}C_4F_8$ 气体在均匀电场下的绝缘性能是 SF_6 气体的 1.18 ~ 1.25 倍，但该气体液化温度较高，无法在低温高海拔地区使用。由于纯电负性气体普遍具有相对较高的液化温度（尤其是 CF_3I 和 $C\text{-}C_4F_8$），使得难以直接获得应用，必须与液化温度较低的缓冲气体混合使用。

缓冲气体一般选择为 N_2 或 CO_2，这两种气体性质稳定，液化温度分别为 -196℃ 和 -78℃，与电负性气体混合后可极大地改善液化温度性能，还可以抑制其分解过程。研究发现，混合气体中，随着 CF_3I 混合比的增加，CF_3I/CO_2 混合气体的击穿强度呈线性增长，当 CF_3I 含量为 60% 时，其绝缘强度可以达到纯 SF_6 水平；而相同比例下，CF_3I/N_2 击穿电压比 SF_6/N_2 低，且随 CF_3I 混合比增加，CF_3I/N_2 混合气体的直流击穿电压呈近似的线性增长趋势，而 SF_6/N_2 呈现出非线性增长趋势。从图 1-26 的稍不均匀电场中不同混合比例 $CF_3I/$ 空气混合气体的雷电冲击（正极性）击穿电压与间隙距离的关系中，可以发现，无论是正极性还是负极性，和 SF_6 相比，$CF_3I/$ 空气都具有较高的雷电冲击放电电压。由于雷电冲击放电电压的饱和现象，实际使用时，提高设备尺寸对设备绝缘强度的提高作用有限。

虽然 CF_3I 混合气体具有较大的应用前景，但目前并没有工程实际应用，针对其放电机理、混合气体的分解特性、灭弧性能以及受到外界条件的影响程度还需要进行深入地研究和探讨。

（2）C_4F_7N C_4F_7N 同样具有优异的绝缘性能，相较于 N_2、空气，CO_2 更适合作为缓冲气体。C_4F_7N 含量为 6% ~ 15% 的 $C_4F_7N\text{-}CO_2$ 混合气体具备应用于中、高压气体绝缘输配电设备的潜力；受限于最低运行温度（-25℃），高压设备应用场景下混合气体无法达到纯 SF_6 的绝缘水平，未来需要进一步考虑设备绝缘结构、气压及制造成本，开展真型设备中的绝缘性能测试及评估。现有的研究证实了 $C_4F_7N\text{-}CO_2$ 混合气体具有开断母线传输电流（负荷电流）的潜力，但存在开断后气体绝缘性能下降明显、固体物质析出严重等问题，这与 C_4F_7N 分子结构复杂、复原特性较差等密切相关。并且 $C_4F_7N\text{-}CO_2$ 混合气体具有优异的热稳定性，初始热分解温度高于 350℃，且高气压下（0.3MPa 以上）混合气体的热稳定性显著优于低气压（0.15MPa）条件。

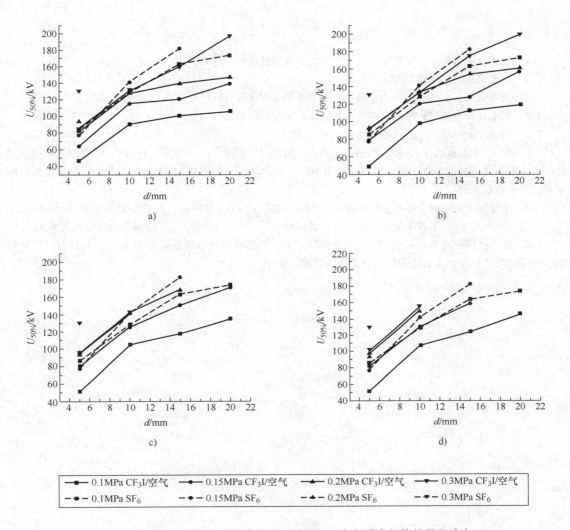

图 1-26　稍不均匀电场中不同混合比例 CF_3I/空气混合气体的雷电冲击

（正极性）击穿电压与间隙距离的关系

a)　$k(CF_3I) = 5\%$　　b)　$k(CF_3I) = 10\%$　　c)　$k(CF_3I) = 20\%$　　d)　$k(CF_3I) = 30\%$

（3）$C_5F_{10}O$　从 2015 年起，国内外学者将研究目光聚焦在绝缘性能远高于 SF_6，且环保特性优异的全氟化腈、全氟化酮两类物质上。针对全氟化腈的研究主要围绕 C_4F_7N 展开，而全氟化酮则以 $C_5F_{10}O$ 为代表，其绝缘性能达到了 SF_6 的 2 倍，且 GWP 仅为 1，大气寿命仅为 15 天，对环境的影响极小。但由于 $C_5F_{10}O$ 的液化温度高达 26.9℃（即常温常压下为液态），为保证设备最低 -25℃ 或 -10℃ 运行温度不液化，常以 CO_2 或干燥空气作为缓冲气体混合应用，且混合气体中 $C_5F_{10}O$ 含量需小于 8%，即 $C_5F_{10}O$ 混合气体的绝缘强度相比于纯 $C_5F_{10}O$ 气体有较大下降，如 5% $C_5F_{10}O$ - 95% CO_2 混合气体的液化温度接近 0℃，而绝缘强度约为 SF_6 气体的 0.49。因此，$C_5F_{10}O$ 气体的液化温度极大地限制了其在电力工业中的应用发展，在高压气体绝缘设备中的应用潜力弱于中低压气体绝缘设备。

习题与思考题

1-1 气体放电过程中产生带电质点最重要的方式是什么？为什么？

1-2 简要论述汤逊理论与流注理论。

1-3 为什么棒—板间隙中棒为正极性时电晕起始电压比负极性时略高？

1-4 雷电冲击电压的标准波形的波前和波长时间是如何确定的？

1-5 操作冲击放电电压的特点是什么？

1-6 在 $P = 755$mmHg，$t = 33$℃ 的条件下测得一间隙的工频击穿电压峰值为 108kV。试近似求取该气隙在标准大气条件下的击穿电压值。（请查阅 GB 16927.1—2011 高电压试验技术第 1 部分：一般定义及试验要求，确定指数取值）

1-7 某母线支柱绝缘子拟用于海拔 4000m 的高原地区的 35kV 变电站，问平原地区的制造厂在标准参考大气条件下进行 1min 工频耐受电压试验时，其试验电压应为多少千伏？（工频耐受电压参见表 9-5）

1-8 在一极间距离为 1cm 的均匀电场气体间隙中，电子碰撞的电离系数为 11cm^{-1}，假设有一个初始电子从阴极表面出发，求到达阳极的电子崩中的电子数目。

第2章

液体的绝缘特性与介质的电气强度

2.1 电介质的电气参数

一切电介质在电场作用下都会出现极化、电导和损耗等电气物理现象，当电场强度足够高时，还可能出现击穿现象。电介质的电气特性，主要表现为它们在电场作用下的介电性能、导电性能和电气强度。分别以 4 个主要参数：介电常数 ε、介质损耗角正切 $\tan\delta$、电导率 γ 和击穿电场强度（简称击穿场强）E_b 来表示。

2.1.1 电介质的极化

1. 介电常数的定义

电介质的介电常数也称为电容率，是描述电介质极化的宏观参数。电介质极化的强弱可用介电常数的大小来表示，它与该介质分子的极性强弱有关，还受到温度、外加电场频率等因素的影响。

根据静电场中关于均匀各向同性的电介质相对介电常数的定义，电介质的相对介电常数为

$$\varepsilon_r = \frac{D}{\varepsilon_0 E} \tag{2-1}$$

式中　D——电介质中电通量密度；

　　　E——电介质中宏观电场强度。

下面以平板电容器为例来进一步说明介电常数的物理意义。设一真空平板电容器的极板面积为 S，极板的间距为 d，且 d 远小于极板的尺寸，因此极板的边缘效应可以忽略，极板上的电荷分布和极板间的电场分布可认为是均匀的。如图 2-1a 所示，在外施恒定电压 U 的作用下，设极板上所充的电荷面密度为 σ_0，根据静电场的高斯（Gauss）定理，极板间真空中的电场强度为

$$E = \frac{\sigma_0}{\varepsilon_0} \tag{2-2}$$

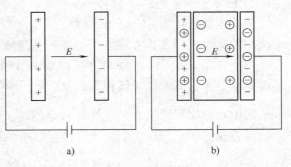

图 2-1　平板电容器中的电荷和电场分布

a）真空　b）充以介质

而真空电容器的电容量为

$$C_0 = \frac{\sigma_0 S}{U} \tag{2-3}$$

当极板间充以均匀各向同性的电介质时（见图 2-1b），电介质在电场作用下产生极化，介质表面出现与极板自由电荷极性相反的束缚电荷，抵消了极板自由电荷产生的部分电场。由于外施电压保持不变，极板间距亦不变，所以极板间介质中的场强 $E(E = U/d)$ 维持不变。这时只有从电源再补充一些电荷到极板，才能补偿介质表面束缚电荷的作用。设介质表面束缚电荷面密度为 σ'，则极板上自由电荷面密度应增加为

$$\sigma = \sigma_0 + \sigma' \tag{2-4}$$

而充以电介质后电容器的电容量为

$$C = \frac{\sigma S}{U} = \frac{(\sigma_0 + \sigma')S}{U} \tag{2-5}$$

显然，极板间充以电介质后，由于电介质的极化使电容器的电容量比真空时增加了，且电容增加量与束缚电荷面密度成正比。电介质的极化越强，表面束缚电荷面密度也越大。因此，可以用充以电介质后电容量的变化来描述电介质极化的性能。

定义一电容器充以某电介质时的电容量 C 与真空时电容量 C_0 的比值，为该介质的相对介电常数，即

$$\varepsilon_r = \frac{C}{C_0} \tag{2-6}$$

将式（2-3）、式（2-5）代入式（2-6），得

$$\varepsilon_r = \frac{C}{C_0} = \frac{\sigma}{\sigma_0} \tag{2-7}$$

式（2-7）表明，ε_r 在数值上等于充以介质后极板上自由电荷面密度与真空时极板上自由电荷面密度之比。可见，ε_r 是一个相对的量，称为相对介电常数，是大于 1 的常数；而电介质的绝对介电常数 $\varepsilon = \varepsilon_0 \varepsilon_r$，单位为 F/m。在工程中，材料通常用相对介电常数 ε_r 来描述，而为了便于叙述，"相对"两字有时省略，简称为介电常数。由于绝对介电常数总包含 10 的负幂次方而相对介电常数为大于 1 的常数，故不会引起混淆。

2. 极化的基本型式

最基本的极化型式有电子式极化、离子式极化和偶极子极化三种，另外还有组合绝缘中产生的特殊极化型式，夹层极化（空间电荷极化）。

（1）电子式极化 一切电介质都是由分子构成的，而分子又是由原子组成的，每个原子都是由带正电荷的原子核和围绕着原子核的带负电的电子构成的。当不存在外电场时，电子云的中心与原子核重合。当外加一电场时，在外电场 $\vec{E}$ 的作用下，介质原子中的电子运动轨道将相对于原子核发生弹性位移，如图 2-2 所示。这样一来，正、负电荷作用中心不再重合而出现感应偶极矩 $\vec{m}$，其值为 $\vec{m} = q\vec{l}$（矢量 $\vec{l}$ 的方向为由 $-q$ 指向 $+q$）。这种极化称为电子式极化或电子位移极化。

电场中的所有电介质内都存在电子位移极化，它有两个特点：①是一种弹性位移，一旦外电场消失，正、负电荷作用中心立即重合，恢复中性，所以这种极化不产生能量损耗，不

会使电介质发热；②完成极化所需的时间极短，约为 $10^{-14} \sim 10^{-15}$ s，该时间已与可见光的周期相近。这就是说，即使所加外电场的交变频率达到光频，电子位移极化也来得及完成。所以其 ε_r 值不受外电场频率的影响。

另外，温度对这种极化的影响不大，只是在温度升高时，电介质略有膨胀，单位体积内的分子数减少，引起 ε_r 稍有减少。

（2）离子式极化　固体无机化合物大多属离子式结构，如云母、陶瓷等。无外电场时，晶体的正、负离子对称排列，各个离子对的偶极矩互相抵消，故平均偶极矩为零。在出现外电场后，正、负离子将发生方向相反的偏移，使平均偶极矩不再为零，介质被极化，如图 2-3 所示。这就是离子式极化，或称离子位移极化。在离子间束缚较强的情况下，离子的相对位移是很有限的，没有离开晶格，外电场消失后即恢复原状，所以它亦属弹性位移极化，几乎不引起损耗。所需时间也很短，约 $10^{-12} \sim 10^{-13}$ s，其 ε_r 也几乎与外电场的频率无关。

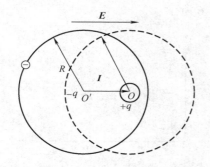

图 2-2　电子式极化

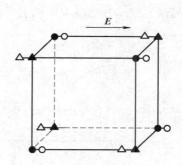

图 2-3　离子式极化

●▶—分别为极化前正、负离子位置
○△—分别为极化后正、负离子位置

温度对离子式极化有两种相反的影响，即离子间的结合力会随温度的升高而减小，从而使极化程度增强；另一方面，离子的密度将随温度的升高而减小，使极化程度减弱。通常前一种影响较大一些，所以其 ε_r 一般具有正的温度系数。

（3）偶极子极化　有些电介质的分子很特别，具有固有的电矩，即正、负电荷作用中心永不重合，这种分子称为极性分子，这种电介质称为极性电介质，例如胶木、橡胶、纤维素、蓖麻油和氯化联苯等。

每个极性分子都是偶极子，具有一定电矩，但当不存在外电场时，这些偶极子因热运动而杂乱无序地排列着，如图 2-4a 所示，宏观电矩等于零，因而整个电介质对外并不表现出极性。出现外电场后，原先排列杂乱的偶极子沿电场方向转动，作较有规则的排列，如图 2-4b 所示（实际上，由于热运动和分子间束缚电场的存在，不是所有的偶极子都能转到与电场方向完全一致），因而显示出极性。这种极化称为偶极子极化或转向

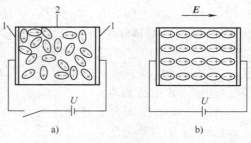

图 2-4　偶极子极化

a）无外电场时　b）有外电场时

1—电极　2—电介质

极化，它是非弹性的，极化过程要消耗一定的能量（极性分子转动时要克服分子间的作用力，可想象为类似于物体在一种黏性媒质中转动需克服阻力），极化所需的时间也较长，在 $10^{-10} \sim 10^{-2}$ s 的范围内。外电场越强，极性分子的转向定向就越充分，转向极化就越强。由此可知，极性电介质的 ε_r 值与电源频率有较大的关系，频率太高时偶极子来不及转动，因而其 ε_r 值变小，如图 2-5 所示。其中 ε_{r0} 相当于直流电场下的相对介电常数，$f > f_1$ 以后偶极子越来越跟不上电场的交变，ε_r 值不断下降；当 $f = f_2$ 时，偶极子已完全跟不上电场变化了，这时只存在电子式极化，ε_r 减小到 $\varepsilon_{r\infty}$。在常温下，极性液体电介质的 $\varepsilon_r \approx 3 \sim 6$。

温度对极性电介质的 ε_r 值有很大的影响。温度升高时，分子热运动加剧，阻碍极性分子沿电场取向，使极化减弱，所以通常极性气体介质均具有负的温度系数。但对极性液体和固体介质来说，关系比较复杂；当温度很低时，由于分子间的联系紧密，偶极子转动比较困难，所以 ε_r 也很小。可见极性介质的 ε_r 在低温下先随温度的升高而增大，以后当热运动变得较剧烈时，ε_r 又开始随温度的上升而减小，如图 2-6 所示。

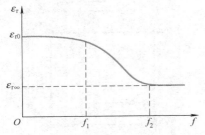 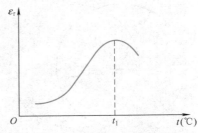

图 2-5　极性电介质的 ε_r 与频率的关系　　　图 2-6　极性介质的 ε_r 与温度的关系

（4）夹层极化　高压电气设备的绝缘结构往往不是采用某种单一的绝缘材料，而是使用若干种不同电介质构成组合绝缘。在常用的电气设备如电缆、电容器、旋转电机、变压器和电抗器等的绝缘体，都是由多层介质组成。此外，即使只用一种电介质，它也不可能完全均匀和同质，例如内部含有杂质等。凡是由不同介电常数和电导率的多种电介质组成的绝缘结构，在加上外电场后，各层电压将从开始时按介电常数分布逐渐过渡到稳态时按电导率分布。在电压重新分配的过程中，夹层界面上会积聚起一些电荷，使整个介质的等值电容增大，这种极化称为夹层介质界面极化，或简称夹层极化。

下面以最简单的平行平板电极间的双层电介质为例对这种极化作进一步说明。如图 2-7 所示，以 ε_1、γ_1、C_1、G_1、d_1 和 U_1 分别表示第一层电介质的介电常数、电导率、等效电容、等效电导、厚度和分配到的电压；而第二层的相应参数为 ε_2、γ_2、C_2、G_2、d_2 和 U_2。两层的面积相同，外加直流电压为 U。

设在 $t = 0$ 瞬间合上开关，两层电介质上的电压分配将与电容成反比，即

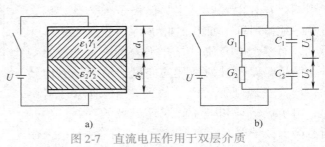

图 2-7　直流电压作用于双层介质
a）示意图　b）等效电路

$$\left. \frac{U_1}{U_2} \right|_{t=0} = \frac{C_2}{C_1} \qquad (2-8)$$

这时两层介质的分界面上没有多余的正空间电荷或负空间电荷。

到达稳态后（假设），电压分配将与电导成反比，即

$$\frac{U_1}{U_2}\Big|_{t\to\infty}=\frac{G_2}{G_1} \tag{2-9}$$

在一般情况下，$C_2/C_1 \neq G_2/G_1$，可见有一个电压重新分配的过程，亦即 C_1、C_2 上的电荷需要重新分配。

设 $C_1 < C_2$，而 $G_1 > G_2$，则 $t=0$ 时，$U_1 > U_2$；$t\to\infty$ 时，$U_1 < U_2$。

可见随着时间 t 的增加，U_1 下降而 U_2 增高，总的电压 U 保持不变。这意味着 C_1 要通过 G_1 放掉一部分电荷，而 C_2 要通过 G_1 从电源再补充一部分电荷，于是分界面上将积聚起一批多余的空间电荷，这就是夹层极化所引起的吸收电荷，电荷积聚过程所形成的电流称为吸收电流。由于这种极化涉及电荷的移动和积聚，所以必然伴随能量损耗，而且过程较慢，一般需要几分之一秒、几秒、几分钟、甚至几小时，所以这种极化只有在直流和低频交流电压下才能表现出来。

为了便于比较，将上述各级极化列成表 2-1。

表 2-1　电介质极化种类及比较

极化种类	产生场合	所需时间	能量损耗	产生原因
电子式极化	任何电介质	10^{-15} s	无	束缚电子运行轨道偏移
离子式极化	离子式结构电介质	10^{-13} s	几乎没有	离子的相对偏移
偶极子极化	极性电介质	$10^{-10} \sim 10^{-2}$ s	有	偶极子的定向排列
夹层极化	多层介质的交界面	10^{-1} s ~ 数小时	有	自由电荷的移动

根据电介质极化强度 P 的定义，当电介质中每个分子在电场方向的感应偶极矩为 μ 时，则有

$$P = N\mu \tag{2-10}$$

式中　N——电介质单位体积中的分子数。

若作用于分子的有效电场强度为 E_i，则分子的感应偶极矩可以认为与 E_i 成正比，即

$$\mu = \alpha E_i \tag{2-11}$$

式中　α——比例常数，称为分子极化率，在 SI 单位制中的单位为 F·m²。

于是根据式（2-10）和式（2-11），可得电介质极化的宏、微观参数的关系为

$$P = \varepsilon_0(\varepsilon_r - 1)E = N\alpha E_i \tag{2-12}$$

亦可写成

$$\varepsilon_r - 1 = \frac{N\alpha E_i}{\varepsilon_0 E} \tag{2-13}$$

式（2-13）建立了电介质极化的宏观参数 ε_r 与分子微观参数（N, α, E_i）的关系。一般来说，作用于分子上的电场强度 E_i 不等于介质中的宏观平均电场强度 E，称 E_i 为电介质的有效电场或内电场。式（2-13）又被称为克劳休斯方程。

克劳休斯方程表明，要由电介质的微观参数（N, α）求得宏观参数——介电常数 ε_r，必须先求得电介质的有效电场强度 E_i。一般来说，除了压力不太大的气体电介质，有效电场强度 E_i 和宏观平均电场强度 E 是不相等的。

从物理意义上来看，电介质中某一点的宏观电场强度 E，是指极板上的自由电荷以及电介质中所有极化分子形成的偶极矩共同在该点产生的场强。对于充以电介质的平板电容器，如果介质是连续均匀线性的，则可运用电场叠加原理。电介质中所有极化分子形成的偶极矩的作用，可以通过电介质表面的束缚电荷的作用来表达。这样，电介质中任一点的电场强度，便等于极板上自由电荷面密度在该点产生的场强 σ/ε_0 与束缚电荷面密度 σ' 在该点产生的场强 $-\sigma'/\varepsilon_0$ 之和，即

$$E = \frac{\sigma - \sigma'}{\varepsilon_0} \tag{2-14}$$

而电介质中的有效电场 E_i，是指极板上的自由电荷以及除某极化分子以外其他极化分子形成的偶极矩共同在该点产生的场强。由于偶极矩间的库仑作用力是长程的，使有效电场强度 E_i 的计算很复杂。洛伦兹（Lorentz）首先对有效电场作了近似计算。

2.1.2　电介质的损耗

在电场作用下没有能量损耗的理想电介质是不存在的，实际电介质中总有一定的能量损耗，包括由电导引起的损耗和某些有损极化（例如偶极子极化、夹层极化等）引起的损耗，总称介质损耗。

在直流电压的作用下，电介质中没有周期性的极化过程，只要外加电压还没有达到引起局部放电的数值，介质中的损耗将仅由电导所引起，所以用体积电导率和表面电导率两个物理量就已能充分说明问题，不必再引入介质损耗这个概念了。

在交流电压下，流过电介质的电流 i 包括有功分量 i_R 和无功分量 i_C，即 $i = i_R + i_C$。图 2-8 中绘出了此时的电压、电流相量图，可以看出，此时介质的功率损耗

$$P = UI\cos\varphi = UI_R = UI_C\tan\delta = U^2\omega C_P\tan\delta \tag{2-15}$$

式中　　ω——电源角频率；

φ——功率因数角；

δ——介质损耗角。

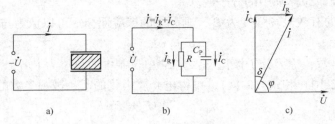

图 2-8　介质在交流电压下的等效电路和相量图
a）示意图　b）等效电路　c）相量图

介质损耗角 δ 为功率因数角 φ 的余角，其正切 $\tan\delta$ 又可称为介质损耗因数，常用百分数（%）来表示。

采用介质损耗 P 作为比较各种绝缘材料损耗特性优劣的指标显然是不合适的，因为 P 的大小与所加电压 U、试品电容量 C_P、电源角频率 ω 等一系列因素都有关，而式中的 $\tan\delta$ 却是一个仅取决于材料损耗特性，而与上述种种因素无关的物理量。正由于此，通常均采用介质损耗角正切 $\tan\delta$ 作为综合反映电介质损耗特性优劣的一个指标，测量和监控各种电力

设备绝缘的 tanδ 值已成为电力系统中绝缘预防性试验的最重要项目之一。

有损介质更细致的等效电路如图 2-9a 所示，图中 C_1 代表介质的无损极化（电子式和离子式极化），$C_2 - R_2$ 代表各种有损极化，而 R_3 则代表电导损耗。给这个等效电路加上直流电压时，电介质中流过的将是电容电流 i_1、吸收电流 i_2 和传导电流 i_3。电容电流 i_1 在加压瞬间数值很大，但迅速下降到零，是一极短暂的充电电流；吸收电流 i_2 则随加电压时间增长而逐渐减小，比充电电流的下降要慢得多，约经数十分钟才衰减到零，具体时间长短取决于绝缘的种类、不均匀程度和结构；传导电流 i_3 是唯一长期存在的电流分量。这三个电流分量加在一起，即得出图 2-10 中的总电流 i，它表示在直流电压作用下，流过绝缘的总电流随时间而变化的曲线，称为吸收曲线。

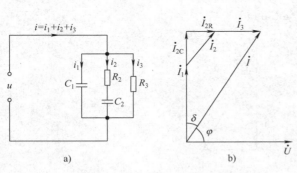
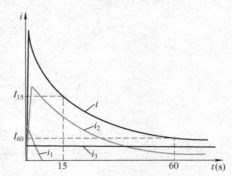

图 2-9　电介质的三支路等效电路和相量图
a）等效电路　b）相量图

图 2-10　直流电压下流过电介质的电流

如果施加的是交流电压 $\dot{U}$，那么纯电容电流 $\dot{i}_1$、反映吸收现象的电流 $\dot{i}_2$ 和电导电流 $\dot{i}_3$ 都将长期存在，而总电流 $\dot{i}$ 等于三者的相量和。

反映有损极化或吸收现象的电流 $\dot{i}_2$ 又可分解为有功分量 $\dot{i}_{2R}$ 和无功分量 $\dot{i}_{2C}$，如图 2-9b 所示。

上述三支路等效电路可进一步简化为电阻、电容的并联等效电路或串联等效电路。若介质损耗主要由电导所引起，常采用并联等效电路；如果介质损耗主要由极化所引起，则常采用串联等效电路。现分述如下：

（1）并联等效电路　如果把图 2-9 中的电流归并成由有功电流和无功电流两部分组成，即可得图 2-8b 所示的并联等效电路，图中 C_P 代表无功电流 I_C 的等效电容、R 则代表有功电流 I_R 的等效电阻。其中

$$I_R = I_3 + I_{2R} = \frac{U}{R}, \qquad I_C = I_1 + I_{2C} = U\omega C_P$$

介质损耗角正切 tanδ 等于有功电流和无功电流的比值，即

$$\tan\delta = \frac{I_R}{I_C} = \frac{U/R}{U\omega C_P} = \frac{1}{\omega C_P R} \tag{2-16}$$

此时电路的功率损耗为

$$P = \frac{U^2}{R} = U^2\omega C_P\tan\delta \tag{2-17}$$

可见与式（2-15）所得介质损耗完全相同。

（2）串联等效电路 上述有损电介质也可用一只理想的无损耗电容 C_S 和一个电阻 r 相串联的等效电路来代替，如图 2-11a 所示。

由图 2-11b 的相量图可得

$$\tan\delta = \frac{Ir}{I/(\omega C_S)} = \omega C_S r \tag{2-18}$$

电路的功率损耗为

$$P = I^2 r = (U\cos\delta \cdot \omega C_S)^2 \frac{\tan\delta}{\omega C_S} = U^2 \omega C_S \tan\delta \cdot \cos^2\delta$$

因为介质损耗角 δ 值一般很小，$\cos\delta \approx 1$，所以

$$P \approx U^2 \omega C_S \tan\delta \tag{2-19}$$

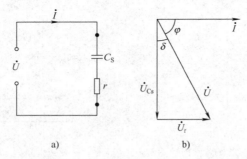

图 2-11 电介质的简化串联等效电路及相量图

a）串联等效电路 b）相量图

用两种等效电路所得出的 $\tan\delta$ 和 P 理应相同，所以只要把式（2-17）与式（2-19）加以比较，即可得 $C_S \approx C_P$，说明两种等效电路中的电容值几乎相同，可以用同一电容 C 来表示。另外，由式（2-16）和式（2-18）可得 $\frac{r}{R} \approx \tan^2\delta$，可见 $r \ll R$（因为 $\tan\delta \ll 1$），所以串联等效电路中的电阻 r 要比并联等效电路中的电阻 R 小得多。

2.1.3 电介质的电导

任何电介质都不可能是理想的绝缘体，它们内部总是或多或少地具有一些带电粒子（载流子），例如可以迁移的正、负离子以及电子、空穴和带电的分子团。在外电场的作用下，某些联系较弱的载流子会产生定向漂移而形成传导电流(电导电流或泄漏电流)。换言之，任何电介质都不同程度地具有一定的导电性能，只不过其电导率很小而已，而表征电介质导电性能的主要物理量即为电导率 γ 或其倒数——电阻率 ρ。

按载流子的不同，电介质的电导可分为离子电导和电子电导两种，前者以离子为载流子，而后者以自由电子为载流子。由于电介质中自由电子数量较少，电子电导通常都非常微弱；如果在一定条件下（例如加上很强的电场），电介质中出现了可观的电子电导电流，则意味着该介质已被击穿。在正常情况下，电介质的电导主要是离子电导，这同金属导体的电导主要依靠自由电子有本质区别。离子电导又可分为本征（固有）离子电导和杂质离子电导。在中性或弱极性电介质中，主要是杂质离子电导，可见在纯净的非极性电介质中，电导率是很小的，大约 $10^{-17} \sim 10^{-19} \mathrm{S/m}$；而

极性电介质因具有较大的本征离子电导，其电导率就较大，约 $10^{-10} \sim 10^{-14}$ S/m。

2.1.4　电介质的击穿

当施加于电介质的电场增大到相当强时，电介质的电导就不服从欧姆定律了，实验表明，电介质在强电场下的电流密度按指数规律随电场强度增加而增加，当电场进一步增强到某个临界值时，电介质的电导突然剧增，电介质便由绝缘状态变为导电状态，这一跃变现象称为电介质的击穿。介质发生击穿时，通过介质的电流剧烈地增加，通常以介质伏安特性曲线的斜率趋向于 ∞ （即 $dI/dU = \infty$）作为击穿发生的标志（见图 2-12）。发生击穿时的临界电压称为电介质的击穿电压，相应的电场强度称为电介质的击穿场强。

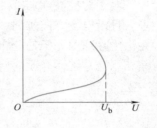

图 2-12　电介质击穿时的伏安特性

电介质的击穿场强是电介质的基本电性能之一，它决定了电介质在电场作用下保持绝缘性能的极限能力。在电力系统中常常由于某一电气设备的绝缘损坏而造成事故，因而在很多情况下，电力系统和电气设备的可靠性在很大程度上取决于其绝缘介质的正常工作。随着电力系统额定电压的提高，对系统供电可靠性的要求也越高，系统绝缘介质在高场强下正常工作变得至关重要。近年来，高电压技术已不再限于电力工业的需要，还扩展应用到许多科技领域中，并涉及很多高场强绝缘的问题。由于这些情况的存在，研究电介质击穿机理、影响因素、不同电介质的耐电强度等十分必要。

2.2　液体电介质的极化与损耗

2.2.1　液体电介质

液体电介质又称绝缘油，在常温下为液态，在电气设备中起绝缘、传热、浸渍及填充作用，主要用在变压器、油断路器、电容器和电缆等电气设备中。在断路器和电容器中的绝缘油还分别有灭弧和储能作用。

液体电介质与气体电介质一样具有流动性，击穿后有自愈性，但电气强度比气体的高。因此用液体介质代替气体介质制造的高压电气设备体积小，节省材料；而液体介质大多可燃，易氧化变质，产生水分、气体、酸和油泥等，导致电气性能变坏。

电气设备对液体介质的要求首先是电气性能好，例如绝缘强度高、电阻率高、介质损耗及介电常数小（电容器则要求介电常数高）；其次还要求散热及流动性能好，即黏度低、导热好、物理及化学性质稳定、不易燃、无毒以及其他一些特殊要求。

液体电介质有矿物绝缘油、合成绝缘油和植物油三大类。实际应用中，也常使用混合油，即用两种或两种以上的绝缘油混合成新的绝缘油，以改善某些特性，例如耐燃性、析气性、自熄性及局部放电特性等。

2.2.2　液体电介质的极化

1. 非极性和弱极性液体电介质

非极性液体和弱极性液体电介质极化中起主要作用的是电子位移极化，其极化率为 a_e，

相对介电常数与折射率 n 仍近似保持麦克斯韦关系，即

$$\varepsilon_r = \varepsilon_\infty \approx n^2 \tag{2-20}$$

这类液体介质的相对介电常数一般在 2.5 左右，有四氯化碳、苯、二甲苯和变压器油等。

对于非极性和弱极性液体介质，它们的分子在外电场作用下，所感应的偶极矩大小相等，且沿电场方向排列。又由于液体无一定的形状，分子在空间各处出现的几率相等，因而在洛伦兹球内分子的分布可以看作是对称的，球内分子对球心作用的场强 $E_2 = 0$，所以非极性和弱极性液体介质的有效电场强度

$$E_i = E + \frac{P}{3\varepsilon_0} = \frac{\varepsilon_r + 2}{3} E \tag{2-21}$$

式中　P——极化强度，$P = \varepsilon_0 (\varepsilon_r - 1) E$。

式（2-21）称为莫索缔（Mosotti）有效电场强度，将其代入克劳休斯方程式（2-13），得到非极性与弱极性液体介质的极化方程为

$$\frac{\varepsilon_r - 1}{\varepsilon_r + 2} = \frac{N\alpha}{3\varepsilon_0} \tag{2-22}$$

式（2-22）称为克劳休斯-莫索缔（Clausius-Mosotti）方程，简称克-莫方程。

2. 极性液体电介质

极性液体介质包括中极性和强极性液体介质，这类介质在电场作用下，除了电子位移极化外，还有偶极子极化，对于强极性液体介质，偶极子的转向极化往往起主要作用。

极性液体分子具有固有偶极矩，它们之间的距离近，相互作用强，造成强的附加电场，故洛伦兹球内分子作用的电场 $E_2 \neq 0$，莫索缔有效电场也就不适用。

极性液体电介质的 ε_r 与电源频率有较大的关系。频率太高时偶极子来不及转动，因而 ε_r 值变小，如图 2-13 所示。其中 ε_{r0} 相当于直流电场下的相对介电常数，$f > f_1$ 以后偶极子越来越跟不上电场的交变，ε_r 值不断下降；当频率 $f = f_2$ 时，偶极子已经完全跟不上电场转动了，这时只存在电子式极化，ε_r 减小到 $\varepsilon_{r\infty}$，常温下，极性液体电介质的 $\varepsilon_r \approx 3 \sim 6$。

温度对极性液体电介质的 ε_r 值也有很大的影响。如图 2-14 所示，当温度很低时，由于分子间的联系紧密，液体电介质黏度很大，偶极子转动困难，所以 ε_r 很小；随着温度的升高，液体电介质黏度减小，偶极子转动幅度变大，ε_r 随之变大；温度继续升高，分子热运动加剧，阻碍极性分子沿电场取向，使极化减弱，ε_r 又开始减小。

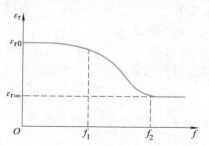
图 2-13　极性液体电介质的 ε_r 与电源频率的关系

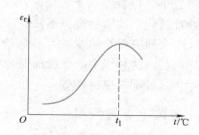
图 2-14　极性液体电介质的 ε_r 与温度的关系

2.2.3　液体电介质的损耗

1. 非极性和弱极性液体电介质

非极性和弱极性液体电介质的极化主要是电子位移极化，偶极子极化对极化的贡献甚微。在工频等较低频率下均能及时建立，相对介电常数与频率无关，介质损耗主要来源于电导，所以介质损耗角正切为

$$\tan\delta = \frac{\gamma}{\omega\varepsilon_0\varepsilon_r} = 1.8 \times 10^{10} \frac{\gamma}{f\varepsilon_r} \tag{2-23}$$

一般非极性和弱极性液体介质的电导率 γ 很小，在室温下 $\gamma = 10^{-12}$ S/m，如取 $\varepsilon_r = 2$，$f = 50$ Hz，则 $\tan\delta = 1.8 \times 10^{-4}$，与实验结果相符。

低频下这类液体介质的 ε、极化强度 P、$\tan\delta$ 与角频率 ω 的关系如图 2-15 所示，而在高频下由于极性杂质等因素的影响，可能使 $\tan\delta$ 显著增大。

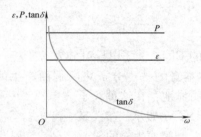

图 2-15　ε、P、$\tan\delta$ 与频率 ω 的关系

2. 极性液体电介质

极性液体介质的介质损耗与黏度有关。极性分子在黏性媒质中作热运动，在交变电场作用下，电场力矩使极性分子作趋向于外场方向的转动，在定向转动过程中，因摩擦发热而引起能量的损耗。如黏度相当大，分子极化跟不上电场的变化；如黏度很小，分子定向转动时无摩擦。对这两种情况，偶极子转向极化引起的损耗都很小，但是，在中等黏度下，该损耗显著，在某一黏度下出现极值。

油纸电力电缆所用的由矿物油和松香组成的黏性复合浸渍剂，是一种极性液体介质。其中矿物油是稀释剂，故油的成分增加时复合剂的黏度减小，对应于一定频率下出现 $\tan\delta$ 最大值的温度就向低温移动，而对应于恒定温度下出现 $\tan\delta$ 最大值的频率就向高频移动。在配制由松香和矿物油组成电缆胶的组分时，这些规律有很大作用。表 2-2 列出工频下矿物油和松香复合剂在不同配方时出现 $\tan\delta$ 最大值的温度，相应的 $\tan\delta$ 温度曲线如图 2-16 所示。

表 2-2　工频下对应于不同组分松香和矿物油复合剂的 $\tan\delta$ 最大值的温度

复合剂的组分			对应于 $f = 50$ Hz 时 $\tan\delta_{max}$ 的温度 $t/℃$
序号	松香（%）	矿物油（%）	
1	100	0	50
2	95	5	40
3	90	10	32
4	85	15	21
5	75	25	12

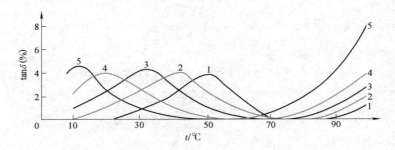

图 2-16 工频下松香复合剂的 tanδ 与温度的关系

2.3 液体电介质的电导

2.3.1 液体电介质的离子电导

1. 液体电介质中离子的来源

根据液体介质中离子来源的不同，离子电导可分为本征离子电导和杂质离子电导两种。

本征离子是指由组成液体本身的基本分子热离解而产生的离子。在强极性液体介质中（如有机酸、醇、酯类等）才明显地存在这种离子。

杂质离子是指由外来杂质分子（如水、酸、碱、有机盐等）或液体的基本分子老化的产物（如有机酸、醇、酚、酯等）离解而生成的离子，它是工程液体介质中离子的主要来源。

极性液体分子和杂质分子在液体中仅有极少的一部分离解成为离子，可能参与导电。

2. 液体电介质中的离子迁移率

液体是介于气体和固体之间的一种物质状态，分子之间的距离远小于气体而与固体相接近，其微观结构与非晶态固体类似，通过 X 射线研究发现，液体分子的结构具有短程有序性。另一方面，液体分子的热运动比固体强，因而没有固体那样稳定的结构，分子有强烈的迁移现象。可以认为液体中的分子在一段时间内是与几个邻近分子束缚在一起，在某一平衡位置附近作振动；而在另一段时间，分子因碰撞得到较大的动能，使它与相邻分子分开，迁移至与分子尺寸可相比较的一段路径后，再次被束缚。液体中的离子所处的状态与分子相似，一般可用如图 2-17 的势能图来描述液体中离子的运动状态。

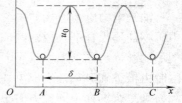

图 2-17 液体电介质中的
离子势能图

设离子为正离子，它们处于 A、B、C 等势能最低的位置上作振动，其振动频率为 ν，当离子的热振动能超过邻近分子对它的束缚势垒 u_0 时，离子即能离开其稳定位置而迁移，这种由于热振动而引起的离子迁移，在无外电场作用时也是存在的。

设离子带正电荷 q，电场强度沿 x 正方向。由于电场的作用，离子由 A 向 B 迁移所需克服的势垒降低 Δu，而由 B 向 A 迁移所需克服的势垒相反上升 Δu，如图 2-18 所示，即

$$\Delta u = \frac{1}{2}\delta q E \qquad (2\text{-}24)$$

式中　δ——离子每次跃迁的平均距离。

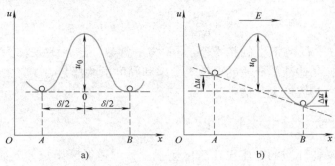

图 2-18　液体电介质中离子跃迁时所要克服的势垒模型

a) 无外电场时　b) 有外电场时

3. 液体电介质电导率与温度的关系

一般工程纯液体介质在常温下主要是杂质离子电导，此时

$$\gamma = \frac{q^2 \delta \upsilon}{6kT} \sqrt{\frac{N\upsilon_0}{\xi}} \mathrm{e}^{-\frac{(2u_0+u_a)}{2kT}} \tag{2-25}$$

式中　υ_0——离子在平衡位置的振动频率。

从式 (2-25) 可以看出，在通常条件下，当外加电场强度远小于击穿场强时，液体介质的离子电导率 γ 是与电场强度无关的常数，其导电规律遵从欧姆定律。而电导率 γ 随温度的变化如式 (2-25) 所示。考虑到在温度变化时，指数项的改变远比 $1/T$ 项的变化大，因此在讨论离子电导率随温度的变化时，可忽略系数项随温度的变化，近似地写成

$$\gamma = A\mathrm{e}^{-\frac{B}{T}} \tag{2-26}$$

$$\ln\gamma = \ln A - \frac{B}{T} \tag{2-27}$$

即 $\ln\gamma$ 与 $(1/T)$ 的关系具有线性关系。

2.3.2　液体电介质的电泳电导与华尔屯定律

在工程应用中，为了改善液体介质的某些物理化学性能（如提高黏度和抗氧化稳定性等），往往在液体介质中加入一定量的树脂（如在矿物油中混入松香），这些树脂在液体介质中部分呈溶解状态，部分可能呈胶粒状悬浮在液体介质中，形成胶体溶液，此外，水分进入某些液体介质也可能造成乳化状态的胶体溶液。这些胶粒均带有一定的电荷，当胶粒的介电常数大于液体的介电常数时，胶粒带正电；反之，胶粒带负电。胶粒相对于液体的电位 U_0 一般是恒定的（约为 0.05 ~ 0.07V），在电场作用下定向的迁移构成"电泳电导"。胶粒为液体介质中导电的载流子之一。

设胶粒呈球形，球体的半径为 r，液体的相对介电常数为 ε_r，胶粒的带电量 $q = 4\pi\varepsilon_r\varepsilon_0 rU_0$，它在电场 E 的作用下，受到的电场力为

$$F = qE = 4\pi\varepsilon_r\varepsilon_0 rU_0E \tag{2-28}$$

由此可得电泳电导率

$$\gamma = n_0 q\mu = \frac{n_0 q^2}{6\pi r\eta} = \frac{8\pi rn_0\varepsilon_r^2 U_0^2\varepsilon_0^2}{3\eta} \tag{2-29}$$

式中　η——液体电介质的黏度。

$$\gamma\eta = \frac{n_0 q^2}{6\pi r} = \frac{8\pi}{3} r n_0 \varepsilon_r^2 U_0^2 \varepsilon_0^2 \tag{2-30}$$

在 n_0、ε_r、U_0、r 保持不变的情况下，$\gamma\eta$ 为一常数，这一关系称为华尔屯（Walden）定律。此定律表明，某些液体介质的电泳电导率和黏度虽然都与温度有关，但电泳电导率与粘度的乘积可能为一与温度无关的常数。

2.3.3　液体电介质在强电场下的电导

在弱电场区，液体介质的电流正比于电场强度，即遵循欧姆定律，而在 $E \geqslant 10^7 \text{V/m}$ 的强电场区，电流随电场强度呈指数关系增长，除极纯净的液体介质外，一般不存在明显的饱和电流区（如图 2-19 所示）。

实验结果表明，液体介质在强电场区（$E \geqslant E_2$ 区）的电流密度按指数规律随电场强度增加而增加，即

$$j = j_0 e^{C(E-E_2)} \tag{2-31}$$

式中　j_0——液体介质在场强 $E = E_2$ 时的电流密度；

　　　C——常数。

式（2-31）可用离子迁移率和离子离解度在强电场中的增加来说明。在 $E > 2kT/(q\delta)$ 的强电场区，离子迁移率随场强增加而增加，可写为

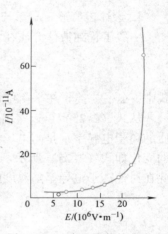

$$\mu = \frac{\delta v}{6E} e^{-\frac{u_0}{kT}} e^{\frac{q\delta E}{2kT}} = \frac{B}{E} e^{CE} \tag{2-32}$$

$$j = n_0 q\mu E = n_0 qB e^{CE}$$

如以 $E = E_2$ 时的电流密度 $j = j_0$ 代入式（2-32），则有

$$j = j_0 e^{C(E-E_2)} \tag{2-33}$$

图 2-19　纯净二甲苯的电流
与电场强度的关系

式中　$j_0 = n_0 qB e^{CE_2}$。

式（2-33）虽与实验结果相似，但如以 $E_2 = 2kT/(q\delta)$ 来估算，得 $E_2 \approx 5 \times 10^8 \text{V/m}$，与实验结果相比较，约高一个数量级。

除了离子迁移率在强电场上可能激增之外，离子离解度和离子浓度在强电场下亦会增加，则有

$$n_0 = \sqrt{\frac{N_0 v_0}{\xi}} e^{-\frac{u_a}{2kT}} e^{\sqrt{\frac{e^3}{\pi\varepsilon_0\varepsilon_r}}\frac{\sqrt{E}}{2kT}} = A e^{a\sqrt{E}} \tag{2-34}$$

此时 n_0、j 随 $\sqrt{E}$ 呈指数关系增加，与式（2-31）不符。因此把液体介质在强场下电导的激增归于离子电导与实验结果不符。

许多实验表明，液体电介质在强电场下的电导具有电子碰撞电离的特点。图 2-20 所示为净化过的环己烷在强电场下的电流与电场强度的关系，与电极间的距离 d 有关。随着极间距离的增加，电流增加，曲线上移。这表明液体介质在强电场下的电导可能是电子电导所引起的。

实验还表明，在纯净的环己烷中加入 5% 的乙醇，结果在弱电场下的电导增加，但在强

电场下的电导反比纯环已烷低。这说明强极性的乙醇的加入使弱电场下的离子电导增加，而在强电场下可能主要是电子电导，由于乙醇对电子有强烈的吸附作用，因而加入乙醇使电子电导下降。

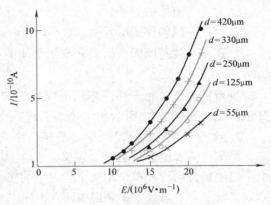

图 2-20　净化过的环已烷的电流与
电场强度关系（不同电极距离）

2.4　液体电介质的击穿

关于液体电介质击穿的机理，许多学者进行了大量的研究工作，但由于问题的复杂性，到目前为止，液体介质的击穿理论还很不完善。由于液体介质的击穿与其含气、含杂质情况密切相关，在液体净化技术不够高的条件下，液体净化程度没有严格的指标规定，因此不少研究得到的实验结果差异很大，无法进行分析比较。近年来随着液体净化技术不断的提高，得到一些合乎规律的实验研究结果，从而建立了一些比较实用化的液体介质击穿学说。根据液体纯净程度的不同，本节介绍三类液体介质击穿的理论、观点及其主要的试验基础。

2.4.1　高度纯净去气液体电介质的电击穿理论

电击穿理论把气体碰撞电离击穿机理扩展用于液体，并进一步把碰撞电离与液体分子振动联系起来，以简单结构的有机液体介质为例，阐明它的击穿过程与分子结构的关系。根据击穿发生的判定条件不同，有下面几种观点。

1. 碰撞电离开始作为击穿条件

液体介质中由于阴极的场致发射或热发射的电子在电场中被加速而获得动能，在它碰撞液体分子时又把能量传递给液体分子，电子损失的能量都用于激发液体分子的热振动。假设液体分子热振能量是量子化的，那么当液体分子基团的固有振动频率为 v 时（固有振动频率可以用红外吸收光谱法测量出来），在与电子的一次碰撞中，液体分子平均吸收的能量仅为一个振动能量子 hv（h 是普朗克常数）。当电子在相邻两次碰撞间从电场中得到的能量大于 hv 时，电子就能在运动过程中逐渐积累能量，直到电子能量大到一定值时，电子与液体相互作用时便导致碰撞电离。

设电子电荷为 e，电子平均自由行程为 λ，电场强度为 E，则碰撞电离的临界条件为

$$eE\lambda = Chv \qquad (2\text{-}35)$$

式中　C——大于 1 的整数。

如把这个条件作为击穿条件，则击穿场强可写为

$$E_b = \frac{Ch\overline{v_i}}{e\lambda} = \frac{Ch\overline{v_i}}{e}S_0(m-1)\frac{\rho}{M}N_0 = A(m-1)\frac{\rho}{M} \qquad (2\text{-}36)$$

式中　S_0——分子常数；

m——组成分子的原子个数；

ρ——液体的密度；

M——液体的分子量；

N_0——阿佛伽德罗常数；

$\overline{v_i}$——各基团固有振动频率的平均值；

$A = Ch\,\overline{v_i}N_0/e$。

则直链型碳氢化合物液体的击穿场强与 $(m-1)\rho/M$ 成正比，与图 2-21 所示的实验结果是一致的。

2. 电子崩发展至一定大小为击穿条件

类似气体放电条件处理，定义 α 为液体介质中一个电子沿电场方向行径单位距离平均发生的碰撞电离次数，则 α 正比于碰撞总数 $1/\lambda$ 乘以电离几率 $e^{-Chv/(eE\lambda)}$，即

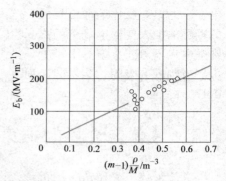

图 2-21　直链型碳氢化合物液体
E_b 与 $(m-1)\rho/M$ 的关系

$$\alpha = \frac{1}{\lambda}e^{-Chv/(eE\lambda)} \tag{2-37}$$

设击穿条件为

$$\alpha d = A \tag{2-38}$$

式中　d——电极间距离；

A——常数。

联立上两式，发生击穿时

$$\alpha d = A = \frac{d}{\lambda}e^{-Chv/(eE_b\lambda)} \tag{2-39}$$

所以

$$E_b = \frac{Chv}{e\lambda\ln\left[d/(A\lambda)\right]} \tag{2-40}$$

式（2-40）说明在其他参数一定时，$E_b \propto 1/\ln(d)$，即液体介质层的厚度减薄时，击穿场强应增大。这与实验结果定性相符。

2.4.2　含气纯净液体电介质的气泡击穿理论

液体介质的气泡击穿理论是基于液体介质击穿往往与液体含气或从液体中产生气体密切相关而提出来的。气泡击穿理论认为，不论由于何种原因使液体中存在气泡时，由于在交变电压下两串联介质中电场强度与介质介电常数成反比，气泡中的电场强度比液体介质高，而气体的击穿场强又比液体介质低得多，所以总是气泡先发生电离，这又使气泡温度升高，体积膨胀，电离进一步发展；而气泡电离产生的高能电子又碰撞液体分子，使液体分子电离生成更多的气体，扩大气体通道，当气泡在两极间形成"气桥"时，液体介质就能在此通道中发生击穿。

与上述电击穿一样，液体介质的气泡击穿机理实际上也没有形成理论。下面主要介绍关于气泡击穿的两种观点。

1. 热化气击穿

夏博（Sharbaugh）等人提出，当液体中平均场强达到 $10^7 \sim 10^8$ V/m 时，阴极表面微尖端处的场强就可能达到 10^8 V/m 以上。由于场致发射，大量电子由阴极表面的微尖端注入到液体中，估计电流密度可达 10^5 A/m^2 以上。夏博的这个估计后来被试验所证明。按这

样的电流密度来估算发热，单位体积、单位时间中的发热量（=电流密度×电场强度）约为 $10^{13}J/(s \cdot m^3)$，这些热量用来加热附近的液体，足以使液体气化。

当液体得到的能量（转化为热量）等于电极附近液体气化所需的热量时，便产生气泡。夏博以产生气泡条件作为液体击穿条件，即

$$AE_b^a\tau = m[c(T_m - T_0) + l_b] \tag{2-41}$$

式中　m——空间电荷影响的常数，其值约在 1.5~2 之间；

　　　τ——液体在电极粗糙处强场区滞留的时间；

　　　A——常数；

　　　c——液体比热；

　　　l_b——液体气化热；

　　　E_b——液体击穿场强。

由于式（2-41）中 A、τ 及 m 都不能精确地确定，因此只能粗略地估算液体介质的击穿场强。式（2-41）表明，当液体温度升高时，击穿场强下降，这与试验结果是一致的。

2. 电离化气击穿

在研究气体放电对绝缘油的影响时发现，油在放电作用下产生低分子气体，其中主要是氢气、甲烷等，这种化气过程大致如下：

$$C_nH_{2n+2} \rightarrow C_nH_{2n+1} + H^0$$

$$C_mH_{2m+2} \rightarrow C_mH_{2m+1} + H^0$$

$$2H^0 \rightarrow H_2 \uparrow$$

$$C_nH_{2n+1} + C_mH_{2m+1} \rightarrow C_{n+m}H_{2(n+m)+2}$$

其中，H^0 为氢的游离基。

这种化气的作用解释为电离产生的高能电子是液体分子 C—H 键（C—C 键）断裂所致。

当液体介质中电场很强，致使有高能电子出现时，也会发生上述类似的过程，液体放气，这就是电离化气的观点。电离化气的观点已得到试验证明。用分光光度计观察水中放电现象发现，放电时产生的气体并不是蒸汽，而是氢气。对绝缘油击穿时的气体进行光谱分析，证明了不存在残留的空气及油的蒸气，主要存在的是氢气。

2.4.3　工程纯液体电介质的杂质击穿

纯净液体介质的击穿场强虽高，但其精制、提纯极其复杂，而且在电气设备制造过程中又难免有杂质重新混入；此外，在运行中也会因液体介质劣化而分解出气体或低分子物质，所以工程用液体介质总是或多或少含有一些杂质。例如，油常因受潮而含有水分，还常含有由纸或布脱落的纤维等固体微粒。因此在工程纯液体介质的击穿中，这些杂质起着决定性的作用。

1. 水分的影响

液体介质中含有水分时，如果水分溶解于液体介质中，则对击穿电压影响不大；如果水分呈悬浮状态，则使击穿电压明显下降。水与纤维杂质共存时，水分的影响更为严重。

吉孟特专门研究了含水液体介质的击穿，提出的水桥击穿模型如图 2-22 所示。他认为当水分在液体中呈悬浮状态存在时，由于表面张力的作用，水分呈圆球状（即胶粒）均匀悬浮在液体中，一般水球的直径约为 $10^{-2} \sim 10^{-4}$cm。在外电场作用下，由于水的介电常数

很大，水球容易极化而沿电场方向伸长成为椭圆球，如果定向排列的椭圆水球贯穿于电极间形成连续水桥，则液体介质在较低的电压下发生击穿。通过理论曲线与试验结果进行比较，得到较好的一致性，如图2-23所示。

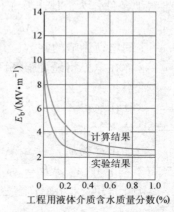

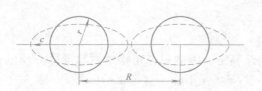

图 2-22　水桥击穿模型

图 2-23　变压器油 E_b 与含水质量分数的关系

工程用绝缘油含水时，其击穿电压与温度的关系如图2-24所示。在 0～60℃ 范围内，随着温度的升高，水在油中溶解度增大，一部分悬浮状态的水变成溶解状态，相当于胶粒水珠的体积浓度下降，故击穿场强随温度升高而明显增加，约在 60～80℃ 范围内出现最大值。温度更高时，油中所含的水分汽化增多，又使击穿场强下降。而纯净干燥变压器油在 0～80℃ 范围内，E_b 几乎与温度无关。

2. 固体杂质的影响

当液体介质中有悬浮固体杂质微粒时，试验证明它们也会使液体介质击穿场强降低。这一现象可以解释为：一般固体悬浮粒子的介电常数比液体的大，在电场力作用下，这些粒子向电场强度最大的区域运动，在电极表面电场集中处逐渐积聚起来。考克（Kok）根据这种现象提出液体介质杂质小桥击穿模型（如图 2-25 所示）并进行了理论计算。由悬浮粒子所受电场力与运动阻尼力间的平衡关系，并考虑了粒子的扩散作用，导出液体介质击穿场强与杂质粒子半径的 $r^{-3/2}$ 成正比的结果。悬浮粒子的半径减少，击穿场强增大。因此，工程应用上经常对液体介质进行过滤、吸附等处理，除去粗大的杂质粒子，以提高液体介质的击穿场强。

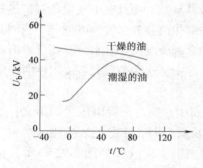

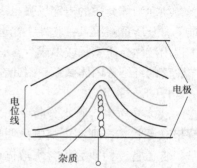

图 2-24　变压器油工频击穿电压与温度的关系

图 2-25　杂质小桥击穿模型

　　试验表明，电场越均匀，杂质对击穿电压的影响越大，击穿电压的分散性也越大，而在不均匀电场中，杂质对击穿电压的影响较小。这一现象可以这样来解释：当液体介质含有杂质时，杂质粒子的移动能使液体内的电场发生畸变，均匀电场实际上已被畸变为不均匀电场，所以杂质对击穿电压的影响较大。相反，在极不均匀电场的情况下，杂质粒子移动到电场强度最大处，出现了较多的空间电荷，从而削弱了强电场，致使杂质对击穿电压的影响变弱。对于冲击击穿电压，杂质的影响也较小，因为在冲击电压的短时作用下，它还来不及形成"小桥"。

习题与思考题

2-1　什么是电介质的极化？电介质极化的基本形式有哪几种？各有什么特点？

2-2　如何用电介质极化的微观参数去表征宏观现象？

2-3　非极性和极性液体电介质中主要极化形式有什么区别？

2-4　极性液体的介电常数与温度、电压、频率有什么样的关系？

2-5　液体电介质的电导是如何形成的？电场强度对其有何影响？

2-6　目前液体电介质的击穿理论主要有哪些？

2-7　液体电介质中气体对其电击穿有何影响？

2-8　水分、固体杂质对液体电介质的绝缘性能有何影响？

2-9　如何提高液体电介质的击穿电压？

第3章

固体的绝缘特性与介质的电气强度

固体介质被广泛用作电气设备的内绝缘，常见的有绝缘纸、纸板、云母和塑料等，而用于制造绝缘子的固体介质有电瓷、玻璃和硅橡胶等。

3.1 固体电介质的极化与损耗

3.1.1 固体电介质的极化

根据正、负电荷在分子中的分布特性，固体电介质可分为非极性和极性两种。

（1）非极性固体电介质 这类介质在外电场作用下，按其物质结构只能发生电子位移极化，其极化率为 α_e。它包括原子晶体（例如金刚石）、不含极性基团的分子晶体（例如晶体萘、硫等）和非极性高分子聚合物（例如聚乙烯、聚四氟乙烯、聚苯乙烯等）。

如不考虑聚合物微观结构的不均匀性（高分子聚合物中晶态和非晶态并存）和晶体介质介电常数的各向异性，非极性固体电介质的有效电场 $E_i = (\varepsilon + 2)E/3$（莫索缔有效电场），介电常数与极化率的关系符合克-莫方程。

（2）极性固体电介质 极性固体电介质在外电场作用下，除了发生电子位移极化外，还有极性分子的转向极化。由于转向极化的贡献，使介电常数明显地与温度有关。

一些低分子极性化合物（HCl、HBr、CH_3NO_2、H_2S 等）在低温下形成极性晶体，在这些晶体中，除了电子位移极化外，还可能观察到弹性偶极子极化或转向极化。当极性液体凝固时，由于分子失去转动定向能力而往往能观察到介电常数在熔点温度急剧地下降。

又有一些低分子极性化合物，在凝固后极性分子仍有旋转的自由度，如冰、氧化乙烯等，最典型的是冰。这一类低分子极性晶体，虽然转向极化可能贡献较大的介电常数，但由于其 ε 对温度的不稳定性，介质损耗角正切值大以及某些物理、化学性能不良等，很少被用作电介质。

对于极性高分子聚合物，如聚氯乙烯、纤维、某些树脂等，由于它们含有极性基团，结构不对称而具有极性。由于极性高聚物的极性基团在电场作用下能够旋转，所以极性高聚物的介电常数是由电子位移极化和转向极化所贡献的。但在固体电介质中，由于每个分子链相互紧密固定，旋转很困难，因此，极性高聚物的极化与其玻璃化温度密切相关。

3.1.2 固体电介质的损耗

1. 固体无机电介质

（1）无机晶体 普通的无机晶体介质，如氯化钠（NaCl）、石英和云母等，它们只有电

子位移极化，其介质损耗主要来源于电导，$\tan\delta$ 与直流电导率 γ 的关系为

$$\tan\delta = 1.8 \times 10^{10} \frac{\gamma}{f\varepsilon_r} = 1.8 \times 10^{10} \frac{1}{f\varepsilon_r\rho} \tag{3-1}$$

（2）无机玻璃　无机玻璃的基本结构是由 SiO_2 或 B_2O_3 形成具有近似规则的空间网，在纯净玻璃的组成中没有弱联系的离子，结构紧密，在交变电场作用下只存在很小的电导损耗，如石英玻璃在室温下的 $\tan\delta \approx 1 \times 10^{-4}$，硼玻璃在高频下 $\tan\delta < 10^{-3}$，而且 $\tan\delta$ 值几乎与温度无关。但由于制造工艺和使用性能的要求，工程上的玻璃都含有一价碱金属离子，它们在玻璃中是一些弱联系的离子，使玻璃结构变松并在其中局部范围内运动，这不仅增加贯穿电导，并且引起热离子极化和松弛损耗。

玻璃的介质损耗可以认为主要由三部分组成：电导损耗、松弛损耗和结构损耗。它们与温度的关系如图 3-1 所示。结构损耗与玻璃结构的紧密程度有关，结构越松，结构损耗一般越大。显然，工程用玻璃的介质损耗主要由附加的碱金属离子所引起的。

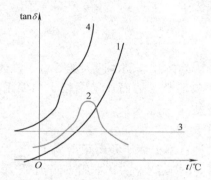

图 3-1　玻璃 $\tan\delta$ 与温度的关系
1—电导损耗　2—松弛损耗　3—结构损耗　4—总介质损耗

（3）陶瓷介质　陶瓷介质在电力工程和无线电工程中应用广泛。陶瓷介质通常具有不均匀的结构，其中既含有结晶相，又含有玻璃相和气隙。可以把陶瓷分为含有玻璃相和几乎不含玻璃相两类：第一类陶瓷是含有大量玻璃相和少量微晶的结构，如普通绝缘瓷（低频瓷），其介质损耗主要由三部分组成：玻璃相中离子电导损耗、结构较松的多晶点阵结构引起的松弛损耗以及气隙中含水分引起的界面附加损耗，$\tan\delta$ 相当大。第二类是由大量的微晶晶粒所组成，仅含有极少量或不含玻璃相，如氧化铝高频瓷、以硅酸镁为基础的滑石瓷和以金红石与碱土金属的钛酸盐为基础的特种陶瓷等，通常结晶相结构紧密，$\tan\delta$ 比第一类陶瓷小得多。

2. 固体有机电介质

非极性有机电介质，如聚乙烯、聚苯乙烯、聚四氟乙烯和天然的石蜡、地蜡等。它们既没有弱联系离子，也不含极性基团，因此在外电场作用下只有电子位移极化，其介质损耗主要是由杂质电导引起的，$\tan\delta$ 可由式（3-1）来确定。这类介质的电导率一般很小，所以相应的 $\tan\delta$ 值也很小，被广泛用作工频和高频绝缘材料。

极性有机电介质，如含有极性基的有机电介质（聚氯乙烯、酚醛树脂和环氧树脂等）及天然纤维等，它们的分子量一般较大，分子间相互联系的阻碍作用较强，因此除非在高温

69

之下，整个极性分子的转向难以建立，转向极化只可能由极性基团的定向所引起。实验结果表明，极性介质在结晶状态时的 ε 较大，而在无定形状态时反而减小。这说明极性基团在分子组成晶体点阵时受到的阻碍作用较小，转向极化在结晶相中得以充分建立，当处于无定形状态时分子间联系减弱且相互排列不太规则时，极性基团受到的阻碍作用增强而难以转动，所以 ε 减小，故这些电介质在软化范围内 ε 不随温度升高而增大，反而是减小，同时出现 $\tan\delta$ 最大值。

这类极性有机介质的损耗，主要决定于极性基的松弛损耗，因而在高频下的损耗也很大，不能作为高频介质应用。

3.2 固体电介质的电导

固体电介质的电导按导电载流子种类可分为离子电导和电子电导两种，前者以离子为载流子，而后者以自由电子为载流子。在弱电场中主要是离子电导。

3.2.1 固体电介质的离子电导

固体电介质按其结构可分为晶体和非晶体两大类。对于晶体，特别是离子晶体的离子电导机理研究得比较多，现已比较清楚。然而在绝缘技术中使用极其广泛的高分子非晶体材料，其电导机理尚未完全搞清楚。

1. 晶体无机电介质的离子电导

晶体介质的离子来源有两种：本征离子和弱束缚离子。

（1）本征离子电导　离子晶体点阵上的基本质点（离子），在热振动下，离开点阵形成载流子，构成离子电导。这种电导在高温下才比较显著，因此，有时亦称为"高温离子电导"。

（2）弱束缚离子电导　与晶体点阵联系较弱的离子活化而形成载流子，这是杂质离子和晶体位错与宏观缺陷处的离子引起的电导，它往往决定了晶体的低温电导。

晶体电介质中的离子电导机理与液体中离子电导机理相似，具有热离子跃迁电导的特性，而且参与电导的也只是晶体的部分活化离子（或空位）。

2. 非晶体无机电介质的离子电导

无机玻璃是一种典型的非晶体无机电介质，它的微观结构是由共价键相结合的 SiO_2 或 B_2O_3 组成主结构网，其中含有离子键结合的金属离子。

玻璃结构中的金属离子一般是一价碱金属离子（如 Na^+、K^+ 等）和二价碱土金属离子（如 Ca^{2+}、Ba^{2+} 和 Pb^{2+} 等）。这些金属离子是玻璃导电载流子的主要来源，因此，玻璃的电导率与其组成成分及含量密切相关。纯净的石英玻璃（非晶态 SiO_2）和硼玻璃（B_2O_5）具有很低的电导率（$\gamma \approx 10^{-15} S/m$）。同时，它们的电导率随温度的变化与离子跃迁电导机理相符，即 $\gamma = Ae^{-B/T}$。对于石英玻璃 $B = 22000K$，对于硼玻璃 $B = 25500K$，它们的 B 值都较高。这类纯净玻璃的导电载流子是其中所含少量碱金属离子活化而形成的。

3. 有机电介质中的离子电导

非极性有机介质中不存在本征离子，导电载流子来源于杂质。通常纯净的非极性有机介质的电导率极低，如聚苯乙烯在室温下 $\gamma = 10^{-16} \sim 10^{-17}\text{S/m}$。在工程上，为了改善这类介质的力学、物理和老化性能，往往要引入极性的增塑剂、填料、抗氧化剂、抗电场老化稳定剂等添加物，这类添加物的引入将造成有机材料电导率的增加。一般工程用塑料（包括极性有机介质的虫胶、松香等）的电导率 $\gamma = 10^{-11} \sim 10^{-13}\text{S/m}$。

3.2.2　固体电介质的电子电导

固体电介质在强电场下，主要是电子电导，这在禁带宽度较小的介质和薄层介质中更为明显。

电介质中导电电子的来源包括来自电极和介质体内的热电子发射，场致冷发射及碰撞电离，而其导电机制则有自由电子气模型、能带模型和电子跳跃模型等，见表 3-1。

表 3-1　固体电介质的电子导电机制

		热电子发射	阴极热电子发射
电子电导	电子来源	场致冷发射（隧道效应）	（1）阴极电子冷发射 （2）介质中电子由价带或杂质能级上向导带发射
		介质中碰撞电离	
	电子电导机制	能带模型——晶体中电子电导	
		电子跳跃模型——非规则晶体中电子电导	
		自由电子气模型——空间电荷限制电流	

1. 晶体电介质的电子电导

根据晶体结构的能带模型，离子晶体（如 NaCl）和分子晶体中的电子多处于价带之中，只有极少量的电子由于热激发作用跃迁到导带，成为参与导电的载流子，并在价带中出现空穴载流子。导带上的电子数和价带上的空穴数主要取决于温度和晶体的禁带宽度 u_g 及费米能级 u_F。

一般取式

$$n_i \approx 4.83 \times 10^{21} T^{3/2} \mathrm{e}^{-\frac{u_g}{2kT}}$$

(3-2)

来估计具有不同禁带宽度 u_g 的晶体材料在不同温度下的电子和空穴本征浓度。

晶体中载流子本征浓度与禁带宽度及温度关系见表 3-2。

表 3-2　晶体中载流子本征浓度与禁带宽度及温度关系

n_i/m^{-3}　u_g/eV T/K	1	2	3	4	5	6
300	1.1×10^{17}	5.0×10^8	2.2	9.8×10^{-9}	~0	~0
400	2.0×10^{19}	1.0×10^{13}	5.1×10^6	2.6	1.3×10^{-6}	~0
500	4.8×10^{20}	4.3×10^{15}	3.8×10^{10}	3.4×10^5	3.0	2.7×10^{-5}
600	4.7×10^{21}	3.2×10^{17}	2.1×10^{13}	1.4×10^9	9.4×10^4	6.2

从表 3-2 可以看出，在 $u_g > 3\text{eV}$ 的晶体中，本征热激发电子浓度与空穴浓度很低，不足以形成明显的电子电导。而 $u_g < 3\text{eV}$ 的晶体，在较高温度时将有明显的本征电子电导。因

此，$u_g = 3\mathrm{eV}$ 亦可粗略地作为区分电介质和半导体的界限。由于杂质的存在，在晶体的禁带中引入中间能级。如杂质能级接近导带，则杂质能级上的电子在热激发作用下进入导带，成为导电载流子，使电子电导增加，这种杂质称为施主杂质。此时费米能级 u_F 上移，与导带的 u_c 相接近，电子浓度 n 增加，空穴浓度 p 减小，n 与 p 不再相等，但 $np = n_i^2$ 仍保持不变。

如杂质能级接近价带，则价带电子易于激发到杂质能级上，增加了空穴的浓度，此种杂质称为受主杂质。在半导体晶体中，前者称为电子型半导体，后者称为空穴型半导体。它们的能级图如图 3-2 所示。

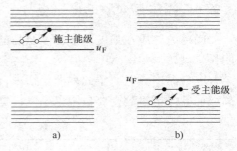

图 3-2　杂质半导体的能级图
a) 电子半导体　b) 空穴半导体

晶体电子电导电流密度

$$j = en\mu_e E \tag{3-3}$$

电介质晶体本征电子浓度极低，因此本征电子导电可以忽略，电子电导只能在强光激发或强场电离以及电极效应引入大量电子时才能明显存在。而半导体的本征电导却很明显，不可忽略，然而实用的半导体材料亦多为掺杂半导体，它们的电导主要由杂质或电极注入等因素所决定。

2. 电介质中的电子跳跃电导

常用的绝缘高分子电介质材料多由非晶体或非晶体与晶体共存所构成。从整体来看，其原子分布是不规则的，但在局部区域却是有规则排列的，即有近规则的排列，在较大区域才失去其规则性。因此，由原子周期性排列所形成能带仅能在各个局部区域中存在，在不规则的原子分布区能带间断，在具有非晶态结构的区域电子不能像在晶体导带中那样自由运动，电子从一个小晶区的导带迁移到相邻小晶区的导带要克服一势垒（见图3-3）。此时电子的迁移可通过热电子跃迁或隧道效应通过势垒。在电场强度不十分强（$E < 10^8\,\mathrm{V/m}$）的情况下，隧道效应不明显，主要是局部能带的导带上电子在热振动的作用下，跃过势垒相邻的微晶带跃迁而形成电子跳跃电导。

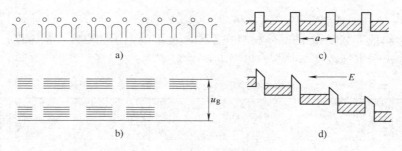

图 3-3　不规则结晶系的能带结构和电子跃迁模型
a) 电子电位图　b) 能带图　c) 无电场时势能图　d) 有电场时势能图

3. 热电子发射电流

电介质中的电子被强烈地束缚在介质分子上，从能带论观点来看即禁带宽度较宽，u_g 值较大，所以从价带热激发到导带而引起本征电子电导电流极小。除杂质能使介质中导带电子增多电子电导增加外，电极上的电子向介质中的发射（或注入）亦是介质中导电电子的重要来源之一。就电极上的电子向介质中发射的机理而言，可分为热电子发射和场致发射两种，本节先介绍电极的热电子发射电流。

金属电极中具有大量的自由电子，但由于金属表面的影响，在电子离开金属时必须克服一势垒 ϕ_{D}（相对于金属中的费米能级）。金属中的电子能量大多处于费米能级以下，只有少部分电子由于热的作用具有较高的能量，当其能量 u 超过（$\phi_{\mathrm{D}} + u_{\mathrm{F}}$）时，才可能超过势垒 ϕ_{D} 脱离金属向介质或真空中发射，并引起发射电流。显然，此发射电流与温度有关，它随着温度的升高而增加，故称为热电子发射电流。

从金属向介质（真空相同）内发射电子时，由于两者界面处有电位势垒存在，电流受到限制。在没有电场作用时，由热能而使电子从金属发射的热电子电流密度，由理查森-杜什曼（Richardson-Dushman）式知

$$j = AT^2 \mathrm{e}^{-\phi_{\mathrm{D}}/(kT)} \tag{3-4}$$

式中　$A = \dfrac{4\pi mek^2}{h^3}$，其中，$m$ 为电子质量；

ϕ_{D}——金属的功函数，$\phi_{\mathrm{D}} = u_{\mathrm{xo}} - u_{\mathrm{F}}$。其中 u_{xo} 是沿 x 轴方向逸出金属的电子在 x 方向所应具有的最低能量。

当外施电场 E 时，电场将使电子逸出金属的势垒降低，电子容易发射，这一现象就是如图 3-4 所示的肖特基(Schottky) 效应。

当电子从金属电极发射时，如图 3-4 右下角附图所示的金属表面感应正电荷，这时，电子受到感应正电荷的作用力 $F(x)$，可以看成是以金属为对称面，电子与其对称位置的等量正电荷之间的静电引力（镜像法），从而可得热电子发射电流密度与外电场 E 的关系式为

$$j = AT^2 \exp\left[-\left(\phi_{\mathrm{D}} - \sqrt{e^3 E/4\pi\varepsilon_0\varepsilon_{\mathrm{r}}}\right)/(kT)\right] \tag{3-5}$$

因此，肖特基效应电流密度对数 $\ln j$ 与 $\sqrt{E}$ 是线性关系。

4. 场致发射电流

在强电场下，当电子能量低于势垒高度不是很大，而势垒厚度又很薄时，电子就可能由于量子隧道效应穿过势垒。以宽度为 l，高度为 u_0 的势垒组成一维矩形势场的模型如图 3-5所示（在 $0 \leqslant x \leqslant l$ 时，$u_{\mathrm{p}} = u_0$；在 $x < 0$，$x > l$ 时，$u_{\mathrm{p}} = 0$）。

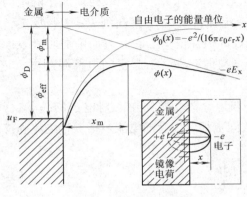

图 3-4　肖特基效应势垒图

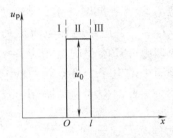

图 3-5　一维矩形势垒模型

如果粒子的总能量小于势垒的高度（即 $u < u_0$），则从经典力学的观点来看，粒子可以在 $x < 0$ 的区域 I 中运动，也可以在 $x > l$ 的区域 III 中运动，但它不能由区域 I 穿过势垒 II 到区域 III 中去。也就是说，粒子由区域 I 越过势垒 II 到达区域 III 所需的能量必须大于势垒的高度（即 $u > u_0$），但对于电子等微观粒子，情况就不同了。

对于具有能量 $u < u_0$ 的微观粒子，粒子可以由区域 I 穿过势垒 II 到达区域 III 中，并且粒子穿过势垒后，能量并没有减少，仍然保持在区域 I 时的能量，这种现象通常形象化地称为隧道效应。

如图 3-6a 所示，电子的波函数在 II 区间发生了衰减，但是通过势垒后进入 III 区间内的粒子能量等于原来的能量。

如果在金属和介质的界面上加上强电场，如图 3-6b 所示，由于肖特基效应使势垒高度降低到 ϕ_{eff}，同时从费米能级到相同势能的导带的宽度（x_0）变小，于是产生隧道现象。

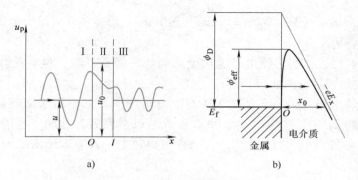

图 3-6　隧道效应

a）电子波函数的变化　b）肖特基效应产生的势垒变化

5. 空间电荷限制电流

强电场下介质的电子电导电流应当遵循连续性原理，即电子从电极向电介质中注入形成的电极注入电流 I_{c} 和电介质体内的电子电流 I_{b} 是连续的。在稳态情况下应有

$$I_{\mathrm{c}} = I_{\mathrm{b}}$$

如 $I_{\mathrm{c}} \neq I_{\mathrm{b}}$，则在介质中将有电荷积聚而出现空间电荷。如 $I_{\mathrm{c}} < I_{\mathrm{b}}$，在阴极前形成正的空间电荷，它将加强阴极处的电场强度，增加阴极的注入电流，直至 I_{c} 升高到 $I_{\mathrm{c}} = I_{\mathrm{b}}$；反之，如 $I_{\mathrm{c}} > I_{\mathrm{b}}$，在阴极前形成负的空间电荷，即积聚与电极同极性电荷。它一方面削弱阴极表面的电场，使 I_{c} 降低；同时，由于在介质中电子空间电荷的存在，引起空间电荷限制电流 I_{sc}，直到 $I_{\mathrm{c}} = I_{\mathrm{b}} + I_{\mathrm{sc}}$，电子电导电流达到平衡。

如忽略电介质本身的电子电流 I_{b}（$I_{\mathrm{c}} \gg I_{\mathrm{b}}$）与电介质中陷阱中心对电子的捕获空间，注入电介质中的电子与真空管中的电子相似，此空间电荷所引起的电流包括漂移电流和扩散电流两部分。此时空间电荷限制电流密度可写成

$$j_{\mathrm{s}} = n e \mu E - e D_{\mathrm{e}} \left(\frac{\mathrm{d}n}{\mathrm{d}x} \right) \tag{3-6}$$

式中　n——空间电荷的体积浓度；

　　　D_{e}——电子的扩散系数。

3.2.3　固体电介质的表面电导

前面所讨论的电介质电导，都是指电介质的体积电导，这是电介质的一个物理特性参数，它主要是取决于电介质本身的组成、结构、含杂情况及介质所处的工作条件（如温度、气压和辐射等），这种体积电导电流贯穿整个介质。同时，通过固体介质的表面还有一种表面电导电流 I_s。此电流与固体介质上所加电压 U 成正比，即

$$I_s = G_s U \tag{3-7}$$

式中　G_s——固体介质的表面电导，单位为 S。

如固体介质表面上加以两平行的平板电极，板间距离为 d，电极长度为 l（如图 3-7 所示），则 G_s 与 l 成正比，与 d 成反比，可以写成

$$G_s = \gamma_s \frac{l}{d} \tag{3-8}$$

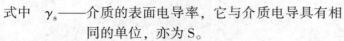

图 3-7　表面电导计算图

式中　γ_s——介质的表面电导率，它与介质电导具有相同的单位，亦为 S。

此时亦可写成表面电流密度形式

$$j_s = \frac{I_s}{l} = \gamma_s \frac{U}{d} = \gamma_s E \tag{3-9}$$

式中　j_s——表面电流密度，单位为 A/m。

表面电导亦可用表面电阻 R_s 和表面电阻率 ρ_s 来表示，它们与 G_s、γ_s 有以下关系，即

$$R_s = \frac{1}{G_s} \tag{3-10}$$

$$\rho_s = \frac{1}{\gamma_s} \tag{3-11}$$

介质的表面电导率 γ_s（或电阻率 ρ_s）的数值不仅与介质的性质有关，而且强烈地受到周围环境的湿度、温度、表面的结构和形状以及表面污染情况的影响。因此，γ_s 和 ρ_s 不能作为物质的物理特性参数看待。

1. 电介质表面吸附的水膜对表面电导率的影响

介质的表面电导受环境湿度的影响极大。任何介质处于干燥的情况下，介质的表面电导率 γ_s 很小，但一些介质处于潮湿环境中受潮以后，往往 γ_s 有明显的上升（或 ρ_s 下降）（见图 3-8）。可以假定，由于湿空气中的水分子被吸附于介质的表面，形成一层很薄的水膜。因为水本身为半导体（$\rho_v = 10^5 \Omega \cdot m$），所以介质表面的水膜将引起较大的表面电流，使 γ_s 增加。

例如在 $t = 20℃$，相对湿度 $\varphi = 90\%$ 的大气条件下，石英表面有 40 层水分子组成的水膜存在，并取水分子的直径 $\delta = 2.5 \times 10^{-10}$ m，水的体积电阻率 $\rho_v = 10^5 \Omega \cdot m$。由此可以求出此水膜

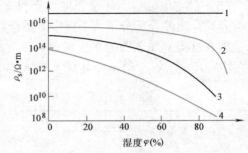

图 3-8　几种电介质表面电阻率 ρ_s 与空气相对湿度的关系

1—石蜡　2—琥珀　3—虫胶　4—陶瓷上珐琅层

形成的表面电导 G_s 和表面电导率 γ_s

$$G_s = \frac{1}{R_s} = \frac{1}{R_{H_2O}} = \frac{hl}{\rho_{vH_2O}d}$$

$$\gamma_s = G_s \frac{d}{l} = \frac{h}{\rho_{vH_2O}} = \frac{40\delta}{\rho_{vH_2O}} = \frac{10^{-8}}{10^5}S = 10^{-13}S \qquad (3\text{-}12)$$

式中　R_{H_2O}——介质表面水膜电阻；

　　　ρ_{vH_2O}——水的体积电阻率；

　　　h——水膜的厚度，此时 $h = 40\delta$；

　　　l——电极长度；

　　　d——电极间距离。

$\gamma_s = 10^{-13}S$ 这一数值已超过一般良好电介质的体积电导，因此在无接地保护环测试时，在湿空气下测得的介质电导实际上是介质的表面电导。

从上述表面电导机理来看，显然电介质电导的大小与介质表面上连续水膜的形成及水膜的电阻率有关。

2. 电介质的分子结构对表面电导率的影响

电介质按水在介质表面分布状态的不同，可分为亲水电介质和疏水电介质两大类。

(1) 亲水电介质　亲水电介质包括离子晶体、含碱金属的玻璃以及极性分子所构成的电介质等，它们对水分子有强烈的吸引作用。由于这类介质分子具有很强的极性，对水分子的吸引力超过了水分子之间的内聚力，因而水滴在介质表面上形成的接触角常小于90°（见图3-9a）。这种介质表面所吸附的水易于形成连续水膜，故表面电导率大，特别是一些含有碱金属离子的介质（如碱卤晶体、含碱金属玻璃），介质中的碱金属离子还会进入水膜，降低水的电阻率，使表面电导率进一步上升，甚至丧失绝缘性能。

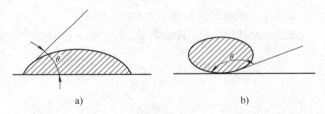

图3-9　水滴在两类介质上的分布状态
a) 亲水电介质 $\theta < 90°$　b) 疏水电介质 $\theta > 90°$

(2) 疏水电介质　一般非极性介质，如石蜡、聚苯乙烯、聚四氟乙烯和石英等属于疏水电介质。这些介质分子为非极性分子所组成，它们对水的吸引力小于水分子的内聚力，所以吸附在这类介质表面的水往往成为孤立的水滴，其接触角 $\theta > 90°$，不能形成连续的水膜（见图3-9b），故 γ_s 很小，且受大气湿度的影响较小。数据见表3-3。

表3-3　不同材料的接触角 θ 及大气湿度 φ 对其表面电阻率的影响

材料	接触角 $\theta/°$	ρ_s/Ω		材料	接触角 $\theta/°$	ρ_s/Ω	
		$\varphi = 0$	$\varphi = 98\%$			$\varphi = 0$	$\varphi = 98\%$
聚四氟乙烯	113	5×10^{17}	3×10^{17}	氨基薄片	65	6×10^{14}	3×10^{13}
聚苯乙烯	98	5×10^{17}	3×10^{15}	高频瓷	50	1×10^{16}	1×10^{13}
有机玻璃	73	5×10^{15}	1.5×10^{15}	熔融石英	27	1×10^{17}	6.5×10^{10}

一些多孔性介质（如大理石、层压板）它们吸湿后不仅表面电导率增加，而且体积电导亦会增加，这是水分子进入介质内部造成的。

3. 电介质表面清洁度对表面电导率的影响

介质表面电导率 γ_s 除受介质结构、环境湿度的强烈影响外，介质表面的清洁度亦对 γ_s 影响很大，表 3-4 给出了有关的数据。表面污染特别是含有电解质的污秽，会引起介质表面导电水膜的电阻率下降，从而使 γ_s 升高。

表 3-4 介质表面清洁度对 γ_s 的影响（$\varphi = 70\%$）

介　　质	表面不净时 γ_s/S	表面清洁时 γ_s/S
碱 玻 璃	2×10^{-8}	3×10^{-11}
熔 融 石 英	2×10^{-8}	1×10^{-13}
云母模制品	2×10^{-9}	1×10^{-13}

显然，要使介质表面电导低，应该采用疏水介质，并使介质表面保持干净。有时为了要降低亲水介质的表面电导往往可在介质表面涂以疏水介质（如有机硅树脂、石蜡等），使固体表面不能形成连续水膜，保证有较低的 γ_s。

3.3 固体电介质的击穿

与气体、液体电介质相比，固体电介质的击穿场强较高，但固体电介质击穿后材料中留下有不能恢复的痕迹，如烧焦或熔化的通道、裂缝等，即使去掉外施电压，也不像气体、液体介质那样能自行恢复绝缘性能。

固体电介质的击穿中，常见的有热击穿、电击穿和不均匀介质局部放电引起击穿等形式。电介质击穿场强与电压作用时间的关系及不同击穿形式的范围如图 3-10 所示。

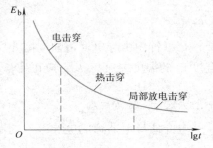

图 3-10 固体电介质击穿场强与电压作用时间的关系

1. 热击穿

热击穿是由于电介质内部热不稳定过程所造成的。当固体电介质加上电场时，电介质中发生的损耗会引起发热，使介质温度升高。

电介质的热击穿不仅与材料的性能有关，还在很大程度上与绝缘结构（电极的配置与散热条件）及电压种类、环境温度等有关，因此热击穿强度不能看作是电介质材料的本征特性参数。

2. 电击穿

电击穿是在较低温度下，采用了消除边缘效应的电极装置等严格控制的条件下，进行击穿试验时所观察到的一种击穿现象。电击穿的主要特征是：击穿场强高（大致在 5~15MV/cm 范围），实际绝缘系统是不可能达到的；在一定温度范围内，击穿场强随温度升高而增大，或变化不大。

均匀电场中电击穿场强反映了固体介质耐受电场作用能力的最大限度，它仅与材料的化学组成及性质有关，是材料的特性参数之一，所以通常称之为耐电强度或电气强度。

3. 不均匀电介质的击穿

不均匀电介质击穿是指包括固体、液体或气体组合构成的绝缘结构中的一种击穿形式。与单一均匀材料的击穿不同，击穿往往是从耐电强度低的气体开始，表现为局部放电，然后或快或慢地随时间发展至固体介质，劣化损伤逐步扩大，致使介质击穿。

由于实际固体介质击穿还伴随有机械、热、化学等复杂过程，因而至今还没有建立起可以满意地解释所有击穿现象的理论，但是已经有了一些能够较好说明部分现象的理论，下面分别加以讨论。

3.3.1 固体电介质的热击穿

对于固体电介质的热击穿，很多学者都做过试验和理论研究，然而要定量进行讨论却十分复杂。下面先介绍最简单的瓦格纳热击穿理论，然后讨论均匀固体介质热击穿电压的确定。

1. 瓦格纳热击穿理论

瓦格纳的热击穿模型如图 3-11 所示。假设固体介质置于平板电极 a、b 之间，该介质有一处或几处的电阻比其周围小得多，构成电介质中的低阻导电通道。如通道的横截面积为 S，长度为 d，电导率为 γ，当加上直流电压 U 后，电流便主要集中在导电通道内，每秒钟内导电通道由于电流通过而产生的热量为

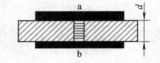

图 3-11 瓦格纳热击穿模型

$$Q_1 = 0.24\frac{U^2}{R} = 0.24U^2\gamma\frac{S}{d} \tag{3-13}$$

每秒钟内由导电通道向周围介质散出的热量与通道长度 d，通道平均温度 T 与周围介质温度 t_0 的温度差 $(t-t_0)$ 成正比，即散热量为

$$Q_2 = \beta(t-t_0)d \tag{3-14}$$

式中 β——散热系数。

电介质导电通道的电导率 γ 与温度的关系为

$$\gamma = \gamma_{t_0}e^{\alpha(t-t_0)} \tag{3-15}$$

式中 γ_{t_0}——导电通道在温度 t_0 时的电导率；

α——温度系数。

由上可知，γ 是温度的函数，所以发热量 Q_1 也是温度的函数，因此对于不同的电压 U 值，Q_1 与 t 的关系是一簇指数曲线（如图 3-12 所示），曲线 1、2、3 分别为在电压 U_1、U_2、U_3（$U_1 > U_2 > U_3$）作用下，介质发热量与介质导电通道温度的关系。而散热量 Q_2 与温度差 $(t-t_0)$ 成正比，如图 3-12 中曲线 4 所示。

从图 3-12 可看出：曲线 1（电压为 U_1 时）高于曲线 4，固体介质内发热量 Q_1 总是大于散热量 Q_2，在任何温度下都不会达到热平衡，电介质的温度不断地升高，最

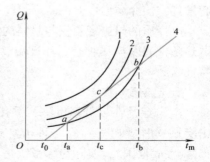

图 3-12 发热与散热曲线

后导致电介质热击穿。曲线 3（电压为 U_3 时）与曲线 4 有两个交点，$Q_1 = Q_2$。由于发热量等于散热量，此两点称为热平衡点，a 点是稳定的热平衡点，b 点是不稳定的热平衡点。因而电介质被加热到通道温度为 t_a 就停留在热稳定状态。曲线 2（电压为 U_2 时）与曲线 4 相切，切点 c 是一个不稳定的热平衡点。因为当导电通道温度 $t < t_c$ 时，电介质发热量大于散热量，温度上升到 t_c；而当 $t > t_c$ 时，发热量大于散热量，导电通道的温度不断上升，导致热击穿。可见，曲线 2 是介质热稳定状态和不稳定状态的分界线，所以电压 U_2 确定为热击穿的临界电压，t_c 为热击穿的临界温度。

相应于切点 c 的热击穿临界电压

$$U_c = \sqrt{\frac{\beta \rho_0}{0.24 S \alpha e}} d e^{-\frac{\alpha t_0}{2}} \tag{3-16}$$

2. 均匀固体电介质热击穿电压的确定

一般情况下，这种方程的求解是困难的。但考虑到介质材料通常是在长时间的交、直流电压或短时间作用的脉冲电压下工作的，所以可以近似化为两种极端情况来讨论此类方程式的求解问题：①电压作用时间很短，散热来不及进行的情况，称这种情况下的击穿为脉冲热击穿；②电压长时间作用，介质内温度变化极慢的情况，称这种情况下的击穿为稳态热击穿。

（1）脉冲热击穿　认为电场作用时间很短，以致导热过程可以忽略不计时，则热平衡方程为

$$C_v \frac{dT}{dt} = \gamma E^2 \tag{3-17}$$

式中　C_v——单位体积电介质的比热；

$\quad\quad T$——温度；

$\quad\quad \gamma$——交变电场中电介质的等效电导率。

如知道 $E = E(t)$ 及 $\gamma = \gamma(t, E)$，即可由上式求出温度到达介质热破坏临界温度时的热击穿场强。

假设施加于介质的脉冲电场为斜角波形电场，即

$$E = \left(\frac{E_c}{t_c}\right) t \tag{3-18}$$

式中　E_c——热击穿场强；

$\quad\quad t_c$——击穿所需的时间。

一般在电场不太强的情况下，介质的电导率可表示为

$$\gamma = \gamma_0 e^{-\phi/kt} = \gamma_0 e^{-\beta/t} \tag{3-19}$$

式中　γ_0，ϕ——介质的常数；

$\quad\quad k$——玻耳兹曼常数。

$$\beta = \phi/k$$

在环境温度不高时，$\beta \gg t_0$，$t_c > t_0$，可得热击穿临界场强为

$$E_c \cong \left[\frac{3 c_v t_0^2}{\gamma_0 \beta t_c}\right]^{1/2} e^{\beta/2t_0} \tag{3-20}$$

此式给出了击穿场强与击穿时间的关系。

（2）稳态热击穿　热击穿临界电压为

$$U_{0c}^2 = 8\int_{t_0}^{t_c} \frac{K}{\gamma}dt \tag{3-21}$$

如环境温度不高时，$\beta \gg T_0$，$t_c > t_0$，上式积分可近似为

$$U_{0c} \cong \left(\frac{8Kt_0^2}{\gamma_0\beta}\right)^{\frac{1}{2}} e^{\beta/2t_0} \tag{3-22}$$

3.3.2　固体电介质的电击穿

希伯尔（Hippel）和弗罗利希（Frohlich）在固体物理的基础上以量子力学为工具逐步发展建立了固体电介质电击穿的碰撞电离理论。这一理论简述如下：

在强电场下固体导带中可能因场致发射或热发射而存在一些导电电子，这些电子在外电场作用下被加速获得动能，同时在其运动中又与晶格相互作用而激发晶格振动，把电场的能量传递给晶格。当这两个过程在一定的温度和场强下平衡时，固体介质有稳定的电导；当电子从电场中得到的能量大于晶格振动损失的能量时，电子的动能就越来越大，至电子能量大到一定值后，电子与晶格的相互作用便导致电离产生新电子，自由电子数迅速增加，电导进入不稳定阶段，发生击穿。

按击穿发生的判定条件不同，电击穿理论可分为两大类：

1）以碰撞电离开始作为击穿判据。称这类理论为碰撞电离理论，或称本征电击穿理论。

2）以碰撞电离开始后，电子数倍增到一定数值，足以破坏电介质结构作为击穿判据。称这类理论为雪崩击穿理论。

以下简要介绍这两类击穿理论。

1. 本征电击穿理论

在电场 E 的作用下，电子被加速，因此电子单位时间从电场获得的能量可表示为

$$A = A(E,u) \tag{3-23}$$

式中　u——电子能量。

电子在其运动中与晶格相互作用而发生能量的交换。由于晶格振动与温度有关，所以 B 可写为

$$B = B(T_0,u) \tag{3-24}$$

式中　T_0——晶格温度。

平衡时

$$A(E,u) = B(T_0,u) \tag{3-25}$$

当场强增加到使平衡破坏时，碰撞电离过程便立即发生。所以使式（3-23）成立的最大场强就是碰撞电离开始发生的起始场强，把这一场强作为电介质的临界击穿场强。

2. 雪崩击穿理论

根据雪崩机理的不同，雪崩击穿分为两种类型：场致发射击穿和碰撞电离雪崩击穿。

（1）场致发射击穿　如在强场电导中所述，由于量子力学隧道效应，从价带向导带场致发射电子，引起电子雪崩。基于这种观点的理论认为，由于隧道电流的增长，对晶格能量的注入使其温度上升，在晶格温度到达临界温度时，便导致击穿发生，称这种击穿为场致发射击穿。

（2）碰撞电离雪崩击穿　这种击穿理论是：导带中的电子被外施电场加速到具有足够的动能后，发生碰撞电离，这一过程在电场下不断地由阴极向阳极发展，形成电子雪崩。当这种电子雪崩区域达到某一界限时，晶格结构被破坏，固体发生击穿。

3.3.3　不均匀电介质的击穿

前述固体电介质击穿理论适用于宏观均匀的单一电介质的击穿现象，在实际应用中经常遇到的是宏观不均匀复合电介质。从凝聚状态来分析，一般总是气体与液体或固体、液体与固体或固体与固体的组合，即使是单一电介质的绝缘结构，由于材料的不均匀性、含有杂质或气隙等也不能看作是单一均匀电介质，因此研究不均匀介质的击穿具有重要的实用意义。在这里先讨论最简单的双层复合电介质的击穿，然后讨论以老化现象为主的局部放电和树枝化击穿。

1. 复合电介质的击穿

（1）双层复合电介质的击穿　设一双层复合电介质模型及其等效电路如图 3-13 所示。双层介质的厚度、电导率及介电常数分别为 d_1、d_2、γ_1、γ_2 和 ε_1、ε_2，外施电压为 U，两层介质中场强分别为 E_1、E_2。

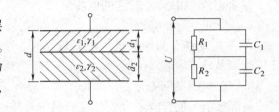

图 3-13　双层复合电介质及其等效电路

设 U 为外施恒定电压，在 U 作用下达到稳态时，若引入复合电介质的宏观平均场强

$$E = \frac{U}{d_1 + d_2} = \frac{U}{d} \tag{3-26}$$

则有

$$E_1 = \frac{\gamma_2 d}{\gamma_1 d_2 + \gamma_2 d_1} E \tag{3-27}$$

$$E_2 = \frac{\gamma_1 d}{\gamma_1 d_2 + \gamma_2 d_1} E$$

式中　$d = d_1 + d_2$。

从式（3-27）可见，各层介质电场强度与其电导率成反比。如 $\gamma_1 = \gamma_2$，则 $E_1 = E_2 = E$；如 γ_1 与 γ_2 相差很大，其中必有一层电介质的场强大于 E，例如 $E_1 > E$，则当 E_1 达到第一层电介质的击穿场强 E_{1b} 时，引起该层电介质击穿。第一层击穿后，全部电压加在第二层上使 E_2 发生畸变，通常导致第二层电介质随之击穿，即引起全部电介质击穿。

（2）边缘效应及其消除方法　在不同的电场均匀度下研究固体电介质击穿时发现，电场不均匀度越高，击穿电压随电介质厚度的增长越慢，亦即平均击穿场强越低，而且分散性也越大，只有在均匀电场下才具有击穿电压与厚度的正比关系，可以得到材料的最大击穿强度。为了研究固体电介质本征击穿的物理常数——耐电强度，必须采用消除边缘效应的方法，使固体电介质能在足够均匀的电场下发生电击穿。

需要指出，在复合电介质中电场分布不均匀的情况下，当未采用任何措施改善电极边缘处的电场分布时，由于周围媒质的击穿强度常比固体电介质要小，往往在固体电介质击穿之前先在电场集中的电极边缘处发生放电，放电火花可视为电极针状般的延伸，于是电极边缘处的电场分布发生强烈畸变，若放电开始时外施电压高于固体电介质一定厚度下的最小击穿电压（电介质在极不均匀电场作用下的击穿电压），则媒质放电后立即引起固体电介质的击穿。这种因电极边缘媒质放电而引起固体电介质在电极边缘处较低电压下击穿的现象称为边缘效应。

为了消除均匀电场的边缘效应，其方法之一就是将电极试样系统做成一定的尺寸和形状，一般采用把试样制作为凹面状，如图3-14所示。若试样厚度 t 与下凹部分最小厚度 d 之比足够大（比值不小于 5～10），则击穿往往发生在足够均匀电场的最小厚度处。但并非所有的固体电介质都能实现，例如云母、有机薄膜等介质困难就较大。对于这类固体电介质，通常采用简单电极试样系统，诸如固体试样置放在两平板电极间、平板与圆球或圆球与圆球电极间的系统，置于液体媒质之中。消除边缘效应的方法之二是选用适当的媒质，使在固体电介质击穿之前媒质中所分配到的电场强度低于其击穿值。

图 3-14 获得均匀电场的
电极试样系统

2. 局部放电

在含有气体（如气隙或气泡）或液体（如油膜）的固体电介质中，当击穿强度较低的气体或液体中的局部电场强度达到其击穿场强时，这部分气体或液体开始放电，使电介质发生不贯穿电极的局部击穿，这就是局部放电现象。这种放电虽然不立即形成贯穿性通道，但长期的局部放电，使电介质（特别是有机电介质）的劣化损伤逐步扩大，导致整个电介质击穿。

局部放电引起电介质劣化损伤的机理是多方面的，但主要有如下3个方面：

1）电的作用。带电粒子对电介质表面的直接轰击作用，使有机电介质的分子主链断裂。

2）热的作用。带电粒子的轰击作用引起电介质局部的温度上升，发生热熔解或热降解。

3）化学作用。局部放电产生的受激分子或二次生成物的作用，使电介质受到的侵蚀可能比电、热作用的危害更大。

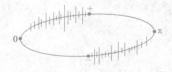

局部放电是电介质应用中的一种强场效应，它在电介质介电现象和电气绝缘领域均具有重要意义。

局部放电谱图与放电类型相关，不同类型放电的相位不同，图3-15、图3-16和图3-17是交流电压下局部放电的放电图。

图 3-15 绝缘内部气泡
的放电图形

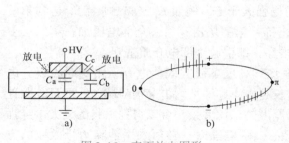

图 3-16 表面放电图形

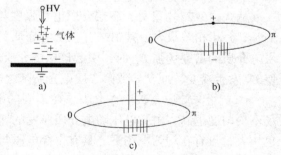

图 3-17 电晕放电图形
a）放电部位 b）放电图形 c）较高电压时放电波形

3. 聚合物电介质的树枝化击穿

树枝化击穿是聚合物电介质在长时间强电场作用下发生的一种老化破坏形式，在介质中形成具有气化了的形如树枝状的痕迹，树枝是充满气体的直径为皮米（$1pm = 10^{-12}m$）以下的细微"管子"组成的通道,如图 3-18 所示。

引起聚合物电介质树枝化的原因是多方面的,所产生的树枝亦不同。树枝可以因介质中间歇性的局部放电而缓慢地扩展,更可以在脉冲电压作用下迅速发展,也能在无任何局部放电的情况下,由于介质中局部电场集中而发生。属于这些原因引起的树枝称为电树枝(如图 3-18 所示有、无气隙的树枝和图 3-19 所示 35kV 聚乙烯电缆中的杂质电树枝)。树枝亦能因存在水分而缓慢发生,如在水下运行的 200 ~ 700V 低压电缆中也发现有树枝,一般称为水树枝,即直流电压下也能促进树枝化。此外,还有因环境污染或绝缘介质中存在杂质而引起的电化学树枝,如电缆中由于腐蚀性气体在线芯处扩散,与铜发生反应就形成电化学树枝。

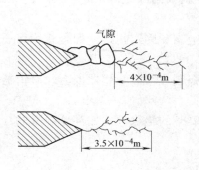

图 3-18　电极尖端有、无
气隙时的电树枝

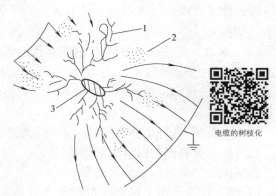

电缆的树枝化

图 3-19　35kV 聚乙烯电缆中的杂质电树枝
1—电树枝　2—云雾状细微裂纹　3—杂质核心

树枝化的位置是随机的,即树枝引发于介质中各个高场强的点,例如粗糙或不规则的电极表面或介质内部的间隙、杂质等处。

聚合物介质树枝化后,在其截面可以发生或不发生完全的击穿,但在固体聚合物介质中,树枝化击穿是一个很重要的击穿因素。如美国西海岸敷设的 161 根聚乙烯电缆,运行了 1 ~ 11年以后,检查已损坏和未损坏的电缆截面发现,树枝化现象相当普遍,运行 5 年以上者,几乎有一半产生了树枝化。虽然树枝化与寿命之间无明确的关系式,但是树枝化无疑降低了电缆的使用寿命。需要指出,树枝化是聚合物介质击穿的先导,但击穿并不因树枝化而接踵到来。

3.4　固体绝缘表面的气体沿面放电

在各种绝缘设备中,都有沿固体表面放电的问题。因为高压导体总是需要用固体绝缘材料来支撑或悬挂,这种固体绝缘称为绝缘子,在气体绝缘设备中也常称为绝缘支撑。此外,高压导体穿过接地隔板、电器外壳或墙壁时,也需要用固体绝缘加以固定,这类固体绝缘称为套管。沿整个固体绝缘表面发生的放电称为闪络,在放电距离相同时,沿面闪络电压低于纯气隙的击穿电压。因此在工程中,很多情况下事故往往是由沿面闪络造成的,这就说明对于沿面放电特性的认识是十分重要的。

电力系统的高压绝缘的大致划分如图 3-20 所示。

图 3-20　电力系统高压绝缘示意图

简言之，高压电气设备外壳之外，所有暴露在大气中需要绝缘的部分都属于外绝缘。外绝缘的主要部分是户外绝缘，一般由空气间隙与各种绝缘子串构成。

绝缘子是将处于不同电位的导体在机械上固定，在电气上隔绝的一种使用数量极大的高压绝缘部件。比如一条 300km 长的交流 500kV 线路，就需要悬式绝缘子 8~9 万片。高压绝缘子从结构上可以分为三类：

1）（狭义）绝缘子。用作带电体和接地体之间的绝缘和固定连接，如悬式绝缘子、支柱绝缘子、横担绝缘子等。

2）套筒。用作电器内绝缘的容器，多数由电工陶瓷制成，如互感器瓷套、避雷器瓷套及断路器瓷套等。

3）套管。用作导电体穿过接地隔板、电器外壳和墙壁的绝缘件，如穿越墙壁的穿墙套管，变压器、电容器的出线套管等。

高压绝缘子从材料上分为三类：

1）电工陶瓷。电工陶瓷（简称电瓷）是无机绝缘材料，由石英、长石和黏土做原料经高温焙烧而成。它抗老化性能好，能耐受不利的大气环境和酸碱污秽的长期作用而不受侵蚀，且具有足够的电气和机械强度。因而在高压输电 100 多年的历史中，电工陶瓷绝缘子在按材料分类的各类绝缘子中占据了主导地位。但电工陶瓷绝缘子耐污秽性能不好，且笨重易碎，运输安装成本大，制造能耗高，生产时污染大。

2）钢化玻璃。玻璃也是一种良好的绝缘材料，它具有和电瓷同样的环境稳定性，而且生产工艺简单，生产效率高。经过退火和钢化处理后，机械强度和耐冷热急变性能都有很大提高。输电线路采用钢化玻璃绝缘子还有一个优点，它具有损坏后"自爆"的特性，便于及时发现。钢化玻璃目前几乎仅用于盘形悬式绝缘子。

3）硅橡胶、乙丙橡胶等有机材料。有机合成绝缘子的种类也很多，由环氧引拔棒和硅橡胶伞裙护套构成的合成绝缘子是新一代的绝缘子，具有强度高、重量轻和耐污闪能力强等明显优点。它的出现打破了无机材料在高压外绝缘一统天下的局面，在我国及许多国家得到大量应用，深受电力部门的欢迎，显示出迅猛的发展势头和良好的发展前景。

3.4.1　界面电场的分布

气体介质与固体介质的交界面称为界面。界面电场分布的情况对沿面放电的特性有很大影响。界面电场分布有以下 3 种典型的情况，如图 3-21 所示。

1）固体介质处于均匀电场中，且界面与电力线平行，如图 3-21a 所示。这种情况在工程中较少遇到。但实际结构中会遇到固体介质处于稍不均匀电场的情况，此时放电现象与均匀电场中的现象有很多相似之处。

2）固体介质处于极不均匀电场中，且电力线垂直于界面的分量（以下简称垂直分量）

比平行于表面的分量要大得多，如图 3-21b 所示。套管就属于这种情况。

3）固体介质处于极不均匀电场中，但在界面大部分地方（除紧靠电极的很小区域外），电场强度平行于界面的分量要比垂直分量大，如图 3-21c 所示。支柱绝缘子就属于这种情况。

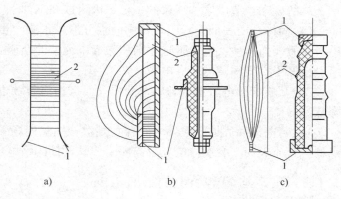

3.4.2 均匀电场中的沿面放电

虽然在均匀电场情况下固体介质的引入并不影响电极间的电场分布，但放电总是发生在界面，且闪

图 3-21 介质在电场中的典型布置方式
a）均匀电场 b）界面上电力线有强垂直分量
c）界面上电力线有弱垂直分量
1—电极 2—固体介质

络电压比空气间隙的击穿电压要低得多，如图 3-22 所示。由图可见，沿面闪络电压与固体绝缘材料特性有关，例如石蜡的闪络电压比电瓷高。这是由于石蜡表面不易吸附水分，而瓷和玻璃表面吸附水分的能力大的缘故。固体介质表面吸附水分形成水膜时，水膜中离子在电场作用下向电极移动，会使沿面电压分布不均匀，因而使闪络电压低于纯空气间隙的击穿电压。越容易吸湿的固体沿面闪络电压越低。此外介质表面粗糙，也会使电场分布畸变，从而使闪络电压降低。上述影响因素在高气压时表现得更为明显，如图 3-23 所示。

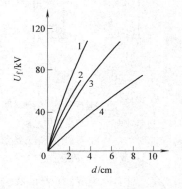

图 3-22 均匀电场中不同介质的沿面闪络
电压（工频峰值）的比较
1—空气隙击穿 2—石蜡 3—电瓷
4—与电极接触不紧密的电瓷

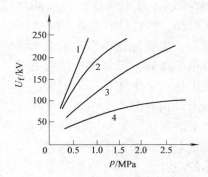

图 3-23 均匀电场中气压对氮气中
沿面闪络电压的影响
1—氮气间隙 2—塑料
3—胶布板 4—电瓷

除固体材料的影响外，固体介质是否与电极紧密接触对闪络电压也有很大影响。因为若固体介质与电极间存在气隙，则由于气体介质的介电常数比固体介质低，气隙中的场强将比平均场强高得多，因此气隙中将发生局部放电。气隙放电产生的带电质点到达固体介质与气体的交界面时，畸变原有电场，使沿面闪络电压明显降低。这一现象在气体绝缘设备绝缘支撑的沿面放电中也存在。

总的说来，造成这种现象的主要原因可以归结如下：

1）固体介质表面会吸附气体中的水分形成水膜。由于水膜具有离子电导，离子在电场中沿介质表面移动，电极附近逐渐积累起电荷，使介质表面电压分布不均匀，从而使沿面闪络电压低于空气间隙的击穿电压。

2）介质表面电阻不均匀以及介质表面有伤痕裂纹也会使电场的分布畸变，使闪络电压降低。

3）若电极和固体介质端面间存在气隙，气隙处场强大，极易发生电离，产生的带电质点到达介质表面，会使原电场分布畸变，从而使闪络电压降低。

3.4.3 极不均匀电场中的沿面放电

按电力线在界面上垂直分量的强弱，极不均匀电场中沿面放电可分为两类：具有强垂直分量时的沿面放电和具有弱垂直分量时的沿面放电。其中前者对于绝缘的危害比较大。

1. 具有强垂直分量时的沿面放电

套管中近法兰处和高压电机绕组出槽口的结构都属于具有强垂直分量的情况。在这种结构中介质表面各处的场强差别很大，而在工频电压作用下会出现滑闪放电。现以最简单的套管为例进行讨论。

图 3-24 表示在交流电压下套管沿面放电发展的过程和套管表面电容的等值图。随着外施电压的升高，首先在接地法兰处出现电晕放电形成的光环（图 3-24a），这是因为该处的电场强度最高。随着电压的升高，放电区逐渐形成由许多平行的火花细线组成的光带，如图 3-24b所示。放电细线的长度随外施电压的提高而增加。但此时放电通道中电流密度较小，压降较大，伏安特性仍具有上升的特性，属于辉光放电的范畴。当外施电压超过某一临界值后，放电性质发生变化。个别细线开始迅速增长，转变为树枝状有分叉的明亮的火花通道，如图 3-24c 所示。这种树枝状放电并不固定在一个位置上，而是在不同的位置交替出现，所

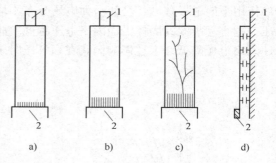

图 3-24 沿套管表面放电的示意图
a）电晕放电 b）细线状辉光放电
c）滑闪放电 d）套管表面电容等值图
1—导杆 2—接地法兰

以称为滑闪放电。滑闪放电通道中电流密度较大，压降较小，其伏安特性具有下降特性，因此有理由认为滑闪放电是以介质表面放电通道中热电离为特征的。滑闪放电的火花随外施电压迅速增长，通常沿面闪络电压比滑闪放电电压高得不多，因而出现滑闪后，电压只需增加不多的值，放电火花就能延伸到另一电极，从而形成闪络。特别是，滑闪放电是具有强垂直分量绝缘结构所特有的放电形式。

滑闪放电现象可用图 3-25 所示的等效电路来解释。不难看出，在法兰 B 附近沿介质表面的电流密度最大，在该处介质表面的电位梯度也最大，当此处电位梯度达到使气体电离的数值时，就出现了初始的沿面放电。随着电压的升高，此放电进一步发展。在电场垂直分量的作用下，带电质点撞击介质表面，引起局部温度升高，高到足以引起热电离。从而使通道中带电质点数量剧增，电阻剧降，通道头部场强增加，导致通道迅速增长，这就是滑闪放

电。热电离是滑闪放电的特征。出现滑闪
放电后，放电发展很快，会很快贯通两电
极，完成闪络。

滑闪放电的起始电压 U_0 和各参数的
关系为

$$U_0 = E_0 / \sqrt{\omega C_0 \rho_s} \qquad (3-28)$$

式中　E_0——滑闪放电的起始场强；

　　　ω——电压的角频率；

　　　C_0——比表面电容；

　　　ρ_s——表面电阻率。

比表面电容是单位面积介质表面与另
一电极间的电容值，对导杆半径为 r_1（单
位为 cm），绝缘层外半径为 r_2（单位为
cm）的图 3-24 所示的绝缘结构，其比表
面电容 C_0（单位为 F/cm^2）为

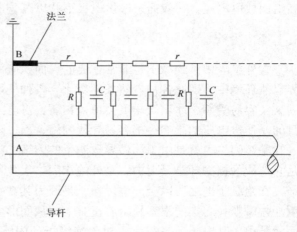

图 3-25　套管绝缘子等效电路
C—表面电容　R—体积电阻　r—表面电阻
A—导杆　B—法兰

$$C_0 = \varepsilon_r / \left[4\pi \times 9 \times 10^{11} \times r_2 \ln(r_2/r_1) \right] \qquad (3-29)$$

出现滑闪放电的条件是，电场必须有足够的垂直分量和水平分量，此外电压必须是交变的，
在直流电压作用下不会出现滑闪放电现象。电压交变的速度越快，越容易滑闪，冲击电压比
工频电压更易引起滑闪。滑闪放电电压和比表面电容 C_0 有关，C_0 越大，越易滑闪。增大固
体介质的厚度，或采用相对介电常数较小的固体介质，都可提高滑闪放电电压。减小表面电
阻率 ρ_s，也可提高滑闪放电电压，例如工程上常采用在套管的法兰附近涂半导电漆的方法来
减小 ρ_s。滑闪情况下，沿面闪络电压不和沿面距离成正比，因此靠增长沿面距离来提高闪络
电压的方法，在此种绝缘结构下效果并不显著。这是因为当沿面距离增加时，通过固体介质
体积的电容电流和漏导电流都将随之很快增长，不仅没有改善滑闪起始区域的场强，反而使
沿面电压分布更加不均匀。

在工频交流电压的作用下，ω 是定值，对一定的绝缘介质而言 ρ_s 也是定值，滑闪放电
的起始场强 E_0 基本变化不大。因此滑闪放电的起始电压 U_0 主要和比表面电容值 C_0 有关。
以下是由试验获得的经验公式

$$U_{cr} = 1.36 \times 10^{-4} / C_0^{0.44} \qquad (3-30)$$

式中　U_{cr}——工频滑闪放电的起始电压有效值，单位为 kV。

此公式的使用范围是 $C_0 > 0.25 \times 10^{-12} F/cm^2$。此经验公式可用于在工程上估算套管的
滑闪放电起始电压。当 C_0 小于上值时，则此公式只可做近似估算以供参考。

2. 具有弱垂直分量时的沿面放电

电场具有弱垂直分量的情况下，电极形状和布置已使电场很不均匀，因而介质表面积聚
电荷使电压重新分布所造成的电场畸变，不会显著降低沿面放电电压。另外，这种情况下电
场垂直分量较小，沿表面也没有较大的电容电流流过，放电过程中不会出现热电离现象，故
没有明显的滑闪放电，因而垂直于放电发展方向的介质厚度对放电电压实际上没有影响。其
沿面闪络电压与空气击穿电压的差别相比强垂直分量时要小得多。因此，这种情况下，要提

高沿面放电电压，一般通过改进电极形状以改善电极附近的电场，从而提高沿面放电电压。

3.4.4　绝缘子的污秽放电

在外绝缘中，绝缘子是非常重要的大面积应用的绝缘部件。由于这些绝缘子常年处于外界自然环境中，因此各种自然条件变化、各种气候变化都会对其产生很大的影响。比如在雨雪天气容易受潮，冰霜气候下会覆盖霜雪，雷电闪击也会造成一定影响，另外，还有系统本身的操作过电压的影响，都容易导致闪络。不过除此之外，最容易对电力系统造成很大危害的却是污闪，也就是由于污秽导致产生的闪络，污闪的次数在几种外绝缘闪络中不算多，但是它造成的损失却是最大的，是外绝缘闪络次数最多的雷闪造成的损害的 10 倍。

在绝缘子上之所以会产生污秽，是因为其常年处于户外，各种工业污秽、自然界飞尘和飘浮盐碱颗粒之类的很容易附着于其上，从而形成一层污层。一般情况下，干燥的绝缘子表面污层由于其电阻还是很大，对于绝缘子的闪络电压没有什么影响。但是一旦大气湿度提高，使污层受潮变得湿润，则污层电阻会明显下降，电导剧增，从而导致绝缘子漏电电流大大增加。这样绝缘子上的闪络电压就会降到一个很低的水平，其结果是即便在工作电压下，绝缘子都可能发生污闪。

通常导致电力系统绝缘事故的原因不是电压升高就是绝缘性能下降。从上面所述我们知道污闪在工作电压下即可发生，因此污闪的发生也就是由于外绝缘的绝缘性能下降。而且由于大气环境自然条件等在一个比较广泛的地域内是基本一致的，所以发生在工作电压下的污闪一旦出现，很有可能是一大片绝缘子同时出现问题，影响非常严重。因此，污秽表面沿面放电的研究，对于处于易受污秽影响地区的绝缘设计以及设备的安全运行有着非常重要的意义。

1. 污闪发展过程

由于绝缘子常年处于户外环境中，因此在其表面很容易形成一层污物附着层。当天气潮湿时，污秽层受潮变成了覆盖在绝缘子表面的导电层，最终引发局部电弧并发展成沿面闪络，这就是污闪。

污闪的发展过程分为如下几个阶段：

（1）污秽层的形成　在自然环境中，各种大气中的飘尘颗粒很容易在经过绝缘子的时候受电场力的吸引或重力的作用而沉积在绝缘子表面，而绝缘子的外形也容易在风吹时影响气流，通常导致各种飞尘聚积。污秽的具体成分随绝缘子所处地区不同而不同。不过从影响上来分可以分为可溶于水的导电物质和不溶于水的惰性物质这两类。在自然环境中，绝缘子表面反复进行着污秽层的积聚和大风雨自然清洁这一过程，通常会存留一定的污秽层于绝缘子表面。

（2）污秽层的受潮　前面提到过，处于干燥状态的污秽层对于绝缘子的沿面闪络电压并没有什么明显影响，其危害主要是在于污秽层受潮以后。当大气由于雨雪霜雾等原因变得潮湿的时候，污物中的可溶于水的导电物质会溶于水中形成导电的水膜，从而在绝缘子表面出现泄漏电流。污物中的惰性物质虽然不溶于水，但是也会吸附水分，增加电导。因此，在大雾凝霜等潮湿天气中，容易发生污闪，相比之下是大雨由于其湿润污层的同时也在冲刷污层，所以其危害反而不如前几种天气。

（3）干燥带形成与局部电弧产生　在污层刚刚受潮时，介质表面有明显的泄漏电流流过，不过此时电压分布还比较均匀。但是由于污层并不均匀，受潮情况也有差别，因此，污层表面电阻其实并不是均匀分布的。由于电流的焦耳效应，一些电阻大的地方发热较多，导致污层较快变干，然后此处污层电阻更大。这样发展下去，便在污层表面形成了几个"干燥带"。由于干燥带两端承受了较大的电压，当干燥带某处的场强超过了空气放电的临界值的时候，该处就会发生沿面放电。由放电产生的热量又导致干燥带进一步扩大，湿润区不断缩小，即回路中与放电间隙串联的电阻减小，使得电流迅速增大而引起热电离，因此干燥带的放电具有电弧特性，也就是说出现了局部电弧。这类放电和绝缘子的污秽程度以及受潮程度有关，并不是很稳定，放电出现的部位以及时间都是随机的。

（4）局部电弧发展成闪络　当局部电弧出现以后，可能会逐渐减弱，绝缘子得以继续正常运行；也可能会发展成两极间的闪络，造成污闪。这取决于绝缘子的污秽程度与受潮情况。具体说来，就是局部电弧能否发展成闪络，决定于外施电压的大小和剩余污层的电阻。图 3-26 为 20 世纪 50 年代由奥本诺斯首先提出来的表面电弧与剩余污层电阻串联的污闪的物理模型。

图 3-26　污闪的物理模型
X—总弧长（$X = X_1 + X_2$）　　L—爬电距离
$L - X$—剩余污层长度

当外施电压为 U 时，电弧的维持方程为

$$U = AXI^{-n} + IR(X) \tag{3-31}$$

式中　X——电弧长度；

　　　I——流过表面的电流；

　$R(X)$——电弧长度为 X 时的剩余污层电阻；

　A，n——静态电弧特性常数。

污闪放电过程

式（3-31）中 AXI^{-n} 代表局部电弧的压降，是负伏安特性，压降随电流的增大而减小；$IR(X)$ 代表剩余污层电阻上的压降，为正伏安特性，压降随电流增大而增大。外施电压 U 为二者之和。对于某一电弧长度 X，必须有一外施电压的最小值 U_{min}。如果外施电压小于 U_{min}，则电弧不能维持；如果外施电压大于 U_{min}，则电弧可以维持并向前延伸发展。最小维持电压 U_{min} 与弧长 X 的关系如图 3-27 所示。

当弧长小于临界弧长 X_c 时，每增加弧长 ΔX，则外施电压必须相应增加 ΔU，不然电弧将变回原来长度；当弧长大于 X_c 时，即便外施电压不增加，电弧仍然会自动延伸直到贯通两端电极。

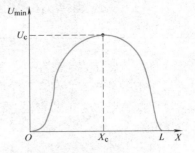

图 3-27　最小维持电压 U_{min} 与弧长 X 的关系

由于绝缘子表面电弧在一定条件下可以自动发展直到形成闪络，所以导致绝缘子的污闪电压要大大低于纯空气间隙的击穿电压。

2. 污秽等级的划分及污秽度评定方法

等量的不同污秽对于闪络的影响是不同的，同一种污秽其污秽量的不同对于闪络的影响也是不同的。因此需要对污秽的性质、程度作出一定的划分。

目前在世界范围内应用最广泛的方法是等值盐密法。包括我国在内的很多国家的国家标准都是采用等值盐密法来划分污秽等级的。这种方法就是把绝缘子表面的污秽密度，按照其导电性转化为单位面积上 NaCl 含量的一种表示方法。等值附盐密度（简称等值盐密）单位为 mg/cm^2。另外，由于等值附盐密度仅反映了污秽中的导电物质部分，所以另外把污秽中的不溶于水的惰性物质的含量除以绝缘子的表面积，得到的值成为附灰密度，简称灰密，单位也是 mg/cm^2。

我国从 20 世纪 70 年代开始大范围采用等值盐密法，积累了大量数据。自 1992 年起逐步绘制了覆盖全国的污区分布图，对全国的外绝缘污秽等级进行了划分。从而可以按照不同地区的污秽情况选择实际应用中相应的绝缘水平。表 3-5 给出的就是我国国家标准 GB/T 26218.1—2010《污秽条件下使用的高压绝缘子的选择和尺寸确定 第 1 部分：定义、信息和一般原则》。

表 3-5　高压线路以及发电厂变电所污秽等级

污秽等级	污湿特征	盐密/($mg \cdot cm^{-2}$)	
		线路	发电厂、变电所
0	大气清洁地区及离海岸盐场 50km 以上无明显污染地区	≤0.03	≤0.03
I	大气轻度污染地区，工业区和人口低密度区，离海岸线盐场 10~50km 地区，在污闪季节中干燥少雾（含毛毛雨）或雨量较多时	>0.03~0.06	≤0.06
II	大气中等污染地区，轻盐碱和炉烟污秽地区，离海岸盐场 3~10km 地区，在污闪季节中潮湿多雾（含毛毛雨）但雨量较少时	>0.06~0.10	>0.06~0.10
III	大气污染较严重地区，重雾和重盐碱地区，离海岸盐场 1~3km 地区，工业与人口密度较大地区，离化学污源和炉烟污秽 300~1500m 的较严重污秽地区在污闪季节中潮湿多雾（含毛毛雨）但雨量较少时	>0.10~0.25	>0.10~0.25
IV	大气特别严重污染地区，离海岸盐场 1km 以内，离化学污源和炉烟污秽 300m 以内的地区	>0.25~0.35	>0.25~0.35

等值盐密法也有其缺点，就是不反映污秽成分，不反映非导电物质含量，不反映污秽在绝缘子上的分布。它只反映了污秽结果，不能反映污秽的受潮以及局部电弧的发展。

因此，除了等值盐密法，在实际应用中还有其他评定绝缘子污秽程度的方法。主要还有以下几种：

（1）积分电导率法　此法测量绝缘子受潮后的表面电流，按不同绝缘子的几何形状，算出绝缘子的表面电导值，表示绝缘子的污秽度。此法包含了绝缘子积污及受潮两个阶段，对污闪过程的反映比等值盐密法更全面，但对测量条件、设备及操作技术要求较高。在现场对大试验品进行湿润也有困难，测量结果受绝缘子形状影响较大，稍有不慎，就会得出不合理的结果。

（2）泄漏电流脉冲计数法　泄漏电流并非一个稳定值，是不断变化的。因此用泄漏电流超过某项值的脉冲电流的次数来表示绝缘子的污秽度，称脉冲计数法。此法的优点是可以在线连续检测，实行起来也比较方便，而且这种方法还反映了绝缘子污闪几个阶段的全过程情况，因此自然污秽试验站常采用此方法进行常年观测。此方法的缺点是脉冲频数只能在相对意义上反映污秽度的轻重，由于绝缘子受潮状况的不可控，脉冲计数与污闪电压之间没有直接的定量关系。

（3）最大泄漏电流法　该法通过测污秽绝缘子受潮后的表面泄漏电流，以一定时间内泄漏电流最大值的大小评定绝缘子的污秽度。这种污秽度评定方法反映了绝缘子污闪几个阶段的全过程情况，也可用于在线检测，还可用来报警。但此法受环境条件影响较大，只能用于经常潮湿的地区，而不能用于有干旱季节的地区。

（4）污闪梯度法　此法将不同形式、不同串长的多串绝缘子长时间挂在自然污秽试验站，最先闪络的必然是耐污性能最差的绝缘子或串长最短的绝缘子串。此法以绝缘子的最短耐受串长，或最大污闪电压梯度来表征当地的污秽度，其结果可以直接用于污秽绝缘的选择。此法的优点是在真实的污秽情况下测定真实绝缘子串的耐污性能，以及绝缘子耐污性能之间的优劣顺序，直接给出绝缘水平。缺点是费时费钱，得出一个结论动辄数年，而且这一地区的结论能否用于其他地区尚无定论。

（5）局部电导率法　此法是用小探头测出绝缘子表面数点的局部电导率，然后算出整个绝缘子的污秽度。这种方法简便易行，不加高压，绝缘子不用整体受潮，不仅综合了以上几种方法的优点，而且可以多年连续检测某一片绝缘子的污秽度的变化。但目前实际使用还很少，处于积累经验并逐步推广阶段。

3.4.5　提高沿面放电电压的措施

提高沿面放电电压的措施主要有以下几点：

（1）屏障　如果使安放在电场中的固体介质在电场等位面方向具有突出的棱缘（称为屏障），则能显著提高沿面闪络电压。此棱缘不仅起增加沿面爬电距离的作用，而且起阻碍放电发展的屏障作用。实际绝缘子的伞裙都起着屏障的作用。

（2）屏蔽　屏蔽是指改善电极的形状，使电极附近的电场分布趋于均匀，从而提高沿面闪络电压。很多高压电器出线套管的顶端都采用屏蔽电极，有在固体介质内嵌入金属以改善电场分布的方法，称作内屏蔽。

（3）提高表面憎水性　以纤维素为基础的有机绝缘物具有很强的吸潮性能，受潮后绝缘性能显著变坏。玻璃和电瓷是离子性电介质，它们虽然不吸水，但具有较强的亲水性，吸附的水分能在表面形成连续水膜，大大增加了表面电导，降低了沿面闪络电压。硅有机化合物具有很强的憎水性，用硅有机化合物对纤维素电介质（如电缆纸、电容器纸、布、带和纱等）作憎水处理后，纤维素分子被憎水剂分子所包覆，纤维素中的空隙被憎水剂高分子物质填满，从而大大降低了纤维素电介质的吸水性，提高了憎水性。对电瓷、玻璃等介质也可用表面涂抹憎水涂料的方法，大大提高沿面闪络电压。

（4）消除绝缘体与电极接触面的缝隙　如果电极与绝缘体接触而不密合，留有缝隙，则在此缝隙处极易发生局部放电，使沿面闪络电压急剧降低。消除缝隙最有效的方法是将电极与绝缘体浇铸嵌装在一起。例如，电瓷或玻璃绝缘体与电极常用水泥浇铸在一起，SF_6 气体绝缘装置内的绝缘支撑件都是将电极与绝缘体直接浇铸在一起的。

（5）改变绝缘体表面的电阻率　此方法在工程上得到较多的应用。例如，大电机定子绕组槽口附近导线绝缘上的电位分布很不均匀，槽口附近绝缘表面的电位梯度很高，很容易发生沿面放电。在槽口附近涂上半导电漆，使该段绝缘表面电阻减小很多，这样就能大大减小该绝缘表面的电位梯度。前面已述及，对套管类具有强垂直分量电场分布的绝缘结构来说，为提高沿面闪络电压，除减小表面电容外，减小绝缘体的表面电阻率也是一种行之有效的方法。

（6）强制固体介质表面的电位分布　在高压套管以及电缆终端头等设备中，通常采用在绝缘内部加电容极板的方法来使轴向和径向的电位分布均匀，从而达到提高沿面闪络电压的目的。不光如此，在实际工程应用中，还采取在绝缘表面加中间电极，并固定其电位，以此来使沿面的电位分布均匀。采取这种方法的设备主要有静电加速器、串接高压试验变压器等。

（7）提高污闪电压　因为在实际应用中，绝缘子表面难免会积聚污物，因而污闪电压是必须考虑的。要提高污闪电压，比较常见的方法是在制造过程中增加爬距。比如对于悬式绝缘子串，通常会增加其片数或采用大爬距绝缘子。因为这样可以增加沿面距离，直接加大沿面电阻，通过这种方法可以抑制电流，提高污闪电压。另外，通过在绝缘子表面涂上憎水性物质，可以有效抑制污层受潮，可以使污层表面难以形成连续的导电膜，从而抑制泄漏电流，提高污闪电压。比如 RTV 涂料就是一种室温硫化硅橡胶涂料，这种涂料使用寿命非常长，国内最早的此涂料已经投入使用达十年以上，仍然工作良好。除此之外，有条件的地方可以定期清扫，对于防止绝缘子表面积聚污秽非常有用，只不过此措施受地域限制、气候影响以及经济效益影响很大。

随着科技的发展，材料的选择也日益增多，通过采用新型材料制造绝缘子，可以达到更好的效果。比如用耐老化性能好、憎水性强的硅橡胶制造绝缘子，其闪络电压在同等值盐密条件下，有可能达到传统瓷绝缘子的两倍以上。

习题与思考题

3-1　简述介质损耗的定义，分析固体无机晶体、无机玻璃和陶瓷介质的损耗主要由哪些损耗组成？

3-2　固体介质的表面电导率除了介质的性质之外，还与哪些因素有关？它们各有什么影响？

3-3　固体介质的击穿主要有哪几种形式？它们各有什么特征？

3-4　局部放电引起电介质劣化、损伤的主要原因有哪些？

3-5　聚合物电介质的树枝化形式主要有哪几种？它们各是什么原因形成的？

3-6　均匀固体介质的热击穿电压是如何确定的？

3-7　试比较气体、液体和固体介质击穿过程的异同。

3-8　影响套管沿面闪络电压的主要因素有哪些？

3-9　具有强垂直分量时的沿面放电和具有弱垂直分量时的沿面放电，哪个对绝缘的危害比较大？为什么？

第 2 篇　实验篇

电气绝缘与高电压试验

高电压与绝缘技术是一门理论与试验紧密结合的学科，由于其依赖的电介质理论尚不够完善，高电压与电气绝缘的很多问题必须通过试验来解释；电气设备绝缘设计、故障检测与诊断等也都必须借助试验来完成。近年来，由于国民经济发展的要求，我国开始大力发展超高压、特高压输电技术，直流 ±800kV、交流 1000kV 的输电电压等级都是非常高的，很多技术问题没有任何可借鉴的经验，而另一方面电压等级的提高对电气设备绝缘的可靠性提出了更高的要求，这些问题都必须依靠先进而完善的试验体系及试验方法才能得以很好地解决。

高电压技术所涉及的试验可分为两大类：高电压试验与电气绝缘试验。

1) 高电压试验（如耐压试验、击穿试验）能够直接检测绝缘的电气强度，具有直观性，但大多数具有破坏性特征，试验过程有可能对被试对象造成不可逆转的绝缘破坏。

2) 电气绝缘试验是在较低的电压下间接测试绝缘性质（如介质损耗试验、局部放电测试试验等），所测值与绝缘状态之间的关系必须依靠经验建立。根据是否需要停电测试，电气绝缘试验可以分为离线试验和在线检测两种类型。离线试验主要指的是目前常规的预防性试验，而随着电气绝缘可靠性要求的提高和状态维修体制的实施，高压电气设备尤其是超高压、特高压电气设备绝缘在线检测技术的发展必将成为一种趋势。

根据以上分析，本篇内容分为三部分：电气绝缘的预防性试验、高电压试验和电气绝缘在线检测。

第4章

绝缘的预防性试验

电气设备绝缘预防性试验已成为保证现代电力系统安全可靠运行的重要措施之一。这种试验除了在新设备投入运行前在交接、安装、调试等环节中进行外，更多的是对运行中的各种电气设备的绝缘性能定期进行检查，以便及早发现绝缘缺陷，及时更换或修复，防患于未然。

绝缘故障大多因内部存在缺陷而引起，有些绝缘缺陷是在设备制造过程中产生和潜存下来的，还有一些绝缘缺陷则是在设备运行过程中由外界影响因素的作用下逐渐发展和形成的。就其存在的形态而言，绝缘缺陷可分为两大类：①集中性缺陷。例如，绝缘子瓷体内的裂缝、发电机定子绝缘介质因挤压磨损而出现的局部破损、电缆绝缘层内存在的气泡等；②分散性缺陷。例如，电机、变压器等设备的内绝缘受潮、老化、变质等。当绝缘内部出现缺陷后，就会在它们的电气特性上反映出来。可以通过测量这些特性的变化来发现潜在的缺陷，然后采取措施消除隐患。这就是进行绝缘预防性试验的主要目的。

由于缺陷种类很多、影响各异，所以绝缘预防性试验的项目多种多样。每个项目所反映的绝缘状态和缺陷性质亦各不相同，故同一设备往往要接受多项试验，才能作出比较准确的判断和结论。

4.1 绝缘电阻、吸收比与泄漏电流的测量

绝缘电阻是一切电介质和绝缘结构的绝缘状态最基本的综合性特性参数。由于电气设备中大多采用组合绝缘和层式结构，故在直流电压下均会有明显的吸收现象，使外电路中出现一个随时间而衰减的吸收电流，如果在电流衰减过程中的两个瞬间测得两个电流值或两个相应的绝缘电阻值，则利用其比值（称为吸收比）可检验绝缘介质是否严重受潮或存在局部缺陷。

测量泄漏电流从原理上来说，与测量绝缘电阻是相似的，但它所加的直流电压要高得多，能发现用兆欧表所不能显示的某些缺陷，具有自己的某些特点。

4.1.1 绝缘电阻与吸收比的测量

1. 绝缘电阻的测量

绝缘电阻是反映绝缘性能的最基本的指标之一，通常都用绝缘电阻表（也称兆欧表）来测量绝缘电阻。用兆欧表来测量电气设备的绝缘电阻，是一项简单易行的绝缘试验方法，历来在设备维护检修时，广泛地用作常规绝缘试验。

通常规定以加压后 1min 时测得的电阻值作为该试品的绝缘电阻。由于在某些设备绝缘中存在吸收现象，1min 的绝缘电阻值往往受到尚未完全衰减的吸收电流的影响，因此它常比真正的绝缘电阻值要低一些。当绝缘介质部分或整体受潮，表面变脏，留有表面放电或击穿痕迹时，绝缘电阻就会显著降低。不过绝缘的缺陷必须是贯通性的，即必须在电极间形成贯通性导电通道，否则绝缘电阻不会有显著的变化。很多设备的绝缘电阻值和绝缘介质的结构、形状、尺寸等有关，这一点给判断测量结果造成了一些困难。通常是把处于同样运行条件下的不同相的绝缘电阻进行比较，或把这次测得的绝缘电阻值和过去测得的数值进行比较来发现问题。

测量绝缘电阻能有效地发现下列缺陷：总体绝缘质量欠佳；绝缘介质受潮；两极间有贯穿性的导电通道；绝缘介质表面情况不良。测量绝缘电阻不能发现下列缺陷：绝缘介质中的局部缺陷，如非贯穿性的局部损伤、含有气泡和分层脱开等；绝缘介质的老化，因为已经老化的绝缘介质，其绝缘电阻还可能是相当高的。

2. 吸收比的测量

在第 3 章图 3-13 所示的双层复合电介质及其等效电路中，如用 R_0 和 R_∞ 分别表示 $t = 0$ 和 $t = \infty$ 时测得的绝缘电阻，则

$$R_0 = \frac{rR}{r + R} \qquad R_\infty = R$$

$$\frac{R_\infty}{R_0} = 1 + \frac{R}{r}$$

式中

$$R = R_1 + R_2, r = \frac{R_1 R_2 (R_1 + R_2)(C_1 + C_2)^2}{(R_1 C_1 - R_2 C_2)^2} \tag{4-1}$$

过渡过程的时间常数

$$\tau = \frac{R_1 R_2}{R_1 + R_2}(C_1 + C_2) \tag{4-2}$$

对于很多实际绝缘介质来说，由于结构不均匀，存在较明显的吸收现象，吸收电流的起始值常大于泄漏电流值，即 $r < R$（$R/r > 1$），从而得 $\frac{R_\infty}{R_0} = 1 + \frac{R}{r} > 2$。

上式相当于绝缘介质干燥时的情况。当绝缘介质严重受潮后，R 值明显降低，而 r 则因各层的不均匀程度减小（即差值 $R_1 C_1 - R_2 C_2$ 减小）而有所增大，因而比值 $\frac{R_\infty}{R_0}$ 减小到接近于 1，同时时间常数 τ 也明显减小，即吸收电流不但起始值减小，而且衰减得也较快。因此通过测量 $\frac{R_\infty}{R_0}$ 的值，就可以判断绝缘介质是否受潮。通常测定的是 15s 及 60s 时的绝缘电阻值 R_{15} 及 R_{60}，并把后者对前者的比值称为绝缘介质的吸收比 K

$$K = R_{60}/R_{15} \tag{4-3}$$

一般认为如 $K < 1.3$，就可判断为绝缘介质可能受潮。显然，只有被试品电容比较大时，吸收现象才明显，才能用来判断绝缘性能状况。对大型发电机还可以采用 10min 与 1min 的绝缘电阻比值作为极化指数。除受潮外，当绝缘介质有严重集中性缺陷时，K 值也

可以反映出来。例如当发电机定子绝缘介质局部发生裂纹，形成了贯通性导电通道时，K值便大大降低而接近于1。对各类高压电气设备绝缘所要求的绝缘电阻值、吸收比K，在国家电力行业标准 DL/T 596—2021《电力设备预防性试验规程》（以下简称《试验规程》）中有明确的规定，可参阅。

3. 测量仪表

（1）兆欧表

兆欧表俗称摇表，它的原理接线图如图4-1所示。图中 $\underline{G}$ 为手摇（或电动）直流发电机，也可以是交流发电机经晶体二极管整流。M 为流比计式的测量机构，包括处在永磁磁场内的可动部分电压线圈 LV 和电流线圈 LA。在把被试品接到两个测量端子 L 和 E 之间时，摇动发电机手柄，直流电压就加到两个并联的支路上。第一个支路电流 I_V 通过电阻 R_V 和电压线圈 LV。第二个支路电流 I_A 通过被试电阻 R_x、电阻 R_A 和电流线圈 LA。两个线圈中电流产生的力矩方向相反。在力矩差的作用下，使可动部分旋转，两个线圈所受的力也随之改变。当到达平衡时，指针偏转的角度 α 正比于 I_V/I_A。因为并联支路内的电流分配是与电阻成反比的，所以偏转角的大小可以反映出被试电阻的大小。它不受电源电压波动的影响，这是兆欧表的重要优点。

图4-1 中的 G 是兆欧表的屏蔽端子，用以消除被试品表面泄漏电流的影响。它直接与发电机的（-）极（兆欧表直流电源）相连。试验时的接线如图4-2所示，图中以电缆作为被试品。如不接屏蔽极，测得的绝缘电阻是表面电阻与体积电阻的并联值，因为这时沿绝缘介质表面的泄漏电流同样经过电流线圈。如果把绝缘介质表面缠上几匝裸铜丝，并接到端子 G 上，如图4-2所示，则沿面泄漏电流将经过 G 直接回到发电机，而不经电流线圈。这时测得的便是消除了表面泄漏影响的真实的体积电阻值。

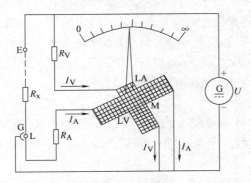

图4-1　兆欧表的原理接线图

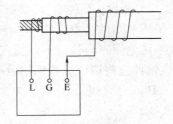

图4-2　兆欧表屏蔽极的使用

常用兆欧表的电压有 500V、1000V、2500V 和 5000V 等几种。对于额定电压为 1000V 或以上的设备，应使用 2500V 或 5000V 的兆欧表进行测试。由于兆欧表功率小，仪表内阻大，当被测绝缘电阻较低时，实际上加在绝缘介质上的电压远小于仪表的额定电压。

由于采用了流比计的测量机构，仪表的读数与发电机的端电压（转速）绝对值关系不大，一般只要使手柄的转速达到额定转速（通常为 120r/min）的80%以上就行，重要的是必须保持转速的恒定。因为被试品一般具有一定的电容量，电压的变动将引起电容电流的变化，使指针摇摆不定。基于同样的理由，当被试品电容较大时，测量后须先把兆欧表从测量回路断开，然后才能停止转动发电机，以避免被试品电容电流反充损坏仪表。对于电容量较大的设备如电机、变压器和电容器等，利用前面所述的吸收现象来测量这些设备的绝缘电阻随时间的变化，可以更有利于判断绝缘的状态。

（2）数字兆欧表

目前数字兆欧表（即绝缘电阻表）已经基本上取代了手摇式的兆欧表。数字兆欧表由高压发生器、测量桥路和自动量程切换显示电路等三大部分组成。其工作原理为：经电子线路构成的高压发生器将低压转换成高压试验电源，供给测量桥路；测量桥路实现比例式测量，将测量结果送自动量程切换显示电路进行量程转换和数字显示。

BY2671 型数字兆欧表是比较常用的一种测量绝缘电阻的仪器。它的工作原理如下：采用中大规模集成电路，由机内电池作为电源经 DC/DC 变换产生的直流高压，由 E 极到 L 极的电流，经过 I/V 变换通过除法器完成运算，直接将被测的绝缘电阻值由 LCD 显示。BY2671 型数字兆欧表能输出 4 个等级电压：500V、1000V、2000V 及 2500V，相当于 4 块手摇指针式兆欧表；输出功率大、带载能力强、抗干扰性能好、操作简单；量程可自动转换，一目了然的面板轻触键操作使测量更加方便、迅捷，使用电源可以交直流两用；测量结果由 LCD 数字显示，读数直观，消除了指针式仪表的视觉误差；仪表开启高压键后 1min 时，自动报警，并锁定显示值 5s，以便计算吸收比（R_{60}/R_{15}）。

4. 测量注意事项

应该指出，不论是绝缘电阻的绝对值或是吸收比都只是参考性的。如不满足最低合格值，则绝缘介质中肯定存在某种缺陷；但是，如已满足最低合格值，也还不能肯定绝缘介质是良好的。有些绝缘介质，特别是油浸的或电压等级较高的绝缘介质，即使有严重缺陷，用兆欧表测得的绝缘电阻值、吸收比，仍可能满足规定要求，这主要是因为兆欧表的电压较低的缘故。所以根据绝缘电阻或吸收比的值来判断绝缘状况时，不仅应与规定标准相比较，还应与本绝缘介质过去试验的历史资料相比较，与同类设备的数据相比较，以及将同一设备的不同部分（例如不同相）的数据相比较（用不平衡系数 k＝最大值/最小值来表示，一般认为如 $k > 2$，则表示有某种绝缘缺陷存在）。上述试验方法，也称为三比较法，在高压绝缘试验中广泛采用。当然，也应该与本绝缘介质的其他试验结果相比较。

测量绝缘电阻时应注意下列几点：

1）试验前应将被试品接地放电一定时间。对电容量较大的被试品，一般要求接地放电时间为 5～10min。这是为了避免被试品上可能存留残余电荷而造成测量误差。试验后也应这样做，以求安全。

2）高压测试连接线应尽量保持架空，确需使用支撑时，要确认支撑物的绝缘性能对被试品绝缘测量结果的影响极小。

3）测量吸收比时，应待电源电压稳定后再接入被试品，并开始计时。

4）对带有绕组的被试品，应先将被测绕组首尾短接，再接到 L 端子，其他非被测绕组也应先首尾短接后再接到应接端子。

5）绝缘电阻与被试品温度有十分显著的关系。绝缘介质温度升高时，绝缘电阻大致按指数率降低，吸收比的值也会有所改变。所以，测量绝缘电阻时，应准确记录当时绝缘介质的温度，而在比较时，也应按相应温度时的值来比较。

6）每次测试结束时，应在保持兆欧表电源电压的条件下，先断开 L 端子与被试品的连线，以免被试品对兆欧表反向放电，损坏仪表。

4.1.2　泄漏电流的测量

　　除了用兆欧表测量绝缘电阻外，还可以利用高压直流装置和微安表测量流过被测试绝缘介质的泄漏电流。两者的原理和适用范围是一样的。不同的是测量泄漏电流可使用较高的电压（10kV 及以上），因此能比兆欧表更有效地发现一些尚未完全贯通的集中性缺陷。因为，一方面加在被试品上的直流电压要比兆欧表的工作电压高得多，故能发现兆欧表所不能发现的某些缺陷，例如分别在 20kV 和 40kV 电压下测量额定电压为 35kV 及以上变压器的泄漏电流值，能较灵敏地发现瓷套开裂、绝缘纸筒沿面炭化、变压器油劣化及内部受潮等缺陷。另一方面，这时施加在被试品上的直流电压是逐渐增大的，这样就可以在升压过程中监视泄漏电流的增长动向。此外，在电压升到规定的试验电压值后，要保持 1min 再读出最后的泄漏电流值。在这段时间内，还可观察泄漏电流是否随时间的延续而变大。当绝缘介质良好时，泄漏电流应保持稳定，且其值很小。

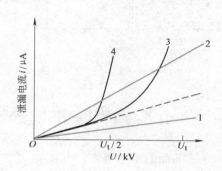

图 4-3　发电机的泄漏电流变化曲线
1—良好绝缘　2—受潮绝缘
3—有集中性缺陷的绝缘
4—有危险的集中性缺陷的绝缘
U_t—发电机的直流耐压试验电压

　　图 4-3 是发电机定子绝缘的几种不同的泄漏电流变化曲线。绝缘良好的发电机，泄漏电流值较小，且随电压呈线性上升，如曲线 1 所示；如果绝缘介质受潮，电流值将变大，但基本上仍随电压线性上升，如曲线 2 所示；曲线 3 表示绝缘介质中已有集中性缺陷，应尽可能找出原因加以消除；如果在电压尚未到直流耐压试验电压 U_t 的 1/2 时，泄漏电流就已急剧上升，如曲线 4 所示，那么这台发电机在运行电压下（不必出现过电压）就可能会发生击穿。

　　本试验项目所需的设备仪器和接线方式都与以后将要介绍的直流高电压试验相似，此处仅先给出简单的试验接线，如图 4-4 所示。其中交流电源经调压器接到试验变压器 T 的一次绕组上，其电压用电压表 PV1 测量；试验变压器输出的交流高压经高压整流元件 VD（一般采用高压硅堆）接在稳压电容 C 上，为了减小直流高压的脉动幅度，C 值一般约需 $0.1\mu F$ 左右，不过当被试品是电容量较大的发电机、电缆等设备时，也可不加稳压电容。R 为保护电阻，以限制初始充电电流和故障短路电流不超过整流元件和变压器的允许值，通常采用水电阻。整流所得的直流高压可用高压静电电压表 PV2 测得，而泄漏电流则以接在被试品 TO 高压侧或接地侧的微安表来测量。如果被试品的一极固定接地，且接地线不易解开时，微安表可接在高压侧（图 4-4 中的 a 处），这时读数和切换量程有些不便，且应特别注意安全；在这种情况下，微安表及其接往被试品 TO 的高压连线均应加等电位屏蔽（如图 4-4 中虚线所示），使这部分对地杂散电流（泄漏电流、电晕电流）不流过微安表，以减小测量误差。当被试品的两极都可以做到不直接接地时，微安表就可以接在被试品低压侧和大地之间（图 4-4 中的 b 处），这时读数方便、安全，回路高压部分对外界物体的杂散电流入地时都不会流过微安表，故不必设屏蔽。

　　测量泄漏电流用的微安表是很灵敏、很脆弱的仪表，需要并联一保护用的放电管 V（见

图 4-5），当流过微安表的电流超过某一定值时，电阻 R_1 上的电压降将引起 V 的放电而达到保护微安表的目的。电感线圈 L 在被试品意外击穿时能限制电流脉冲并加速 V 的动作，其值在 0.1~1.0H 的范围内。并联电容 C 可使微安表的指示更加稳定。为了尽量减小微安表损坏的可能性，平时用开关 S 加以短接，只在需要读数时才打开 S。

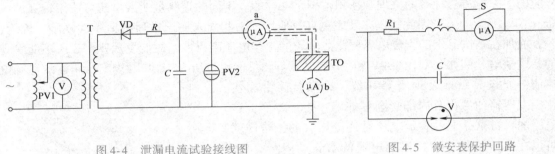

图 4-4　泄漏电流试验接线图　　　　　图 4-5　微安表保护回路

4.2　介质损耗角正切的测量

从前面的章节可知：介质的功率损耗 P 与介质损耗角正切 tanδ 成正比，所以后者是绝缘品质的重要指标，测量 tanδ 值是判断电气设备绝缘状态的一种灵敏有效的方法。

tanδ 能反映绝缘介质的整体性缺陷（例如整体老化）和小电容被试品中的严重局部性缺陷。由 tanδ 随电压而变化的曲线，可判断绝缘介质是否受潮、含有气泡及老化的程度。但是，测量 tanδ 不能灵敏地反映大容量发电机、变压器和电力电缆（它们的电容量都很大）绝缘介质中的局部性缺陷，这时应尽可能将这些设备分解成几个部分，然后分别测量它们的 tanδ。

例如，当绝缘结构由两部分并联组成时，其整体的介质损耗为这两部分之和，即 $P = P_1 + P_2$。

$$U^2\omega C\tan\delta = U^2\omega C_1\tan\delta_1 + U^2\omega C_2\tan\delta_2 \tag{4-4}$$

由此得

$$\tan\delta = \frac{C_1\tan\delta_1 + C_2\tan\delta_2}{C}$$

且

$$C = C_1 + C_2$$

若第二部分的体积远小于第一部分，即 $V_2 \ll V_1$，则得 $C_2 \ll C_1$，$C = C_1$

$$\tan\delta = \tan\delta_1 + \frac{C_2}{C_1}\tan\delta_2 \tag{4-5}$$

由于上式第二项的系数 $\dfrac{C_2}{C_1}$ 很小，所以当第二部分绝缘结构出现缺陷，$\tan\delta_2$ 增大时，并不能使总的 tanδ 明显增大。例如，在一台 110kV 大型变压器上测得总的 tanδ 为 0.4%，是合格的，但把套管分开单独测得 tanδ 达 3.4%，不合格。所以当大设备的绝缘结构由几部分组成时，最好能分别测量各部分的 tanδ，以便于发现缺陷。

4.2.1　西林电桥测量法的基本原理

测量 tanδ 值最常用的电路是采用高压交流平衡电桥（西林电桥），但也有采用不平衡电桥（介质试验器）或低功率因数的瓦特表进行测量的。这里重点介绍西林电桥法，特别是结合 QS_1 型高压交流电桥的特点，介绍仪表的原理和使用方法。

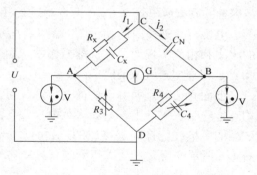

西林电桥的原理接线图如图 4-6 所示。

图 4-6 中，Z_x 为 AC 段阻抗，即是 C_x 与 R_x；同理，Z_n 为 CB 段阻抗，即是 C_N；Z_3 与 Z_4 则分别指 AD 和 BD 段阻抗。C_x、R_x 为被测试样的等效并联电容与电阻，R_3、R_4 表示电阻比例臂，C_N 为平衡试样电容 C_x 的标准电容，C_4 为平衡损耗

图 4-6　西林电桥原理接线图

角正切的可变电容。桥臂 CA 和 AD 中流过的电流相同，均为 $\dot{i}_1$，桥臂 CB 和 BD 中流过的电流也相同，为 $\dot{i}_2$。根据电桥平衡原理，当电桥达到平衡时

$$Z_x Z_4 = Z_N Z_3 \tag{4-6}$$

式中　Z_x——电桥的试样阻抗（即 R_x 和 C_x）；

　　　Z_N——标准电容器阻抗（即 C_N）；

　　　Z_3——桥臂 Z_3（即 R_3）的阻抗；

　　　Z_4——桥臂 Z_4（即 R_4 和 C_4）的阻抗。

从图 4-6 可得

$$\frac{1}{Z_x} = \frac{1}{R_x} + j\omega C_x \qquad Z_N = \frac{1}{j\omega C_N}$$

$$Z_3 = R_3 \qquad \frac{1}{Z_4} = \frac{1}{R_4} + j\omega C_4 \tag{4-7}$$

将式（4-7）代入式（4-6），再将实部与虚部分别列出等式，解所得方程式，得

$$C_x = \frac{R_4}{R_3} C_N \frac{1}{1 + \tan^2\delta_x} \tag{4-8}$$

$$\tan\delta_x = \omega C_4 R_4 \tag{4-9}$$

式中　$\tan\delta_x$——试样的损耗角正切，$\tan\delta_x = \dfrac{1}{\omega C_x R_x}$。

当 $\tan\delta_x < 0.1$ 时，试样电容可近似地按下式计算

$$C_x = \frac{R_4}{R_3} C_N \tag{4-10}$$

因此，当桥臂电阻 R_3、R_4 和电容 C_N、C_4 已知时，就可以求得试样电容和损耗角正切，计算出 C_x 后，根据试样与电极的尺寸再计算其相对介电常数。

如果被试品用串联等效电路表示，也可得出同样的结果。

由于电介质的 $\tan\delta$ 值有时会随着电压的升高而起变化，所以西林电桥的工作电压 U 不宜太低，通常在预防性试验中采用 5～10kV。更高的电压也不宜采用，因为那样会增加仪器的绝缘难度和影响操作安全。

通常桥臂阻抗要比 Z_3 和 Z_4 大得多，所以工作电压主要作用在桥臂阻抗上，因此它们被称为高压臂，而 Z_3 和 Z_4 为低压臂，其作用电压往往只有几伏。为了确保人身和设备安全，在低

压臂上并联有放电管（A、B 两点对地），以防止在 R_3、C_4 等需要调节的元件上出现高压。

电桥达到平衡时的相量图如图 4-7 所示，其中电桥的平衡是通过 R_3 和 C_4 改变桥臂电压的大小和相位实现的。在实际操作中，由于 R_3 和 Z_4 相互之间也有影响，故需反复调节 R_3 和 C_4，才能达到电桥的平衡。

上面介绍的是西林电桥的正接线，可以看出，这时接地点放在 D 点，被试品 C_x 的两端均对地绝缘。实际上，绝大多数电气设备的金属外壳是直接放在接地底座上的，换言之，被试品的一极往往是固定接地的。这时就不能用上述正接线来测量它们的 $\tan\delta$，而应改用如图 4-8 所示的反接线法进行测量。

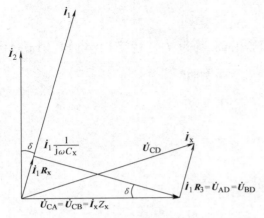

图 4-7 西林电桥平衡时的相量图

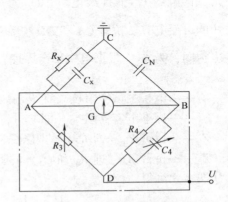

图 4-8 西林电桥反接线原理图

在反接线的情况下，电桥调节平衡的过程以及所得的 $\tan\delta$ 和 C_x 的关系式，均与正接线时无异。所不同者在于：这时接地点移至 C 点，原先的两个调节臂直接换接到高电压下，这意味着各个调节元件（R_3、C_4）、检流计 G 和后面要介绍的屏蔽网均处于高电位，故必须保证足够的绝缘水平和采取可靠的保护措施，以确保仪器和测试人员的安全。

高压西林电桥的灵敏度主要由测量电压和平衡指示器的灵敏度决定。其测量误差，即电容的相对误差和损耗角正切的绝对误差，也主要取决于平衡指示器的灵敏度和测量电压。

4.2.2 西林电桥测量法的电磁干扰

在现场进行测量时，被试品和桥体往往处在周围带电部分的电场作用范围之内，虽然电桥本体及连接线都如前所述采取了屏蔽，但对被试品通常无法做到全部屏蔽。这时等值干扰电源电压 U' 就会通过对被试品高压电极的杂散电容 C' 产生干扰电流 I'，影响测量（如图 4-9 所示）。当电桥平衡时 $I_G = 0$，检流计支路可当作开路，干扰电流 I' 在通过 C' 以后，分成两路，一路经 C_x 入地，另一路经 R_3 及试验变压器漏抗入地。

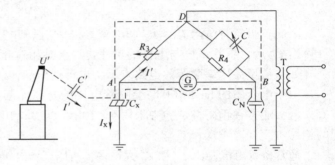

图 4-9 外接电源引起的电磁干扰

由于前者的阻抗远大于后者的，故可以认为 I' 全部流过 R_3。

在没有外电场的干扰下，电桥平衡时流过 R_3 的电流即被试品电流 I_x，相应的损耗角为 δ。有干扰时，由于干扰电流流过电阻 R_3，改变了电桥的平衡条件，这时要使电桥保持平衡就必须把 R_3 和 C_4 调整为新的数值，由于 C_4 值的改变，这时测得介质损耗角已经和前面的不同，记为 δ'。因为此时流过 R_3 的电流已变为 I'_x 即相当于在 I_x 上叠加电流 I'，I'_x 与 I_x 的夹角即为 δ'，同时由于 R_3 值的改变，也引起了测得的 C_x 的改变。在某种条件下甚至可能出现负的 δ' 值。这时在电桥的正常接线下无法达到平衡，只有把 C_4 从与 R_4 并联更改为与 R_3 并联，才能使电桥平衡，并按照新的条件计算新的 $\tan\delta$。

为了消除或减小由于电场干扰引起的误差，可以采取下列措施：①加设屏蔽。用金属屏蔽罩或网把被试品与干扰源隔开，但这在实际中往往难以做到。②采用移相电源。由图4-9可以看出：在有干扰的情况下，只要使 I' 与 I_x 同相或反相，测得的 $\tan\delta$ 不变。干扰电流 I' 的相位一般是无法改变的，但可以改变试验电源电压从而改变 I_x 的相位以达到上述目的。应用移相电源消除干扰的接线如图4-10所示。测量前先将 Z_4 短接，将 R_3 调到最大值，使干扰电流尽量通过检流计，并调节移相电源的相位角和电压幅值，使检流计指示

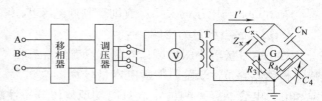

图 4-10　移相电源消除干扰的接线图

为最小。这表明 I' 与 I_x 相位相反，移相任务已经完成，即可退去电源电压，保持移相电源的相位，拆除 BD 间的短接线，然后正式开始测量。若在电源电压正、反相两种情况下测量得到的 $\tan\delta$ 值相等，则说明移相效果较好。③倒相法。这是一种比较简便的方法。测量时将电源正接和反接各测一次，得到两组结果，然后进行计算，求得 $\tan\delta$ 和 C_x。

在现场进行测试时，不但受到电场的干扰，还可能受到磁场的干扰。特别当电桥靠近电抗器等漏磁通较大的设备时，磁场的干扰更为显著。通常，这一干扰主要是由于磁场作用于电桥检流计内的电流线圈回路引起的。可以把检流计的极性转换开关放在断开位置，此时如果光带变宽即说明有此种干扰。为了消除干扰的影响，可设法将电桥移到磁场干扰范围以外。若不能做到，则可以改变检流计极性开关进行两次测量，用两次测量的平均值作为测量结果，以减小磁场干扰的影响，通常磁场的干扰并不严重。

4.2.3　西林电桥测量法的其他影响因素

利用西林电桥测量 $\tan\delta$ 的结果除了受电磁场的干扰以外，还受到以下因素的影响：

1. 温度的影响

温度对 $\tan\delta$ 值的影响很大，具体的影响程度随绝缘材料和结构的不同而异。一般来说，$\tan\delta$ 随温度的增高而增大。现场试验时的温度是不一定的，所以为了便于比较，应将在各种温度下测得的 $\tan\delta$ 值换算到20℃时的值。应该指出，由于被试品内部的实际温度往往很难确定，换算方法也不很准确，故换算后往往仍有较大的误差。所以，$\tan\delta$ 的测量应尽可能在 10 ~ 30℃ 的条件下进行。

2. 试验电压的影响

一般来说，良好的绝缘介质在额定电压范围内，其 $\tan\delta$ 值几乎保持不变，如图4-11中

曲线1所示。如果绝缘介质内部存在空隙或气泡时,情况就不同了。当所加电压尚不足以使气泡电离时,其 $\tan\delta$ 值与电压的关系与良好绝缘没有什么差别;但当所加电压大到能引起气泡电离或发生局部放电时,$\tan\delta$ 值即开始随 U 的升高而迅速增大,电压回落时电离要比电压升高时更强一些,因而会出现闭环状曲线,如图 4-11 中的曲线 2 所示。如果绝缘介质受潮,则电压较低时的 $\tan\delta$ 值就已相当大,电压升高时,$\tan\delta$ 更将急剧增大;电压回落时,$\tan\delta$ 也要比电压上升时更大一些,因而形成不闭合的分叉曲线,如图 4-11 中的曲线 3 所示,主要原因是介质的温度因发热而上升了。

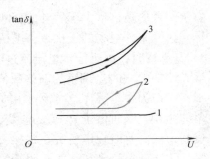

图 4-11　$\tan\delta$ 与试验电压的典型关系曲线
1—良好的绝缘介质　2—绝缘介质中存在气隙　3—受潮绝缘介质

求出 $\tan\delta$ 与电压的关系,有助于判断绝缘状态和缺陷的类型。

3. 被试品电容量的影响

对于电容量较小的被试品(例如套管、互感器等),测量 $\tan\delta$ 能有效地发现局部集中性缺陷和整体分布性缺陷。但对电容量较大的被试品(例如大中型发电机、变压器、电力电缆和电力电容器等)测量 $\tan\delta$ 只能发现整体分布性缺陷,因为局部集中性缺陷所引起的介质损耗增大值这时只占总损耗的一个很小的部分,因而用测量 $\tan\delta$ 的方法来判断绝缘状态就很不灵敏了。对于可以分解成几个彼此绝缘部分的被试品,可分别测量其各个部分的 $\tan\delta$ 值,能更有效地发现缺陷。

4. 被试品表面泄漏的影响

被试品表面泄漏电阻总是与被试品等值电阻 R_x 并联,显然会影响所测得的 $\tan\delta$ 值,这在被试品的 C_x 较小时尤需注意。为了排除或减小这种影响,在测试前应清除绝缘介质表面的积污和水分,必要时还可在绝缘介质表面上装设屏蔽极。

4.3　局部放电的测量

当电气设备内部绝缘介质发生局部放电时,将伴随着出现许多现象。有些属于电的,例如,电脉冲、介质损耗的增大和电磁波辐射;有些属于非电的,如光、热、噪声、气体压力的变化和化学变化。这些现象都可以用来判断局部放电是否发生,因此检测的方法也可以分为电气检测法和非电气检测法两类。在多数情况下,非电的方法都不够灵敏,属于定性测量,即只能判断是否存在局部放电,而不能借以进行定量的分析。而且有些非电测量必须打开设备才能进行,很不方便。目前得到广泛应用而且比较成功的方法是电气检测,即测量绝缘介质中的气隙发生放电时的电脉冲。它不仅可以判断局部放电的有无,还可以判定放电的强弱。

4.3.1　局部放电测量的基础

设在固体或液体介质内部 g 处存在一个气隙或气泡,如图 4-12a 所示,C_g 代表该气隙的电容,C_b 代表与该气隙串联的那部分介质的电容,C_a 则代表其余完好部分的介质电容,即可得出如图 4-12b 中的等效电路，其中与 C_g 并联的放电间隙的击穿等效于该气隙中发生的火花放电，Z 则代表对应于气隙放电脉冲频率的电源阻抗。

整个系统的总电容为
$$C = C_a + \frac{C_b C_g}{C_b + C_g} \tag{4-11}$$

在电源电压 $u = U_m\sin\omega t$ 的作用下，C_g 上分到的电压为

$$u_g = \frac{C_b}{C_b + C_g}U_m\sin\omega t \tag{4-12}$$

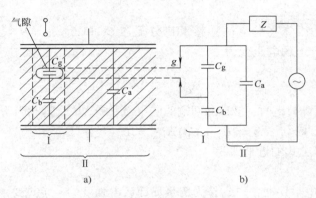

图 4-12　绝缘介质内部气隙局部放电的等效电路
a）示意图　b）等效电路

如图 4-13a 中的虚线所示。当 u_g 达到该气隙的放电电压 U_s 时，气隙内发生火花放电，相当于图 4-12b 中的 C_g 通过并联间隙放电；当 C_g 上的电压从 U_s 迅速下降到熄灭电压（亦可称剩余电压）U_r 时，火花熄灭，完成一次局部放电。图 4-14 表示一次局部放电从开始到终结的过程，在此期间，出现一个对应的局部放电电流脉冲。这一放电过程的时间很短，约 10^{-8}s 数量级，可认为瞬时完成，回到与工频电压相对应的坐标上，就变成一条垂直短线，如图 4-13b 所示。气隙每放电一次，其电压瞬时下降一个 $\Delta U_g = U_s - U_r$。

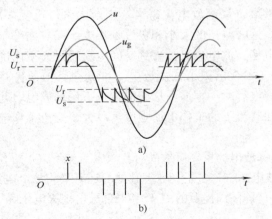
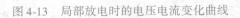
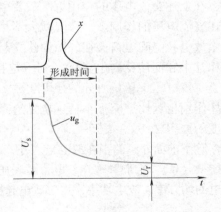

图 4-13　局部放电时的电压电流变化曲线　　　图 4-14　一次局部放电的电流脉冲

随着外加电压的继续上升，重新获得充电，直到又达到 U_s 值时，气隙发生第二次放电，

依此类推。

气隙每次放电所释放的电荷量为

$$q_r = \left(C_g + \frac{C_a C_b}{C_a + C_b} \right)(U_s - U_r) \tag{4-13}$$

因为 $C_a \gg C_b$，所以

$$q_r \approx (C_g + C_b)(U_s - U_r) \tag{4-14}$$

式 (4-14) 中的 q_r 为真实放电量，但因式中的 C_g、C_b、U_s、U_r 都无法测得，因而 q_r 亦难以确定。

气隙放电引起的压降 $(U_s - U_r)$ 按反比分配在 C_a 和 C_b 上（从气隙两端看，C_a 和 C_b 串联连接），因而 C_a 上的电压变为

$$\Delta U_a = \frac{C_b}{C_a + C_b}(U_s - U_r) \tag{4-15}$$

这意味着，当气隙放电时，被试品两端的电压会下降 ΔU_a，这相当于被试品放掉电荷 q。

$$q = (C_a + C_b)\Delta U_a = C_b(U_s - U_r) \tag{4-16}$$

因为 $C_a \gg C_b$，所以上式的近似式为

$$q \approx C_a \Delta U_a \tag{4-17}$$

式中　q——视在放电量，通常以它作为衡量局部放电强度的一个重要参数。

从以上各式可以看到，q 既是发生局部放电时被试品电容 C_a 所放掉的电荷，也是电容 C_b 上的电荷增量 $(= C_b \Delta U_a)$。由于有阻抗 Z 的阻隔，在上述短暂放电过程中，电源 u 几乎不起作用。

将式 (4-14) 和式 (4-16) 作比较，即得

$$q = \frac{C_b}{C_g + C_b} q_r \tag{4-18}$$

由于 $C_g \gg C_b$，可知视在放电量 q 要比真实放电量 q_r 小得多，但它们之间存在比例关系，所以 q 值也就能相对地反映 q_r 的大小。

在上述交流电压的作用下，只要电压足够高，局部放电在每半个周期内可以重复多次；而在直流电压的作用下，情况就大不相同了，这时电压的大小和极性都不变。一旦内部气隙发生放电，空间电荷会在气隙内建立起反向电场，放电熄灭，直到空间电荷通过介质内部电导相互中和而使反向电场削减到一定程度后，才会出现第二次放电。可见在其他条件相同时，直流电压下单位时间的放电次数要比交流电压时少很多，从而使直流下局部放电引起的破坏作用也远比交流下小，这也是绝缘介质在直流下的工作电场强度可以大于交流工作电场强度的原因之一。

除了前面介绍的视在放电量之外，表征局部放电的重要参数尚有：放电重复率 (N) 和放电能量 (W)，它们和视在放电量是表征局部放电的 3 个基本参数。其他的还有平均放电电流、放电的均方率、放电功率、局部放电起始电压（即前面提及的 U_s）和局部放电熄灭电压等。

4.3.2　局部放电测量的电测法

1. 脉冲电流法

脉冲电流法在局部放电检测法中的灵敏度最高，是国际标准 IEC60270 的推荐方法。该

方法不仅可以对高压设备的局部放电进行检测，还能够实现对局部放电量大小的标定，现场应用时可能会受到干扰而影响其检测灵敏度。

脉冲电流法测量的是视在放电量，传统检测方式的原理图如图 4-15 所示，检测阻抗通过耦合电容与被试品形成回路。当发生局部放电时，被试品两端的电荷会发生变化，在检测回路中引起一高频脉冲电流，检测阻抗两端电压因脉冲电流的出现会发生明显的变化，通过检测装置测量检测阻抗两端的电压可得到试品的局部放电信息，可以用示波器等仪器测量该信号波形或幅值，由于其大小与视在放电量成正比，通过校准就能得出视在放电量（一般单位用 pC）。

脉冲电流法还可通过高频电流传感器实现非接触式检测。通过电磁耦合技术获取局部放电信号，高频脉冲电流传感器是关键。以电缆为试样，当电缆中间接头或终端内部发生局部放电时，会在内部产生一个高频脉冲信号，该脉冲信号会以波的形式沿着电缆本体进行传播，最后经过电缆接地线流入大地，电缆接地线上存在不均匀的电流，因此会产生不均匀的磁场。如图 4-16 所示，在电缆接地线处安装高频电流（HFCT）传感器，可以以耦合的方式接收到局部放电产生的脉冲信号，接收到的信号经过积分电阻可以转换为电压信号送入转接装置。

107

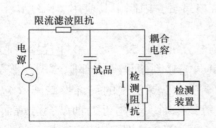

图 4-15　脉冲电流法原理图

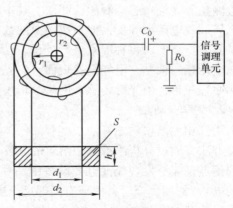

图 4-16　HFCT 结构图及检测回路

2. 超高频法

电力设备内部发生局部放电时，会辐射出不同频率的电磁波。放电间隙较小、时间较短时，电流脉冲陡度会较大，该电流脉冲能在内部激励出频率高达几 GHz 的电磁波，特高频（Ultra-high frequency，UHF）检测法就是通过检测这种电磁信号来实现局部放电检测的。该方法的技术优势是检测灵敏度高、现场抗低频电晕干扰能力强、能够实现放电源的定位，便于识别绝缘缺陷类型。但该技术存在局限性，如检测过程中容易受到现场特高频电磁干扰的影响、外置式的检测方式对全金属封闭电气设备无法实施检测、尚未实现缺陷劣化程度的量化描述等。

4.3.3　局部放电测量的非电检测法

1. 超声波检测法

用人的听觉检测局部放电是最原始的方法之一，显然这种方法灵敏度很低，

局部放电原理及测试方法

且带有试验人员的主观因素。后来改用微音器或其他传感器和超声波探测仪等作非主观性的声波和超声波检测，常用作放电定位。

局部放电产生的声波和超声波频谱覆盖面从数十赫到数十兆赫，所以应选频谱中所占分量较大的频率范围作为测量频率，以提高检测的灵敏度。近年来，采用超声波探测仪的情况越来越多，其特点是抗干扰能力相对较强、使用方便，可以在运行中或耐压试验时检测局部放电，适合预防性试验的要求。它的工作原理是：当绝缘介质内部发生局部放电时，在放电处产生的超声波向四周传播，直达电气设备外壳的表面，在设备外壁贴装压电元件，在超声波的作用下，压电元件的两个端面上会出现交变的束缚电荷，引起端部金属电极上电荷的变化或在外电路中引起交变电流，由此指示设备内部是否发生了局部放电。

2. 光检测法

沿面放电和电晕放电常用光检测法进行测量，且效果很好。绝缘介质内部发生局部放电时当然也会释放光子而产生光辐射。放电所发出的光亮，只有在透明介质的情况下，才能被检测到。有时可用光电倍增器或影像亮化器等辅助仪器来增加检测灵敏度。

3. 温度检测法

温度检测法是通过检测局部放电引起的局部发热实现局部放电检测的，主要包括红外测温检测法和光纤传感器测温检测法。其中红外测温检测法是利用红外探头或红外热成像仪来检测局部放电区域温度，但获取的温度数据的准确度不能满足要求，且红外测温的影响因素多且复杂，需要对每种因素进行校正。光纤传感器测温方法是一种接触测量方法。通过将光纤温度传感器粘贴在电气设备表面，将光信号传输到光解调器，得到相应的温度值。该方法检测原理简单，但光纤传感器网络分析仪体积大、价格昂贵，限制了其应用。

4. 化学分析法

用气相色谱仪对绝缘油中溶解的气体进行气相色谱分析，是 20 世纪 70 年代发展起来的试验方法。通过分析绝缘油中溶解的气体成分和含量，能够判断设备内部隐藏的缺陷类型，它的优点是能够发现充油电气设备中一些用其他试验方法不易发现的局部性缺陷（包括局部放电）。例如，当设备内部有局部过热或局部放电等缺陷时，其附近的油就会分解而产生烃类气体及 H_2、CO、CO_2 等，它们不断溶解到油中。局部放电所引起的气相色谱特征是 CH_4 和 H_2 的含量较大。此法灵敏度相当高，操作简便，且设备不需停电，适合在线绝缘诊断，因而获得了广泛应用。

4.4 绝缘油性能检测

在高压电气设备中，绝缘油得到了广泛应用，如电力变压器、电力电容器、电流互感器、电压互感器（油浸）等。在这些设备中，电气设备的主要部件均浸在绝缘油中，绝缘油还将填充到容器的各个部分，将设备中的空气排除，起到绝缘和散热的作用。

目前，我国使用较多的绝缘油就是变压器油。变压器油是从石油中分馏后经精制而成的碳氢化合物的混合物，其中主要是烷属烃和环烷属烃。烷属烃和环烷属烃都是饱和的，其分子结构中没有双键，它不易与氧或其他物质起化学作用，性能很稳定，保证了变压器油能在电气设备中稳定地运行。

除变压器油外，还有多种绝缘油（液体绝缘材料），如电容器油、硅油、十二烷基苯、电缆油、蓖麻油和二芳基乙烷（S油）等。虽然不同种的绝缘油各有特点，如有的绝缘油的介电常数大，有的绝缘强度高，有的介质损耗因数小（介质损耗角）等，但各种绝缘油的试验方法大都是相同的，现以变压器油为例，来说明绝缘油的试验方法。

变压器油的试验内容很多，除电气性能外，还有许多物理、化学性能的试验。其主要试验内容有：

1）电气性能的试验：①电阻率的测量；②介质损耗因数（tanδ）的测量；③介电常数的测量；④电气强度的试验。

2）物理、化学性能的试验：①酸值试验；②凝固点试验；③闪火点试验；④粘度试验；⑤变压器油的气相色谱分析和液相色谱分析。

4.4.1　绝缘油的电气试验

1. 介电常数（ε）、介质损耗因数（tanδ）的测量

（1）介电常数（ε）　介电常数又称为电容率，指在一个电容器两极板间和电极周围全部由被试绝缘材料（如变压器油）充满时的电容与同样电极形状的真空电容之比，记作ε。

（2）介质损耗因数（tanδ）介质损耗因数在前面章节已有叙述。介质损耗因数实际是绝缘介质损耗角的正切，δ角为损耗角。损耗角为外施交流电压与通过介质电流之间的相位角的余角。

（3）测量仪器　前面已经介绍了几种测量介质损耗因数的仪器，这里不再赘述。

（4）测量电极　测量变压器油的电容、介质损耗因数的电极有两种，一种是圆柱形电极杯（三端电极），另一种是平板电极（平板型三端电极）。电极的图形如图4-17和图4-18所示。

在用电极测量变压器油的ε和tanδ时，应仔细清洗电极：将电极拆开后，先用丙酮，然后用软性擦皂或洗净剂洗涤。擦洗电极时，不应损伤金属电极表面粗糙度。具体清洗方法可按国家标准GB/T 5654—2007《液体绝缘材料相对电容率、介质损耗因素和直流电阻率的测量》的有关规定进行，电极洗

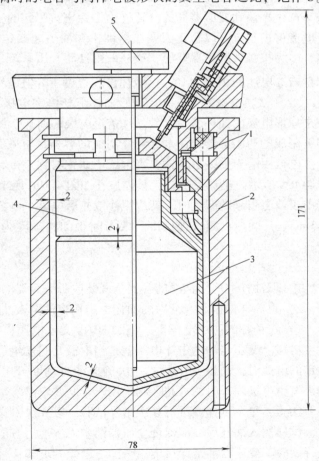

图4-17　圆柱形三端电极系统

1—绝缘层　2—高压电极　3—测量电极　4—保护电极　5—温度计孔

净后，不要用手直接接触其表面，应避免潮气或灰尘的污染。

2. 电气强度试验

电气强度试验是变压器油的一项常规试验。它是用来阐明变压器油被水分和其他悬浮物质物理污染的程度。

电气强度试验方法是：将变压器油倒入专门设备油杯中，以一定速率上升的交流电压加在油杯上，直至变压器油击穿，变压器油击穿时的电压，即为此次变压器油的击穿电压。根据国家标准 GB/T 507—2002《绝缘油击穿电压测定法》的规定，对变压器油电气强度试验简述如下：

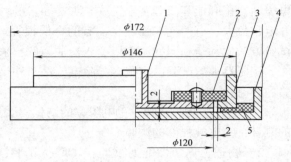

图 4-18 平板型三端电极系统

1—测量电极 2—绝缘层 3—保护电极
4—高压电极 5—绝缘层

（1）试验装置 试验变压器产生的波形应为正弦波，其峰值因数应在 $\sqrt{2}(1\pm5\%)$ 的范围内。装置应有良好的接地；试验线路应有保护电阻，以减小由于变压器油击穿时的电流，并防止产生振荡和变压器油的分解（由击穿电流引起的）。另外变压器一次侧应有自动跳闸的过电流保护装置，以防止因变压器油击穿而引起变压器长时间的短路。电压的调节方法很多，多为接触式调压器调压，最好采用自动升压系统，因为手动调压不易使电压匀速增长。测量击穿电压的单位为 kV（有效值），也可用峰值电压除以 $\sqrt{2}$ 得到有效值。

（2）试验电极——油杯 试验油杯由杯体和电极两部分组成，有两种类型的油杯，一种是球形电极的油杯，另一种是球盖形电极的油杯，如图 4-19 所示。油杯的杯体是由玻璃、塑料制成的透明容器或由电工陶瓷制成的容器，有效存容积为 300～500mL，杯体以密闭为宜。电极由磨光的铜、黄铜、青铜或不锈钢材料制成，呈球形，其直径为 12.5～13mm，如图 4-19a 所示。呈球盖形的，具体尺寸如图 4-19b 所示。电极的表面应光滑，一旦电极表面有由于放电引起的凹坑时，就应更换或打磨电极。电极应安装在水平轴上，电极间的距离为 2.5mm，其间隙可用块规校准。要求间距的精确度为 0.1mm，电极浸入油的深度为 40mm 左右。

（3）试验过程

1）取油样。应用洁净的容器从桶装或听装容器的底部抽取油样。

2）将油样慢慢倒入洁净的油杯中。在将油倒入油杯中时，要尽量避免形成气泡。

3）在油杯的两个电极上，施加 50Hz 交流电压，按 2kV/s 的速度上升，直至变压器油发生击穿。变压器油的击穿电压就是当电极之间发生第一个火花时达到的电压。当油中发生恒定的电弧时，高压变压器的一次侧应能自动断开电路，一般断开的时间应不大于 0.2s，如果发生电极间瞬时的火花，则采用人工断开电路。

注意：每个试样应进行 6 次击穿试验，以 6 次击穿电压的算术平均值作为试验的电气强度。试样倒入油杯后，应保证变压器油中无气泡后方能进行试验，装油后最迟 10min 内必须进行试验。变压器油击穿后应用清洁、干燥的玻璃棒轻轻搅动变压器油，无气泡后再进行试验，或间隔 5min 进行下次试验；试验时的油温应与室温相同，作为判断油的质量的试验应在 15～20℃ 之间进行，试验时大气的相对湿度应不高于 75%。

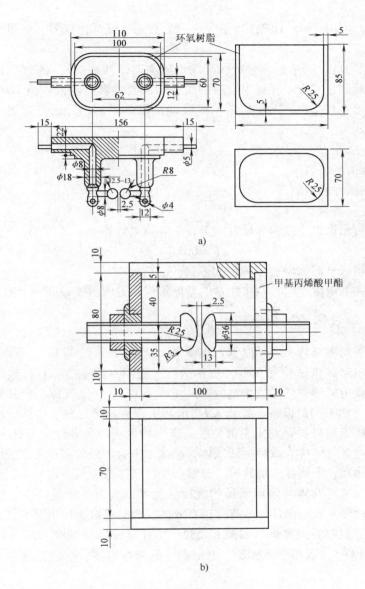

图 4-19　试验电极

a）球形电极油杯　b）球盖形电极油杯

3. 绝缘油的电阻率

绝缘油的电阻率即体积电阻率，可看成在一个单位立方体积内的体积电阻，用其电场强度与稳态电流密度之商来度量。

测量体积电阻率时的电极与测量介质损耗因数的电极是一样的。由于测量电阻率受电场强度、充电时间、含杂质的情况、温度等因素的影响，因此有如下的规定：

1）温度。因体积电阻率与绝对温度的倒数呈指数式关系，因此要求当油中温度达到与空气温度平衡时就可测量电阻率。

2）电场强度选为 $200 \sim 300 \text{V/mm}$。

3）充电时间一般规定为 60s。

4）测量仪器应使用具有 $10^{15}\Omega$ 以上分辨率的高阻计或其他仪器，测量仪器引起的误差应保证在 20% 以下。

5）具体测量方法。当独立测量绝缘油的电阻率时，油杯被注入绝缘油后 15min，就开始测量电阻率。对测量完介质损耗因数后的试样，只要将被测电极短路 1min 后，即可开始测量电阻率，当加上直流电压 60s 以后，应立即记录电阻值。记录好电阻值后，可计算电阻率

$$\rho = KR \tag{4-19}$$

式中　ρ——绝缘油的电阻率；

　　　R——被测试样的电阻值；

　　　K——空电极常数。

空电极常数可根据以空气为介质时电极杯的电容来计算

$$K = 0.113C_a \tag{4-20}$$

式中　C_a——空电极杯时的电容，单位为 F。

在测量绝缘油的电阻率时，两次测量的差值不应超过两值中较高一个的 35%。

4.4.2　油中溶解气体的气相色谱分析

新绝缘油中溶解的气体主要是空气，也即 N_2（约占 71%）和 O_2（约占 28%）。浸绝缘油的电气设备在出厂高压试验和在平时正常运行过程中，绝缘油和有机绝缘材料会逐渐老化，绝缘油中也就可能溶解微量或少量的 H_2、CO、CO_2 或烃类气体，但其量一般不会超过某些经验参考值（随不同的设备而异）。而当电器中存在局部过热、电弧放电或某些内部故障时绝缘油或固体绝缘材料会发生裂解，就会产生较大量的各种烃类气体和 H_2、CO、CO_2 等气体，因而把这类气体称为故障特征气体，绝缘油中会溶解较多量的这类气体。

不同的绝缘物质，不同性质的故障，分解产生的气体成分是不同的。因此，分析油中溶解气体的成分、含量及其随时间而增长的规律，就可以鉴别故障的性质、程度及其发展情况。这对于测定缓慢发展的潜伏性故障是很有效的，而且可以不停电进行，故已列入绝缘试验标准，并制订了相应的国家标准 GB/T 7252—2001《变压器油中溶解气体分析和判断导则》（以下简称导则），适用于变压器、电抗器、电流互感器、电压互感器、充油套管和充油电缆等。

具体步骤为：先将油中溶解的气体脱出，再送入气相色谱仪，对不同气体进行分离和定量。据此，即可按下述三步来初探有无故障。

1. 特征气体的组分和主次

油和固体绝缘材料在电或热的作用下分解产生的各种气体中，对判断故障有价值的气体有甲烷（CH_4）、乙烷（C_2H_6）、乙烯（C_2H_4）、乙炔（C_2H_2）、氢（H_2）、一氧化碳（CO）、二氧化碳（CO_2）。正常运行老化过程产生的气体主要是 CO 和 CO_2。油纸绝缘材料中存在局部放电时，油裂解产生的气体主要是 H_2 和 CH_4；在故障温度高于正常运行温度不多时，产生的气体主要是 CH_4；随着故障温度的升高，C_2H_4 和 C_2H_6 逐渐成为主要特征；当温度高于 1000℃ 时，例如在电弧温度的作用下，油裂解产生的气体中则含有较多的 C_2H_2；当故障涉及固体绝缘材料时，会产生较多的 CO 和 CO_2。不同故障类型产生的特征气体组分见表 4-1。

表 4-1 不同故障类型产生的特征气体组分

故障类型	主要气体组分	次要气体组分
油过热	CH_4、C_2H_4	H_2、C_2H_6
油和纸过热	CH_4、C_2H_4、CO、CO_2	H_2、C_2H_6、CO_2
油纸绝缘中局部放电	H_2、CH_4、CO	C_2H_2、C_2H_6、CO_2
油中火花放电	H_2、C_2H_2	
油中电弧	H_2、C_2H_2	CH_4、C_2H_4、C_2H_6
油和纸中电弧	H_2、C_2H_2、CO、CO_2	CH_4、C_2H_4、C_2H_6

注：进水受潮或油中气泡可能使油中的 H_2 含量升高。

刚出厂和新投运的设备，油中不应含有 C_2H_2，其他各组分也应该很低。有时设备内并不存在故障，而由于其他原因，在油中也会出现上述气体，要注意这些可能引起误判断的气体来源。例如：有载调压变压器中切换开关油室的油向变压器主油箱渗漏；油冷却系统附属设备（如潜油泵）故障产生的气体也可能进入电器本体的油中；设备曾经有过故障，而故障排除后绝缘油未经彻底脱气，部分残余气体仍留在油中等。

2. 特征气体的含量

《导则》规定：运行中设备内部油中气体含量超过表 4-2 所列数值时，应引起注意。

表 4-2 油中溶解气体含量的注意值

设　　备	气体组分	含量/（μL/L）			
		≥330kV	≤220kV	≥220kV	≤110kV
变压器和电抗器	总烃	150	150		
	乙炔	1	5		
	氢	150	150		
套管	甲烷	100	100		
	乙炔	1	2		
	氢	500	500		
电流互感器	总烃			100	100
	乙炔			1	2
	氢			150	150
电压互感器	总烃			100	100
	乙炔			2	3
	氢			150	150

注：1. 注意值不是划分故障的唯一标准。当气体浓度达到表中给出的注意值时，应进行追踪分析，查明原因。
　　2. 影响电流互感器和电容式套管油中氢气含量的因素很多，有的氢气含量虽低于表中数值，但若增加较快，也应引起注意；有的仅氢气含量超过表中数值，若无明显增加趋势，也可判断为正常。

当故障涉及固体绝缘材料时，会引起 CO 和 CO_2 含量的明显增长，但在考察这两种气体含量时更应注意结合具体电器的结构特点（如油保护方式）、运行温度、负荷情况和运行历史等情况加以综合分析。突发性绝缘击穿事故时，油中溶解气体中的 CO、CO_2 的含量不一定高，应结合气体继电器中的气体分析作判断。

3. 特征气体含量随时间的增长率

应该说，仅根据特征气体含量的绝对值是很难对故障的严重性作出正确判断，还必须考察故障的发展趋势，也就是故障点的产气速率。产气速率是与故障消耗能量大小、故障部位及故障点的温度等情况有关的。

产气速率有两种表达方式。

（1）绝对产气速率　即每运行日产生某种气体的平均值

$$\gamma_a = \frac{C_{i2} - C_{i1}}{\Delta t} \frac{G}{\rho} \tag{4-21}$$

式中　γ_a——绝对产气速率，单位为 mL/d；

C_{i2}——第二次采样取得油中某气体的浓度，单位为 $\mu L/L$；

C_{i1}——第一次采样取得油中某气体的浓度，单位为 $\mu L/L$；

Δt——两次取样时间间隔中的实际运行时间（日），单位为 d；

G——本设备总油量，单位为 t；

ρ——油的密度，单位为 t/m^3。

变压器和电抗器绝对产气速率的注意值见表4-3。

表4-3　变压器和电抗器绝对产气速率的注意值　　　　（单位：mL/d）

气体组分	开放式	隔膜式	气体组分	开放式	隔膜式
总烃	6	12	一氧化碳	50	100
乙炔	0.1	0.2	二氧化碳	100	200
氢	5	10			

注：当产气速率达到注意值时，应缩短检测周期，进行追踪分析。

（2）相对产气速率　即每运行一个月（或折算到月），某种气体含量增加原有值的百分数的平均值，按式（4-22）计算

$$\gamma_i = \frac{C_{i2} - C_{i1}}{C_{i1}} \frac{1}{\Delta t} \times 100\% \tag{4-22}$$

式中　γ_i——相对产气速率，单位为%/月；

C_{i2}——第二次采样取得油中某气体的浓度，单位为 $\mu L/L$；

C_{i1}——第一次采样取得油中某气体的浓度，单位为 $\mu L/L$；

Δt——两次取样时间间隔中的实际运行时间（日），单位为 d。

相对产气速率也可以用来判断充油电气设备内部状况。总烃的相对产气速率大于10%时，应引起注意，但对总烃起始含量很低的设备不宜采用此判据。

需要指出，有的设备其油中某些特征气体的含量若在短期内就有较大的增量，则即使尚未达到表4-2所列数值，也可判为内部有异常状况；有的设备因某种原因使气体含量基值较高，超过表4-2的注意值，但增长速率低于表4-3产气速率的注意值，则仍可认为是正常。

通过上述三步，对设备中是否存在故障作了初探。若初探结果认定设备中存在故障，则下一步就要设法对故障的性质（类型）进行判断。

《导则》推荐采用三比值法（5种特征气体含量的三对比值）作为判断变压器或电抗器等充油电气设备故障性质的主要方法。取出 H_2、CH_4、C_2H_2、C_2H_4、C_2H_6 这5种气体含

量，分别计算出 C_2H_2/C_2H_4、CH_4/H_2、C_2H_4/C_2H_6 这三对比值，将这三对比值按表 4-4 所列规则进行编码，再按表 4-5 所列规则来判断故障的性质。

表 4-4 三比值法的编码规则

气体比值范围 α	比值范围的编码			气体比值范围 α	比值范围的编码		
	$\dfrac{C_2H_2}{C_2H_4}$	$\dfrac{CH_4}{H_2}$	$\dfrac{C_2H_4}{C_2H_6}$		$\dfrac{C_2H_2}{C_2H_4}$	$\dfrac{CH_4}{H_2}$	$\dfrac{C_2H_4}{C_2H_6}$
$\alpha < 0.1$	0	1	0	$1 \leqslant \alpha < 3$	1	2	1
$0.1 \leqslant \alpha < 1$	1	0	0	$\alpha \geqslant 3$	2	2	2

表 4-5 用三比值法判断故障类型

编 码 组 合			故障类型判断	故障实例（参考）
$\dfrac{C_2H_2}{C_2H_4}$	$\dfrac{CH_4}{H_2}$	$\dfrac{C_2H_4}{C_2H_6}$		
0	0	1	低温过热（低于 150℃）	绝缘导线过热，注意 CO 和 CO_2 含量和 CO_2/CO 值
	2	0	低温过热（150~300℃）	分接开关接触不良，引线夹件螺钉松动或接头焊接不良，涡流引起铜过热，铁心漏磁，局部短路，层间绝缘不良，铁心多点接地等
	2	1	中温过热（300~700℃）	
	0, 1, 2	2	高温过热（高于 700℃）	
1	1	0	局部放电	高湿度，高含气量引起油中低能量密度的局部放电
	0, 1	0, 1, 2	低能放电	引线对电位未固定的部件之间连续火花放电，分接抽头引线和油隙闪络，不同电位之间的油中火花放电或悬浮电位之间的火花放电
	2	0, 1, 2	低能局部放电	
2	0, 1	0, 1, 2	电弧放电	线圈匝间、层间短路，相间闪络，分接头引线间油隙闪络、引线对箱壳放电、线圈熔断、分接开关飞弧、因环路电流引起电弧，引线对其他接地体放电等
	2	0, 1, 2	电弧放电兼过热	

实践证明，用气相色谱法来检测充油电气设备内部的故障是一种有效的方法，而且可以带电进行。但是由于设备的结构、绝缘材料、保护绝缘油的方式和运行条件等差别，迄今尚未能制订出统一而严密的标准。如发现有问题，一般还需缩短测量的时间间隔，跟踪多做几次试验，再与过去气体分析的历史数据、运行记录、制造厂提供的资料及其他电气试验结果相对照。综合分析后，才能作出正确的判断。

4.4.3 绝缘油的高效液相色谱分析

高效液相色谱法是以液体作为流动相的一种色谱分析法，它的基本概念及理论基础与上述气相色谱是一致的，但又有不同之处。高效液相色谱与气相色谱的主要区别可归结于以下几点。

1）流动相的不同，在被测组分与流动相之间、流动相与固定相之间都存在着一定的相互作用力。

2）由于液体的黏度较气体大两个数量级，使被测组分在液体流动相中的扩散系数比在气体流动相中约小 4～5 个数量级。

3）由于流动相的化学成分可进行广泛选择，并可配制成二元或多元体系，满足梯度洗脱的需要，因而提高了高效液相色谱的分辨率（柱效能）。

4）高效液相色谱采用 5～10μm 细颗粒固定相，使流动相在色谱柱上渗透性大大减小，流动阻力增大，必须借助高压泵输送流动相。

5）高效液相色谱是在液相中进行，对被测组分的检测，通常采用灵敏的湿法光度检测器。例如，紫外光度检测器、示差折光检测器、荧光光度检测器等。

与气相色谱相比较，高效液相色谱同样具有高灵敏、高效能和高速度的特点，但它的应用范围更加广泛。

长期以来，采用气相色谱法检测绝缘油中的 CO、CO_2 和低碳烃类含量作为判断电气设备固体绝缘材料老化程度或进行故障分析的依据。但是实验证明，绝缘油氧化分解也能产生绝缘纸老化、降解的特征产物 CO 和 CO_2，所以给正确判断带来了难度。

在充油电气设备中，由于构成固体绝缘材料的纤维质材料的老化导致纤维素的分解而产生几种化合物，如糠醛和呋喃衍生物，呋喃衍生物大部分被吸附在纸上，而小部分溶于油中。这些物质的存在可以作为运行设备固体绝缘材料老化程度的诊断依据，也可以作为对溶解气体分析的补充。1984 年国际大电网会议上，英国学者首先提出油中糠醛可作为变压器内绝缘纸老化的特征产物，检测绝缘油中的糠醛含量，可以判断绝缘材料劣化程度。根据中华人民共和国电力行业标准 DL/T 596—2021《电力设备预防性试验规程》，当变压器油中的糠醛含量达到 4mg/L 时，认为变压器绝缘材料老化已经比较严重。测量糠醛时取样简单方便，打开变压器油箱下方阀门即可，无须设备停运。

糠醛是一种五环化合物，它的分子式为 C_4H_3OCHO，是固体绝缘纸板（纤维素）降解（老化）的特征性产物，在常温下呈液态，不易挥发，并且在油中有很好的稳定性和很好的积累效果。糠醛化合物是纤维性绝缘材料绝缘裂化的特有产物，其来源具有唯一性，其浓度高低代表了变压器老化的最佳指标，在欧洲与美国的相关标准中都对糠醛的检验方法进行了说明。一般认为在进行油中气体分析时，若 CO_2 与 CO 浓度比值小于 3 或是大于 10，即说明变压器内部所用的绝缘材料有疑似故障存在，应进行绝缘油中糠醛分析，确认固体绝缘材料的状况。研究说明，油中糠醛浓度达到 0.5mg/L 时，变压器的整体绝缘水平处于寿命的中期，达到 1～2mg/L 时变压器绝缘材料老化严重，达到 3.5mg/L 时，变压器绝缘材料寿命终止。糠醛在油中含量极少、一般为 10^{-7} 数量级，因此分析较困难。现在常用的液相色谱法：一般利用甲醇作为萃取剂，把油中的糠醛萃取出来。注入色谱仪的样品，经色谱柱进行分离，利用可变或固定波长的紫外线检测器检测样品中不同组分的浓度。最后，根据测得萃取率校正曲线查出对应值，并折算到每升油中的糠醛含量。典型的糠醛分析流程图如图 4-20 所示。

油中糠醛的浓度随着变压器运行时间的增加而上升，大致存在如下的关系式

$$\log[\rho(C_4H_3OCHO)] = -1.3 + 0.5t \tag{4-23}$$

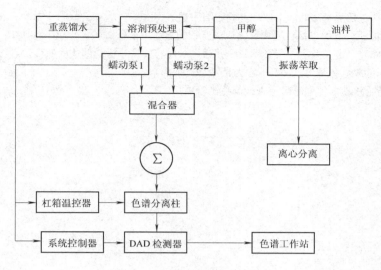

图 4-20 糠醛分析流程图

式中 $\rho(\mathrm{C_4H_3OCHO})$ ——糠醛浓度，单位为 mg/L；

t ——运行年限，单位为 a。

超过此关系式的值为非正常值，应引起注意。

现阶段，新投入运行的变压器主要通过油中气体分析中的 CO_2、CO 含量的大小来估算绝缘材料的状况，但这种方法只是作为间接的判断方法，不能够作为判断变压器故障的重要依据，有关资料说明测量油中糠醛含量来判断绝缘材料的劣化状况比油中气体分析更准确可靠，可以弥补油中气体分析诊断中的不足。

由于变压器的设计寿命为 20 年以上，为了判断变压器运行过程中绝缘材料的状况，应建立变压器的运行寿命趋势图，此趋势图以糠醛含量的变化为依据。

变压器在投运初期，因不会涉及绝缘油的处理问题，可以通过测量油中糠醛含量值作为判断变压器绝缘材料状况的原始依据，隔一年再进行一次糠醛含量的测量作为绝缘状况变化趋势值，再隔一年再测量一次来判断变化趋势是否稳定，之后按照一定的年限（3~5年）进行跟踪测量，通过趋势图的变化规律及相应的测量结果可以判断变压器的有效寿命，降低运行成本。

习题与思考题

4-1 试总结绝缘的预防性试验特点。

4-2 分别给出绝缘电阻、泄漏电流和吸收比的定义。

4-3 测量绝缘电阻和泄漏电流分别能有效地发现电气设备哪些缺陷？试比较测量两类试验项目的异同。

4-4 测量泄漏电流时，随着施加在被试品上直流电压的增加，良好绝缘、受潮绝缘、有集中性缺陷的绝缘及有危险的集中性缺陷的绝缘的泄漏电流会如何变化？

4-5 绝缘材料干燥时和受潮后的吸收特性有什么不同？为什么测量吸收比能较好地判断绝缘介质是否受潮？

4-6 为什么可以用 tanδ 值判断电气设备绝缘状态？测量大电容量设备的 tanδ 时为什么需要分解成几个部分分别测量？

4-7 简述西林电桥测量法的基本原理及其影响因素。

4-8 什么是测量 $\tan\delta$ 的正接线法和反接线法? 它们各适用于什么场合?

4-9 给出局部放电定义及主要特征参量, 并通过三电容模型分析局部放电的产生过程。

4-10 分析局部放电测量电测法和非电监测法的优缺点。

4-11 在判断绝缘油的性能时需要进行哪些试验项目?

第5章

电气绝缘高电压试验

电气设备的绝缘在运行中除了长期受到工作电压（工频交流电压或直流电压）的作用外，还会受到大气过电压和内部过电压等可能出现的各种过电压的侵袭。为了检验电气设备的绝缘强度，使其不仅能在正常的工作电压下安全可靠地运行，而且还必须具备耐受各种过电压的能力，所以电气设备在出厂时、安装调试时或大修后需要进行各种高电压试验。因此在高电压试验室内应能模拟出这些试验电压（工频交流高压、直流高压、雷电冲击高压和操作冲击高压等），实现对电气设备绝缘性能进行耐压试验，考验各种绝缘材料耐受这些高电压作用的能力。

有了产生高电压和大电流的设备，还要有测量这些电压和电流的大小及波形的测量装置。由于被测的电压高、电流大，一般的仪表受材料绝缘性能或发热条件的限制，往往不能直接用来测量，而要和能耐高电压或能通过大电流的转换装置配合使用。这类转换装置在承受高电压或通过大电流时，能输出一个按一定比例减小的低电压或小电流信号，供低压仪表进行测量。根据仪表的读数和比例系数，即可确定被测高电压或大电流之值。根据目前高压测量技术达到的水平，我国国家标准和国际电工委员会的推荐标准都规定：对于高电压和冲击电流的测录，除某些特殊情况外，其误差应在±3%以内，在高压测量中要达到这个要求并不是轻而易举的。因此必须对测量系统的每个环节的误差加以控制，所用的低压指示仪表的准确度至少为0.5级。

由于输电电压和相应的试验电压在不断提高，要获得各种符合要求的试验用高电压越来越困难，这是高电压试验技术发展中首先需要解决的问题。与非破坏性试验相比，绝缘材料的高电压试验具有直观、可信度高、要求严格等特点，但因具有破坏性试验的性质，所以一般都放在非破坏性试验项目合格通过之后进行，以避免或减少不必要的损失。

5.1 工频高电压试验

5.1.1 工频高电压的产生

高电压试验变压器是高电压实验室最基本的、不可缺少的主要设备之一，被当作电源，并且是交流、直流和冲击电压试验设备的组成部分。高电压实验室中的工频高电压通常采用高电压试验变压器或其串级装置来产生，但对电缆、电容器等电容量较大的被试品，可采用串联谐振回路来获得试验用的工频高电压。工频高电压不仅可用于绝缘材料的工频耐压试验，也广泛应用于气隙工频击穿特性、电晕放电及其派生效应、静电感应、绝缘子的干闪、湿闪及污闪特性、带电作业等试验研究中。工频高电压试验装置不但是高压实验室中最基本的设备，也是产生其他类型高电压设备的基础部件。

1. 高电压试验变压器

高电压试验变压器大多数为油浸式，有金属壳及绝缘壳两类。金属壳变压器又可分为单套管和双套管两种。单套管变压器的高压绕组一端接地，另一端（高压端）经高压套管引出，如果采用绝缘外壳，就不需要套管了。双套管变压器高压绕组的中点通常与外壳相连，这样每个套管所承受的只是额定电压 U_n 的一半，因而可以减小套管的尺寸和重量。当高压绕组一端接地时，外壳应当按 $0.5U_n$ 对地绝缘起来。试验变压器由于常用来在被试样上施加高压，并确定试样加上电压后是否发生绝缘击穿，因此在多数情况下其高压侧额定电流在 $0.1 \sim 1A$ 范围内变化，电压在 250kV 及以上时高压侧一般为 1A。对于大多数试样，一般可以满足试验要求，如要进行污闪等实验，则要求有更大的电流输出。

试验变压器一般被设计为单相的。高压绕组大多数做成多层绕组，层间绝缘由电缆纸和绝缘材料制成的圆筒组成。这种绕组在放电瞬间产生的过电压作用下所遭受的损坏危险要比其他形式的绕组小。试验变压器与电力变压器相比工作原理上没有什么不同，其主要特点是电压比较大，但容量较小，因为试验变压器需要供给较高的试验电压，而试样绝缘则相当于较小的电容负荷。此外，试验变压器的工作时间短，在额定电压下满载运行的时间更短。因此，不需要像电力变压器那样装设散热管及其他附加散热装置。试验变压器的结构和尺寸主要决定于绝缘性能的要求。由于电压高，需要采用较厚的绝缘层及较宽的间隙距离，所以试验变压器的漏磁通较大，短路电抗值也较大。考虑到试验变压器在工作时不会受到高幅值过电压的作用。其绝缘性能可以采取较小的裕度，绝缘性能的出厂试验电压一般只比额定电压高出 10% ~20%。

试验变压器的容量由被测试样在最不利的试验条件下（如淋雨时）需要的电流来确定。试验室的经验表明，对试验电容不大的试样（大约到 1000pF），额定电压在 $100 \sim 150kV$ 的变压器，高压绕组的电流应按 $0.2 \sim 0.3A$ 设计；对于 500kV 的变压器，按 0.5A 设计；对于更高电压的变压器，电流按 1A 及以上来设计。在特殊情况下，例如对于长电缆的试验，变压器必需的容量

$$P_s = U^2 \omega C$$

式中　　U——试验电压，单位为 kV；

C——试样电容，单位为 μF；

P_s——变压器容量，单位为 VA。

变压器绕组方式：

1）圆盘形绕组如图 5-1 所示，输出电压在几十千伏以下时，绕组由几个线圈串联组成。

2）圆筒形绕组结构如图 5-2 所示，低压绕组内侧靠近铁心，高压绕组同轴地套在低压绕组的外侧，内侧接地，外侧为高压输出。高压绕组的电压由内侧至外侧逐层升高，各层间采用与线圈同轴的绝缘筒进行绝缘，每层线圈的匝数随电压的升高而减少，并且远离铁心部分。高压线圈内侧设置屏蔽金属板，屏蔽板电位与高压端相同，可以改善瞬变电压下绕组的电位分布。这种结构的变压器，最高电压一般可达 1000kV。

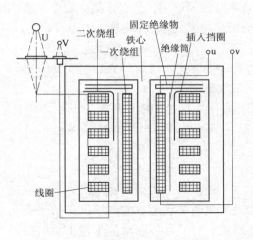

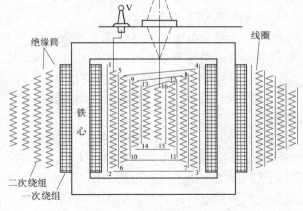

图 5-1　圆盘形绕组　　　　　　　　　　图 5-2　圆筒形绕组

2. 试验变压器串级装置

由于受到体积和重量的限制，单个试验变压器的额定电压不可能做得太高。当所需工频电压很高，例如超过 750kV 时，往往采用串级线路把几台试验变压器串接起来，这在技术上和经济上都比较合理。数台试验变压器串级连接的办法就是将它们的高压绕组串联起来，使高压侧电压叠加后得到很高的输出电压，而每台变压器的绝缘性能要求和结构可大大简化，减轻绝缘难度，降低总价格。如图5-3所示的串级方式称为自耦式串级变压器，这是目前最

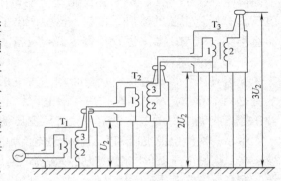

图 5-3　由单高压套管变压器元件
组成的串级变压器示意图

常用的串级方式。这里高一级的变压器的励磁电流由前面一级的变压器来供给。图中绕组 1 为低压绕组，2 为高压绕组，3 为供给下一级励磁用的串级励磁绕组。虽然这时三台试验变压器的一次电压相同（$U_1 = U_3$），二次电压也相同（均为 U_2），但它们的容量和高压绕组结构都不同，因此不能互换位置。设该装置 T_3 的容量为 $P_3 = U_2 I_2 = U_1 I_1$；T_2 的容量为 $P_2 = U_1 I_1 = U_2 I_2 + U_3 I_3 = 2U_2 I_2$；$T_1$ 的容量为 $P_1 = 3U_2 I_2$。所以当串联级数为 3，则整套串级装置的制作容量为

$$P = P_1 + P_2 + P_3 = 6U_2 I_2 \tag{5-1}$$

串级装置的输出额定容量为

$$P_n = 3U_2 I_2 \tag{5-2}$$

因而装置的容量利用率为

$$\eta = P_n / P = 1/2 \tag{5-3}$$

同理推出 n 级串联装置的容量利用率为

$$\eta = \frac{2}{n+1} \tag{5-4}$$

式中　n——串级装置的级数。

121

显然，串接台数越多，装置利用系数越低，且随着串接数的增加，整套串接试验变压器的总漏抗值急剧增加，因此串级试验变压器的串接数一般不超过3，这是串级装置的固有缺点。

3. 试验变压器的调压

试验变压器的电压必须从零调节到指定值，这是其运行方式的特点，要靠连到变压器一次绕组电路中的调压器来进行。调压器应该满足以下基本要求：

1）电压应该平滑地调节，而在有滑动触头的调压器中，不应该发生火花。

2）调压器应在试验变压器的输入端提供从零到额定值的电压，电压具有正弦波形且没有畸变。

3）调压器的容量应不小于试验变压器的容量。

调节电压最好的设备是电动发电机组，由安装在一个轴上的三相同步发电机和直流或交流电动机组成，电压的调节用改变发电机的励磁来实现。更简单和便宜的调压设备是感应调压器，有的做成带移动式绕组的变压器或自耦变压器形式，有的做成制动的带转子绕组的异步电动机形式（电位调整器）。感应调压器的特点是调压平稳，没有滑动触头。采用了各种消除高次谐波的方法，例如，在制动电动机的定子和转子上安置"斜"槽，保证被调节的电压具有接近正弦的波形。目前，已生产出了多种不同容量的感应调压器；一般广泛采用试验室类型自耦调压器来进行小容量试验设备的调压。

4. 串联谐振电路

交流高压可以通过由电动机带动的发电机或电池供电的振荡器产生，但是最常用的试验装置是由110V或240V、50/60Hz的电源供电。固定的电源电压供给一台可调节的调压器，调压器再把调节好的电压供给单级升压变压器的一次侧。

由于一次侧电源电压和变压器励磁电流中的谐波可能激发不同频率的固有振荡，从而导致变压器二次侧电压波形的严重畸变和增高。但是，若能有效地利用谐振效应来产生交流试验高压，此高压不含有不需要的其他谐波。串联谐振电路的简化图如图5-4所示。图中被测试样如电缆用电容来代替与可动线圈电抗器串联。电抗器的电感可以改变并与电源频率下电容负荷的阻抗相匹配。这样构成的串联谐振电路在受到与电网相连的调压器的激励时产生高压。

另外一种可产生工频高压的谐振电路法是特斯拉（Tesla）线圈。此线圈是空心升压变压器，有两个电容器调谐的绕组，如图5-5所示。当火花间隙 G_1 在预定的电压值击穿时，由 L_1 和 C_1 组成的一次调谐电路闭合。产生高频衰减振荡，频率范围一般在 $10^4 \sim 10^5\,\text{Hz}$。

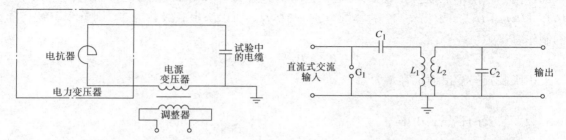

图5-4 串联谐振电路简化图　　　　　　图5-5 特斯拉（Tesla）线圈电路图

在一次电路中的振荡电流将在二次调谐电路 L_2C_2 中感应振荡。此过程每重复一次，一次火花间隙就闪络一次。供给电路的电源可以是交流，也可以是直流，如果一次输入几千伏的电压，输出电压能够达到1MV。因为特斯拉线圈输出电压波形复杂，并且火花间隙还会辐射无线电干扰，所以偶尔用于正常工频运行下的设备，一般主要用它进行通信系统的高频高压试验。

5.1.2　工频高电压的测量

试品上工频高电压目前最常用的测量方法有：用测量球隙或峰值电压表测量交流电压的峰值，用静电电压表测量交流电压的有效值（峰值电压表和静电电压表还常与分压器配合使用以扩大仪表的量程）；为了观察被测电压的波形，也可从分压器低压侧将输出的被测信号送至示波器显示波形。在电力系统中通常使用电压互感器配合低压仪表来测量高电压的方法，在高电压实验室中用的不多。特别在测量很高的电压时，利用电压互感器的方法既不经济，也不方便。由于高压放电的分散性比较大，一般对测量精度的要求不高。按现行的国家标准和国际标准（IEC）规定，无论是有效值或峰值，都要求误差不超过 ±3%。图 5-6 是几种工频高电压测量方法的原理接线图，实际测量时可采用其中的一种或几种，从变压器的一次侧（P_1、P_2端）或由附加的测量绕组（P_3、P_4 端）测得电压值再乘上电压比，求得高压侧输出电压值，这是最便捷的方法，但这种方法的误差通常较大，常起辅助指示作用。

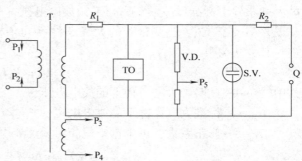

图 5-6　工频高电压测量方法的原理接线图
R_1、R_2—保护电阻　V.D.—分压器　TO—试样
S.V.—静电电压　Q—球隙　T—高压试验变压器

1. 用球间隙测量工频高压

测量球隙由一对相同直径的金属球构成。当球隙距离 d 与直径 D 之比不大时，球隙间的电场为稍不均匀电场，由气体放电的理论可知，当电压加于球隙间形成稍不均匀电场时，其击穿电压决定于球隙间的距离。球隙就是利用这个原理来测量各种类型高电压的。它具有放电时延很小，伏秒特性较平，分散性小等特点；在一定的球隙距离下具有相当稳定的放电电压。因此测量球隙不但可以用来测量交流电压的峰值，而且可用来测量直流电压和冲击电压的峰值。球隙测量装置可以是垂直式的，也可以是水平式的。球直径在 25cm 及以下的球隙一般用水平式装置，直径更大的球隙则使用垂直式装置（如图 5-7 所

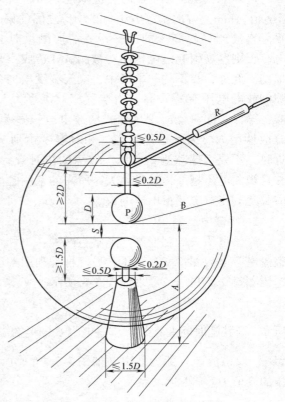

图 5-7　垂直球隙及应保证的尺寸
P—高压球的放电点　R—球隙保护电阻

示）。使用时下球极接地，上球极接高压。

为了保证测量所要求的精度，国际电工委员会和我国国家标准 GB/T 311—2005《高电压测量标准空气间隙》对测量用球隙的结构、布置、连接和使用制定了标准，标准包括适当的球杆、操作机构、绝缘支持物、高压引线、与周围物体及对地、天花板等的距离，同时要求球面光滑、曲率要均匀。这些要求都是为了保证球隙间有一个符合标准要求的、比较均匀的电场。世界各国已对球隙测量做了大量的工作，国际电工委员会在 1960 年制订了在标准大气条件下标准球隙的距离与工频放电电压（峰值）的关系表（见 GB/T 311.6—2005）。其误差不大于3%，当测量时的大气条件不同于标准大气条件时，需要进行大气条件的校正。其方法为

$$U = K_r U_H \tag{5-5}$$

式中　U——试验中大气条件下的放电电压；

　　　U_H——标准大气条件下的放电电压；

　　　K_r——修正系数，可根据空气相对密度 δ 由表 5-1 查得。

表 5-1　空气相对密度 δ 与修正系数 K_r 的关系

空气相对密度 δ	0.7	0.75	0.8	0.85	0.9	0.95	1.0	1.05	1.10
修正系数 K_r	0.72	0.77	0.81	0.86	0.91	0.95	1.0	1.05	1.09

用球隙测量工频电压时，应取连续三次击穿电压的平均值，相邻两次击穿间隔时间一般不小于 1min，各次击穿电压与平均值之间的偏差不大于3%。球隙结构简单，易于维护，几乎是直接测量超高压的唯一设备。但测量时必须放电，否则容易引起过电压而对被测试样造成不必要的损伤。此外，在不均匀电场中，空气湿度增加会使间隙的放电电压有所升高，当空气相对湿度大于90%时，球极表面可能凝聚水珠，使放电电压显著降低，分散性增大。因此建议当空气相对湿度达到90%附近时，不要用球隙测量电压。球隙测量时较费时间，并且被测电压越高，球径越大，所需的空间越大，这些都是利用球隙测量电压的缺点。

2. 峰值电压表

峰值电压表的制成原理通常有两种：一种是利用整流电容电流测量交流高压；另一种是利用整流充电电压测量交流高压，原理如图 5-8 所示。

（1）利用整流电容电流测量交流高压　被测高

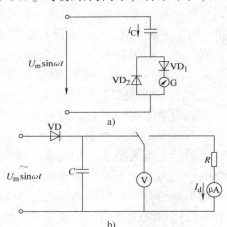

图 5-8　峰值电压表的原理

a）利用电容电流测电压峰值的接线

b）利用电容器 C 上的整流充电电压测峰值

压 u，当其随时间变化时，流过电容 C 的电流 $i_C = C\dfrac{\mathrm{d}u}{\mathrm{d}t}$。当 i_C 为正半波时，电流经整流元件 VD_1，及检流计 G 流入地中（如图 5-8a 所示），若流经 G 的电流平均值为 I_a，则它与被测电压的峰值 U_m 有下述关系

$$U_m = \frac{I_a}{2Cf} \tag{5-6}$$

式中　C——电容器的电容量；

　　　f——被测电压的频率。

（2）利用电容器上整流充电电压测量交流高压　如图 5-8b 所示，被测交流电压经整流管 VD 使电容充电至交流电压的幅值，电容电压由静电电压表或微安表串联电阻来测量。如果静电电压表或微安表串联电阻测得的电压为 U_d，则电压峰值为

$$U_m = \frac{U_d}{1 - \dfrac{T}{2RC}} \tag{5-7}$$

式中　T——交流电压的周期；

　　　C——电容器的电容量；

　　　R——测量电阻值。

一般情况下，当 $RC \gg 20T$ 时，式（5-7）的误差 $\leqslant 2.5\%$。

峰值电压表通常与分压器配合起来使用。在许多情况下，尤其是对绝缘击穿来说，常与施加电压的峰值直接相关，所以准确地测量电压的幅值就变得十分重要了。

3. 静电电压表

当加电压于两个特制的电极板时，由于两电极上分别充上异性电荷，电极就会受到静电机械力的作用（如图 5-9 所示），测量此静电力的大小，或是由静电力引起的某一极板的位移或偏转来反映所加电压大小的表计称为静电电压表。它的测量精度在 ±3% 以内，最低为 500V，最高直至 1000kV 的特种静电电压表业已问世。静电电压表的典型结构如图 5-10 所示，保护电极的中央设有一个可动圆板电极，可动电极在静电吸引力的作用下产生移动，移动量经放大后，由指针读出。该装置具有耗电量小、波形和电压频率引起的误差小等优点，但由于静电力很小，摩擦会造成测量误差。

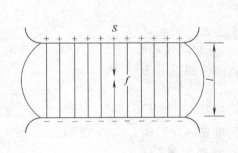

图 5-9　平板电极间的电场和静力吸力

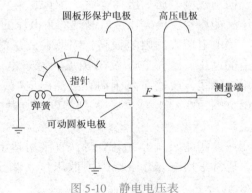

图 5-10　静电电压表

若有一对电极，电极间距离为 l，电容为 C，所加电压瞬时值为 u，则此电容的电场能量 W 为

$$W = \frac{1}{2}Cu^2 \tag{5-8}$$

假定静电电压表的两电极接在交流电源上，则按电工基础中的分析方法，当极板做无穷小的移动 dl 时，电场能量发生变化 dW，其值必然与电极移动所做的功 fdl 相等，即 $fdl = dW$。所以，电极所受到的作用力 f 可表示为

$$f = \frac{dW}{dl} = \frac{1}{2}u^2\frac{dC}{dl} \tag{5-9}$$

若 u 按正弦函数作周期性变化，即

$$u = u_m\sin(\omega t + \Phi) \tag{5-10}$$

则在一个周期 T 内，电极所受作用力的平均值 F 可表示为

$$F = \frac{1}{T}\int_0^T f\,dt = \frac{1}{2}\frac{dC}{dl}\frac{1}{T}\int_0^T u^2\,dt$$

$$= \frac{1}{2}\frac{dC}{dl}\frac{1}{T}\frac{U_m^2}{2}T = \frac{1}{2}\left(\frac{U_m}{\sqrt{2}}\right)^2\frac{dC}{dl} \tag{5-11}$$

$$= \frac{1}{2}U^2\frac{dC}{dl}$$

对于平行极板的情况下，由于极板间为均匀电场，则其电容

$$C = \frac{S\varepsilon_0\varepsilon_r}{l} \Rightarrow \frac{dC}{dl} = -\frac{S\varepsilon_0\varepsilon_r}{l^2} \tag{5-12}$$

根据式(5-11) 即可得到

$$F = -\frac{1}{2}U^2\frac{S\varepsilon_0\varepsilon_r}{l^2} = \frac{-1}{72\pi\times10^3}U^2\frac{\varepsilon_r S}{l^2} \tag{5-13}$$

式中 U、l、S、F 的单位分别为 kV、cm、cm^2、J/m。

由式（5-13）可得

$$U = l\sqrt{\frac{F}{4.52}\frac{10^4}{\varepsilon_r S}} \tag{5-14}$$

由式(5-14) 可见，电场作用力与电压二次方成正比，所以它的偏转方向与被测电压的极性无关。因此，静电电压表既能测量直流电压又能测量交流电压；所测到的为电压的有效值。

静电电压表的内阻很高，因此在测量时几乎不会改变被测试样上的电压，这是它的突出优点。对于电压等级不太高的试验，使用它能很方便地在高压端直接测出电压。目前我国已研制成功测量范围为 0～500kV 的一系列静电电压表。

4. 分压器

在被测电压高于 200kV 时，直接用指示仪表测量高压比较困难，通常采用电容分压器配用低压仪表测量高压，原理如图5-11所示。

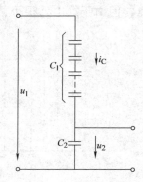

图 5-11　交流电容分压器

C_1 为高压臂，C_2 为低压臂。在工频电压作用下，流过电容 C_1 和 C_2 的电流均为 i_C，两电容上的压降分别为 $\dfrac{i_C}{\omega C_1}$ 和 $\dfrac{i_C}{\omega C_2}$，这里 $\omega = 2\pi f$。又

$$u_2 = \frac{i_C}{\omega C_2} \tag{5-15}$$

$$u_1 = \frac{i_C}{\omega C_1} + \frac{i_C}{\omega C_2} = \frac{i_C}{\omega}\left(\frac{C_1 + C_2}{C_1 C_2}\right) \tag{5-16}$$

所以有 $$u_1 = \frac{C_1 + C_2}{C_1} u_2 = K u_2 \qquad (5\text{-}17)$$

这里 $K = \dfrac{C_1 + C_2}{C_1}$ 称为分压比。显然只要 $C_1 \ll C_2$，那么 $u_2 \ll u_1$，使大部分电压降在 C_1 上，从而实现用低压仪表测量高压的目的。对于分压器，要求它的分压比 K 是常数，不应随被测波形、频率、电压幅值大小、周围大气条件、安装地点等因素的改变而变化，或者变化微小以满足测量准确度的要求。此外，分压器本身的电抗应足够大以尽可能减小对被测回路的影响。

电容分压器中，要求 C_1 的电容量很小，但又能承受很高的电压，因此 C_1 往往成为分压器中的主要元件。对电容分压器中 C_2 的要求是电容量较大而承受电压较低，因此 C_2 应采用高稳定度、低损耗、低电感量的云母、空气或聚苯乙烯介质的电容器；电容量根据分压比和低压仪表的量程确定。实际的电容分压器有两种主要形式：一种称为分布式电容分压器，它的高压臂由多个电容器元件串联组装而成，要求每个元件尽可能为纯电容，介质损耗和电感尽可能小；另一种称为集中式电容分压器，它的高压臂使用一个气体介质的高压标准电容器，气体介质常采用 N_2、CO_2、SF_6 或其混合气体，目前我国已能生产 1200kV 的高压标准电容器。

交流高压的测量有时也使用电阻分压器，但由于对地杂散电容的作用，不但会引起幅值误差，还会引起相位误差。被测电压越高，分压器本体电阻值越大，对地杂散电容越大，引起的误差也越大。因此电阻分压器只适用于被测电压低于 100kV 的情况。

5.1.3　绝缘的工频耐压试验

工频交流耐压试验是检验电气设备绝缘强度的最有效和最直接的方法。它可用来确定电气设备绝缘耐受电压的水平，判断电气设备能否继续运行，是避免其在运行中发生绝缘事故的重要手段。工频耐压试验时，对电气设备绝缘材料施加比工作电压高得多的试验电压，这些试验电压反映了电气设备的绝缘水平。耐压试验能够有效地发现导致绝缘材料抗电强度降低的各种缺陷。为避免试验时损坏设备，工频耐压试验必须在一系列非破坏性试验合格之后进行。只有经过非破坏性试验合格后，才允许进行工频耐压试验。对于 220kV 及以下的电气设备，一般用工频耐压试验来考验其耐受工作电压和操作过电压的能力，用全波雷电冲击电压试验来考验其耐受大气过电压的能力。但必须指出，在这种系统中确定工频 1min 试验电压时，同时考虑了内部过电压和大气过电压的作用。而且由于工频耐压试验比较简单，因此通常把工频耐压试验列为大部分电气设备的出厂试验项目。我国《电力设备预防性试验规程》中，对各类电气设备的试验电压都有具体的规定。按国家标准规定，进行工频交流耐压试验时，在绝缘材料上施加工频试验电压后，要求持续 1min，这个时间的长短一是保证全面观察被测试品的情况，同时也能使设备隐藏的绝缘缺陷来得及暴露出来。该时间不宜太长，以免引起不必要的绝缘损伤，使本来合格的绝缘材料发生热击穿。运行经验表明，凡经受住 1min 工频耐压试验的电气设备，一般都能保证安全运行。

1. 工频高压试验的基本接线图

以试验变压器或其串级装置作为主设备的工频高压试验（包括耐压试验）的基本接线如图 5-12 所示。由于试验变压器的输出电压必须能在很大的范围内均匀地加以调节，所以它的低压绕组应由一调压器来供电。调压器应能按规定的升压速度连续、平稳地调节电压，

使高压侧电压在 $0 \sim U$（试验电压）的范围内变化。

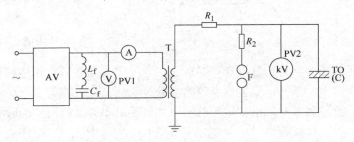

工频高压发生回路

图 5-12　工频高压试验的基本接线图

AV—调压器　PV1—低压侧电压表　T—工频高压装置

R_1—变压器保护电阻　TO—被测试品　R_2—测量球隙保护电阻

PV2—高压静电电压表　F—测量球隙　L_f、C_f—谐波滤波器

　　工频耐压试验的实施方法为：按规定的升压速度提升作用在被测试品 TO 上的电压，直到等于所需的试验电压 U 为止，这时开始计算时间。为了让有缺陷的试品绝缘来得及发展局部放电或完全击穿，达到 U 后还要保持一段时间，一般取 1min。如果在此期间没有发现绝缘击穿或局部损伤（可通过声响、分解出气体、冒烟、电压表指针剧烈摆动、电流表指示急剧增大等异常现象作出判断）的情况，即可认为该试品的工频耐压试验合格通过。

　　试验中常用的调压供电装置有下列几种，它们分别适用于不同的场合。

　　1) 自耦调压器。自耦调压器调压的特点为调压范围广、功率损耗小、漏抗小、对波形的畸变少、体积小、价格低廉。当试验变压器的功率不大时（单相不超过 10kV·A），这是一种被普遍应用的很好的调压方式。但当试验变压器的功率较大时，由于调压器滑动触头的发热、部分线匝被短路等引起的问题较严重，此时这种调压方式就不适用了。

　　2) 移卷调压器。移卷式调压器调压不存在滑动触头及直接短路线匝的问题，故容量可做的很大，且可以平滑无级调压。但因移卷调压器的漏抗较大，且随调压过程而变化，这样会使空载励磁电流发生变化，试验时有可能出现电压谐振现象，出现过电压。这种调压方式被广泛地应用在对波形的要求不十分严格，额定电压为 100kV 及以上的试验变压器上。

　　3) 感应调压器。特制的单相感应式调压器的性能与移卷式调压器相似，但输出波形畸变较大，本身的感抗也较大，且价格较贵，故一般较少采用。

　　4) 电动—发电机组。电动—发电机组调压方式能得到很好的正弦电压波形和均匀的电压调节，不受电网电压质量的影响。如果采用直流电动机作为原动机，则可以调节试验电压的频率。但这种调压方式所需的投资及运行费用较大，运行和管理的技术水平要求较高，故这种调压方式只适宜应用在对试验要求很严格的大型试验基地。

　　2. 试验中需注意的问题

　　在电气设备的工频高压试验中，除了按照有关标准规定认真制定试验方案外，还须注意下列问题。

　　(1) 防止工频高压试验中可能出现的过电压　在工频高压试验中，大多数被试品是电容性的。当试验变压器施加工频高压时，往往会在被试品上产生"容升"效应，也就是实际作用到被试品上的电压值会超过高压侧所应输出的电压值。被试品的电容以及试验变压器的漏抗越大，则"容升"现象越明显，这是工频高压试验中应尽量避免的。此外，若对一次绕组突然加压，而不是由零逐渐升高电压，或者当输出电压较高时突然切断电源，都有可能由于过渡过程而在试验回路中产生过电压。被试品的突然击穿，特别是高气压下气体间隙和油间隙多次的击穿和重燃，可以出现相当大幅值的过电压。防止产生这种过电压的办法是在变压器出线端与被试品之间串接一适当阻值的保护电阻，它的作用是：①限制短路电流；②阻尼放电回路的振荡过程。保护电阻的数值不宜太大或太小，阻值太小短路电流过大，起不到应有的保护作用；阻值太大会在正常工作时由于负载电流而有较大的电压降和功率损耗，从而影响加在被试品上的电压值。保护电阻的阻值可按 $0.1\Omega/V$ 选取，并且应有足够的功率和足够的长度，以保证在被试品击穿时，不会发生沿面闪络。

　　（2）试验电压的波形畸变与改善措施　在进行工频高压试验中，有些测量电压的仪表所测得的是电压的有效值，不少电气产品的试验也只提出电压有效值的要求。而工频放电（或击穿）一般决定于电压的幅值。当波形畸变时，电压幅值与有效值之比不再是 $\sqrt{2}$。此时若根据有效值乘 $\sqrt{2}$ 来求幅值，就会造成较大的试验误差。造成试验变压器输出波形畸变的最主要原因是由于试验变压器或调压装置的铁心在使用到磁化曲线的饱和段时，励磁电流呈非正弦波的缘故。由于输入电源电压的波形本身不标准也会造成电压波形的畸变。

　　如图 5-13 所示，是改善工频试验变压器输出波形的一种常用方法。在试验变压器的一次绕组并联一个 LC 串联谐振回路。若主要需减弱 3 次谐波，则 LC 回路可按 $3\omega L = \dfrac{1}{3\omega C}$ 来选择其参数，ω 为基波角频率，即 50Hz。这样使励磁电流中的 3 次谐波分量有了短路回路，可保证输出电压基本上为正弦波。若还存在 5 次谐波分量，则可再并联另一个 $L'C'$ 串联谐振回路，并按 $5\omega L' = \dfrac{1}{5\omega C'}$ 来选择其参数，滤波电容一般可选取 $C = 6 \sim 10\mu F$。

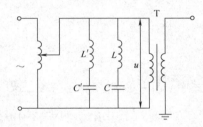

图 5-13　试验变压器一次侧并联
LC 谐振回路以改善波形

5.2　直流高电压试验

5.2.1　直流高电压的产生

　　一些高压试验设备，如冲击电压发生器和冲击电流发生器，需要直流高压作电源，而直流高电压在其他科技领域也有广泛的应用，其中包括静电喷漆、静电纺织、静电除尘、X 射线发生器、等离子体加速以及原子核物理研究中都使用直流高压电源。为了获得直流高电压，最常用的就是变压器和整流装置的组合，另外还有通过静电方式产生直流高压。直流电压的特性由极性、平均值、纹波系数等来表示。高压试验室中通常采用将工频高电压经高压整流器而变换成直流高电压的方法。高压试验的直流电源在提供负载电流时，纹波电压要非常小，即直流电源必须具有一定的负载能力。而利用倍压整流原理制成的直流高压串级装置（或称串级直流高压发生器）能产生出更高的直流试验电压。

　　1. 半波整流回路
应用最广泛的产生直流高压的方法是将交流电压通过整流元件整流而获得。常用的整流设备如图 5-14 所示的半波整流电路及其输出波形，与电子技术中常用的低电压半波整流电路基本相同，只是增加了一个保护电阻 R。这是为了限制被试品（或电容器 C）击穿或闪络时以及当电源向电容器 C 突然充电时通过高压硅堆和变压器的电流，以免损坏高压硅堆和变压器。

整流回路的基本参数有 3 个：输出的额定直流电压（算术平均值）U_d、相应的额定直流电流（平均值）I_d 以及电压脉动系数 S（纹波系数）。

（1）额定平均输出电压 U_d

$$U_d = \frac{U_{max} + U_{min}}{2} \tag{5-18}$$

（2）额定平均输出电流 I_d

$$I_d = \frac{U_d}{R_L} \tag{5-19}$$

（3）电压脉动系数 S

$$S = \frac{\delta U}{U_d} \tag{5-20}$$

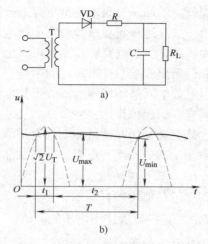

图 5-14 半波整流电路及输出电压波形图
T—高压试验变压器 VD—整流元件（高压硅堆）
C—滤波电容器 R—限流（保护）电阻
R_L—负载电阻 U_T—试验变压器 T 的输出电压
U_{max}、U_{min}—输出直流电压的最大值、最小值

式中 δU——电压脉动幅度，$\delta U = \dfrac{U_{max} - U_{min}}{2}$。

δU 表示输出电压的脉动幅值或脉振。根据国际电工委员会和我国国家标准的规定，直流电压试验设备在额定电压和额定电流下的电压脉动系数（纹波系数）不大于 3%。对于半波整流回路，可以近似地求得

$$\delta U = \frac{U_d}{2fR_L C} \tag{5-21}$$

由式（5-21）可知，负载电阻 R_L 越小（负载越大），输出电压的脉动幅度越大。而增大滤波电容 C 或提高电源频率 f，均可减小电压脉动。一般要求直流高压试验装置的电压脉动系数 S 不大于 5%，但某些特殊用途直流高压装置的要求要高得多。

2. 倍压整流回路

采用前面介绍的半波整流回路或普通的桥式全波整流电路能够获得的最高直流电压都等于电源交流电压的幅值 U_m，但在电源不变的情况下，采用倍压整流回路即可获得 $2 \sim 3U_m$ 的直流电压。如图 5-15 所示，这种电路实际上可看作两个半波电路的叠加，因而它的参数计算可参照半波电路的计算原则进行。

这种电路对变压器 T 有特殊要求，T 的二次电压仍为 U_T，但其两个输出端对地绝缘电压不同，A 点对地绝缘电压为 $2U_T$，而 A′ 为 U_T。输出电压为变压器二次电压的两倍。最常用的倍压电路如图 5-16 所示。变压器一端接地，另一端为 U_T，对绝缘无特殊要求，硅堆的反向峰值电压为 $2\sqrt{2}U_T$，电容器 C_1 的工作电压为 $\sqrt{2}U_T$，C_2 为 $2\sqrt{2}U_T$，输出电压亦为 $2\sqrt{2}U_T$。电路的工作原理如下：假定电源电动势从负半波开始，当电源为负时，硅堆 VD_1 截止，VD_1' 导通，电源经 VD_1'、R 对电容 C_1 充电，1 点电位为正，3 点电位为负，电容器 C_1

上的最高充电电压可达 $\sqrt{2}\,U_{\mathrm{T}}$。此时 1 点的电位接近于地电位。当电源电压由 $-\sqrt{2}\,U_{\mathrm{T}}$ 逐渐升高时，1 点的电位也随之抬高，此时 $\mathrm{VD_1'}$ 截止，当 1 点的电位高于 2 点电位时，$\mathrm{VD_1}$ 导通，电源经 R、C_1、$\mathrm{VD_1}$，向 C_2 充电，2 点电位逐渐升高，当电源电压从 $\sqrt{2}\,U_{\mathrm{T}}$ 逐渐下降，1 点电位随之降落，当 1 点电位低于 2 点电位时，硅堆 $\mathrm{VD_1}$ 截止。当 1 点电位继续下降到低于地电位时，$\mathrm{VD_1'}$ 又导通，电源再经 $\mathrm{VD_1'}$ 对 C_1 充电。重复上述过程，当设备空载时，最后使 1 点的电位在 $0 \sim 2\sqrt{2}\,U_{\mathrm{T}}$ 范围内变化，2 点的对地电压为 $2\sqrt{2}\,U_{\mathrm{T}}$。

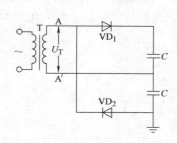

图 5-15　电源变压器两端对地绝缘的倍压电路

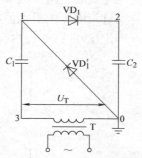

图 5-16　电源变压器一端接地的倍压电路

3. 串级直流发生器

利用图 5-17a 的倍压整流电路作为基本单元，多级串联起来即可组成一台串级直流高压发生器，如图 5-17b 所示。

电路的工作原理如下：当 1 点电位为负时，整流元件 $\mathrm{VD_2}$ 截止，$\mathrm{VD_1}$ 导通；电源经 $\mathrm{VD_1}$ 向电容 C_1 充电，3 点为正，1 点为负；电容 C_1 上最大可能达到的电位差接近于 U_{m}；此时 3 点的电位接近于地电位。当电源电压由 $-U$ 逐渐升高时，3 点的电位也随之被抬高，此时 $\mathrm{VD_1}$ 截止。当 3 点的电位比 2 点高且为正时（开始时 C_2 尚未充电，2 点电位为零），$\mathrm{VD_2}$ 导通，电源经 C_1、$\mathrm{VD_2}$ 向 C_2 充电，2 点电位逐渐升高（对地为正），电容 C_2 上最大可能达到的电位差接近于 $2U_{\mathrm{m}}$。当电源电压由 $+U$ 逐渐下降，3 点电位即随之降落。当 3 点电位低于 2 点电位时，整流元件 $\mathrm{VD_2}$ 截止，$\mathrm{VD_3}$ 导通。C_2 经 $\mathrm{VD_3}$ 向 C_3 充电。当 1 点电位继续下降到对地为负时，电容 C_3 上最大可能达到的电位差接近于 $2U_{\mathrm{m}}$，当电源电压再次变正后，电源电压和 C_1 与 C_3 上的电压串联通过 $\mathrm{VD_4}$ 向 C_4 充电，使电容 C_4 上最大可能达到的电位差接近于 $2U_{\mathrm{m}}$。以后重复上述过程即可。

采用上述单元电路串接起来可以实现多级倍压整流电路。当电路串接级数增加时，电压降落和脉动系数急剧增大。

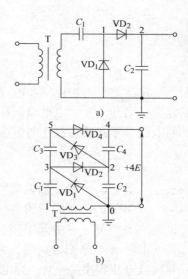

图 5-17　倍压整流电路及串级
直流高压发生器接线
a）基本倍压整流电路
b）两级串级直流高压发生器接线图

5.2.2　直流高电压的测量

1. 高压高阻法

高阻可作为放大器或分压器来使用。采用平均值型指示仪表对纹波小的直流电压进行测量时，由于杂散电容的影响可以忽略，所以不需要对测量高阻进行屏蔽；当对纹波较高的直流电压的最大值进行测量时，由于杂散电容的影响，会造成测量误差，可将高阻进行屏蔽或采用阻容分压器。分压器的电阻元件可采用电阻温度系数小的金属线绕电阻、固态电阻或薄膜电阻。为了防止电阻温度升高，可采用空气冷却或绝缘油冷却。已有 1200kV、6000MΩ 电阻分压器。

2. 旋转电位计

电极在电场中旋转，由于电极间电容的变化，形成充放电电荷，通过测量充放电电荷的大小，从而求得直流电压的最大值和平均值的一种装置就是旋转电位计。旋转电位计的测量准确度高，不确定度在 ±1% 以内，结构如图 5-18 所示。

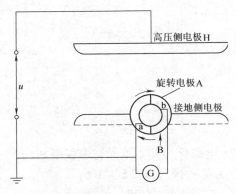

图 5-18　旋转电位计

半圆筒形电极由同步电动机带动，以一定速度旋转，并通过可动线圈型检流计来测定电容变化引起的充放电电荷。在电刷 a 与电极接触至电刷离开电极这段时刻内，检流计上流过的电荷等于初始与最终时电极上的电荷差。因此，检流计的电流 I 可由下式决定

$$I = \frac{1}{T}(C_2 u_2 - C_1 u_1) \tag{5-22}$$

式中　C_1、C_2——分别是旋转电极 A 和电刷接触、分离时，A 与高压侧电极 H 间的电容量；

　　　u_1、u_2——对应的高压侧电极上的电压值；

　　　T——由开始接触到分离时的时间间隔。

电极 A 与电刷分离时，到达位置 B，而对于如图 5-18 所示结构，$C_2 = 0$。如果旋转频率与纹波电压频率 f 一致，则电极旋转一周，与电刷接触两次，流过检流计的电流为

$$I = -2f C_1 u_1 \tag{5-23}$$

由于检流计反映的是电极 A 与电刷接触时的高压电极的电压值，因此改变电刷位置，可求得任意时刻的直流电压值，也可用于电压的最大值和脉动值的测量。如果电极旋转与纹波周期不同步，则可测量电压的平均值；电压量程可达 1000kV。如果与交流电压的频率同步旋转，则旋转电压表可测量交流电压的最大值，可用与直流一样的方法测量电压波形。

3. 静电电压表

与交流电压的测量原理一样，静电电压表可测量直流电压的平均值。但是，在工作原理上，它表示的是直流电压瞬时值平方的平均值，因此，在纹波较大的情况下，测量值就不是直流电压的平均值，这一点必须注意。

4. 标准棒—棒间隙

用球间隙测量直流电压时，会出现下述所提到的放电电压的波动。因此，IEC 规定中，推荐使用如图 5-19 所示结构的棒—棒间隙。

其测量不确定度在 ±3% 以内，测量方法与球间隙一样，常用于求取直流发生装置低压侧电压表的读数与高压侧产生的电压的关系。标准大气条件下，正、负极性的直流电压下，棒—棒间隙 10 次放电电压的平均值（单位为 kV）可由下式估算

$$U_{\mathrm{s}} = 2 + 0.534d \qquad (5\text{-}24)$$

式中　d——间隙距离（$250 \leqslant d \leqslant 2000$），单位为 mm。

测量时的相对空气密度为 δ，绝对湿度为 g/m³ 时，实际放电电压为

$$U = \delta k U_{\mathrm{s}} \qquad (5\text{-}25)$$

k 为湿度修正系数，可表示为

$$k = 1 + 0.014(h/\delta - 11) \qquad (5\text{-}26)$$

此式在 $1\mathrm{g/m^3} \leqslant h \leqslant 13\mathrm{g/m^3}$ 范围内成立。但是，当 d 为 500mm 左右的短间隙时，即使湿度高达 25g/m³，上式仍然成立。

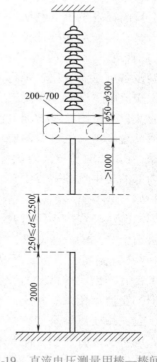

图 5-19　直流电压测量用棒—棒间隙

5. 标准球间隙

测量装置以及测量方法与测量交流电压时一样。但大气中的灰尘或纤维等会引起放电电压的变化，就是说长时间加压时，放电电压可能会变得特别低。因此，在测量直流时，推荐采用前面所述的棒—棒间隙。用球隙测量直流电压时，应在间隙的轴垂直方向维持稳定的气流，气流最低为 3m/s。

6. 纹波电压的测量

如图 5-20 所示，在电容与电阻的串联回路上施加含有纹波电压分量 U_{r} 的直流电压。当纹波电压的频率为 f 时，电阻 R 两端的电压为

$$U = \mathrm{j}2\pi f C R U_{\mathrm{r}} / (1 + \mathrm{j}2\pi f C R) \qquad (5\text{-}27)$$

如果 $2\pi f C R \gg 1$ 时，则 $U \approx U_{\mathrm{r}}$，可得到纹波电压。

5.2.3　绝缘的直流耐压试验

电力设备常需进行直流电压下的绝缘试验，例如测量泄漏电流。一些大容量的交流设备，如电力电缆，也常用直流耐压试验来代替交流耐压试验。至于高压直流输电所用的电力设备必须进行直流高压试验。此外，随着高压直流输电技术的发展，出现了越来越多的直流输电工程，因而必然需要进行多种内容的直流高电压试验，也需用直流高压作电源。因此直流高压试验设备是进行高电压试验的一种基本设备。

利用直流高压对电气设备进行耐压试验有重要的实际意义，直

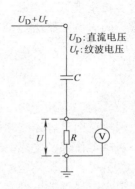

图 5-20　纹波电压测量

流高压试验是考验电气设备的抗电强度的，它能反映设备受潮、劣化和局部缺陷等多方面的问题。目前在发电机、电动机、电缆、电容器的绝缘预防性试验中广泛地应用这一方法。直流耐压试验和交流耐压试验相比主要有以下一些特点：

1）直流下没有电容电流，要求电源容量很小，加上可用串级的方法产生高压直流，所以试验设备可以做得比较轻巧，适合于现场预防性试验的要求。特别对容量较大的被试品，如果做交流耐压试验，需要较大容量的试验设备，在一般情况下不容易办到。而做直流耐压试验时，只需供给绝缘泄漏电流（最高只达毫安级），试验设备可以做得体积小而且比较轻便，适合现场预防性试验的要求。

2）在试验时可以同时测量泄漏电流，由所得的"电压—电流"曲线能有效地显示绝缘材料内部的集中性缺陷或受潮，提供有关绝缘状态的补充信息。

3）直流耐压试验比之交流耐压试验更能发现电机端部的绝缘缺陷。其原因是直流下没有电容电流流经线棒绝缘材料，因而没有电容电流在半导体防晕层上造成的电压降，故端部绝缘材料上分到的电压较高，有利于发现该处绝缘缺陷。

4）在直流高压下，局部放电较弱，不会加快有机绝缘材料的分解或老化变质，在某种程度上带有非破坏性试验的性质。

但同交流耐压试验相比，直流耐压的缺点是：由于交、直流下绝缘材料内部的电压分布不同，直流耐压试验不如在交流下的接近实际情况。因此不能用直流完全代替交流进行耐压试验，两者应配合使用。图5-21是直流高压试验接线示意图。

虽然一般情况下，直流高压试验所需的试验电流是不大的，通常在几毫安到几十毫安，但是某些被试品在击穿前瞬时的临界泄漏电流还是相当大的。例如，极不均匀场长气隙击穿或沿面放电，特别是湿污状态下的沿面闪络，击穿前瞬时泄漏电流达到安培级。这样大的泄漏电流使设备内部产生很大电压降而使测量不正确。所以直流高压试验要根据不同被试品、不同的试验要求选择合适的电源容量。

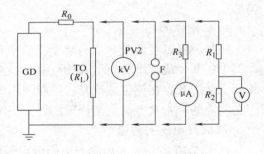

图5-21 直流高压试验接线示意图
GD—直流高压发生器 TO—被试品

直流高压试验中另一个需要注意的问题是：为了防止被试品放电，或发生器输出端由于其他原因对地短路时，限制电容器柱的放电电流，同时也限制流经高压硅串的电流，需在被试品与高压输出端之间串接一保护电阻 R'，R' 的值可按下式确定

$$R' = (0.001 \sim 0.01)\frac{U_d}{I_d} \tag{5-28}$$

I_d 较大时，为减小 R' 的发热可取较小的系数。对于串级直流发生器，为防止被试品击穿等原因造成两电容器柱之间产生极大的电位差而导致高压硅串损坏，应在两电容器柱之间并联一对球隙作保护之用。

另外，直流耐压试验电压值的选择也是一个重要的问题，由于直流下绝缘材料的介质损耗很小，局部放电的发展远比交流下微弱，所以直流下绝缘材料的电气强度一般要比交流下的高。在选择试验电压值时必须考虑到这一点，直流耐压试验所用的电压往往更高些，并主要根据运行经验来确定，一般为额定电压的两倍以上，且是逐级升压，一旦发现异常现象，可及时停止试验，进行处理。例如，在进行预防性试验时，对发电机定子绕组，按不同情况分别取 2~3 倍额定电压；对油纸绝缘电力电缆，2~10kV 电缆取 5 倍额定电压；15~30kV 取 4 倍额定电压；35kV 以上分别取 2.6、2 倍额定电压。直流耐压试验的时间可以比交流耐压试验长一些，所以发电机试验时是以每级 0.5 倍额定电压分阶段升高，每阶段停留 1min，读取泄漏电流值。电缆试验时，在试验电压下持续 5min，以观察并读取泄漏电流值。

除了上述直流耐压试验外，直流高压装置还被用来对直流输电设备进行各种直流高压试验。诸如各种典型气隙的直流击穿特性、超高压直流输电线上的直流电晕及其各种派生效应、各种绝缘材料和绝缘结构在直流高电压下的电气性能、各种直流输电设备的直流耐压试验等。

需要指出，一般直流高电压试验如同雷电冲击耐压一样通常都采用负极性试验电压。

5.3　冲击高电压试验

5.3.1　冲击高电压的产生

电力系统中的高压电气设备除了承受长期的工作电压作用外，在运行过程中还可能承受短时的雷电过电压和操作过电压的作用。为了研究电力设备在遭受雷电过电压和操作过电压时的绝缘性能，许多电气设备在型式试验、出厂试验或大修后需进行冲击电压试验。冲击电压发生器是产生冲击电压波的装置，也是高压试验室的基本设备之一。随着输电电压的不断提高，冲击电压发生器所产生的电压必须相应提高，方能满足试验要求。世界上最大的冲击电压发生器的标称电压可达 6000kV，甚至更高。

1. 冲击发生器的基本原理

冲击电压发生器的原理图如图 5-22 所示。

整流电源向主电容 C_0 充电，C_0 充电后等待启动；向隔离球隙 F 送点火脉冲，球隙击穿，C_0 向波前电容 C_f 充电（C_f 包括外加波前电容 C_f'、被试品、测量装置等电容及发生器本体对地寄生电容）。由于 $C_0 > C_f$，波前电阻 $R_f >$ 波尾电阻 R_t，所以 C_f 上电压很快上升到最大值；随后 C_f 与 C_0 一起经 R_t 放电，C_f 上电压也就缓慢地

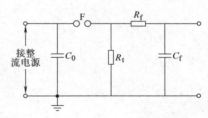

图 5-22　冲击电压发生器原理图

下降到零。C_f 的充放电过程反映到 C_f 上的电压就是冲击电压波，也即被试品上产生的电压为冲击电压波。上述过程中

波前时间 $\qquad\qquad\qquad T_1 \approx 3.24 R_f C_f$

半峰值时间 $\qquad\qquad\qquad T_2 \approx 0.7 R_t (C_0 + C_f)$

调节 C_0、C_f、R_f、R_t 就可调节 T_1、T_2 使之满足所需要求。一般情况下，C_0、C_f 是确定的。所以调节 R_f，即可调节 C_f 的充电时间，它在被试品上形成了上升的波前，也就是调节波前时间 T_1；调节 R_f 即可调节 C_f 对 R_t 的放电时间，它在被试品上形成了下降的波长，也就是调节半峰值时间 T_2。

为获得高幅值的冲击电压，目前采用多级冲击电压发生器，其原理是先使若干个电容器

并联充电，利用球隙点火放电；然后将多级电容串联起来放电，从而获得冲击高压，其放电时的等效电路与图 5-22 相似。

在被试品上得到的最大电压 U_m 与主电容 C_0 上的最大充电电压 U_0 之比为冲击电压发生器的效率

$$\eta = \frac{U_m}{U_0} \approx \frac{C_0}{C_0 + C_f} \tag{5-29}$$

2. 基本回路

供试验用的标准雷电冲击全波采用的是非周期性双指数波，可用下式表示

$$u(t) = A \left(e^{-\frac{t}{\tau_1}} - e^{-\frac{t}{\tau_2}} \right) \tag{5-30}$$

式中　τ_1——尾波时间常数；

　　　τ_2——波前时间常数。

式（5-30）由两个指数函数叠加而成，如图 5-23a 所示。通常 $\tau_1 \gg \tau_2$，所以在波前范围内，$e^{-\frac{t}{\tau_1}} \approx 1$，式（5-30）可近似写成

$$u(t) = A \left(1 - e^{-\frac{t}{\tau_2}} \right) \tag{5-31}$$

其波形如图 5-23b 所示。这个波形与图 5-24a 所示的直流电源 U_0 经电阻 R_1 向电容器 C_2 充电时 C_2 上的电压波形完全相同，因此利用图 5-24a 回路就可以获得所需的冲击电压波前。

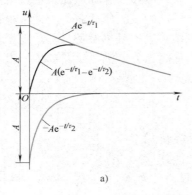

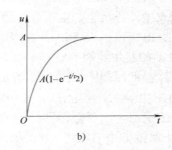

图 5-23　标准雷电冲击波

a) 双指数函数冲击电压波　b) 式（5-31）的波形图

与此类似，在波尾范围内，$e^{-\frac{t}{\tau_2}} \approx 0$，式（5-31）可近似地写成

$$u(t) = A e^{-\frac{t}{\tau_1}} \tag{5-32}$$

其波形如图 5-23a 中最上面的一条曲线所示，这个波形与图5-24b 所示的充电到 U_0 的电容器 C_1 对电阻 R_2 放电时的电压波形完全相同，可见利用图 5-24b 中的简单回路就可以获得所需的冲击电压波尾。

为了获得完整的冲击波形，只要利用

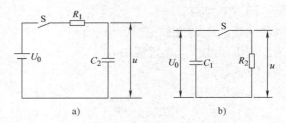

图 5-24　可获得冲击电压回路

a) 可获得冲击电压波前的回路

b) 可获得冲击电压波尾的回路

图 5-24a、b 中的两个回路结合起来而组成的回路（如图 5-25 所示）就可达到目的。

用充电到 U_0 的电容器 C_1 来替换图 5-24a 中的直流电源 U_0 并不影响获取所需的冲击电压全波波形，但会使所得冲击电压的幅值 U_{2m} 小于 U_0，因为 C_1 的电容量总是有限的，在它向 C_2 和 R_2 放电的同时，它本身的电压亦从 U_0 往下降。开关 S 合闸前 C_1 上的电荷量为 C_1U_0；S 合闸后，在波头范围内，C_1 经 R_2 放掉的电荷很少，如予以忽略，则 C_1 在分给 C_2 一部分电荷后，C_1 和 C_2 上的电压最大可达 U_{2m}，它和各个参数的关系为

$$U_{2m} = \frac{C_1}{C_1 + C_2}U_0 \tag{5-33}$$

另一方面，由于 R_1 的存在，R_2 上的电压 U_m 还要打一个折扣，其值为 $\frac{R_2}{R_1 + R_2}$，所以最后能得到的冲击电压幅值为

$$U_{2m} \approx \frac{C_1}{C_1 + C_2}\frac{R_2}{R_1 + R_2}U_0 \tag{5-34}$$

称 $\frac{U_{2m}}{U_0} = \eta$ 为放电回路的利用系数或效率。图 5-25 的回路为低效率回路，它的 η 值只有 0.7～0.8。为了满足其他方面的要求，实际冲击电压发生器往往采用如图 5-26 所示的回路，这时 R_1 被拆成 R_{11} 和 R_{12} 两部分，分置在 R_2 的前后，其中 R_{11} 为阻尼电阻，主要用来阻尼回路中的寄生振荡；R_{12} 专门用来调节波前时间 T_1，因而称为波前电阻，其阻值可调。这种回路的 η 值可近似地用下式求得

$$\eta = \frac{C_1}{C_1 + C_2}\frac{R_2}{R_{11} + R_2} \tag{5-35}$$

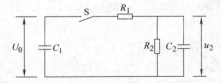
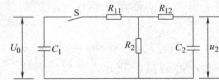

图 5-25 　可获得完整冲击电压波的合成回路 　　　　图 5-26 　冲击电压发声器常用回路

3. 多级冲击电压发生器

上述的单级冲击电压发生器电路要想获得几百千伏以上的冲击电压是有困难的，也是不经济的。改进的办法是采用多级回路，使多级电容器在并联接线下充电，然后设法将各级电容器在某瞬间串联起来放电，即获得很高的冲击电压；而适当选择放电回路中各元件的参数，即可获得所需的冲击波形。图 5-27 为多级冲击电压发生器的原理接线图。

它的基本工作原理可概括为"并联充电，串联放电"，具体过程如下。

（1）充电过程　这种回路由充电状态转变为放电过程是利用一系列火花球隙来实现的，它们在充电过程中都不被击穿，因而所在支路呈开路状态，这样图 5-27 的接线可简化成如图 5-28 所示的充电过程等效电路。

这时经数目不等的充电电阻 R 并联的各级电容器 C 被通过电压为 U_C 的整流电源充电，但由于充电电阻的数目各异，各台电容器上的电压上升速度是不同的，最前面的电容充电最快，最后面的电容充电最慢，不过在充电时间足够长时，全部电容器都几乎能充电到电压

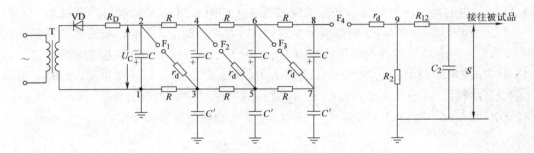

图 5-27　多级冲击电压发生器的原理接线图

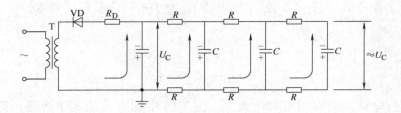

图 5-28　冲击电压发生器充电过程等效电路

U_C，因而点 2、4、6、8 的对地电位均为 $-U_c$，而点 1、3、5、7 均为地电位。按图中整流器 VD 的接法，所得到的电压是负极性；要改变极性是很容易的，只要将 VD 的接法调换一下就可以了。

电阻 R 虽称为"充电电阻"，其实在充电过程中没有起什么作用，如取它们的阻值为零，各台电容器 C 的充电速度反而更快。不过以后将会看到，这些充电电阻在放电过程中却起着十分重要的作用，而且其阻值要足够大（例如数万欧姆），而对其阻值稳定性的要求并不太高。

（2）放电过程　一旦第一对火花球隙 F_1 被击穿，各级球隙 F_2、F_3、F_4 均将迅速依次击穿，各台电容器被串联起来，发生器立即由充电状态转为放电过程，因此第一对球隙 F_1 被称为"点火球隙"。这时由于各级充电电阻 R 有足够大的阻值，因而在短暂的放电过程中，可以近似地把各个 R 支路看成开路。这样一来，图 5-27 的接线又可近似地简化成如图 5-29 所示的放电过程等效电路。

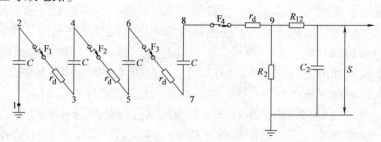

图 5-29　冲击电压发生器放电过程等效电路

理解发生器如何从充电转为放电过程的关键，在于分析作用在各级火花球隙上的电压值。当 F_1 在 U_C 的作用下击穿时，立即将点 2 和点 3 连接起来（阻尼电阻 r_d 的阻值很小），因而点 3 的对地电位立即从此前的零变成 $-U_C$（点 2 的电位），点 4 的电位相应地变成 $-2U_C$，而点 5 的对地电位一时难以改变，因为此时 F_2 尚未击穿，点 5 的电位改变取决于该点的对地杂散电容 C'，通过 F_1、r_d 和点 3 ~ 点 5 之间的充电电阻 R 由第一级电容 C 进行充电，由于 R 值很大，能在点 3 和点 5 之间起隔离作用，使点 5 上的 C' 充电较慢，暂时仍保持着原来的零电位。这样一来，作用在火花球隙 F_2 上的电位差将为 $2U_C$，F_2 很快击穿；依此类推，F_3 和 F_4 亦将分别在 $3U_C$ 和 $4U_C$ 的电位差下依次加速击穿，这样一来，全部电容 C 将串联起来对波尾电阻 R_2 和波前电容 C_2 进行放电，使被试品上受到幅值接近于 "$-4U_C\eta$" 的负极性冲击电压波（其中 η 为发生器的利用系数）。

冲击电压发生器的起动方式有两种。

1）自起动方式。这时只要将点火球隙 F_1 的极间距离调节到使其击穿电压等于所需的充电电压 U_C，当 F_1 上的电压上升到等于 U_C 时，F_1 即自行击穿，起动整套装置。可见这时输出的冲击电压高低主要取决于 F_1 的极间距离，提高充电电源的电压，只能加快充电速度和增大冲击波的输出频度，而不能提高输出电压。

2）使各级电容器充电到一个略低于 F_1 击穿电压的电压水平上，处于准备动作的状态，然后利用点火装置产生一点火脉冲，达到点火球隙 F_1 中的一个辅助间隙上使之击穿并引起 F_1 主间隙的击穿，以起动整套装置。不论采用何种起动方式，最重要的问题是保证全部球隙均能跟随 F_1 的点火同步击穿。

5.3.2　冲击高电压的测量

前面已叙述了各种电压的测量方法，但这类电压都可看成稳态高电压。与这类电压不同，冲击电压是一种持续时间较短的暂态电压，它的测量在技术上存在许多难点。标准规定，冲击电压试验时，峰值测量误差在 3% 以内，而波头时间、波尾时间的测量不确定度不超过 10%。冲击电压的测定包括峰值测量和波形记录两个方面。目前最常用的测量冲击电压的方法有：①分压器—示波器；②测量球隙；③分压器—峰值电压表。球隙和峰值电压表只能测量电压峰值，示波器则能记录波序，即不仅指示峰值而且能显示电压随时间的变化过程。

1. 分压器与数字记录仪（示波器）

数字记录仪可同时测定波形和峰值，所以在测量中被广泛使用。由于数字记录仪的输入电压一般小于数百伏，所以常和分压器一起构成冲击电压测量系统来进行测量，如图 5-30 所示。

频率带宽为数十兆赫兹示波器或 8 ~ 10bit 的数字记录仪，采样率为 100MS/s，可满足一般冲击电压测量的要求。阻尼电阻大约为 300 ~ 500Ω，用于防止高压引线上电压的振荡。aa' 与 dd' 间的回路称为分压回路。分压器分为电阻分压器、屏蔽电阻分压器、电容分压器和阻容分压器、阻尼电容分压器等。对于雷电冲击电压的测量，上述分压器均可采用，但对于操作冲击电压的测量，则主要采用电容分压器。阻尼电容分压器是指多个电容串联，每一段分别串接阻尼电阻而构成的一种分压器；可有效抑制高压端的局部振荡，具有良好的响应特性，除了可测量雷电冲击和操作冲击外，也可用于交流电压的测量，使用范围较广。另外，阻容分压器中并联电阻 R_1 为 1000MΩ 左右的高阻时，可构成一种通用型分压器，可用于测量从直流至冲击的所有电压的波形。

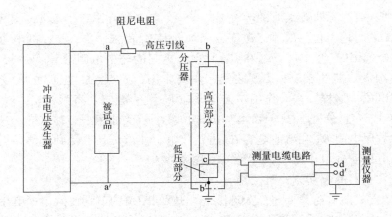

图 5-30　冲击电压测量系统

　　分压回路的特性用分压比和响应来表示。分压比等于分压回路输入端（如图 5-30 中 aa′）所加电压的峰值除以输出端（dd′）出现的电压峰值。响应的快慢反映分压回路能否将波形无畸变地传送到输出端，它的定义是：分压回路的输入端施加某一波形电压 $A(t)$，与之相对应，在输出端会出现电压 $U(t)$，$U(t)$ 即为对 $A(t)$ 的响应。通常采用 $A(t)$ 为直角波时的直角波响应。

　　响应的好坏常用响应时间来定量表示，如图 5-31 所示，$A(t)$、$U(t)$ 的幅值都归一化为 1，响应时间则由图中斜线部分的面积 T 来表示

$$T = \int_0^\infty [1 - U(t)] dt \tag{5-36}$$

可见 T 越小，分压回路的特性就越好。

　　如果用响应时间为 T 的分压回路来测量如图 5-32 所示的波头截断波 $e_1(t)$，则会出现测量误差。$e_1(t)$ 可按直线上升到幅值 1，然后被截断，又瞬时降为 0 的三角波来近似表示，即

$$e_1(t) = \frac{t}{t_c} \qquad (0 \leqslant t \leqslant t_c) \tag{5-37}$$

$$e_1(t) = 0 \qquad (t > t_c) \tag{5-38}$$

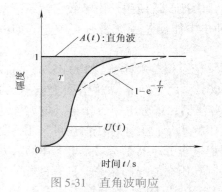

图 5-31　直角波响应

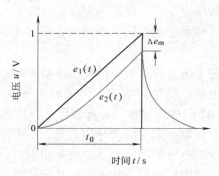

图 5-32　波头截断电压的测量

　　当采用响应特性为 $(1 - e^{-t/T})$ 的分压回路进行测量时，则响应波形为

$$e_2(t) = \frac{t}{t_c}\left(1 - \frac{T}{t}(1 - e^{-t/T})\right) \tag{5-39}$$

当 $t = t_c$ 时，出现 Δe_m 的幅值误差，可表示为

$$\Delta e_m = \frac{T}{t_c}(1 - e^{-t/T}) \tag{5-40}$$

由于 $e^{-t/T} \approx 0$，故 $\Delta e_m \approx T/t_c$，幅值误差随响应时间的增加而正比例增大。

2. 标准球间隙

标准球间隙可用于标准冲击电压以及操作冲击电压幅值的测量，测量误差在 ±3% 以内。冲击电压的波尾较短时，测量误差会增加，球间隙最多可用于 1/5μs 波的测量。球间隙装置的构造、周围物体离开的距离以及大气状态修正、照射等都和交流电压测量时完全一样。但是，在冲击电压测量时，串联电阻应不大于 500Ω，残余电感小于 30μH，而且测量时冲击电压发生器的火花间隙的光辐射最好能照射到球间隙。进行冲击电压试验时，一般利用球间隙校正冲击电压发生器的充电电压指示仪表的刻度，然后试验所需要的电压可根据仪表的指示来产生。确定 50% 放电电压的方法分多级法和升降法两种。

（1）多级法   以预期的 50% 放电电压的 2%~3% 作为电压级差，对被试品分级施加冲击电压，每级施加电压 10 次，至少要加 4 级电压。要求在最低一级电压时的放电次数近于零，而在最高一级电压时，近于全部放电。求出每级电压下的放电次数与施加次数之比 P（即放电频率）后，将其按电压值标于正态概率纸上，给出拟合直线 $P = f(U)$，在此直线上对应于概率 $P = 0.5$ 的电压值即为 50% 放电电压。

（2）升降法   估计 50% 放电电压的预期值后，取 U_i 的 2%~3% 为电压增量 ΔU，先施加冲击电压 U_i 一次，如未引起放电，则下次施加电压应为 $U_i + \Delta U$；如 U_i 已引起放电，则下次施加电压应为 $U_i - \Delta U$。以后的加压都按下述规律：凡上次加压如已引起放电，则下次加压比上次电压低 ΔU；凡上次加压未引起放电，则下次加压比上次电压高 ΔU。这样反复加压 20~40 次，分别计算出各级电压 U_i 下的加压次数 n_i，按下式求出 50% 放电电压

$$U_{50\%} = \frac{\Sigma U_i n_i}{\Sigma n_i} \tag{5-41}$$

3. 冲击峰值电压表

冲击峰值电压表的工作原理如图 5-33 所示，冲击电压经整流后对电容器充电，然后通过高输入阻抗的放大器，可测得充电电压。利用分压回路，可进行更高电压的测量，冲击峰值电压表的测量不确定度在 ±1% 以内。

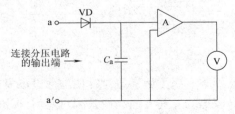

图 5-33   冲击峰值电压表

a、a'—输入端   A—放大器 C_a—电容   V—测量仪表   VD—整流元件

冲击测量系统性能的好坏，即测量的准确度，通常用方波响应来估计。当在测量系统输

入端施加一个方波电压时，在系统的输出端就得到一个输出电压示波图。为便于比较，将输出电压的最终稳定值作为1，这时输出电压波形即称为单位方波响应。单位方波响应反映了该测量系统对外施方波电压的畸变程度，直观地表达了该系统性能的好坏。

5.3.3　绝缘的冲击耐压试验

电气设备内绝缘的雷电冲击耐压试验采用三次冲击法，即对被试品施加三次正极性和三次负极性雷电冲击试验电压（1.2/50μs全波）。对变压器和电抗器类设备的内绝缘，还要再进行雷电冲击截波（1.2/2～5μs）耐压试验，它对绕组绝缘（特别是其纵绝缘）的考验往往比雷电冲击全波试验更加严格。

在进行内绝缘冲击全波耐压试验时，应在被试品上并联一球隙，并将它的放电电压整定得比试验电压高15%～20%（变压器和电抗器类被试品）或5%～10%（其他被试品）。因为，在冲击电压发生器调波过程中，有时会无意地出现过高的冲击电压，造成被试品的不必要损伤，这时如有并联球隙就能发挥保护作用。

进行内绝缘冲击高压试验时的一个难题是如何发现绝缘材料内的局部损伤或故障，因为冲击电压的作用时间很短，有时在绝缘材料内遗留下非贯通性局部损伤，很难用常规的测量方法揭示出来。例如，电力变压器绕组匝间和线饼间绝缘（纵绝缘）发生故障后，往往没有明显的异样。目前，用得最多的监测方法是拍摄变压器中性点处的电流示波图，并将所得示波图与在完好无损的同型变压器中摄得的典型示波图以及存在人为制造的各种故障时摄下的示波图作比较。据此常常不仅能判断损伤或故障的出现，而且还能大致确定它们所在的地点，这就大大简化了随后的变压器检视时寻找故障点的工作。

电力系统外绝缘的冲击高压试验通常可采用15次冲击法，即对被试品施加正、负极性冲击全波试验电压各15次，相邻两次冲击的时间间隔应不小于1min。在每组15次冲击的试验中，如果击穿或闪络的闪数不超过两次，即可认为该外绝缘试验合格。内、外绝缘的操作冲击高压试验的方法与雷电冲击全波试验完全相同。

避雷针是电力系统中防直击雷的主要保护措施。在冲击耐压试验中，冲击电压采用球隙进行测量时，避雷针的保护作用如图5-34所示。

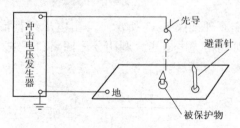

图5-34　避雷针的保护作用示意图

当雷电先导向地面发展到某一高度后，避雷针使地面电场发生变化，在避雷针顶端形成局部强场区以影响雷电先导放电的发展方向，使雷闪对避雷针放电，再经过接地装置将雷电流安全引入大地，从而使避雷针附近的被保护物免受雷击。避雷针的保护范围可用模拟实验和运行经验来确定。由于先导放电的路径受到很多偶然因素的影响，因此要保证被保护物绝对不受雷电的直接放电是不现实的，一般保护范围是指具有1%左右雷击概率的空间范围。

习题与思考题

5-1　为什么要进行绝缘的高电压试验？施加的电压主要有哪几种类型？

5-2　如何产生工频高电压？进行工频高电压试验时变压器容量如何去认定？试验变压器串级装置的利用率如何确定？

5-3　简述串联谐振回路产生工频高电压的原理。

5-4　简述高电压试验变压器调压时的基本要求。

5-5　如何产生直流高电压？分析其基本原理。

5-6　与交流耐压试验相比，直流耐压试验有哪些特点？

5-7　画出工频高电压试验的基本接线图，并简述工频高电压试验需要注意的问题。

5-8　简述冲击电压发生器的基本原理。

5-9　简述冲击耐压试验的实施方法。

5-10　工频、直流、冲击高电压的测量装置分别有哪些？它们分别可以测量哪些值？

5-11　直流耐压试验电压值的选择方法是什么？

5-12　35kV 电力变压器，在标准大气条件下，做工频耐压试验，应选用球隙的球极直径为多大？球隙距离为多少？

第6章

电气绝缘在线检测

前两章所述的电气绝缘预防性试验和高电压试验方法，都是在电气设备处于离线的情况下进行的。这种试验存在几个缺点：①需要停电进行，而不少重要的电力设备不能轻易地停止运行；②检测间隔周期较长，不能及时发现绝缘故障；③停电后的设备状态与运行时的设备状态不相符，影响诊断的正确性。在线检测是在电力设备运行的状态下连续或周期性检测绝缘的状况，因而可以避免以上缺点，另外建立一套电气绝缘在线检测系统也是实施电力设备状态维修和建设无人值守变电站的基础。

在线检测和状态维修带来的经济效益是十分显著的。例如，据美国某发电厂统计，运用在线检测和状态维修体系后，每年可获利125万美元。英国中央发电局（CEGB）的统计表明，对充油电力设备采用气相色谱在线检测及诊断技术后，使变压器的年维修费用从1000万英镑减少为200万英镑。日本资料表明，在线检测技术的应用使每年维修费用减少25%～50%，故障停机时间则可减少75%。

电气绝缘在线检测是一门多学科交叉融合的综合技术，自20世纪70年代以来，随着传感、信息处理及电子计算机技术的快速发展，电气绝缘在线检测与故障诊断的技术水平不断提高，在线检测产品大量投入市场。本章将从油中溶解气体、局部放电及介质损耗角正切检测三方面来介绍电气绝缘在线检测技术。

6.1 变压器油中溶解气体的在线检测

6.1.1 绝缘故障与油中溶解气体

变压器的绝缘材料发生故障时产生故障气体，故障气体部分溶解于油中，部分进入气体继电器。变压器绝缘故障主要分为三类：过热故障、放电故障和绝缘材料受潮。故障不同时，油中溶解的故障气体成分不同，因此可以通过分析油中溶解气体的成分来判断变压器存在的绝缘故障。

1. 过热故障

变压器过热故障是最常见的故障，它对变压器的安全运行和使用寿命造成了严重威胁，变压器运行时有空载损耗、负载损耗和杂散损耗等，这些损耗转化为热量，当产生的热量和散出的热量平衡时，温度达到稳定状态。当发热量大于预期值，而散热量小于预期值时，就发生了过热现象。据统计，过热故障的原因中，由于分接开关接触不良的占50%，铁心多点接地、局部短路或漏磁环流引起的占33%，导线过热、接头接触不良或紧固件松动引起的占 14.4% ，局部油道堵塞造成局部散热不良引起的约占 2.6% 。

当热应力只引起热源处绝缘油分解时，所产生的特征气体主要是 CH_4 和 C_2H_4 ，它们的总和约占总烃的 80% ，且 C_2H_4 所占比例随着故障点温度的升高而增加。例如，据统计，78 台高温过热（温度高于 700℃）故障变压器的 C_2H_4 占总烃的比例平均为 62.5% ，其次是 C_2H_6 和 H_2 。C_2H_6 一般低于 20% ；高、中温过热 H_2 占氢烃总量（$H_2 + C_1 + C_2$）的 25% 以下，低温过热时一般为 30% 左右，这是由于烃类气体随温度上升增长较快所致。

过热故障一般不产生 C_2H_2 ，只在严重过热时产生微量的 C_2H_2 ，其最大含量也不超过总烃的 6% 。当故障涉及固体材料时，还会产生大量的 CO 和 CO_2 。

2. 放电故障

放电故障是由于电应力作用而造成绝缘材料劣化，按能量密度不同可以分成电弧放电、火花放电和局部放电等。

（1）电弧放电　当变压器内部发生电弧放电故障时，油中溶解的故障特征气体主要是 C_2H_2 、H_2 ，其次是大量的 C_2H_4 、CH_4 。由于电弧放电故障速度发展很快，往往气体还来不及溶解于油中就释放到气体继电器内。因此，油中溶解气体组分含量往往与故障点位置、油流速度和故障持续时间有很大关系。在变压器内部发生电弧放电时，一般 C_2H_2 占总烃的 20%～70% ，H_2 占氢烃的 30%～90% ，绝大多数情况下 C_2H_2 含量高于 CH_4 ，在涉及固体绝缘材料时，瓦斯气体和油中气体的 CO 含量较高。当油中气体组分中 C_2H_2 含量占主要成分且含量超标时，很可能是由于变压器绕组短路或分接开关切换产生弧光放电所致；如果其他成分没有超标，而 C_2H_2 超标且增长速率较快，则可能是变压器内部存在高能量放电故障。

在变压器内的固体绝缘材料中发生高能量电弧放电时，不仅产生的 CO、CO_2 较多，而且因电弧放电的能量密度高，在电场力作用下会产生高速电子流，固体绝缘材料遭受这些电子轰击后，受到严重破坏。同时，产生的大量气体一方面会进一步降低绝缘性能，另一方面还含有较多的可燃气体。因此，若对电弧放电故障不及时处理，严重时有可能造成变压器的重大损坏或爆炸事故。

（2）火花放电　当变压器内部发生火花放电时，油中溶解气体的特征气体以 C_2H_2 、H_2 为主。因故障能量小，一般总烃含量不高。但油中溶解的 C_2H_2 在总烃中所占比例可高达 25%～90% ，C_2H_4 含量约占总烃的 20% 以下，H_2 占氢烃总量的 30% 以上。当 H_2 和 CH_4 的增长不能忽视时，如果接着又出现 C_2H_2 增长的情况，这时可能存在着由低能放电发展成高能放电的危险。因此，当出现这种情况时，即使是 C_2H_2 增长未达到注意值，也应给予高度重视。

（3）局部放电　当变压器发生局部放电时，油中的气体组分含量随放电能量密度不同而异，一般总烃不高，主要成分是 H_2 ，其次是 CH_4 。通常 H_2 占氢烃总量的 90% 以上，CH_4 占总烃的 90% 以上。当放电能量密度增高时也可出现 C_2H_2 ，但在总烃中所占比例一般小于 2% ，这是与上述电弧放电和火花放电区别的主要标志。

3. 绝缘材料受潮

当变压器内部进水受潮时，油中的水分和含湿气的杂质容易形成"水桥"，导致局部放电而产生 H_2 。水分在电场作用下的电解以及水和铁的化学反应均可产生大量的 H_2 ，所以受潮设备中，H_2 在氢烃总量中占比例更高。有时局部放电和绝缘材料受潮同时存在，并且特征气体基本相同，所以单靠油中气体分析难以区分，必要时根据外部检查和其他试验结果（如局部放电测试结果和油中微量水分分析）加以综合判断。

6.1.2 油中溶解气体的在线检测

变压器油中溶解气体在线检测根据不同的原则可以分为不同的种类。以检测对象分类可归结为以下几类：

测量可燃性气体含量（TCG），包括 H_2、CO 和各类烃类气体含量的总和。例如，日本三菱电力公司研制的 TCG 检测装置。

测量单种气体浓度。分析与实践都证明变压器发生过热或局部放电时，所产生的气体多含有较多的 H_2，因此可以通过检测 H_2 的变化判断变压器是否存在故障。最具典型的装置有加拿大 SYPROTEC 的 HYDRAN 系列装置。由于这类装置以检测氢气或以氢气为主的混合气体作为第一特征量，因此适合用于现场故障的初步诊断，要了解故障的详细信息还需进一步做色谱分析。

测量多种气体组分的浓度。如加拿大魁北克水电局研究所（IREQ）研制了检测 C_2H_2、H_2 和 CO 3 种组份的装置；日本日立公司研制了检测 CH_4、C_2H_6、C_2H_4 和 C_2H_2 4 种烃类以及检测 H_2、CO 和 4 种烃类共 6 种组份的两种装置；美国 GE 公司研制了检测 H_2、CO、CO_2、N_2、O_2 和 4 种烃类共 9 种组份的在线检测装置。这类装置测量的气体组分信息较全，有助于实现智能化故障诊断，所以从今后的电气设备状态维修的发展方向看，它是变压器油中溶解气体在线检测发展的方向。

油中溶解气体在线检测装置主要由脱气、混合气体分离及气体检测三大部分组成，检测对象不同时略有区别。如仅测可燃性气体总量时，一般可以省略混合气体分离的步骤。

1. 脱气

脱气法主要有油中吹气法、抽真空取气法和分离膜渗透法。这几种脱气法各有优缺点，表 6-1 给出了简单的比较结果。其中高分子平板透气膜、毛细管柱、血液透析装置和中空纤维装置都属于高分子分离膜的应用，波纹管和真空泵法都属于抽真空脱气法。

表 6-1 油气分离方法比较

油气分离方法	平衡时间	分离效果	价 格	结 构	抗污染性
高分子平板透气膜	长	较好	低	简单	一般
波纹管	短	差	较高	复杂	不存在
真空泵	短	一般	高	复杂	不存在
毛细管柱	短	好	较高	简单	差
血液透析装置	短	好	高	复杂	差
中空纤维装置	短	好	高	复杂	差

目前典型的吹气方法有 3 种：载气洗脱法、空气循环法和比色池法。其基本原理是采用吹气方式将溶解于油中的气体替换出来，使油面上某种气体的浓度与油中气体的浓度逐渐达到平衡。

1）载气洗脱法利用专业的分馏柱，分馏柱需要放入恒温箱中，这种取气方法脱气时间短，误差小于 20%，有时可达到 10%。

2）空气循环法是采用空气循环泵向油中吹入定量的空气，在油中故障气体浓度和空气中的故障气体浓度达到平衡的过程中，空气一直是循环的，循环时间大约为 3min，其测试方法不宜在寒冷地区使用。

3）比色池法是在循环泵的作用下，被测样油液面上的微量故障气体被载气送至吸收发色剂的比色池中，再通过测试比色池中所生成的有机化合物来确定气体浓度。

吹气法应用于在线检测有较大难度，装置结构相当复杂，而且价格高。

抽真空法主要包括波纹管法和真空泵脱气法。

1）波纹管法是利用小型电动机带动波纹管反复压缩，多次抽真空，将油中溶解气体抽出来，废油仍回到变压器中。日本三菱株式会社利用该原理成功开发了变压器油中溶解气体在线检测装置，每次测试需要 40min。由于存积在波纹管中的残油很难排出，影响下一次检测时的油样，尤其是对于测量含量低、在油中溶解度大的 C_2H_2 时，影响特别大。

2）真空泵脱气法是利用常规色谱分析中的抽真空脱气原理，用真空泵抽空气来抽取油中溶解气体，废油仍回到变压器油箱。真空泵脱气法灵敏度较高，但由于受到现场条件的限制，从油中有效脱出的气体种类有限，同时随着真空泵的磨损，其抽气效率降低，造成测试结果偏低。

分离膜渗透法的特点是结构简单、成本低、操作方便，因此得到了广泛应用。目前，采用的透气膜主要有聚四氟乙烯、聚酰亚胺、聚丙烯、聚六氟乙烯、聚四氟乙烯混合膜、中空纤维膜以及无机膜如钯银合金金属膜等，其中高分子透气膜应用更为广泛。例如，日本三菱株式会社利用聚四氟亚乙基全氟烷基乙烯基醚（PFA）膜从油中有效脱出 CH_4、C_2H_6、C_2H_4、C_2H_2、H_2 和 CO 6 种气体。

气体透过高分子膜分为溶解和扩散两个过程，气体在膜中的溶解符合亨利（Henry）定律，扩散符合菲克（Fick）定律。气体通过致密、多孔膜的传递过程可以用溶解—扩散机理描述。根据菲克定律，分子在无孔膜中渗透的扩散系数的大小取决于扩散粒子的大小及膜材料的性质，通常粒子尺寸增大，扩散系数减小；相反，气体在聚合物中溶解度随分子增大而上升。由于气体与聚合物的相互作用一般较弱，决定溶解度的主要参数是冷凝的难易程度，分子直径越大，越易冷凝。

油中溶解气体通过分离膜进入气室，要使气室内的气体和油中溶解气体浓度达到平衡需要十几小时甚至几十小时，所以气体渗透时间是高分子膜的一个重要指标，高分子膜的另外一个重要指标是透气系数。膜的透气量和温度有密切的关系，因此应该尽量在相同的温度下使用。

2. 混合气体分离

混合气体分离一般用气相色谱柱完成。气相色谱柱常由玻璃管、不锈钢管或铜管组成，管内静止不动的一相（固体或液体）称为固定相；自上而下运动的一相（一般是气体或液体）称为流动相；装有固定相的管子（玻璃管或不锈钢管）即为色谱柱。

当流动相中样品混合物经过固定相时，就会与固定相发生作用。由于各组分在性质和结构上的差异，与固定相相互作用的类型、强弱也有差异，因此在同一推动力的作用下，不同组分在固定相滞留时间长短不同，从而按先后不同的次序从固定相中流出。分离过程如图 6-1 所示。

可见，固定相对气体组分的分离起着决定性的作用，不同性质的固定相适应不同的分离对象，应根据分离对象来选择固定相的材料。常用的固定相材料有活性炭、硅胶、分子筛、高聚物（如 TOX 系列的碳分子筛、GDX 系列的聚芳香烃高分子多孔小球）等，其主要性质见表 6-2。

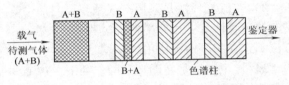

图 6-1　色谱柱分离气体组分过程示意图

表 6-2　油中气体分析用色谱柱的部分固定相材料

固定相	粒度/目	柱长/m	柱径/mm	载气	分离的组份
活性炭	60～80	1	3	N_2	H_2、O_2、CO、CO_2
5A 分子筛	30～60	1	3	Ar	H_2、O_2、N_2、CO、CO_2
硅胶涂固定液	80～100	2	3	H_2	CH_4、C_2H_6、C_2H_4、C_3H_8、C_2H_2、C_3H_6
HGD—201	80～100	1	2	N_2	CH_4、C_2H_6、C_2H_4、C_3H_8、C_2H_2、C_3H_6
GDX502	60～80	4	3	N_2	CH_4、C_2H_6、C_2H_4、C_2H_2、C_3H_8、C_3H_6、C_3H_4

选择固定相时，要求待测气体的各组分在固定相上的分配系数有差别，并且热稳定性和化学稳定性好，不能与被测组份起化学反应。固定相选定以后，所能分离的气体组份及各组分出峰的先后顺序就确定不变了。如图 6-2 所示是烃类在硅胶上的分离次序，在 3min 内即可分离 6 种烃类组份，分离柱长度为 1m，柱径为 2.3mm，柱温为 23℃。

3. 气体检测

检测油中溶解气体用的检测器的基本要求是：①有足够的灵敏度；②选择性好，对被测气体以外的共存气体或物质不反应或反应小；③响应时间和恢复时间短，恢复时间指传感器从脱离被测气体到恢复正常状态所需要的时间；④重复性好，性能稳定，维护方便，价格便宜，有较强的抗环境影响能力。

目前应用于油中气体检测的气体检测器主要有热导检测器、半导体型传感器、催化燃烧型传感器、光敏气体传感器、燃烧电池型传感器和其他形式的传感器。热导检测器是一种万能气体检测器，但应用于在线检测时对制造工艺的要求很高，因此目前应用不是很广泛。燃烧电池型传感器目前主要应用于单氢气的检测，其工作原理是：由电解液隔开两个电极，阳极的氢以化学方式被氧化，阴极周围的空气提供氧，经催化，氢和氧反应，氧被还原，电极提供电子转移的通道，这样氢气就转换为电流的形式表现出来了。

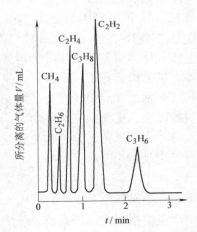

图 6-2　烃类在异氰酸苯酯多孔硅（HGD—201）上的分离次序

接触燃烧式和半导体气敏传感器由于使用方便、价格便宜，在检测可燃性气体和有毒气体的领域得到了迅速发展，同时也被广泛应用于电气设备油中溶解气体在线检测中。接触燃烧式气敏传感器不受可燃性气体周围气体的影响，可用于高温、高湿度环境下，同时具有对气体选择性好、线性度好、响应时间短等优点，但是如果长期使用，其催化剂易劣化和"中毒"，从而使器件性能下降或失效。半导体型传感器灵敏度高、结构简单、使用方便、价格便宜，但其稳定性较差，目前有的已经采用增加催化剂、使用 P–N 复合结构等方式来增加其稳定性，效果比较显著，但仍需进一步提高。其他类型的传感器如光敏气体传感器等在本书就不详细介绍了。

下文以日立公司的在线检测产品为例，说明油中溶解气体在线检测装置的组成及结构。日立公司先后研制出 3 组份（H_2、CO、CH_4）和 6 组份（H_2、CO、CH_4、C_2H_2、C_2H_4、C_2H_6）的检测系统，油中溶解气体在线检测系统原理图如图 6-3 所示。

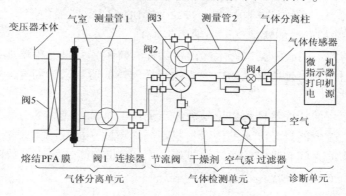

图 6-3　油中溶解气体在线检测系统原理图

两者的构成基本相同，都采用溶解 PFA 膜分离油中气体，色谱分离柱和气敏传感器有所区别，前者的色谱柱长 1m，内充 60 ~ 80 目的活性炭作为固定相，能够分离 H_2、CO、CH_4 3 种气体；后者采用复合色谱柱，能有效分离 H_2、CO、CH_4、C_2H_2、C_2H_4、C_2H_6 6 种气体。3 组份气体检测采用催化型可燃性气体传感器，而 6 组份气体检测采用对氢碳类气体有较高灵敏度的半导体气体传感器。

6.1.3　油中气体分析与故障诊断

1. 是否存在故障的判断

（1）**阈值判断法**　将油中溶解各气体的浓度与表 4-2 列出的正常极限注意值作比较，可以判断变压器有无故障。若氢气和烃类气体不超过表 4-2 所列的含量，且气体成分一直比较稳定，没有发展趋势，则认为变压器运行正常。

（2）**根据产气速率判断**　判断有无故障要将各组分的气体浓度和产气速率结合起来，短期内各组分气体含量迅速增加，但未超过规定的注意值也可判断为故障。有的设备因某种原因使得气体含量基值较高，超过注意值，但增长速度很低，仍可认为正常，若二者均超过注意值，则可判断为故障。产气速率可分为绝对产气速率和相对产气速率，分别见式（4-21）和式（4-22）。

根据规程要求，变压器的总烃绝对产气速率，开放式大于 6mL/h，密封式大于 12mL/h 和相对产气速率大于 10%/月时可以认定有故障存在。

绝对产气速率能较好地反映出故障性质和发展程度，不论纵比（与历史数据比较）还是横比（与同类产品比较）均有较好的可比性。但在实际应用中绝对产气速率往往难以求得，因而多采用相对产气速率分析判断。

要注意检修后的设备，由于油浸材料中残油所残存的故障特征气体释放到检修后已经脱气的油中，导致在追踪分析的初期，会发现故障特征气体明显增长的现象，从而误判为故障未消除。为此，应估算设备内部纤维材料中残油所溶解的残气含量，并从气体分析结果中扣除。

2. 故障性质的判断

正如以上所述，不同性质的故障所产生的油中溶解气体的组份是不同的，据此可以判断故障的类型。

(1) 特征气体法　我国现行的 DL/T 722—2014《变压器油中溶解气体分析和判断导则》，将不同故障类型产生的特征气体归纳为表 4-1。

表 4-1 中总结的不同故障类型产生的油中特征气体组分，只能粗略地判断充油电力变压器内部的故障。因此国内外通常以油中溶解的特征气体的含量来诊断充油电力变压器的故障性质。

变压器油中溶解的特征气体可以反映故障点周围的油和纸绝缘的分解本质。气体组份特征随着故障类型、故障能量及涉及的绝缘材料不同而不同，即故障点产生烃类气体的不饱和度与故障源能量密度之间有密切的关系，见表 6-3。因此特征气体法对故障性质有较强的针对性，比较直观、方便，缺点是没有明确的概念。

表 6-3　判断变压器故障性质的特征气体法

序　号	故　障　性　质	特征气体的特点
1	一般过热性故障	总烃较高，$C_2H_2 < 5\mu L/L$
2	严重过热性故障	总烃较高，$C_2H_2 > 5\mu L/L$，但 C_2H_2 未构成主要成分，H_2 含量较高
3	局部放电	总烃不高，$H_2 > 100\mu L/L$，CH_4 占总烃的主要成分
4	火花放电	总烃不高，$C_2H_2 > 10\mu L/L$，H_2 含量较高
5	电弧放电	总烃高，C_2H_2 高并构成总烃中的主要成分，H_2 含量较高

从表 6-3 可以看出，每一种故障产生的特征气体都有一定量 C_2H_2，但热故障和电故障产生的气体中的 C_2H_2 含量差异很大；低能量局部放电并不产生 C_2H_2，或仅仅有很少量的 C_2H_2。因此 C_2H_2 既是故障点周围绝缘油分解的特征气体，其含量又是区分过热故障和放电故障的主要指标。由于大部分过热故障，尤其是出现高温热点时，也会产生少量 C_2H_2，因此不能认为凡是有 C_2H_2 出现，都视为放电性故障。例如 1000℃ 以上时，会有较多的 C_2H_2 出现，但 1000℃ 以上的高温既可以由能量较大的放电引起，也可能由导体过热而引起的。H_2 是油中发生放电分解的特征气体，但是 H_2 的产生不完全由放电引起。当 H_2 含量增大，而其他组份不增加时，有可能是由于变压器进水或有气泡引起的水和铁的化学反应，或在高电场强度的作用下，水或气体分子的分解或电晕作用所致。如果伴随着 H_2 含量超标，CO、CO_2 含量较大，即是固体绝缘受潮后加速老化的结果。

CO 和 CO_2 与固体绝缘材料故障有关，无论哪一种放电形式，除了产生氢烃类气体外，与过热故障一样，只要有固体绝缘材料介入，都会产生 CO 和 CO_2。因此可以把 CO 和 CO_2 作为油纸绝缘体系中固体材料分解的特征气体。

综上所述，并根据对各类大型电力变压器的诊断和检查结果进行的比较、分析，可归纳出特征气体中主要成分与变压器异常情况的关系，见表 6-4。

表 6-4　特征气体中主要成分与变压器异常情况的关系

主 要 成 分	异 常 情 况	具 体 情 况
H_2 主导型	局部放电、电弧放电	绕组层间短路，绕组击穿；分接开关接触头间局部放电，电弧放电短路
CH_4、C_2H_4 主导型	过热、接触不良	分接开关接触不良，连接部位松动，绝缘不良
C_2H_2 主导型	电弧放电	绕组短路，分接开关切换器闪络

例如，某 240MV·A 220kV 进口变压器（TDQ315F22W9K—99）属三绕组五柱铁心式结构。在正常运行情况下突发内部故障，主变压器气体及差动保护均动作，事故发生时系统无任何操作。事故发生后现场检查：故障录波器图上发现有两次短路故障。绝缘油色谱试验数据见表 6-5。上述数据中，乙炔与总烃浓度急剧上升，表明变压器内部发生了电弧性放电事故。对变压器抽油后开盖检查，发现箱底有部分散落烧焦的绝缘纸，内部故障已较严重。分析表明由于该变压器的 a、b、c 相的引出线（铜棒）均并在一起走线，因相互间距较长，引线也很长，中间采用外包纸绝缘后，再用 U 形木夹进行固定。由于 U 形木夹的空隙是固定的，不可能将引线夹的很紧，因此在复杂的电动力作用下，在夹紧处绝缘纸又相互直接摩擦，最终导致绝缘击穿事故。

表 6-5　色谱试验数据　　　　　　　　（单位：μL/L）

时　间	C_2H_2	CH_4	C_2H_6	C_2H_4	H_2	总　烃	CO	CO_2
事故前三个月	0.6	49	9	7	625	65.6	560	1528
事故当天	81	115	11	55	707	2626	673	1564

（2）三比值法　过热性故障产生的故障特征气体主要是 CH_4 和 C_2H_4，而放电性故障主要的特征气体是 C_2H_2 和 H_2，为此可以采用 CH_4/H_2 来区分是放电故障还是过热故障。当温度升高或绝缘纸也过热时，CH_4 的含量还要增加，如图 6-4 所示，故障 1 主要是放电性故障，故障 2 则为两种类型的故障均存在，故障 3 主要是过热性故障。而温度的高低可以用体积之比 C_2H_4/C_2H_6 来区分，原因是随着故障点温度的升高，C_2H_4 的比例将增加，试验结果如图 6-5 所示。C_2H_2 的产生与高能量放电有关，低能量的局部放电一般无 C_2H_2，所以可以用 C_2H_2/C_2H_4 判断放电故障的类型。

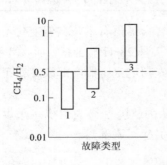

图 6-4　CH_4/H_2 与故障类型关系

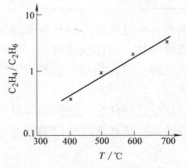

图 6-5　C_2H_4/C_2H_6 与温度的关系

综上所述，国际电工委员会和我国国家标准推荐采用 CH_4/H_2、C_2H_4/C_2H_6、C_2H_2/C_2H_4 三个比值来判断故障的性质。参看表 4-4 三比值法的编码规则和表 4-5 用三比值法判断

151

故障类型，可以看出，C_2H_2/C_2H_4 编码决定故障的类型："0"代表过热故障，"1"代表高能放电故障，"2"代表低能放电故障。

应用三比值法时，对油中各种气体含量正常的变压器，其比值没有意义；只有油中各气体成分含量足够高（通常超过注意值），且经过综合分析确定变压器内部存在故障后，才能进一步用三比值法分析其故障性质。如果不论变压器是否存在故障，一律使用三比值法，就有可能将正常的变压器误诊断为故障变压器，造成不必要的经济损失。

在对运行过程中的充油变压器进行故障诊断时，还需要一些配套的辅助方法，如采用 CO_2/CO 比值判断是否存在固体绝缘材料故障，在电弧使油分解产生的气体中，CO 占 0 ~ 1%，CO_2 占 0 ~ 3%；在电弧使油浸纸板裂解产生的气体中，CO 占 13% ~ 24%，CO_2 占 1% ~ 2%。IEC 导则推荐以 CO/CO_2 比值作为判据，认为该比值大于 0.33 或小于 0.09 时，很可能有纤维绝缘材料分解故障。

（3）其他故障诊断法　除了特征故障气体法和三比值法，还存在立体图示法、大卫三角法和四比值法等其他一些传统的故障诊断法。近年来，神经网络、模糊技术和粗糙集等数学工具开始广泛应用于故障诊断，并建立了一些以人工智能为基础的故障诊断专家系统。

在实际应用中，由于变压器故障表现形式以及故障起因均比较复杂，所以在进行故障诊断时，常常综合利用多种方法以求得到尽可能准确的诊断结果。下面用具体案例进行分析：例如，某 120MV·A 110kV 进口变压器（SFPL—120000/110）至 2000 年 6 月 11 日油色谱分析乙炔含量已达 5.27μL/L，之后逐步递增，至 2000 年 8 月 28 日乙炔含量为 7.3μL/L。总烃含量由 6 月 11 日的 95.74μL/L 增至 182.17μL/L，均超过表 4-2 的注意值，历次油色谱分析数据见表 6-6。

表 6-6　色谱分析数据　　　　　　　　　　　　　　（单位：μL/L）

时　间	H_2	CH_4	C_2H_6	C_2H_4	C_2H_2	CO	CO_2	总　烃
2000.6.11	0	16.18	10.26	63.76	5.27	141.69	2096.6	95.74
2000.6.14	0	16.65	11.99	63.21	6.05	153.05	2284.45	96.9
2000.7.7	147.2	20.7	10.9	76	6	220.8	2047.8	113.6
2000.7.28	45.3	32.4	14.8	97.1	6	392.3	3816.5	150.3
2000.8.8	24.5	37.9	15.8	111.1	7.03	353.1	5929.7	171.9
2000.8.28	15.3	35.49	20.5	118.43	7.3	421.87	4769.6	182.17

根据表 6-6 的数据，2000 年 6 月至 8 月内，油中氢气含量虽有增长，但变化不显著。乙炔含量虽然增长，但比较有规律，无突变。总烃含量在 7 月 28 日前合格。而 CO 和 CO_2 含量随时间推移，增长剧烈，因此可以根据特征气体法首先判定变压器内部故障属于固体绝缘局部过热。

按三比值法对此变压器的诊断结果见表 6-7。可以认为故障性质为引线接头焊接不良和铁心多点接地产生环流或主磁通及漏磁通在某些部件上引起涡流发热。

表 6-7　三比值法诊断故障数据

时　间	C_2H_2/C_2H_4	CH_4/H_2	C_2H_4/C_2H_6	故障特点
2000.6.11	0	2	2	高于 700℃ 的热故障
2000.6.14	0	2	2	高于 700℃ 的热故障

（续）

时　间	C_2H_2/C_2H_4	CH_4/H_2	C_2H_4/C_2H_6	故障特点
2000. 7. 7	0	0	2	高温范围内的过热
2000. 7. 28	0	0	2	高温范围内的过热
2000. 8. 8	0	2	2	高于 700℃ 的热故障
2000. 8. 28	0	2	2	高于 700℃ 的热故障

计算所得 6 月 11 日 ~ 7 月 7 日以及 7 月 28 日 ~ 8 月 28 日的总相对产气率为 18.7%／月和 21.2%／月。预试规程中规定：相对产气速率大于 10%／月，则认为设备有异常。计算结果表明故障程度严重，具有进一步突变和恶化的可能。

根据上述测试分析结果，对变压器进行吊罩检查。吊罩后发现主变压器高压侧 C 相引出线绝缘层和中性点绝缘层包扎部分出现严重的过热痕迹。剖开绝缘层后，发现铝线焊接不良，造成局部固体绝缘材料过热；同时，在电气试验中发现铁心穿芯螺栓接地。经对故障点重新焊接和包扎绝缘层，投运后油色谱跟踪检测数据均在合格范围内。

6.2　局部放电在线检测

6.2.1　局部放电的在线检测系统

与离线检测法类似，局部放电的在线检测也分为电测法和非电测法两大类。其中电测法中的脉冲电流法是离线条件下测量电气设备局部放电的基本方法，也是目前在局部放电在线检测的主要手段，其优点是灵敏度高。如果检测系统频率小于 1000kHz（一般为 500kHz 以下），并且按照国家标准进行放电量的标定后，可以得到变压器的放电量指标。另外，电测法中的射频测量法等也都应用到了在线检测中。电测法的缺点是由于现场存在着严重的电磁干扰，大大降低检测灵敏度和信噪比。利用局部放电过程的电磁波、声、热、光等特征发展出的一系列非电测法局部放电检测技术也应用于现场在线检测，其方法已在 4.3 节介绍，但这类方法对局部放电的检测灵敏度较低。下面以脉冲电流法介绍局部放电在线检测中的组成及关键技术，尤其是电流传感器和抗干扰两大关键技术。局部放电检测系统的原理框图如图 6-6 所示。

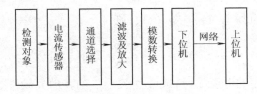

图 6-6　局部放电检测系统原理框图

1. 电流传感器

为不改变被测设备的一次接线方式，一般采用穿芯式高频电流互感器作为检测脉冲电流的传感器。且其一次侧大部分为一匝（有些情况也有采用多匝的），检测时将被测设备的接地线或其他导线穿过磁心（圆形或方形），如图 6-7 所示。磁性材料根据频率进行选择，当测量局部放电信号时选用铁氧体磁心，其最高使用频率为 500 ~ 1000kHz，相对磁导率为 2000。

图 6-7 中，电流信号 $i_1(t)$ 和二次绕组两端的感应电压（即输出信号）$e(t)$ 的关系为

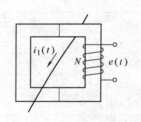

$$e(t) = M\frac{\mathrm{d}i_1(t)}{\mathrm{d}t}, \quad M = \mu\frac{N^2 S}{l} \qquad (6\text{-}1)$$

式中　M——互感系数；

　　　N——二次绕组线圈匝数；

　　　S——磁心截面积；

　　　μ——磁导率；

　　　l——磁路长度。

图 6-7　电流传感器结构原理图

所以 $e(t)$ 大小和 $i_1(t)$ 的变化率成正比。若在输出端加上积分电路，则 $e(t)$ 可直接和被测电流 $i_1(t)$ 的变化成一定的比例关系，这与测量冲击大电流的罗可夫斯基线圈（Rogowski Coil）相类似，故也称此传感器为罗可夫斯基线圈。所不同的是后者用于测量数十至数百千安的冲击大电流，灵敏度要求较低，一般采用空心骨架。而这里测量的是毫安级或微安级的小电流，要求有较高的灵敏度。传感器的积分方式有两种，分别适用于宽带型和窄带型传感器。

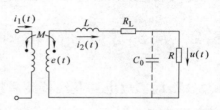

（1）宽带型电流传感器　宽带型电流传感器亦称自积分式电流传感器，它的绕组二次侧并联有一个积分电阻 R，如图 6-8 所示。

图 6-8　宽带型电流传感器等效电路

根据图 6-8 中电路关系，可以列出电路方程

$$e(t) = L\frac{\mathrm{d}i_2(t)}{\mathrm{d}t} + (R_\mathrm{L} + R)i_2(t), \quad L = \mu\frac{NS}{l} \qquad (6\text{-}2)$$

式中　L——绕组自感；

　　　R_L——绕组电阻。

当满足条件 $L\dfrac{\mathrm{d}i_2(t)}{\mathrm{d}t} \gg (R_\mathrm{L} + R)\,i_2(t)$ 时，则

$$e(t) = L\frac{\mathrm{d}i_2(t)}{\mathrm{d}t} \qquad (6\text{-}3)$$

由式（6-1）~式（6-3）可得 $i_2(t) = \dfrac{1}{N}i_1(t)$，则

$$u(t) = Ri_2(t) = \frac{R}{N}i_1(t) = Ki_1(t) \qquad (6\text{-}4)$$

即信号电压 $u(t)$ 和所检测的电流 $i_1(t)$ 成线性关系。K 表示灵敏度，与 N 成反比，和自积分电阻 R 成正比。实际上积分电阻 R 总并联有一定的杂散电容 C_0，如输出端并接的信号电缆等。由此可列出另一微分方程，考虑到 $C_0 R_\mathrm{L} R/L \ll 1$，计算其传递函数和幅频特性，按 3dB 估算其带宽及上下限频率 ω_H 和 ω_L，可以有

$$\omega_\mathrm{H}\omega_\mathrm{L} = \omega_0^2 = \frac{R + R_\mathrm{L}}{RC_0 L} \qquad (6\text{-}5)$$

其带宽为

$$\omega_{\mathrm{H}} - \omega_{\mathrm{L}} = \Delta\omega = \frac{1}{RC_0} \tag{6-6}$$

在实际应用中 $\omega_{\mathrm{H}} \gg \omega_{\mathrm{L}}$，因此

$$\omega_{\mathrm{H}} \approx \frac{1}{RC_0}, \quad f_{\mathrm{H}} = \frac{1}{2\pi RC_0} \tag{6-7}$$

则

$$\omega_{\mathrm{L}} = \frac{R + R_{\mathrm{L}}}{L}, \quad f_{\mathrm{L}} = \frac{R + R_{\mathrm{L}}}{2\pi L} \approx \frac{R}{2\pi L} \tag{6-8}$$

ω_0 是传感器的谐振频率，$f_0 = 2\pi \sqrt{\dfrac{R + R_{\mathrm{L}}}{RC_0 L}} \approx 2\pi \sqrt{\dfrac{1}{LC_0}}$，在该频率下灵敏度 K 最高，此时有

$$K = \frac{R}{N} \tag{6-9}$$

根据式（6-2）、式（6-7）~式（6-9）可对宽带传感器
进行设计。

（2）谐振型电流传感器　谐振型电流传感器亦称为
外积分式或窄带型传感器，比之宽带型传感器具有较好
的抗干扰性能，由积分电阻 R 和积分电容 C 构成的积分
电路如图 6-9 所示。

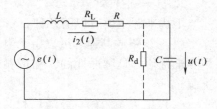

图 6-9　谐振型电流传感器等效电路

根据图 6-9 等效电路，有

$$e(t) = L\frac{\mathrm{d}i_2(t)}{\mathrm{d}t} + (R_{\mathrm{L}} + R)i_2(t) + \frac{1}{C}\int i_2(t)\,\mathrm{d}t \tag{6-10}$$

当 $i_1(t)$ 的频率 $f = \dfrac{1}{2\pi\sqrt{LC}}$ 时，电路发生谐振，则式（6-10）变化为

$$e(t) = (R_{\mathrm{L}} + R)i_2(t) \tag{6-11}$$

由式（6-1）可得 $u(t) = \dfrac{M}{(R_{\mathrm{L}} + R)C}i_1(t)$，为提高灵敏度通常取 $R = 0$，故灵敏度 K 为

$$K = \frac{M}{R_{\mathrm{L}}C} \tag{6-12}$$

为了使传感器检测脉冲电流时保证其脉冲分辨时间 t_{R}，需在 C 上并接电阻 R_{d}，则等效
电路的构成与图 6-8 所示完全相同，所不同的是具体参数的选取。因此，可得到类似的幅频
特性，由于一般 $R_{\mathrm{L}} \ll R_{\mathrm{d}}$，故

$$f_0 = \frac{1}{2\pi\sqrt{LC}}\sqrt{\frac{R_{\mathrm{d}} + R_{\mathrm{L}}}{R_{\mathrm{d}}}} \approx \frac{1}{2\pi\sqrt{LC}} \tag{6-13}$$

灵敏度为

$$K = R_{\mathrm{d}}\bigg/\left(N + \frac{R_{\mathrm{L}}R_{\mathrm{d}}C}{M}\right) \tag{6-14}$$

一般有 $\dfrac{R_{\mathrm{L}}R_{\mathrm{d}}C}{M} \ll N$，则

$$K \approx \frac{R_{\mathrm{d}}}{N} \tag{6-15}$$

155

从式（6-14）可知，当 R_d、C 固定时 N 有最佳值可使得 K 最高，K 随 C 的上升而下降。选择参数时，L、C 值可由式（6-13）已确定的检测频率 f_0 来选择。磁心选定后由 N 确定 L，故 N 和 C 必要时可相互试算几次。R_d 决定于脉冲分辨时间 t_R，可取 $t_R = 3R_dC$，当检测局部放电时 t_R 可取到 $100\mu s$ 以下。

关于一次侧 $i_1(t)$ 的电路参数对二次侧上述参数的选择有无影响的问题，曾经进行过分析、计算和试验，由得到的局放信号 Δu 和传感器输出信号 $u(t)$ 间的传递函数的幅频特性可知，在工程实际条件下，一次侧的参数（指被测设备的等效电容 C_x 和设备并接的等值耦合电容 C_k 等）基本上不影响传感器参数的选择。

磁心选用铁氧体，除要求灵敏度和信噪比尽量高外，还要求有较强的抗工频的磁饱和能力，这是因为检测时不可避免有工频电流通过，而此时不应因磁心饱和而影响检测。对于铁氧体磁心，该要求不难满足。

2. 抗干扰技术

干扰来源主要有以下几种：

（1）线路或其他邻近设备的电晕放电和内部的局部放电　这种干扰普遍存在于变电站中。干扰信号是脉冲性的，和待测设备局部放电信号的波形几乎一样，这是一种重要的干扰源。

（2）电力系统的载波通信和高频保护信号对检测的干扰　这是一种连续的周期性高频干扰信号，其频率为 $30 \sim 300 kHz$。高频通信的每一信道所占的频带虽仅为 $4kHz$，但是采用了频分复用的多路通信方式，故处在复合网内的输电线路所传输的常常是多个频率的载波信号，所占用的频段多而宽。例如，对国内某电厂实测的结果发现，其载波频率范围为 $99 \sim 400kHz$，其间只有 3 个带宽为 $16kHz$ 的频段未被占用。另一个载波通信和高频保护的 $110kV$ 变电站，在变压器外壳接地线上测得的干扰频率分布为 $57 \sim 370kHz$ 之间，占有 9 个频段。经核查，这些频段正是该变电站所处的电网的载波通信和高频保护的频率。可见载波通信和高频保护信号是一种十分强大而重复的干扰信号。

（3）晶闸管整流设备引起的干扰　晶闸管整流设备是许多变电站常用的设备。当晶闸管导通或开断会发出脉冲干扰信号，它在一个工频周期上出现的相位是固定的，属于脉冲型周期性干扰。

（4）无线电广播的干扰　这种干扰也是连续的周期性干扰，其频率在 $500kHz$ 以上。

（5）其他周期性干扰　如开关、继电器的断合，电焊操作，荧光灯、雷电等的干扰以及旋转电机的电刷和集电环间的电弧引起的干扰等，这是一种无规律的随机性脉冲干扰。

综上所述，根据干扰信号的波形可以分为脉冲型干扰信号和连续的周期干扰两大类。

上述干扰可能通过以下 3 种途径进入检测系统。

1）从检测系统的工频电源进入，故检测系统的电源宜由隔离变压器加上低通滤波器供电，以抑制这种干扰。

2）通过电磁耦合进入检测系统，故检测系统包括连线应很好的屏蔽，或利用光电隔离和光纤传输信号，以减少干扰。

3）干扰信号通过传感器进入检测系统，这种干扰和局部放电信号混合在一起，上述方法不能抑制这种干扰，需要采用其他的措施。

下面介绍几种抗干扰技术。

（1）选择合适的检测频带 系统的检测频带（$\Delta f = f_2 - f_1$，f_2 为上限频率，f_1 为下限频率）的选择原则是：能避开现场主要的干扰频带，使之在此检测频带下，检测灵敏度和信噪比最高。这可通过合理选择滤波器和电流传感器的带宽来实现。对于固定式检测系统，可实测现场连续的周期性干扰的频带，例如载波通信、高频保护的频带，确定一个固定的检测频带。为增加灵活性，也可提供数个检测频带。对于系统检测频带选择，除了上述原则外，同时还要满足脉冲分辨率 $1/\tau_r$ ［τ_r 为脉冲分辨时间（μs），$1/\tau_r$ 为每秒最高放电脉冲数］的要求，即 $\tau_r \geqslant 2/(f_2 - f_1)$。

（2）差动平衡系统 差动平衡系统主要用于抑制共模干扰，其基本原理如图 6-10 所示，当来自线路的共模干扰进入电气设备 C_{x1} 和 C_{x2} 时，其电流方向是相同的。在电流传感器 CT_1、CT_2 上输出同方向信号，则进入差动放大器后，这两个干扰信号相当于共模信号被抑制。若是设备内部放电，例如 C_{x2} 有放电，那么在 CT_1、CT_2 上流过的电流方向是相反的，进入差动放大器后，这两个信号相当于差模信号被放大，从而提高检测的信噪比。

差动平衡系统要求从 CT_1 和 CT_2 上输出的两路干扰信号完全一致，方能得到较高的抑制比。例如，不少变电站常用两台结构完全相同或基本一致的主变压器，当 CT_1 和 CT_2 分别套接在各自的外壳接地线上时，等效电容 C_{x1} 与 C_{x2} 基本相同，这对干扰的抑制比较有效。但要判断哪台变压器发生局部放电时，还需借助其他的检测手段。

当仅有一台变压器（或两台变压器结构差别极大）时，往往只能由外壳接地点（或高压套管的末屏接电线上）和绕组中性点接地线上的信号进行比较。如图 6-11 所示，这是加拿大 R. Malewski 选用的差动平衡检测系统原理接线。显然，由于变压器绕组和外壳的各自脉冲传输路径不同，两个传感器上的脉冲波形是不同的，在时间上也常有明显的时延。为此可选择合适的测量频带，在这个频带下干扰信号能被差动系统较好地抑制，而局部放电信号则能更多地被检测到。

157

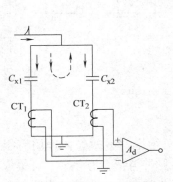

图 6-10 差动平衡系统原理图

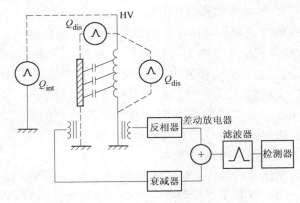

图 6-11 单台变压器差动平衡系统

具体方法是：在离线停电情况下，对变压器和检测系统进行调整，在外部加上校准用脉冲方波模拟干扰信号 Q_{int}，并对传感器上测得的电流脉冲作频谱分析。同样可在高压端对外壳或中性点间注入电荷 Q_{dis} 以模拟变压器内的局部放电，并对传感器上测得的电流脉冲进行频谱分析。对两个传感器上的脉冲频谱进行比较，可以了解到哪个频段的干扰信号易于抑制。同时，可实测不同频率下的抑制比和信噪比，由此得到较好的检测频段。

由于不同变压器的结构是不同的，故针对不同变压器，均需事先进行上述调试工作。由套管末屏和外壳接地线上电流传感器构成差动系统，进而可用相同方法进行调试。

（3）其他　除了上面阐述的两种方法外，还需要采用其他的干扰抑制方法，比如采用脉冲极性鉴别法、屏蔽和接地、硬件滤波和软件数字滤波等。在实际的局部放电在线检测系统中，往往把各种方法融合在一起，以达到抑制干扰或提取放电信号的最好效果。

6.2.2　局部放电分析与故障诊断

1. 局部放电信号分析

所谓的局部放电信号分析是指如何从测试信号中提取有关放电的信息，一般采用数字信号处理技术，目前常用的方法主要有时域分析、频域分析、时频联合分析和人工神经网络分析。

时域分析是最基本的数学分析方法，例如分析放电信号的幅值，幅值与时间（或相位）、放电次数的关系，并且在显示设备上输出信号的波形，为此需要根据波形的采集要求确定所需的采样率和采集的数据长度，并将信号完整地记录下来。

频域分析又称频谱分析，是分析某些放电特征在频域上的变化，如幅度谱、相位谱、能量谱和功率谱等，目前最常用的方法是快速傅里叶变换（FFT），通过FFT，可以根据不同的频谱特性来识别干扰或故障的特性。

时频联合分析是在时间-频率域而不是仅在时域或仅在频域上对信号进行分析的，通过分析，在时频平面上绘出时间平移时非平稳信号频率、幅度的变化，既能刻画信号的局部性，又能保留信号的全部信息，能比较有效地得到信号在时域和频域中的全貌和局部化结果。时频联合分析的具体实现方法很多，小波分析即是其中的一种，在时域和频域同时具有良好的局部性，已用于局部放电信号的提取。

2. 放电类型的模式识别

模式识别是一种重要的诊断手段，于20世纪90年代应用于电力设备的放电识别，目前已被广泛应用于局部放电在线检测与故障诊断。在广义的模式识别中，被识别对象的信号需经过预处理，以滤除混入的干扰，并突出有用信号；再对有用信号进行特征提取，以供分类用，其工作流程如图6-12所示。

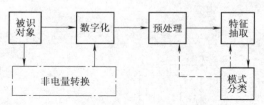

图6-12　模式识别过程示意图

变压器绝缘体系中的放电类型很多，不同的放电类型对绝缘材料的破坏作用有很大差异，因此有必要对各种放电类型加以区分。不同类型放电的脉冲波形会有差异，可提取其特征作为样本向量。例如空穴放电，放电统计时延使空穴上产生过电压，影响放电时的电压突变过程；当空穴与金属相邻时，因阴极的光电子发射，会出现大的放电脉冲，脉冲上升也较快。对不与金属相邻的空穴，每次放电后介质的表面电荷畸变了空穴电场，影响脉冲的上升时间及放电量。空穴周围介质还因放电发生变性，表面电导变化，改变空穴电场而影响放电脉冲。以聚丙烯板试样为例，对直径2mm，深度1mm的空穴，若空穴与金属相邻，放电脉冲上升时间为6ns，放电量为5000pC；若空穴不与金属相邻，则脉冲上升时间为14ns，放电量为27pC。

可以用脉冲波形的自回归模型参数作为样本向量；也有用放电量、脉冲上升时间、脉冲下降时间、波形面积、放电量与波形持续时间的乘积、放电能量等 6 个特征量作为样本向量的。

此处对变压器超高频局部放电自动识别系统所得的放电谱图进行模式识别，用人工神经网络区分不同类型的绝缘材料内部缺陷。变压器超高频局部放电的神经网络模式识别是将计算机辅助测试系统测得的电磁信号经放大、滤波后进行 A/D 转换，然后把提取到的多个工频周期的高频（中心频率在 506～1000MHz 之间可调）窄带（带宽 5MHz）时域信号送入计算机进行数据处理和分析，作出各种谱图，由此来分析变压器的局部放电情况。

（1）局部放电特征提取 变压器绝缘结构中发生的局部放电类型主要有 5 种：油中尖板放电、纸或纸板内部放电、油中气泡放电、纸或纸板沿面放电和悬浮放电。局部放电具有明显的随机性，采用超高频测量系统，对 100 个工频周期的超高频放电信号进行统计，可以得到局部放电的各种分布谱图，它们能全面地描述局部放电的特征，可用于区分不同类型的局部放电。模式识别结果的正确与否关键在于放电信号特征的提取，本书采用局部放电分布谱图的统计算子作为神经网络的输入量，包括偏斜度、突出度、局部峰个数、放电不对称度、相位不对称度、互相关因子和相位中值共 37 个特征量，进行放电类型的自动识别。

（2）放电识别 选取合适的训练样本集对提高网络的识别能力十分重要。一定要合理挑选样本，以使训练样本能涵盖全部样本的变化范围，这样经训练的神经网络可以达到较高的识别率。为此，每种放电模型都有 5 个以上的样品，这些样品的材料和结构完全相同，但尺寸等方面有一定差别；而且对同一个样品，在相同条件下采集多个样本，以确保实验结果具有良好的统计性和可重复性。最后，将多个 5 种放电模型的局部放电测量结果随机地分成两组，一组样本集用于神经网络的学习，另一组样本集不经过网络学习环节，直接用于神经网络识别，以判断网络的学习效果及推广能力。利用测试样本集分别对 AGA—BP 网络进行测试，识别结果见表 6-8。

表 6-8 放电类型识别结果

放 电 类 型	训练样本数/全部样本数	正确识别数/识别总数	识别率（%）
油中尖板放电	20/50	28/30	93
纸或纸板内部放电	20/50	30/30	100
油中气泡放电	20/50	29/30	97
纸或纸板沿面放电	20/50	30/30	100
悬浮放电	20/50	29/30	97

6.3 介质损耗角正切的在线检测

6.3.1 高压电桥法

电桥法测量 $\tan\delta$ 的基本电路如图 6-13 所示，它与离线试验时的高压电桥法相同，只是另一桥路由电压互感器提供电源。图中，C_N 是低压标准电容；S_1 是选相开关，用来选择不同相的电压互感器；S_2 是切换开关，可选通不同相或同相的不同设备；R_1 是保护电阻，用

于 PT_1 短路时限流；R_1、C_1 是移相回路对 PT_1 的角差作校正；PT_1 是与被测设备同相的电压互感器，其电压比为（220kV/$\sqrt{3}$）/（200V/$\sqrt{3}$），即为 127kV/35V；PT_2 是 58V/100V 的隔离用的变压器，它是为了解决有的 PT 二次侧不直接接地，而桥路是需要直接接地而设置的，另外当 PT_1 的二次电压和 C_x、R_3 桥臂上的电压极性相反时，也可用 PT_2 校正过来；S_3 是在不检测时使设备末屏直接接地；FA 是限制过电压的放电间隙、放电管或压敏电阻片；C_4、R_4、R_3 均为低压桥臂。

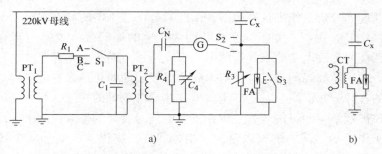

图 6-13　电桥法检测 tanδ 原理接线图

当电桥平衡时，而 $R_4 = 10^4/\pi$，C_4 的单位为 pF 时，有

$$\tan\delta = \omega C_4 R_4 = C_4 \tag{6-16}$$

$$C_x = k C_N \frac{R_4}{R_3} = \frac{K}{R_3} \tag{6-17}$$

式中　　　k——参与平衡的电压互感器 PT_1、PT_2 构成的电压比；

C_N、R_4——固定值。

$$K = k C_N R_4$$

检测前，先调整桥路平衡，即调节 C_4、R_3，使指零仪 G 指零，C_4 即等于设备的 tanδ。检测时不再调节 R_3，而只调节 C_4，使得 G 指示值最小，此时 C_4 仍等于实时的 tanδ，而 G 的指示值则相当于实时的 C_x 和调试时电容值的差值 ΔC_x，ΔC_x 和 C_4 的值可分别接单片机或微机作存储或记录、打印。

电桥法的优点是较准确、可靠，与电源波形频率无关，数据重复性好。缺点是接入了 R_3，改变了设备原有的运行状态，其他元件的接入也增加了 PT_1 发生故障的概率。要选择可靠性高的元件和采取一些保护措施。可用低频电流传感器代替相应的电阻元件，但效果并不理想。

6.3.2　相位差法

电桥法是一种间接测量法，而相位差法则是直接测量介质损耗角的正切值 tanδ，其原理如图 6-14 所示。电流信号由设备末屏接地线或设备本身接地线上的低频电流传感器经转换为电压信号后输入检测系统。电压信号则仍由同相的电压互感器提供，并再经电阻器分压后输出。

图中的 C_1 和 C_2 分别是电容式电压互感器 CVT 的高压臂和低压臂的电容。两路信号通过低通滤波器后，信号得到适当放大并滤去高次谐波。而后，信号送入预处理单元，信号幅

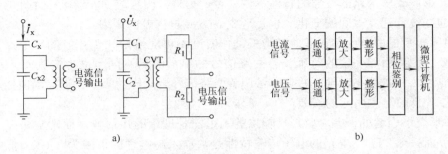

图6-14 相位差法检测 tanδ 原理框图

值调整到必要的数值后，进入过零整形电路。电流信号经正相整形，而电压信号经反相整形，整形后的波形如图6-15所示。易知，$\dot{I}_x$ 和 $\dot{U}$ 两个信号之间的脉宽，即为电流和电压的相位差 φ，则 $\tan\delta \approx \delta = 0.5\pi - \varphi$。通过相位鉴别单元，用计数脉冲进行计数，计数值和 tanδ 成正比关系。

例如，计数脉冲的频率为4MHz，那么一个工频周期脉冲数 $n_T = 8 \times 10^4$，相位差 φ 的脉冲数 $n_\varphi = \varphi n_T / 2\pi$，即 $\varphi = \pi n_\varphi / 40000$。此时检测系统的最小分辨率为 $2\pi/(8 \times 10^4) \approx 0.8 \times 10^{-4}$，即小于 10^{-4}rad，对于测量 tanδ 来讲，分辨率或者检测灵敏度已经足够。但本法的一个根本弱点是实际 tanδ 值较小（一般在 $1 \times 10^{-3} \sim 5 \times 10^{-2}$ 间），这是两个"大数"之差的结果，故各种因素引起较大的相对误差，影响检测的可靠性。

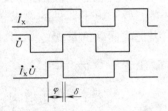

图6-15 相位差法检测
tanδ 原理波形图

下面分析可能的误差来源。

1. 频率 f 引起的误差

设 n_T 仍为 8×10^4，$\tan\delta \approx \delta = 1\%$，则当 $f = 50$Hz 时，$n_\varphi = (0.5\pi - 0.01) \times 40000/\pi = 19873$ 个脉冲。若频率 f 变化为49.9Hz，则 $n_\varphi = (0.5\pi - 0.01) \times 40080/\pi = 19913$ 个。也就是说，当实际频率 f 降低0.1Hz或0.2%时，测得 φ 的技术脉冲增加40个，使得 tanδ 偏小0.32%，即实测值为0.68%，而不是1%，相对误差达到32%。频率变化增加，误差更大。根据国家标准规定，频率允许变化范围为 (50 ± 0.5) Hz，故由于频率 f 的变化对 n_T 作相应的调整，以消除频率 f 变化造成的检测误差。

2. 电压互感器引起的固有误差

固有误差是系统误差，可在检测系统数据处理时加以校正。

3. 谐波的影响

tanδ 是由基波来计算的，若信号中存在谐波，特别是电力系统中常有的3次谐波，将使相位差发生偏差。而谐波本身又常随负载变化而变化，这将影响 tanδ 测量值的重复性。为此在检测系统中必须有低通滤波单元，以滤去高次谐波。例如，对3次谐波要求衰减40dB以上。

4. 两路信号在处理过程中存在时延差

1）低通滤波器的建立约为10μs，这将造成信号0.003rad 的系统误差。若两路滤波器的建立时间相等，则不会影响 tanδ 值。但事实上，两者不可能完全相等，这就会引起 tanδ 的测量误差。为此要求两路滤波器的特性尽量一致。另外，因组成滤波器电路元件的温度特性而引起低通滤波器建立时间的变化，也是造成 $\tan\delta$ 测量误差的原因。

2）过零整形的时延引起误差。整形的动作时间不可能恰好在正弦波的零值点，而总有一定的误差，因而引起一定的时延，若两路信号的整形时延不同，也将造成 $\tan\delta$ 的测量误差。为此应设法尽量减小时延，并且尽量调节两路信号至同样的幅度，选择阈值相同的电子器件等，以降低时延差引起的误差。

3）整形波形引起的误差。整形后输出的不可能是理想的矩形波，而常常是有一定陡度的梯形波。而一般 TTL 门电路的电压传输特性是：输入高电平的下限为 2.0V，低电平的上限为 0.8V，故在输入波形 2.0V 以下时不会输出高电平，0.8V 以上时不会输出低电平。这就使得在进行与运算和脉冲计数时均会引起误差，因此应选用性能优良的高速器件以降低这类误差。

4）其他因素，例如环境温度的变化。若环境温度引起的两路电子器件性能的变化不一致，将造成 $\tan\delta$ 的测量误差。故在选用电子器件时，应使两路电子器件的特性尽可能一致。

相位差法在国内应用较广，其优点是不更改设备的运行情况，缺点是由于上述众多的因素，故对电子器件的要求较高，否则会影响检测数据的重复性，甚至出现由于重复性差而无法正确诊断的情况。

6.3.3 全数字测量法

如上所述，由于谐波、信号处理等诸多误差因素，用硬件测量 $\tan\delta$ 存在数据重复性差的问题。为减少误差，对硬件提出更高要求，使检测系统进一步复杂化。为更好地解决这一问题，出现了用软件计算相位差的全数字化处理 $\tan\delta$ 的检测技术。

数字化测量方法主要包括过零点时差比较法、过零点电压比较法、自由电压矢量法、正弦波参数法、谐波分析法和异频电源法。在上述诸多方法中，过零时差比较法对谐波干扰十分敏感，过零电压比较法的抗干扰能力得到了加强，但所要求的条件十分苛刻。自由矢量法和正弦波参数法在方法设计时把被试品上的电压、电流理想化为标准的正弦波，而谐波分析法和异频电源法在设计时就充分考虑到在实际电压、电流中含有干扰成分，因而有广泛的应用前景，下面主要介绍这两种方法。

由低频电流传感器和同相电压互感器分别取得电流、电压信号，两路信号通过 A/D 转换后，即运用软件进行运算和处理。可运用傅里叶变换和三角函数的正交性质直接计算 $\tan\delta$，基本原理如下。

任意周期性函数 $f(t)$ 只要能满足狄里赫利条件（即给定的周期性函数在有限的区间内，只有有限个第一类间断点和有限个极大值和极小值，而电工技术中所遇到的周期性函数通常都能满足这个条件），则 $f(t)$ 均可分解为由直流分量和各次谐波所组成的傅里叶级数

$$f(t) = a_0 + \sum_{k=1}^{l} \left[a_k\cos(k\omega t) + b_k\sin(k\omega t) \right] \tag{6-18}$$

为计算系数 a_k 和 b_k，上式两边都乘以 $\cos(k\omega t)$ 并取定积分，得

$$\int_0^{2\pi} f(t)\cos k\omega t\,\mathrm{d}(\omega t) = \int_0^{2\pi} a_0\cos(\omega t)\,\mathrm{d}(\omega t) + \int_0^{2\pi} a_1\cos(\omega t)\cos(k\omega t)\,\mathrm{d}(\omega t) +$$

$$\int_0^{2\pi} a_2\cos(2\omega t)\cos(k\omega t)\,\mathrm{d}(\omega t) + \cdots + \int_0^{2\pi} b_1\sin(\omega t)\cos(k\omega t)\,\mathrm{d}(\omega t) +$$

$$\int_0^{2\pi} b_2 \sin(2\omega t)\cos(k\omega t)\mathrm{d}(\omega t) + \cdots$$

根据三角函数的正交性质，m、n 为任意整数，且 $m \neq n$，下列定积分成立

$$\int_0^{2\pi} \sin(mx)\mathrm{d}x = 0, \int_0^{2\pi} \cos(mx)\mathrm{d}x = 0, \int_0^{2\pi} [\cos(mx)]^2\mathrm{d}x = \pi, \int_0^{2\pi} [\sin(mx)]^2\mathrm{d}x = \pi$$

$$\int_0^{2\pi} \sin(mx)\cos(nx)\mathrm{d}x = 0, \int_0^{2\pi} \sin(mx)\sin(nx)\mathrm{d}x = 0, \int_0^{2\pi} \cos(mx)\cos(nx)\mathrm{d}x = 0$$

则

$$\int_0^{2\pi} f(t)\cos(k\omega t)\mathrm{d}(\omega t) = a_k \pi$$

所以

$$a_k = \frac{1}{\pi}\int_0^{2\pi} f(t)\cos(k\omega t)\mathrm{d}(\omega t) \tag{6-19}$$

同理，用 $\sin(k\omega t)$ 去乘式（6-18）两边，并取定积分可得

$$b_k = \frac{1}{\pi}\int_0^{2\pi} f(t)\sin(k\omega t)\mathrm{d}(\omega t) \tag{6-20}$$

对于基波，其系数为

$$a_1 = \frac{1}{\pi}\int_0^{2\pi} f(t)\cos(\omega t)\mathrm{d}(\omega t) = \frac{2}{T}\int_0^{T} f(t)\cos(\omega t)\mathrm{d}t \tag{6-21}$$

$$b_1 = \frac{1}{\pi}\int_0^{2\pi} f(t)\sin(\omega t)\mathrm{d}(\omega t) = \frac{2}{T}\int_0^{T} f(t)\sin(\omega t)\mathrm{d}t \tag{6-22}$$

式（6-18）中的基波分量为

$$A_1 = a_1\cos(\omega t) + b_1\sin(\omega t) \tag{6-23}$$

对上式作一些变换，令

$$A_{1m} = (a_1^2 + b_1^2)^{1/2} \tag{6-24}$$

又有

$$a_1 = A_{1m}\sin\phi_1, \quad b_1 = A_{1m}\cos\phi_1, \quad \tan\phi_1 = a_1/b_1 \tag{6-25}$$

将式（6-25）代入式（6-23）得

$$A_1 = A_{1m}\sin\phi_1\cos(\omega t) + A_{1m}\cos\phi_1\sin(\omega t) \tag{6-26}$$

运用三角函数和与积的关系，A_1 可写成

$$A_1 = A_{1m}\sin(\omega t + \phi_1) \tag{6-27}$$

A_{1m} 和 ϕ_1 可由 a_1 和 b_1 求得，而 a_1 和 b_1 则通过数值积分，由式（6-21）、式（6-22）求得。

通过以上运算，可求得基波的幅值和相位角。由图 6-14 分别测得电流、电压信号，以 B、A 分别表示相应的时域函数，则基波电压信号的系数 a_{1u}、b_{1u} 为

$$\left.\begin{array}{l} a_{1u} = A_{1m}\sin\phi_A = \dfrac{2}{T}\displaystyle\int_0^{T} A\cos(\omega t)\mathrm{d}t \\[3mm] b_{1u} = A_{1m}\cos\phi_A = \dfrac{2}{T}\displaystyle\int_0^{T} A\sin(\omega t)\mathrm{d}t \end{array}\right\} \tag{6-28}$$

式中　A_{1m}——电压函数 A 的基波幅值；

　　　ϕ_A——电压函数 A 的相位。

同理，基波电流信号的系数 a_{1i} 和 b_{1i} 为

$$a_{1i} = B_{1m}\sin\phi_B = \frac{2}{T}\int_0^T B\cos(\omega t)\,dt \Bigg\}$$

$$b_{1i} = B_{1m}\cos\phi_B = \frac{2}{T}\int_0^T B\sin(\omega t)\,dt \Bigg\} \tag{6-29}$$

式中 B_{1m}——电流函数 B 的基波幅值；

$\quad\phi_B$——电流函数 B 的相位。

由式（6-28）可得

$$\phi_A = \arctan\frac{a_{1u}}{b_{1u}}, \quad A_{1m} = \sqrt{a_{1u}^2 + b_{1u}^2} \tag{6-30}$$

由式（6-29）可得

$$\phi_B = \arctan\frac{a_{1i}}{b_{1i}}, \quad B_{1m} = \sqrt{a_{1i}^2 + b_{1i}^2} \tag{6-31}$$

则

$$\tan\delta \approx \delta = 0.5\pi - (\phi_B - \phi_A) \tag{6-32}$$

可见，除了传感器和 A/D 转换外，本法主要是通过数字运算得到 $\tan\delta$，完全避免了运算硬件带来的诸多误差因素。在最后的运算中，虽存在大数相减的问题，但计算机能保证运算的准确性。同时，通过只对基波作运算，等于对谐波进行了理想滤波，从而排除了谐波对检测的影响，故本法具有较高的准确性和良好的重复性。图 6-16 即为某全数字化 $\tan\delta$ 在线检测系统的原理框图，该系统除了可以检测 $\tan\delta$，也可检测电容型设备的电容电流、电容量和三相不平衡电流。

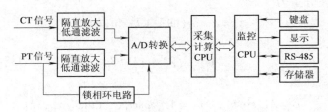

图 6-16 全数字化 $\tan\delta$ 在线检测原理框图

习题与思考题

6-1 简述什么是电气设备在线检测，并说明与离线试验相比较，有什么优缺点？

6-2 变压器主要的绝缘故障类型有哪些，对应的故障气体特点是什么？

6-3 实现变压器油中溶解气体在线检测需要哪些环节，简述各个环节的基本原理。

6-4 如何根据油中溶解气体分析进行变压器故障诊断？

6-5 局部放电在线检测的关键技术是什么？如何抑制干扰？

6-6 容性电气设备 $\tan\delta$ 的在线检测方法主要有哪些？简述其原理。

6-7 为什么说在线检测技术是实施状态维修的基础？

6-8 对于在线检测装置，测量重复性和测量精度哪个更重要？为什么？

第3篇　运行篇

过电压防护与绝缘配合

过电压与绝缘配合是电力系统的一个重要方向，首先需清楚过电压的产生和传播规律，然后根据不同的过电压特征决定其防护措施和绝缘配合设计。

"过电压"是指电力系统中出现的对绝缘有危险的电压升高和电位差升高，按照产生机理将其分为：

$$
\text{电力系统过电压}
\begin{cases}
\text{内部过电压}
\begin{cases}
\text{暂时过电压}
\begin{cases}
\text{工频电压升高} \\
\text{谐振过电压}
\end{cases} \\
\text{操作过电压}
\end{cases} \\
\text{外部过电压} \\
\text{（雷电过电压）}
\begin{cases}
\text{直接雷击过电压} \\
\text{感应雷击过电压}
\end{cases}
\end{cases}
$$

本篇后续内容将会详细介绍过电压的产生机理及限制措施等。随着电力系统输电电压等级的提高，输变电设备的绝缘部分占总设备投资比重越来越大。因此，采用何种限压和保护措施，使之在不增加过多投资的前提下，既可以保证设备安全使系统可靠地运行，又可以减少主要设备的投资，可归结为绝缘配合问题。绝缘配合是根据设备在系统中可能承受的过电压并考虑保护装置和设备绝缘的特性来确定耐受强度，以最少的经济成本把各种过电压所引起的绝缘损坏概率降低到可接受的水平，也就要在技术上处理好各种电压、各种限压措施和设备绝缘耐受能力三者之间的配合关系，以及在经济上协调投资费、维护费和事故损失费三者之间的关系。

因此本篇首先介绍输电线路和绕组中的波过程，然后介绍雷电过电压及其防护措施以及操作过电压及防护，最后对绝缘配合进行综合介绍。

第7章

输电线路和绕组中的波过程

电力系统中的输电线路、母线、电缆以及变压器和电机的绕组等元件，由于其尺寸远小于 50Hz 交流电的波长，所以在工频电压下系统的元件可以按集中参数元件处理。在雷电波、内部操作或故障引起的过电压作用下，由于过电压的等效频率很高，其波长小于系统元件长度或与其相当，此时就不能把上述元件看成是集中参数元件了，必须按分布参数元件处理。本章将重点介绍如何利用波的概念来研究分布参数回路的过渡过程，从而得出导线在冲击电压作用下电流和电压的变化规律，以便确定过电压的最大值。

7.1 均匀无损单导线上的波过程

实际电力系统采用三相交流或双极直流输电，属于多导线线路，而且沿线路的电场、磁场和损耗情况也不尽相同，因此所谓的均匀无损单导线线路实际上是不存在的。但为了揭示线路波过程的物理本质和基本规律，可暂时不考虑线路的电阻和电导损耗，并假定线路参数处处相同，即首先研究均匀无损单导线中的波过程。

7.1.1 波传播的物理概念

假设有一无限长的均匀无损单导线，如图 7-1a 所示，$t=0$ 时刻合闸直流电源，形成无限长直角波，单位长度线路的电容、电感分别为 C_0、L_0，线路参数看成是由无数很小的长度单元 Δx 构成，如图 7-1b 所示。

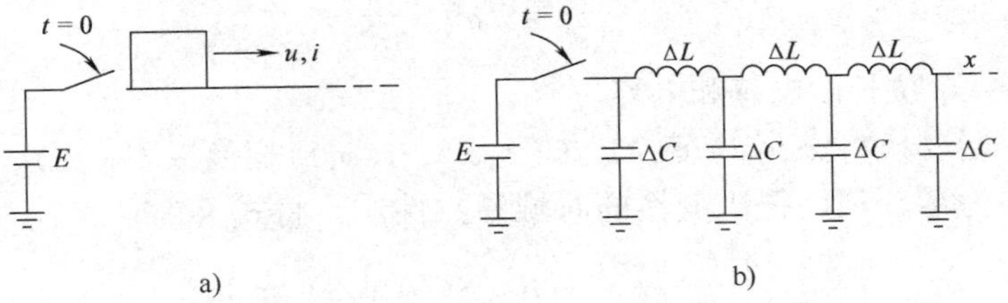

图 7-1　均匀无损的单导线

a）单根无损线首端合闸　b）等效电路

合闸后，电源向线路电容充电，在导线周围空间建立起电场，形成电压。靠近电源的电容立即充电，并向相邻的电容放电，由于线路电感的作用，较远处的电容要间隔一段时间才能充上一定数量的电荷，并向更远处的电容放电。这样电容依次充电，沿线路逐渐建立起电场，将电场能储存于线路对地电容中，也就是说电压波以一定的速度沿线路 x 方向传播。随着线路的充放电将有电流流过导线的电感，即在导线周围空间建立起磁场，因此和电压波相对应，还有电流波以同样的速度沿 x 方向流动。综上所述，电压波和电流波沿线路的传播过程实质上就是电磁波沿线路传播的过程，电压波和电流波是在线路中传播的伴随而行的统一体。

7.1.2　波动方程及解

为了求出无损单导线线路行波的表达式，令 x 为线路首端到线路上任意一点的距离。线路每一单元长度 dx 具有电感 L_0dx 和电容 C_0dx，如图 7-2 所示，线路上的电压和电流 i 都是距离和时间的函数。

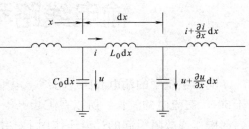

图 7-2　均匀无损单导线的单元等效电路

根据节点电流方程 $\sum i = 0$ 可知

$$i = C_0dx\,\frac{\partial\left(u + \frac{\partial u}{\partial x}dx\right)}{\partial t} + \left(i + \frac{\partial i}{\partial x}dx\right)$$

根据回路电压方程 $\sum u = 0$ 可知

$$u = L_0dx\,\frac{\partial i}{\partial t} + \left(u + \frac{\partial u}{\partial x}dx\right)$$

整理得

$$\frac{\partial i}{\partial x} + C_0\,\frac{\partial u}{\partial t} = 0 \tag{7-1}$$

$$\frac{\partial u}{\partial x} + L_0\,\frac{\partial i}{\partial t} = 0 \tag{7-2}$$

由式（7-1）对 x 再求导数，由式（7-2）对 t 再求导数，然后消去 i，并用类似的方法消去 u，得

$$\frac{\partial^2 u}{\partial x^2} = L_0 C_0\,\frac{\partial^2 u}{\partial t^2} \tag{7-3}$$

$$\frac{\partial^2 i}{\partial x^2} = L_0 C_0\,\frac{\partial^2 i}{\partial t^2} \tag{7-4}$$

式中　L_0、C_0——单位长度电感和电容。

通过拉普拉斯变换将 $u(x,t)$ 变换成 $U(x,S)$，$i(x,t)$ 变换成 $I(x,S)$，并假定线路电压和电流初始条件为零，利用拉氏变换的时域导数性质，将式（7-3）、式（7-4）变换成

$$\frac{\partial^2 U(x,S)}{\partial x^2} - R^2(S)U(x,S) = 0 \tag{7-5}$$

$$\frac{\partial^2 I(x,S)}{\partial x^2} - R^2(S)I(x,S) = 0 \tag{7-6}$$

其中，$R(S) = \pm\dfrac{S}{\nu}$。

根据 2 阶齐次线性微分方程性质，令 $\nu = \sqrt{\dfrac{1}{L_0 C_0}}$，则式（7-5）、式（7-6）的解为

$$U(x,S) = U_f(S)e^{\frac{-S}{\nu}x} + U_b(S)e^{\frac{S}{\nu}x} \tag{7-7}$$

$$I(x,S) = I_f(S)e^{\frac{-S}{\nu}x} + I_b(S)e^{\frac{S}{\nu}x} \tag{7-8}$$

将以上频域形式解变换到时域形式为

$$i(x,t) = i_f\left(t - \frac{x}{\nu}\right) + i_b\left(t + \frac{x}{\nu}\right) \tag{7-9}$$

$$u(x,t) = u_f\left(t - \frac{x}{\nu}\right) + u_b\left(t + \frac{x}{\nu}\right) \tag{7-10}$$

式（7-9）、式（7-10）就是均匀无损单导线波动方程的解。

7.1.3　波速和波阻抗

在波动方程中定义 ν 为波传播的速度

$$\nu = \sqrt{\frac{1}{L_0 C_0}}$$

对于架空线路

$$\nu = \sqrt{\frac{1}{\mu_0 \varepsilon_0}}$$

即沿架空线传播的电磁波波速等于空气中的光速（$\nu = 3 \times 10^8 \mathrm{m/s}$）。而一般对于电缆，波速 $\nu \approx 1.5 \times 10^8 \mathrm{m/s}$，其传播速度低于架空线，因此减小电缆介质的介电常数可提高电磁波在电缆中的传播速度。

定义波阻抗

$$Z = \frac{u_f}{i_f} = -\frac{u_b}{i_b} = \sqrt{\frac{L_0}{C_0}}$$

其中，u_f、i_f 分别为电压前行波和电流前行波，u_b、i_b 分别为电压反行波和电流反行波。

一般对单导线架空线而言，Z 为 500Ω 左右，考虑电晕影响时取 400Ω 左右。由于分裂导线和电缆的 L_0 较小而 C_0 较大，故分裂导线架空线路和电缆的波阻抗都较小，电缆的波阻抗约为十几欧姆至几十欧姆不等。

波阻抗 Z 表示了线路中同方向传播的电流波与电压波的数值关系，但不同极性的行波向不同的方向传播，需要规定一个正方向。电压波的符号只取决于导线对地电容上相应电荷的符号，和运动方向无关。而电流波的符号不但与相应的电荷符号有关，而且与电荷运动方向有关，根据习惯规定：沿 x 正方向运动的正电荷相应的电流波为正方向。在规定行波电流正方向的前提下，电流前行波 i_f 与电压前行波 u_f 总是同号，而电流反行波 i_b 与电压反行波 u_b 总是异号，即

$$\frac{u_f}{i_f} = Z$$

$$\frac{u_b}{i_b} = -Z$$

必须指出，分布参数电路的波阻抗与集中参数电路的电阻虽然有相同的量纲，但物理意义上有着本质的不同。

1）波阻抗表示向同一方向传播的电压波和电流波之间比值的大小；电磁波通过波阻抗为

Z 的无损线路时，其能量以电磁能的形式储存于周围介质中，而不像通过电阻那样被消耗掉。

2）为了区别不同方向的行波，Z 的前面应有正负号。

3）如果导线上有前行波，又有反行波，两波相遇时，总电压和总电流的比值不再等于波阻抗，即

$$\frac{u}{i} = \frac{u_f + u_b}{i_f + i_b} = Z\frac{u_f + u_b}{u_f - u_b} \neq Z$$

4）波阻抗的数值 Z 只与导线单位长度的电感 L_0 和电容 C_0 有关，而与线路长度无关。

7.1.4　前行波和反行波

下面用行波的概念来分析波动方程解的物理意义。

首先讨论式（7-10），电压 u 的第一个分量 $u_f\left(t - \dfrac{x}{v}\right)$。设任意波形的电压波 $u_f\left(t - \dfrac{x}{v}\right)$ 沿着线路 x 传播，如图 7-3 所示，假定当 $t = t_1$ 时刻线路上任意位置 x_1 点的电压值为 u_a，当 $t = t_2$ 时刻时（$t_2 > t_1$），电压值为 u_a 的点到达 x_2，则应满足

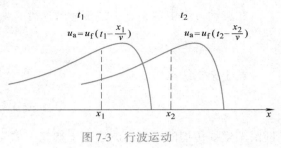

图 7-3　行波运动

$$t_1 - \frac{x_1}{v} = t_2 - \frac{x_2}{v}$$

即

$$x_2 - x_1 = v(t_2 - t_1)$$

由于 v 恒大于 0，且由于 $t_2 > t_1$，则 $x_2 - x_1 > 0$，由此可见 $u_f\left(t - \dfrac{x}{v}\right)$ 表示前行波；同样的方法可以证明 $u_b\left(t + \dfrac{x}{v}\right)$ 表示沿 x 反方向行进的电压波，称为反行电压波。$i_f\left(t - \dfrac{x}{v}\right)$，$i_b\left(t + \dfrac{x}{v}\right)$ 的证明过程类似。

为方便，将式（7-9）和式（7-10）写成

$$i = i_f + i_b \tag{7-11}$$

$$u = u_f + u_b \tag{7-12}$$

由式（7-11）和式（7-12）可知，线路中传播的任意波形的电压和电流传播的前行波和反方向传播的反行波，两个方向传播的波在线路中相遇时电压波与电流波的值符合算术叠加定理，且前行电压波与前行电流波的符号相同，反行电压波与反行电流波的符号相反。

7.2　行波的折射和反射

当波沿传输线传播，遇到线路参数发生突变，即波阻抗发生突变的节点时，都会在波阻抗发生突变的节点上产生折射和反射。

如图 7-4 所示，当无穷长直角波 $u_{if} = E$ 沿线路 1 达到 A 点后，在线路 1 上除 u_f、i_f 外又

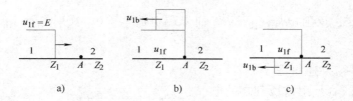

图 7-4　波通过节点的折反射

a）波通过节点前　b）波通过节点后，$Z_2 > Z_1$ 时　c）波通过节点后，$Z_2 < Z_1$ 时

会产生新的行波 u_b、i_b，因此线路上总的电压和电流为

$$u_1 = u_{1f} + u_{1b} \brace i_1 = i_{1f} + i_{1b}$$

(7-13)

设线路 2 为无限长，或在线路 2 上未产生反射波前，线路 2 上只有前行波没有反行波，则线路 2 上的电压和电流为

$$u_2 = u_{2f} \brace i_2 = i_{2f}$$

(7-14)

然而节点 A 只能有一个电压、电流，因此其左右两边的电压、电流相等，即 $u_1 = u_2$，$i_1 = i_2$，因此有

$$u_{2f} = u_{1f} + u_{1b} \brace i_{2f} = i_{1f} + i_{1b}$$

(7-15)

将 $\dfrac{u_{1f}}{i_{1f}} = Z_1$，$\dfrac{u_{2f}}{i_{2f}} = Z_2$，$\dfrac{u_{1b}}{i_{1b}} = -Z_1$，$u_{1f} = E$ 代入上式得

$$u_{2f} = \frac{2Z_2}{Z_1 + Z_2} E = \alpha E \brace u_{1b} = \frac{Z_2 - Z_1}{Z_1 + Z_2} E = \beta E$$

(7-16)

式中　α——折射系数；

　　　β——反射系数。

$$\alpha = \frac{2Z_2}{Z_1 + Z_2} \atop \beta = \frac{Z_2 - Z_1}{Z_1 + Z_2} \atop \alpha = 1 + \beta \Bigg\}$$

(7-17)

以上公式尽管是由两段波阻抗不同的传输线所推导的，也适用于线路末端接有不同负载的情况，下面就线路末端的不同负载情况分别予以讨论。

7.2.1　线路末端的折射、反射

1. 末端开路时的折射、反射

当末端开路时，$Z_2 = \infty$，根据折射和反射系数计算公式（7-17），$\alpha = 2$，$\beta = 1$，即末端

171

电压 $U_2 = u_{2f} = 2E$，反射电压 $u_{1b} = E$，而末端电流 $i_2 = 0$，反射电流 $i_{1b} = -\dfrac{u_{1b}}{Z_1} = -\dfrac{E}{Z_1} = -i_{1f}$。

将上述计算结果通过图 7-5 表示，由于末端的反射，在反射波所到之处电压提高 1 倍，而电流降为 0。

2. 末端短路时的折射、反射

当末端短路时，$Z_2 = 0$，根据折射和反射系数计算公式（7-17），$\alpha = 0$，$\beta = -1$，即线路末端电压 $U_2 = u_{2f} = 0$，反射电压 $u_{1b} = -E$，反射电流 $i_{1b} = -\dfrac{u_{1b}}{Z_1} = -\dfrac{-E}{Z_1} = i_{1f}$。在反射波到达范围内，导线上各点电流为 $i_1 = i_{1f} + i_{1b} = 2i_{1f}$。

将上述计算结果通过图 7-6 表示，由于末端的反射，在反射波所到之处电流提高 1 倍，而电压降为 0。

3. 末端接集中负载时的折射、反射

当 $R \neq Z_1$ 时，来波将在集中负载上发生折射、反射。

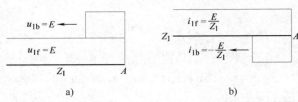

图 7-5　末端开路时波的折反射
a）电压波　b）电流波

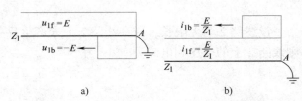

图 7-6　末端短路时波的折、反射
a）电压波　b）电流波

而当 $R = Z_1$ 时没有反射电压波和反射电流波，由 Z_1 传输过来的能量全部消耗在 R 上，其结果如图 7-7 所示。

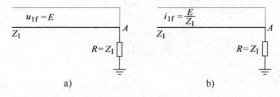

图 7-7　末端接集中负载 $R = Z_1$ 时的折射、反射
a）电压波　b）电流波

7.2.2　集中参数等效电路（彼德逊法则）

前面讨论了行波在线路末端的折射和反射问题，但在实际工程中，一个节点上往往接有多条分布参数长线（它们的波阻抗可能不同）和若干集中参数元件。最典型的例子就是变电所的母线，上面可能接有多条架空线和电缆，还可能接有一系列变电设备（诸如电压互感器、电容器、电抗器和避雷器等），它们都是集中参数元件，为了简化计算，最好能利用一个统一的集中参数等效电路来解决行波的折射和反射问题。

在图 7-8a 中，任意波形的前行波 u_1 达到 A 点后，首先观察 A 点的电压波形变化情况。Z_2 可为长线路，也可是任意的集中阻抗，根据式（7-11）和式（7-12），有

$$u_2 = u_{1f} + u_{1b} \Big\}$$
$$i_2 = i_{1f} + i_{1b} \Big\} \tag{7-18}$$

将 $i_{1f} = \dfrac{u_{1f}}{Z_1}$，$i_{1b} = -\dfrac{u_{1b}}{Z_1}$ 代入式（7-18），解得

$$2u_{1f} = u_2 + Z_1 i_2 \tag{7-19}$$

从式（7-19）可看出，当计算 A 点电压时，可将图 7-8a 中的分布参数等效电路转换成图 7-8b 中的集中参数等效电路。其中波阻抗 Z_1 用数值相等的等效电阻来替代，把入射电压波 u_{1f} 的 2 倍 $2u_{1f}$ 作为等效电压源，这就是计算节点电压 u_2 的等效电路法则，也称为彼德逊法则。

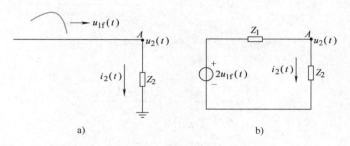

a)　　　　　　　　　　b)

图 7-8　计算折射波的等效电路（电压源）

利用这一法则，可以把分布参数电路波过程中的许多问题简化成熟悉的一些集中参数电路的暂态计算。式（7-19）的推导过程说明，电压波 u_{1f} 可以是任意波形；节点上的负载也可以是任意阻抗，包括由电阻、电感、电容等组成的复合阻抗。

考虑到在实际计算中常常遇到已知电流源（例如雷电流）的情况，此时采用电流源等效电路更加方便，将式（7-19）中的 U_{1f} 用 $I_{1f} Z_1$ 来代替，即可得出

$$2i_{1f} = \frac{u_2}{Z_1} + i_2 \tag{7-20}$$

由此可知，在电流入射波 i_{1f} 沿着导线传到一节点时，节点的电压和电流也可以用图 7-9 中的电流源集中参数等效电路进行计算。

应该强调指出：以上介绍的彼德逊法则只适用于一定的条件，首先入射波必须是沿一条分布参数线路传播过来；其次，它只适用于节点 A 之后的任何一条线路末端产生的反射波尚未回到 A 点之前。如果需要计算线路末端产生的反射波回到节点 A 以后的过程，就要采用后面介绍的行波多次折射、反射计算法。

下面以求取变电所的母线电压为例，具体说明彼德逊法则的应用。

【例 7-1】　设某变电所的母线上共接有 n 条架空线路，当其中某一条线路遭受雷击时，即有一过电压波 U_0 沿着该线路进入变电所，试求此时的母线电压 U_{bb}。

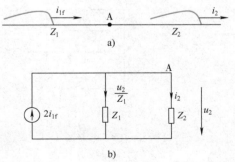

图 7-9　集中参数等效电路（电流源）

173

解　由于架空线路的波阻抗均大致相等，所以可得出图7-10中的接线示意图 a 和等效电路图 b。

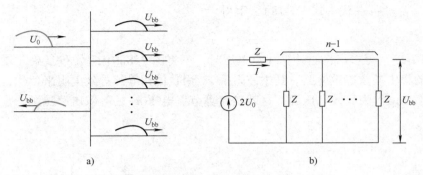

图7-10　有多条出线的变电所母线电压计算

不难求得

$$I = \frac{2U_0}{Z + \dfrac{Z}{n-1}} = \frac{2(n-1)U_0}{nZ}$$

所以

$$U_{bb} = I\frac{Z}{n-1} = \frac{2U_0}{n};$$

或者

$$U_{bb} = 2U_0 - IZ = \frac{2U_0}{n}。$$

由此可知：变电所母线上接的线路越多，则母线上的过电压越低，在变电所的过电压防护中对此应有所考虑。当 $n = 2$ 时，$U_{bb} = U_0$，相当于 $Z_2 = Z_1$ 的情况，没有折射、反射现象。

下面再以行波穿过电感和旁过电容的情况来进一步说明彼德逊法则在波过程计算中的应用。在工程实际中，常常会遇到过电压波穿过电感 L（例如限制短路电流用的扼流线圈、载波通信用的高频扼流线圈等）和旁过电容 C（例如电容式电压互感器、载波通信用的耦合电容等）的情况。在图7-11 和图7-12 中分别画出了这两种情况的示意图和计算用等效电路图。为了便于说明基本概念，原始的入射波仍采用无限长直角波。

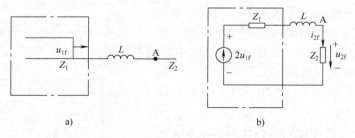

图7-11　行波穿过电感示意图和等效电路图

1. 波穿过电感

由图7-11b 可以看出：$i_L = i_{2f}$，因而可写出下面的回路方程

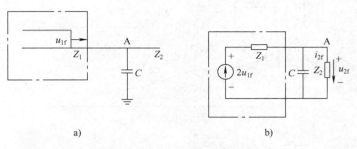

图 7-12 行波旁过电容示意图和等效电路图

$$2u_{1f} = i_{2f}(Z_1 + Z_2) + L\frac{di_{2f}}{dt} \tag{7-21}$$

解式（7-21）可得波穿过电感 L 时 A 点的电流与电压分别为

$$i_{2f} = \frac{2u_{1f}}{Z_1 + Z_2}(1 - e^{-\frac{t}{\tau_L}}) = \frac{2Z_1}{Z_1 + Z_2}i_{1f}(1 - e^{-\frac{t}{\tau_L}}) \tag{7-22}$$

$$u_{2f} = i_{2f}Z_2 = \frac{2Z_2}{Z_1 + Z_2}u_{1f}(1 - e^{-\frac{t}{\tau_L}}) = \alpha u_{1f}(1 - e^{-\frac{t}{\tau_L}}) \tag{7-23}$$

式中　τ_L——回路的时间常数，$\tau_L = \dfrac{L}{Z_1 + Z_2}$；

　　　　α——没有电感时的电压折射系数，$\alpha = \dfrac{2Z_1}{Z_1 + Z_2}$，单位为 kV/μs。

可见电压折射波 u_{2f} 的幅值为 αu_{1f}，与没有串联电感时相同；电压折射波的波前陡度为

$$a = \frac{du_{2f}}{dt} = \frac{2Z_2}{Z_1 + Z_2}u_{1f}\frac{1}{\tau_L}e^{-\frac{t}{\tau_L}} = \frac{2Z_2u_{1f}}{L}e^{-\frac{t}{\tau_L}} \tag{7-24}$$

可见无限长直角波穿过 L 后，其波前被拉平，变成指数波前，最大陡度出现在 $t = 0$ 瞬间

$$a_{max} = \frac{du_{2f}}{dt}\bigg|_{t=0} = \frac{2Z_2u_{1f}}{L} \tag{7-25}$$

式中，u_{1f} 的单位为 kV，Z_2 的单位为 Ω，L 的单位为 μH。

因为 $i_{1f} + i_{1b} = i_{2f}$，所以第一条线路上的电流反射波为

$$i_{1b} = i_{2f} - i_{1f} = \frac{2Z_1}{Z_1 + Z_2}i_{1f}(1 - e^{-\frac{t}{\tau_L}}) - i_{1f} \tag{7-26}$$

电压反射波为

$$u_{1b} = -Z_1 i_{1b} = u_{1f} - \frac{2Z_1}{Z_1 + Z_2}u_{1f}(1 - e^{-\frac{t}{\tau_L}}) \tag{7-27}$$

由以上分析可知：当行波到达电感 L 的初瞬（$t = 0$），$u_{1b} = u_{1f}$，$u_1 = u_{1f} + u_{1b} = 2u_{1f}$；$i_{1b} = -i_{1f}$，$i_1 = i_{1f} + i_{1b} = 0$，相当于开路的情况；当 $t = \infty$ 时，$u_{1b} = \dfrac{Z_2 - Z_1}{Z_1 + Z_2}u_{1f} = \beta u_{1f}$，$u_{2f} = \alpha u_{1f}$，可见串联电感 L 的作用完全消失。由以上结果可以看出：对于无限长直角波来说，串联电感只具有拉平波前（使直角波前变为指数波前）的作用，而不能降低其幅值；甚至使第一条线路的绝缘反而会受到 $2u_{1f}$ 的过电压。以上折、反射波的情况均表示在图 7-13 中。

175

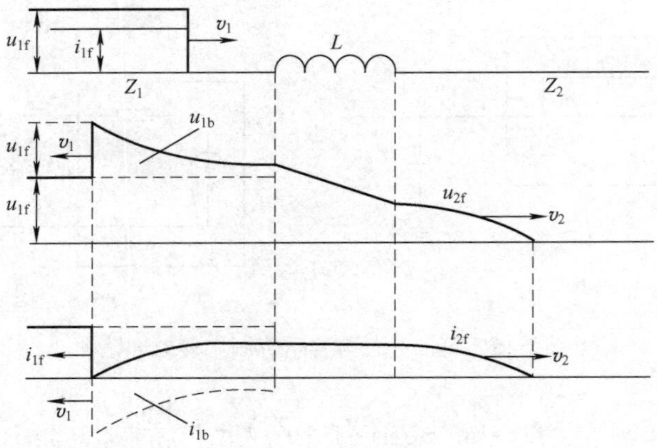

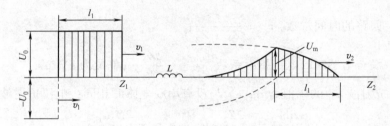

图 7-13 行波穿过电感时的折、反射波

如果电压入射波不是无限长直角波，而是波长很短的矩形波（类似于冲击截波），那么串联电感不但能拉平波前和波尾，而且还能在一定程度上降低其幅值，如图 7-14 所示，$Z_1 = Z_2$，$U_m < U_0$。

图 7-14 矩形短波穿过电感后的折射波

2. 波旁过电容

由图 7-12b 可以看出：$u_C = u_{2f}$，因而可写出下面的回路方程

$$2u_{1f} = (i_C + i_{2f})Z_1 + i_{2f}Z_2 = (Z_1 + Z_2)i_{2f} + CZ_1Z_2 \frac{\mathrm{d}i_{2f}}{\mathrm{d}t} \tag{7-28}$$

解上式可得

$$i_{2f} = \frac{2u_{1f}}{Z_1 + Z_2}(1 - \mathrm{e}^{-\frac{t}{\tau_C}}) = \frac{2Z_1}{Z_1 + Z_2}i_{1f}(1 - \mathrm{e}^{-\frac{t}{\tau_C}}) \tag{7-29}$$

$$u_{2f} = i_{2f}Z_2 = \frac{2Z_2}{Z_1 + Z_2}u_{1f}(1 - \mathrm{e}^{-\frac{t}{\tau_C}}) = \alpha u_{1f}(1 - \mathrm{e}^{-\frac{t}{\tau_C}}) \tag{7-30}$$

式中 τ_C——回路的时间常数，$\tau_C = \dfrac{Z_1 Z_2}{Z_1 + Z_2}C$。

比较式（7-22）与式（7-29）以及式（7-23）与式（7-30）可知：如果 $\tau_C = \tau_L$，即 $L = CZ_1Z_2$，则它们完全相同，即此时串联电感和并联电容产生相同的折射电压和折射电流。

由式（7-30）可知，u_{2f} 的幅值为 αu_{1f}，也与没有电容 C 时相同；电压折射波的波前陡度为

$$a = \frac{\mathrm{d}u_{2f}}{\mathrm{d}t} = \frac{2Z_1}{Z_1 + Z_2}u_{1f}\frac{1}{\tau_c}\mathrm{e}^{-\frac{t}{\tau_c}} = \frac{2u_{1f}}{Z_1 C}\mathrm{e}^{-\frac{t}{\tau_c}} \qquad (7\text{-}31)$$

可见直角波旁过电容后，其波前变成指数波前，最大陡度出现在 $t=0$ 瞬间

$$a_{max} = \frac{\mathrm{d}u_{2f}}{\mathrm{d}t}\bigg|_{t=0} = \frac{2u_{1f}}{Z_1 C} \qquad (7\text{-}32)$$

式中，u_{1f} 的单位为 kV，Z_1 的单位为 Ω，C 的单位为 μF。

因为 $u_{1f} + u_{1b} = u_{2f}$，所以第一条线路上的电压反射波为

$$u_{1b} = u_{2f} - u_{1f} = \frac{2Z_2}{Z_1 + Z_2}u_{1f}(1 - \mathrm{e}^{-\frac{t}{\tau_c}}) - u_{1f} \qquad (7\text{-}33)$$

电流反射波为

$$i_{1b} = -\frac{u_{1b}}{Z_1} = i_{1f} - \frac{2Z_2}{Z_1 + Z_2}i_{1f}(1 - \mathrm{e}^{-\frac{t}{\tau_c}}) \qquad (7\text{-}34)$$

当行波到达电容 C 的初瞬（$t=0$），$u_{1b} = -u_{1f}$，$u_1 = u_{1f} + u_{1b} = 0$；$i_{1b} = i_{1f}$，$i_1 = i_{1f} + i_{1b} = 2i_{1f}$，相当于接地的情况；当 $t = \infty$ 时，$u_{1b} = \frac{Z_2 - Z_1}{Z_1 + Z_2}u_{1f} = \beta u_{1f}$，$u_{2f} = \alpha u_{1f}$，可见串联电容 C 的作用完全消失。以上折、反射波的情况均表示在图 7-15 中。

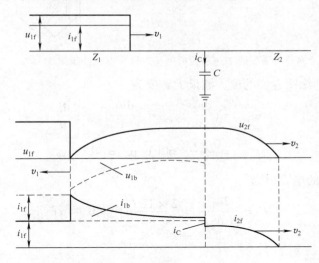

图 7-15　行波旁过电容时的折、反射

通过以上分析，可以得出以下结论：

1）行波穿过电感或旁过电容时，波前均被拉平，波前陡度减小，L 或 C 越大，陡度越小。其原因在于电感中的电流和电容上的电压是不能突变的，因而折射波的波前只能随着流过电感的电流逐渐增大或随着电容逐渐充电而逐渐上升。

2）在无限长直角波的情况下，串联电感和并联电容对电压的最终稳态值都没有影响。当 $t = \infty$ 时，$u_{2f} = \alpha u_{1f}$，$u_{1b} = \beta u_{1f}$，就像 L、C 都不存在一样。这一点不难理解，因为在直流电压作用下，电感上没有压降，相当于短接，电容充满电以后相当于开路。

3）从折射波的角度来看，串联电感与并联电容的作用是一样的，但从反射波的角度来看，二者的作用相反；当波刚到达节点时，电感上出现电压的全反射和电流的负全反射，结

果第一条线路上的电压加倍、电流变零；而电容上则出现电流的全反射和电压的负全反射，结果第一条线路上的电压变零、电流加倍。随着时间的推移，加倍的量按指数规律下降，变零的量按指数规律上升。

4）串联电感和并联电容都可以用作过电压保护措施，能减小过电压波的波前陡度和降低极短过电压波（例如冲击截波）的幅值。但就第一条线路上的电压 u_1 来说，采用 L 会使 u_1 加倍，而采用 C 不会使 u_1 增大，所以从过电压保护的角度出发，采用并联电容更为有利。

【例 7-2】　一幅值为 120kV 的直角波沿波阻抗为 60Ω 的电缆进到发电机绕组，绕组每匝长度为 5m，匝间绝缘能耐受的电压为 750V，波在绕组中的传播速度为 60m/μs，为了保护发电机的匝间绝缘，选用了并联电容方案，如图 7-16 所示，试求所需的电容值。

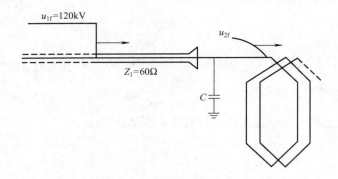

图 7-16　波沿电缆入侵发电机绕组

解　电机匝间绝缘所容许的侵入波最大陡度为

$$a_{max} = \left(\frac{du_{2f}}{dt}\right)_{max} = \left(\frac{du_{2f}}{dl}\right)_{max} \cdot \frac{dl}{dt}$$

$$= \frac{0.75}{5} \times 60 kV/μs = 9 kV/μs$$

按式（7-32），所需的电容值为

$$C = \frac{2u_{1f}}{Z_1 a_{max}} = \frac{2 \times 120}{60 \times 9} μF = 0.44 μF$$

7.2.3　波的多次折射、反射

在前面几节中只限于讨论线路为无限长的情况，而在实际电网中，线路总是有限长的，经常会遇到波在两个或多个节点之间来回多次折射、反射的问题。例如，发电机或充气绝缘变电所（GIS）经过电缆段连接到架空线路上，当雷电波入侵时，波在电缆段间发生多次折射、反射。

下面以两条无限长线路之间接入一段有限长线路的情况为例，讨论用网格法研究波的多次折射、反射问题。网格法的特点就是用各节点的折射、反射系数算出节点的各次折射、反射波，按时间的先后次序表示在网格图上，然后用叠加的方法求出各节点在不同时刻的电压值。

根据相邻两线路的波阻抗，求出节点的折射、反射系数为

$$\alpha_1 = \frac{2Z_0}{Z_0 + Z_1} \quad \alpha_2 = \frac{2Z_2}{Z_0 + Z_2}$$

$$\beta_1 = \frac{Z_1 - Z_0}{Z_1 + Z_0} \quad \beta_2 = \frac{Z_2 - Z_0}{Z_2 + Z_0}$$

如图 7-17 所示网格图，当 $t=0$ 时波 $u(t)$ 到达 1 点后，进入 Z_0 的折射波为 $\alpha_1 u(t)$；此折射波于 $t=\tau$ 时到达 2 点后，产生进入 Z_2 的折射波 $\alpha_1 \alpha_2 u(t-\tau)$ 和返回 Z_0 的反射波 $\alpha_1 \beta_2 u(t-\tau)$，其中 $\tau = l/v$；这一反射波于 $t=2\tau$ 时回到 1 点后又被重新反射回去，成为 $\alpha_1 \beta_2 \beta_1 u(t-2\tau)$；它于 $t=3\tau$ 时到达 2 点又产生新的折射波 $\alpha_1 \alpha_2 \beta_2 \beta_1 u(t-3\tau)$ 和新的反射波 $\alpha_1 \beta_1 \beta_2^2 u(t-3\tau)$ …，如此继续下去，经过 n 次折射后，进入 Z_2 线路的电压波，即节点 2 上的电压 $u_2(t)$ 是所有这些折射波的叠加，但要注意它们到达时间的先后。其数学表达式为

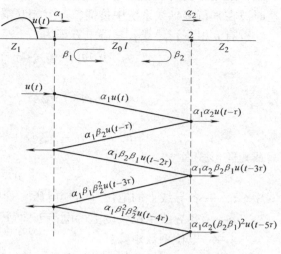

图 7-17　计算多次折射、反射的网格图

$$u_2(t) = \alpha_1 \alpha_2 u(t-\tau) + \alpha_1 \alpha_2 \beta_2 \beta_1 u(t-3\tau) + \alpha_1 \alpha_2 (\beta_2 \beta_1)^2 u(t-5\tau) + \cdots$$
$$+ \alpha_1 \alpha_2 (\beta_2 \beta_1)^{n-1} u(t-(2n-1)\tau) \tag{7-35}$$

显然 $u_2(t)$ 的数值和波形与外加电压 $u(t)$ 的波形有关。若 $u(t)$ 是幅值为 E 的无穷长直角波。则经过 n 次折射后，线路 Z_2 的电压波为

$$U_2 = E\alpha_1 \alpha_2 [1 + \beta_1 \beta_2 + (\beta_1 \beta_2)^2 + \cdots + (\beta_1 \beta_2)^{n-1}]$$

$$= E\alpha_1 \alpha_2 \frac{1 - (\beta_1 \beta_2)^{n-1}}{1 - \beta_1 \beta_2}$$

当 $t \to \infty$ 时，$(\beta_1 \beta_2)^n \to 0$，则有

$$U_2 = E\alpha_1 \alpha_2 \frac{1}{1 - \beta_1 \beta_2} \tag{7-36}$$

将 α_1、α_2、β_1、β_2 代入式（7-21）可得

$$U_2 = \frac{2Z_2}{Z_1 + Z_2} E = \alpha_{12} E \tag{7-37}$$

式（7-37）中 α_{12} 为波从线路 1 直接向线路 2 传播的折射系数。这说明在无穷长直角波的作用下，经过多次折射、反射后最终达到的稳态值点由线路 1 和线路 2 的波阻抗决定，和中间线段的存在与否无关。

至于在直角波作用下 $u_2(t)$ 的波形，可由式（7-35）计算得到。从该式中可看到，若 β_1 与 β_2 同号，则 $\beta_1 \beta_2 > 0$，$u_2(t)$ 的波形为逐渐递增的；若 β_1 与 β_2 异号，则 $\beta_1 \beta_2 < 0$，$u_2(t)$ 的波形呈振荡形。

7.3　波在多导线系统中的传播

前面讨论的是单导线中的波过程，而实际输电线路都是多导线的。例如交流高压线路可

能是5根（单回路3相导线和2根避雷线）或8根（同杆双回6相导线和2根避雷线）平行导线；双极直流高压线路可能是3根或4根平行导线（2根直流导线、1根或2根避雷线）。这时波在平行多导线系统中传播，产生相互耦合作用。

设有 n 根平行导线，其静电方程为

$$u_1 = \alpha_{11}q_1 + \alpha_{12}q_2 + \cdots + \alpha_{1k}q_k + \cdots + \alpha_{1n}q_n$$
$$\vdots$$
$$u_k = \alpha_{k1}q_1 + \alpha_{k2}q_2 + \cdots + \alpha_{kk}q_k + \cdots + \alpha_{kn}q_n$$
$$\vdots$$
$$u_n = \alpha_{n1}q_1 + \alpha_{n2}q_2 + \cdots + \alpha_{nk}q_k + \cdots + \alpha_{nn}q_n$$

写成矩阵形式为

$$\boldsymbol{u} = \boldsymbol{Aq} \tag{7-38}$$

式中　$\boldsymbol{u}$——各导线上的电位（对地电压）列向量，$\boldsymbol{u} = (u_1,\ u_2 \cdots,\ u_n)^{\mathrm{T}}$；

　　　$\boldsymbol{q}$——各导线单位长度上的电荷列向量，$\boldsymbol{q} = (q_1,\ q_2,\ \cdots,\ q_n)^{\mathrm{T}}$；

　　　$\boldsymbol{A}$——电位系数矩阵；

α_{kk}、α_{kn}——第 k 根导线的自电位系数、第 k 根导线与第 n 根导线的互电位系数，其值可由下式计算

$$\alpha_{kk} = \frac{1}{2\pi\varepsilon_0}\ln\frac{H_{kk}}{r_k}$$

$$\alpha_{kn} = \frac{1}{2\pi\varepsilon_0}\ln\frac{H_{kn}}{D_{kn}}$$

其中，H_{kk}、H_{kn}、r_k、D_{kn} 的值如图7-18所示。

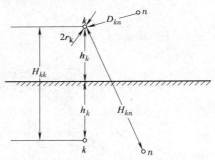

图7-18　多导线系统电位系数计算

将静电方程（7-38）右边乘以 v/v，其中 v 为传播速度，$v = \dfrac{1}{\sqrt{\mu_0\varepsilon_0}}$；考虑到 $q_kv = i_k$，i_k 为第 k 根导线中的电流，即 $\boldsymbol{q}v = \boldsymbol{i}$，$\boldsymbol{i} = (i_1,\ i_2,\ \cdots,\ i_n)^{\mathrm{T}}$ 为各导线上的电流列向量，则式（7-38）可改写为

$$\boldsymbol{u} = \boldsymbol{Zi} \tag{7-39}$$

这就是平行多导线系统的电压方程。式中 $\boldsymbol{Z} = \boldsymbol{A}/v$ 为平行多导线系统的波阻抗矩阵，则导线 k 的自波阻抗为

$$Z_{kk} = \frac{\alpha_{kk}}{v} = \frac{1}{2\pi}\sqrt{\frac{\mu_0}{\varepsilon_0}}\ln\frac{H_{kk}}{r_k}$$

导线 k 的互波阻抗为

$$Z_{kn} = \frac{\alpha_{kn}}{v} = \frac{1}{2\pi}\sqrt{\frac{\mu_0}{\varepsilon_0}}\ln\frac{H_{kn}}{D_{kn}}$$

若线路中同时存在前行波 u_f、i_f 和反行波 u_b、i_b，则有

$$\left.\begin{aligned} u_{2f} &= u_{1f} + u_{1b} \\ u &= u_f + u_b \\ i &= i_f + i_b \\ u_f &= Zi_f \\ u_b &= -Zi_b \end{aligned}\right\} \tag{7-40}$$

根据不同的具体边界条件，应用以上各式就可以求解平行多导线系统的波过程。

下面通过分析几个典型的例子来加深以上概念和掌握其应用方法。

【例 7-3】 设导线 1 为单避雷线输电线路的避雷线（架空地线），导线 2 为三相导线中的任意一根，因而它是用绝缘子串作对地绝缘，如图 7-19 所示。如果雷击于塔顶，有一部分雷电流就会沿着避雷线 1 向两侧流动，在避雷线 1 上产生相应的电压波 u_1。试求导地线间绝缘上所受的过电压 u_{12}。

解 这是一个两导线系统，可写出

$$u_1 = Z_{11}i_1 + Z_{12}i_2$$

$$u_2 = Z_{21}i_1 + Z_{22}i_2$$

对地绝缘的导线 2 上没有电流，即 $i_2 = 0$，但因它处于导线 1 上的行波所建立起来的电磁场内，所以还是会感应一定的电压波 u_2。这样就可得出

$$u_2 = \frac{Z_{21}}{Z_{11}}u_1 = k_0 u_1$$

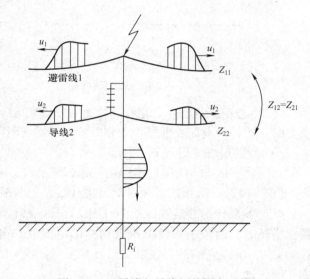

图 7-19 避雷线与导线间的耦合系数

式中的 $k_0 = \dfrac{Z_{21}}{Z_{11}}$，称为导线 1 和导线 2 之间的几何耦合系数，因为 $Z_{21} < Z_{11}$，所以 $k_0 < 1$，一般架空线的 k_0 值处于 $0.2 \sim 0.3$ 的范围内。

导地线绝缘上受到的过电压为

$$u_{12} = u_2 - u_1 = (1 - k_0)u_1$$

可见耦合系数 k_0 越大，则线间绝缘上所受到的电压越小。k_0 是输电线路防雷计算中的一个重要参数。

这里正好可利用上例来说明一个问题，即导线 2 中没有电流，那么它的电压波 u_2 究竟是怎样产生的？它为什么不遵循 $u_2 = i_2 Z_2$ 的关系？

在导线 1，行波依次通过导线的单元电感为单元对地电容逐步充电，形成电压波和电流波。

但导线 2 上的电压波 u_2 却是因静电感应使导线各个截面上的电荷就地分离形成的,如图 7-20 所示。其中图 b 为电荷在一个截面上的分离和分布状况,可以更清晰地说明 u_2 的产生机理。随着导线 1 上行波的传播,导线 2 上这种电荷分离的过程也同步地向前推进,这一状态的传播过程就是导线 2 上产生过电压波 u_2 的原因。但是,由于没有电荷沿导线 2 作纵向流动,所以导线 2 上没有电流($i_2 = 0$)。掌握这一物理概念后,我们就不难理解这种感应电压的若干特点:

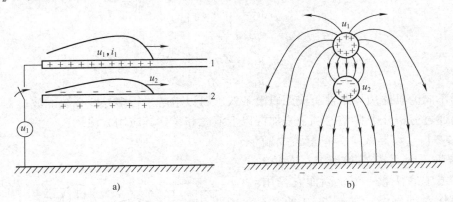

图 7-20 导线 2 上的静电感应电压波及电荷沿截面的分布

a)静电感应电压波 b)正、负电荷沿截面的分布

1)由于正、负电荷只是在导线 2 上作横向的分离,所以可以瞬间完成,同样地,当 u_1 消失时,正、负电荷立即就地中和,同样不需要时间,所以 u_2 与 u_1 同步推进、同生同灭。

2)u_2 的极性一定与 u_1 相同。

3)u_2 与 u_1 波形相似,但 u_2 一定小于 u_1($k_0 < 1$)。

【例 7-4】 求雷击塔顶时双避雷线线路上两根避雷线与各相导线间的耦合系数。

解 各根导线的编号如图 7-21 所示,两根避雷线 1、2 通过铁塔连在一起并一同接地。雷击塔顶时,两条避雷线上出现同样的电流波和电压波,即 $u_1 = u_2$,$i_1 = i_2$,它们的自波阻抗以及各自对导线 4 的互波阻抗亦相同,即 $Z_{11} = Z_{22}$,$Z_{14} = Z_{24}$。

导线 3、4、5 对地绝缘,所以雷电流不可能分流到这些导线上,即 $i_3 = i_4 = i_5 = 0$,则有

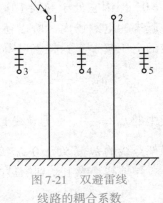

$$u_1 = Z_{11}i_1 + Z_{12}i_2$$
$$u_2 = Z_{21}i_1 + Z_{22}i_2$$
$$u_3 = Z_{31}i_1 + Z_{32}i_2$$
$$u_4 = Z_{41}i_1 + Z_{42}i_2$$
$$u_5 = Z_{51}i_1 + Z_{52}i_2$$

图 7-21 双避雷线
线路的耦合系数

将前述各种关系带入前三个方程式,即可求得两根避雷线与导线 3 之间的耦合系数

$$k_{1,2-3} = \frac{u_3}{u_1} = \frac{Z_{13} + Z_{23}}{Z_{11} + Z_{12}} = \frac{\dfrac{Z_{13}}{Z_{11}} + \dfrac{Z_{23}}{Z_{11}}}{1 + \dfrac{Z_{12}}{Z_{11}}} = \frac{k_{13} + k_{23}}{1 + k_{12}}$$

式中，k_{12} 为避雷线 1 与 2 之间的耦合系数；k_{13} 和 k_{23} 分别为避雷线 1 对导线 3 和避雷线 2 对导线 3 的耦合系数。由上式可见 $k_{1,2-3} \neq k_{13} + k_{23}$。

同理可求得

$$k_{1,2-4} = \frac{u_4}{u_1} = \frac{k_{14} + k_{24}}{1 + k_{12}} = \frac{2k_{14}}{1 + k_{12}}$$

显然，$k_{1,2-3} = k_{1,2-5}$。

【例 7-5】　试分析电缆芯与电缆表皮之间的耦合关系。

解　当行波电压 u 到达电缆的始端时，可能引起接在此处的保护间隙或管式避雷器的动作，使缆芯和缆皮在始端连在一起，变成两条并联支路，如图 7-22 所示，故 $u_1 = u_2$。

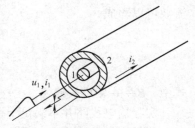

由于 i_2 所产生的磁通全部与缆芯相交链，缆皮的自波阻抗 Z_{22} 等于缆芯与缆皮间的互波阻抗 Z_{12}，即 $Z_{22} = Z_{12}$；而缆芯电流所产生的磁通中只有一部分与缆皮相交链，所以缆芯的自波阻抗 Z_{11} 大于缆芯与缆皮间的互波阻抗 Z_{12}，即 $Z_{11} > Z_{12}$。

图 7-22　行波沿电缆芯线与外皮的传播

设 $u_1 = u_2 = u$，可得以下方程

$$u_1 = Z_{11}i_1 + Z_{12}i_2 = Z_{21}i_1 + Z_{22}i_2$$

因为 $Z_{22} = Z_{12}$，上式可简化为

$$Z_{11}i_1 = Z_{21}i_1$$

由于 $Z_{11} > Z_{12}$，只有在 $i_1 = 0$ 时，上式才能成立，意味着电流不经缆芯流动，全部电流都被挤到缆皮里去了。物理解释为：当电流在缆皮上流动时，缆芯上会感应出与缆皮电压相等，但方向相反的电动势，阻止电流流进缆芯，这与导线中的趋肤效应相似。这个现象在有直配线的发电机的防雷保护中获得了实际应用。

7.4　波在传播中的衰减与畸变

前面各节是假定线路无损耗的条件下研究波过程的，所以没有考虑波的衰减和变形，而波在实际线路中传播，总会不同程度地发生衰减和变形，下面就波的衰减和变形的影响因素分别进行说明。

7.4.1　线路电阻和绝缘电导的影响

考虑导线电阻 R_0 和线路对地电导 G_0 时，单相有损传输线的单元等效电路如图 7-23 所示。

当线路参数满足

$$\frac{R_0}{G_0} = \frac{L_0}{C_0} \tag{7-41}$$

时，波在线路中传播只有衰减，不会变形。因为此时，波在传播过程中每单位长度线路上的磁能和电能之比，恰好等于电流波在导线电阻上的热

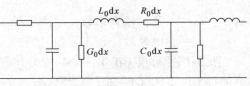

图 7-23　单根有损耗传输线的单元等效电路

损耗和电压波在线路电导上的热损耗之比，即

$$\frac{\frac{1}{2}L_0 i^2}{\frac{1}{2}C_0 u^2} = \frac{R_0 i^2 t}{G_0 u^2 t}$$

所以，电阻 R_0 和电导 G_0 的存在不致引起波传播过程中电能与磁能的相互交换，电磁波只是逐渐衰减而不至于变形。

式（7-41）叫做波传播的无变形条件，或叫无畸变条件。满足此条件时，电压波和电流波可以写成

$$\left.\begin{array}{l} u(x,t) = e^{\beta t}(u_f + u_b) \\ i(x,t) = \dfrac{1}{Z}e^{\beta t}(u_f - u_b) \end{array}\right\} \tag{7-42}$$

式中　β——衰减系数。

实际输电线路并不满足上述无变形条件，因此波在传播过程中不仅会衰减，同时还会变形。此外由于趋肤效应，导线电阻随着频率的增加而增加。任意波形的电磁波可以分解成不同频率的分量，因为各种频率下的电阻不同，波的衰减程度不同，所以也会引起波传播过程中的变形。

7.4.2　冲击电晕的影响

在电网中，导线和大地的电阻会引起行波的衰减和变形，线路参数随频率而变的特性也会引起行波的畸变，此外，在过电压作用下导线上出现电晕是引起行波衰减和变形的主要因素。

雷电冲击波的幅值很高，在导线上产生强烈的冲击电晕。研究表明，形成冲击电晕所需的时间非常短，大约在正冲击时只需 $0.05\mu s$，在负冲击时只需 $0.01\mu s$，而且与电压陡度的关系非常小。由此可以认为，在不是非常陡峭的波头范围内，冲击电晕的发展主要是与电压的瞬时值有关。但是不同的极性对冲击电晕的发展有显著的影响。当产生正极性冲击电晕时，电子在电场作用下迅速移向导线，正空间电荷加强距离导线较远处的电场强度，有利于电晕的进一步发展，电晕外观是从导线向外引出数量较多较长的细丝。当负极性电晕时，正空间电荷的移动不大，它的存在减弱了距导线较远处的电场强度，使电晕不易发展，电晕外观上是较为完整的光圈。由于负极性电晕发展较弱，而雷电大部分是负极性的，所以在过电压计算中常以负极性电晕作为计算的依据。

出现电晕后，由于电晕圈的存在使导线的径向尺寸等值地增大了，导致导线间耦合系数的增大。输电线路中导线和避雷线间的耦合系数 k 通常以电晕效应校正系数来修正

$$k = k_0 k_1 \tag{7-43}$$

式中　k_0——几何耦合系数，取决于导线和避雷线的几何尺寸和相对位置；

　　　k_1——电晕效应校正系数。

我国国家标准 GB/T 50064—2014《交流电气装置过电压保护与绝缘配合设计规范》（以下简称 GB/T 50064—2014）建议按表 7-1 选取。

表 7-1　耦合系数的电晕修正系数 k_1

线路额定电压/kV	$20 \sim 35$	$60 \sim 110$	$154 \sim 300$
两条避雷线	1.1	1.2	1.25
一条避雷线	1.15	1.25	1.3

由于电晕要消耗能量，消耗能量的大小又与电压的瞬时值有关，故将使行波发生衰减的同时伴随有波形的畸变。实践表明，由冲击电晕引起的行波衰减和变形的典型波形如图 7-24 所示。

图 7-24 中，曲线 1 表示原始波形，曲线 2 表示行波传播距离 l 后的波形。从图 7-24 可看出，当电压高于电晕起始电压 u_k 后，波形开始剧烈衰减和变形，可以认为这种变形是电压高于 u_k 的各个点由于电晕作用，使线路对地电容增加而以不同的波速向前运动所产生的结果。图 7-24 中低于 u_k 的部分由于不发生电晕而仍以光速前进，图 7-24 中 A 点由于产生了电晕，就以小于光速的速度 v_k 前进，在行经 l 距离后，A 点落后了 $\Delta\tau$ 时间而变成图中 A' 点。由于电晕的强烈程

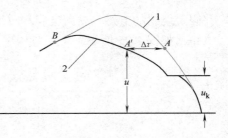

图 7-24　电晕引起的行波衰减和变形

度与电压 u 有关，故波传播速度 v_k 就必然是电压 u 的函数，通常称 v_k 为相速度，这种计算由电晕引起的行波变形的方法称为相速度法。显然，$\Delta\tau$ 是行波传播距离 l 和电压 u 的函数，GB/T 50064—2014 建议采用下列经验公式计算 $\Delta\tau$

$$\Delta\tau = l\left(0.5 + \frac{0.008u}{h}\right) \tag{7-44}$$

式中　l——行波传播距离（km）；

　　　u——行波电压（kV）；

　　　h——导线对地平均高度（m）。

根据实际测量结果表明，电晕在波尾上将停止发展，并且电晕圈逐步消失，衰减后的波形与原始波形的波尾交点即可近似视为衰减后波形的波幅，如图 7-24 中 B 点所示，其波尾与原始波形的波尾大体上相同。

利用冲击电晕会使行波衰减和变形的特性，设置进线保护段作为变电所防雷保护的一个主要保护措施。

出现电晕后导线对地电容增大，导线波阻抗和波速下降。由于雷击避雷线档距中央时电位较高，电晕较强烈，GB/T 50064—2014 中建议在一般计算时，避雷线的波阻抗可取为 350Ω，波速可取为 0.75 倍光速。

7.5　绕组中的波过程

前面几节讨论了输电线路的波过程，本节主要讨论在电力系统中的重要设备变压器和旋转电机中的波过程。由于电机和变压器绕组大多采用线圈构成，因此波在绕组中传播是本节讨论的重点。

7.5.1 变压器绕组中的波过程

在雷电或操作冲击电压作用下，变压器绕组的主绝缘（绕组对地、绕组之间）和纵绝缘（绕组的匝间、层间或线饼间）上可能受到很高的过电压而损坏。这种在冲击电压作用下产生的过电压，主要由绕组内部的电磁振荡过程和绕组之间的静电感应、电磁感应过程所引起，这两个过程统称为变压器绕组中的波过程。一般情况下同时发生，但由于具体条件不同，总是某一过程起主导作用。

（1）单相变压器绕组中的波过程　为简化计算，便于定性分析，略去绕组损耗和互感；并假定绕组的电感、纵向电容和对地电容都是均匀的分布参数，可得变压器绕组的简化等效电路，如图 7-25 所示。

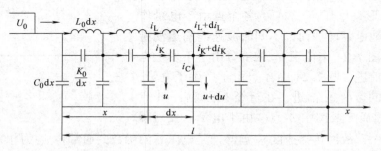

图 7-25　变压器绕组的等效电路

当幅值为 U_0 的无穷长直角波作用于图 7-25 的等效电路时，因电感中的电流不能突变，故在 $t=0$ 的初始瞬间 $L_0\mathrm{d}x$ 支路中不会有电流流过，相当于电感支路开路。此时，变压器的等效电路可以进一步简化为仅由电容链组成，如图 7-26 所示。因为绕组的长度不大，位移电流沿纵向电容 $K_0/\mathrm{d}x$ 扩散很快，电位在一瞬间就遍及整个绕组。但由于对地电容的充电作用，使流过 $K_0/\mathrm{d}x$ 的电流不等，越靠近首端，流过的电流越大，因此沿绕组的起始电位分布很不均匀。

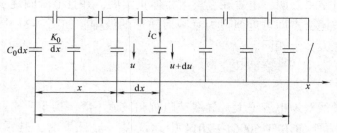

图 7-26　$t=0$ 瞬间变压器等效电路

由图 7-26 可列出微分方程

$$\left.\begin{array}{l} \dfrac{\mathrm{d}^2 u}{\mathrm{d}x^2} - \alpha^2 u = 0 \\[2mm] \alpha = \sqrt{\dfrac{C_0}{K_0}} \end{array}\right\}$$

(7-45)

式中　α——变压器绕组的空间系数。

方程（7-45）的解为

$$u = Ae^{\alpha x} + Be^{-\alpha x}$$

根据边界条件定出常数 A、B，即可得出变压器的起始电位分布公式。

绕组末端接地时

$$u = U_0 \frac{\mathrm{sh}\alpha(l-x)}{\mathrm{sh}\alpha l} \tag{7-46}$$

绕组末端不接地时

$$u = U_0 \frac{\mathrm{ch}\alpha(l-x)}{\mathrm{ch}\alpha l} \tag{7-47}$$

其中

$$\alpha l = \sqrt{\frac{C_0}{K_0}} l = \sqrt{\frac{C}{K}}$$

式中，C、K 分别为绕组的对地总电容和纵向总电容。

对于未采取特殊措施的普通连续式绕组，αl 值约为 5~15，平均为 10。由于 $\alpha l > 5$ 时，$\mathrm{sh}\alpha l \approx \mathrm{ch}\alpha l \approx e^{\alpha l}/2$；且当 $x/l < 0.8$ 时，sh $(l-x)$ 和 ch $(l-x)$ 也很接近，可以近似认为 $\mathrm{sh}\alpha(l-x) \approx \mathrm{ch}\alpha(l-x) \approx e^{\alpha(l-x)}/2$；因此，式（7-46）、式（7-47）可以近似地用同一个公式表示

$$u \approx U_0 e^{-\alpha x} \tag{7-48}$$

也就是说，不论绕组末端是否接地，在大部分绕组 $x/l < 0.8$ 时，起始电位分布实际上接近相同，只是在接近绕组末端，电位分布有些差异。

图 7-27 为变压器绕组末端接地时的起始电位分布曲线。由图 7-27 可见 α 值越大，曲线下降越快，起始电位分布越不均匀；大部分电压降落在绕组首端附近，且在 $x=0$ 处电位梯度 $\mathrm{d}u/\mathrm{d}x$ 最大。

根据式（7-48）可以算出最大电位梯度

$$\left(\frac{\mathrm{d}u}{\mathrm{d}x}\right)_{\max} = \left(\frac{\mathrm{d}u}{\mathrm{d}x}\right)_{x=0} = -\alpha U_0 = -\alpha l\frac{U_0}{l}$$

式中　U_0/l——绕组的平均电位梯度，负号表示绕组各点的电位随 x 的增加而减小。

式（7-48）表明，在 $t=0$ 瞬间，绕组首端（$x=0$）的电位梯度为平均电位梯度的 αl 倍。αl 越大，电位梯度越大；电位梯度分布越不均匀，绕组的冲击性能越差。因此，在变压器内部结构上要采取保护措施。例如，对连续式绕组采用电容环、静电线匝，或者改进绕组结构，采用纠结式绕组、内屏蔽绕组等。通过补偿对地电容 $C_0\mathrm{d}x$ 的影响或增大纵向电容 $K_0/\mathrm{d}x$，以改善起始电位分布，避免匝间绝缘击穿和振荡过程中出现很高的过电压。

如上分析，变压器绕组在 $t=0$ 时的特性由其纵向电容和对地电容组成的电容链决定。此电容链可用一个集中电容 C_T 来等值，C_T 叫做变压器的入口电容。试验表明，在较陡的冲击波作用下，变压器绕组中的振荡过程一般在 10μs 以内尚未发展起来，

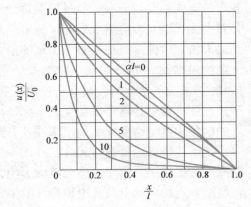

图 7-27　绕组末端接地时的起始电位分布

187

在此期间绕组的电位分布仍与起始电位分布相近。这是由于绕组电感中的电流还很小，可以忽略不计。因此，在雷电冲击波作用下分析变电所的防雷保护时，不论变压器绕组末端是否接地，变压器一般都用入口电容来等值。入口电容是等值于整个电容链的，考虑到 $K_0 \gg C_0$ 的关系，因此它在 U_0 直角波作用下所吸收的电荷几乎等于绕组首端线饼纵向电容所吸收的电荷，即

$$C_T U_0 \approx Q_{x=0} = K \left| \left(\frac{\mathrm{d}u}{\mathrm{d}x} \right)_{x=0} \right| \tag{7-49}$$

将式（7-48）代入式（7-49）得

$$C_T = \frac{K_0}{U_0} \alpha U_0 = K_0 \alpha = \sqrt{C_0 K_0} = \sqrt{CK} \tag{7-50}$$

由式（7-50）可见，变压器的入口电容即是绕组单位长度的或全部的对地电容与纵向电容的几何平均值。

通常变压器的入口电容随其电压等级的增高和容量的增大而增大，相同电压等级的纠结绕组变压器比连续式绕组变压器入口电容大，此外还要注意，同一变压器不同电压级绕组的入口电容是不同的。

变压器绕组在幅值等于 U_0 的无穷直角波作用下的稳态电位分布，发生在 $t = \infty$ 绕组的电磁振荡结束以后。此时对于末端接地的绕组，$t = \infty$ 时，按绕组的电阻形成均匀的稳态电位分布

$$u = U_0 \left(1 - \frac{x}{l} \right)$$

对于末端不接地的绕组，$t = \infty$ 时，绕组的各点电位均为

$$u = U_0$$

由于变压器的稳态电位分布与起始电位分布不同，因此从起始分布到稳态分布，其间必有一个过渡过程。而且由于绕组电感和电容之间的能量转换，使过渡过程具有振荡性质。振荡的激烈程度和稳态电位分布与起始电位分布两者之差值密切相关。这个差值就是振荡过程中的自由振荡分量，差值越大，自由振荡分量越大，振荡越强烈；由此产生的对地电位和电位梯度也越高。

图 7-28 画出了 $t = 0$、t_1、t_2、t_3、t_4 和 $t = \infty$ 等不同时刻的绕组电位分布曲线，表明绕组各点的电位由起始分布，经过振荡达到稳态分布的过程。其中图 7-28a 为绕组末端接地电位分布，图 7-28b 为绕组末端不接地电位分布。由图 7-28 可见，绕组各点的电位并非同时达到最大值。将振荡过程中各点出现的最大电位连成曲线，如图中彩色线所示，就是绕组的最大电位包络线。可以看出，绕组末端接地时，最高电位出现在绕组首端附近，其值可达 $1.4U_0$；末端不接地时，最高电位出现在绕组末端，其值可达 $1.9U_0$，比末端接地时高。由于波在变压器中传输存在损耗，实际最高电位低于上述数值。此外，在振荡过程中，绕组各点的电位梯度也会变化，绕组末端及其附近也可能出现很大的电位梯度。

变压器绕组的振荡过程，与作用在绕组上的冲击电压波形有关。波头陡度越大，振荡越剧烈；陡度越小，由于电感分流的影响，起始分布与稳态分布越接近，振荡就会越缓和，因而绕组各点的对地电位和电位梯度的最大值也将降低。此外波尾也有影响，在短波作用下，振荡过程尚未充分激发起来时，外加电压已经大大衰减，故使绕组各点的对地电位和电位梯度也较低。

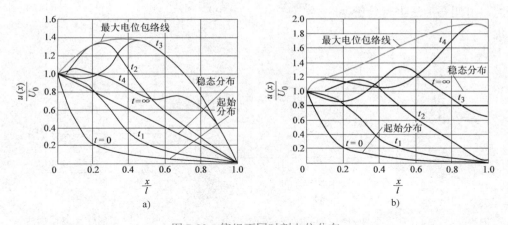

图 7-28　绕组不同时刻电位分布

a）绕组末端接地时绕组电位分布　b）绕组末端不接地时绕组电位分布

（2）三相变压器绕组中的波过程　三相变压器绕组波过程的规律同单相变压器绕组基本相同，只是随三相绕组的接线方式和单相、两相或三相进波的不同有所差异，以下分 3 种情况说明。

1）中性点接地星形联结（Y₀），三相变压器的高压绕组为星形联结且中性点接地时，相间的相互影响不大，可以看作 3 个相互独立的末端接地的绕组。无论是单相、两相或三相进波，其波过程没有什么差别，都可按照单相绕组末端接地的波过程处理。

2）中性点不接地星形联结（Y），三相变压器高压绕组星形联结中性点不接地时，单相、两相、三相的波过程各不相同。当雷电波从 A 相单相侵入变压器时，如图 7-29a 所示，因为变压器绕组对冲击波的阻抗远大于线路的波阻抗，在冲击波作用下，其他两相绕组与线路连接处的电位接近于零，故可认为 B、C 两相绕组端点接地；绕组的起始电位分布和稳态电位分布如图 7-29b 中的曲线 1 和 2 所示。起始电位分布受 B、C 两相绕组并联的影响不大，其中性点 N 的电位接近零；而稳态电位则按绕组电阻大小分布，由于受 B、C 两相绕组并联的影响，成为一条折线。设进波为幅值等于 U_0 的无穷长直角波，且三相绕组的参数完全相同，则中性点的稳态电位为 $\frac{1}{3}U_0$，起始电位与稳态电位之差约为 $\frac{1}{3}U_0$，故在振荡过程中，中性点 N 的最大对地电位不超过 $\frac{2}{3}U_0$。

当雷电波沿两相侵入时，可用叠加法来估计绕组各点的对地电位。例如，A、B 两相分别单独进波时，中性点最高电位为 $\frac{2}{3}U_0$，则 A、B 两相同时进波时，中性点的最高电位不超过 $\frac{4}{3}U_0$，但其值已超过了首端电位。

当三相同时进波时，情况与单相绕组末端不接地时的波过程基本相同，中性点的最高电位可达首端电位的两倍，但其起始电位比单相进波时略高。

3）三角形联结（△），三相变压器高压绕组为三角形联结，当雷电波从 A 相单相侵入时，如图 7-30 所示，同样由于绕组对冲击波的阻抗远大于线路波阻抗，B、C 两相端点相当于接地，因此 AB、AC 两相绕组中的波过程与末端接地时单相绕组波过程相同。当两相或三相进波时可用叠加法进行分析。

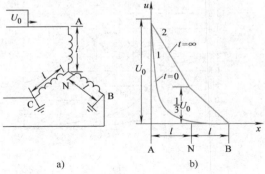
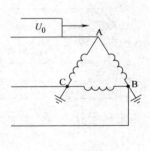

图 7-29 丫联结变压器单相进波时的电位分布　　　　图 7-30 三角形联结单相进波

（3）变压器绕组之间的波过程　当冲击电压波侵入变压器某一绕组时，除了在该绕组产生振荡过电压外，由于高、低压各绕组间存在静电感应和电磁感应，可在变压器的其他绕组上出现很高的感应过电压，这就是变压器绕组之间的波过程。

在某些条件下，变压器绕组之间的感应过电压可能超过低压绕组和连接在低压绕组上的电气设备的绝缘水平，造成绝缘击穿事故。如三绕组变压器，如果只有高、中压绕组运行，低压绕组未曾使用（开路），其没有连接至母线或其他设备上，当从高压或中压绕组进波时，由于低压绕组的对地电容很小，故在其上会感应很高的过电压，使绕组或套管的绝缘损坏，因此需采取相应保护措施。同理，在某些条件下，当冲击波侵入低压绕组时，高压绕组上也会产生很高的感应过电压，可能超过其绝缘水平，造成绝缘击穿事故。例如，Yyn12 配电变压器雷击损坏的主要原因就是低压绕组对高压绕组的感应过电压造成的。变压器绕组之间的感应过电压包括静电感应电压和电磁感应电压两个分量，近似估算时可以分别计算两个分量后再相加。

7.5.2　旋转电机绕组中的波过程

旋转电机包括发电机、同步调相机和大型电动机等，其与电网的连接方式有通过变压器与电网相连和直接与电网相连两种。在前一类连接方式下，雷击电网时冲击电压波通过变压器绕组间的传递后再传到旋转电机，实践证明该类冲击电压对旋转电机的危害不大。在直接与电网架空线连接方式下，雷电产生的冲击电压直接从线路传到电机，对电机的危害性很大，需采取相应的保护措施。为了能够正确地理解旋转电机的防雷保护措施，需掌握旋转电机绕组在冲击电压作用下波过程的基本规律。旋转电机绕组可分为单匝和多匝两类，一般大功率高速电机往往是单匝绕组，小功率低转速或电压较高的电机往往采用多匝绕组。

对于单匝绕组，因为不存在匝间电容，所以此类绕组的等效接线就与输电线路相同。对多匝绕组，因匝间电容存在，但考虑到实际运行中电机大都采用了限制侵入波陡度的措施，使得侵入电机的冲击电压的波头较平缓，故匝间电容的作用也就相应减弱，如果忽略其作用，则多匝绕组等效接线也近似认为与输电线路相同。这样，电机绕组就可以用波阻抗和波速的概念来表征波过程规律，由于槽内部分与端接部分的参数不同，波阻抗与波速也不相同，故电机绕组的波阻抗和波速系指平均值。

电机绕组的波阻抗与电机的额定电压、容量和转速等有关。通常，电机绕组的波阻抗随额定电压的提高而增加，随容量的增加而减小。

　　如图 7-31 所示为某汽轮发电机绕组的波阻抗随容量和额定电压的变化规律，在实际应用时如要估计波阻抗，该图中值可作为参考；对低速电机，波阻抗可以近似地估计为图中值的 2 倍。如图 7-32 所示为某汽轮发电机绕组的平均波速与容量的关系，其平均波速随容量增大而减小，在估计波速时如缺乏实际数据该曲线可作为参考。

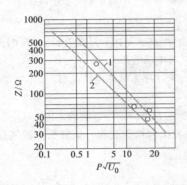

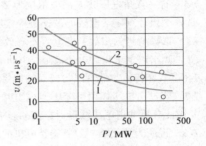

图 7-31　波阻抗随容量和额定电压的变化
1—单相进波时的波阻抗　2—三相进波时一相的等值波阻抗
（P 单位为 MV·A，U_0 单位为 kV）

图 7-32　平均波速与容量的关系
1—单相入侵　2—三相入侵

　　波在电机绕组中传播与波在输电线路中的传播不同，存在着一定的铁损、铜损和介质损耗，其中以铁损对波的衰减作用最为明显，因而随着波的传播，波将较快地衰减和变形。

　　波到达中性点并再返回时，其幅值已衰减到很小了，陡度也已极大地变缓，因此，在估计绕组中最大纵向电位差时，可认为主要是侵入绕组的前行电压波造成的，并且将出现在绕组首端。

　　若侵入波的陡度为 a，绕组一匝长度为 l_{tn}，平均波速为 v，则作用在匝间绝缘上电压 u_{tn} 分布如图 7-33 所示，由此，可得出

$$u_{tn} = a\,\frac{l_{tn}}{v} \qquad (7\text{-}51)$$

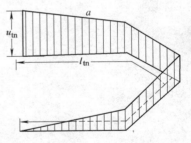

　　从上式可知，匝间电压与侵入波陡度 a 成正比，当 α 很大时，匝间电压将超过匝间绝缘的冲击耐压值而发生击穿事故。试验表明，为了保护匝间绝缘，必须将侵入电压波陡度限制在 5kV/μs 以下。

图 7-33　匝间电压变化趋势

习题与思考题

　　7-1　为什么需要用波动过程研究电力系统中过电压？

　　7-2　试分析波阻抗的物理意义及其与电阻的不同点？

　　7-3　试分析直流电源 E 合闸于有限长导线（长度为 l，波阻抗为 Z）的情况，末端对地接有电阻 R（图 7-34）。假设直流电源内阻为零。

　　（1）当 $R = Z$ 时，分析末端与线路中间 $\frac{l}{2}$ 的电压波形。

（2）$R = \infty$ 时，分析末端与线路中间 $\dfrac{l}{2}$ 的电压波形。

（3）当 $R = 0$ 时，分析末端的电流波形和线路中间 $\dfrac{l}{2}$ 的电压波形。

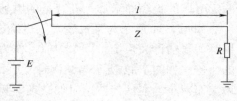

图7-34 习题7-3 图

7-4 母线上接有波阻抗分别为 Z_1、Z_2、Z_3 的三条出线，从 Z_1 线路上传来幅值为 E 的无穷长直角电压波。求出在线路 Z_3 出现的折射波和在线路 Z_1 上的反射波。

7-5 有一直角电压波 E 沿波阻抗为 $Z = 500\Omega$ 的线路传播，线路末端接有对地电容 $C = 0.01\mu\mathrm{F}$。

（1）画出计算末端电压的彼德逊等效电路，并计算线路末端电压波形。

（2）选择适当的参数，把电容 C 等效为线段，用网格法计算线路末端的电压波形。

（3）画出以上求得的电压波形，并进行比较。

7-6 波在传播中的衰减与畸变的主要原因？说明冲击电晕对雷电波波形影响的原因？

7-7 当冲击电压作用于变压器绕组时，在变压器绕组内将出现振荡过程，试分析出现振荡的根本原因，并由此分析冲击电压波形对振荡的影响。

7-8 说明为什么需要限制旋转电机的侵入波陡度。

7-9 请分析当线路末端分别为短路、开路两种工况时，电压波和电流波在末端的反射情况。

第8章

雷电过电压及其防护

  雷电过电压是雷云放电引起的电力系统过电压，又称大气过电压、外部过电压。雷电过电压可分为直击雷过电压和感应雷过电压两种。直击雷过电压是由于雷电放电，强大的雷电流直接流经被击物产生的过电压；感应雷过电压是雷击线路附近大地，由于电磁感应在导线上产生的过电压。由于雷电现象极为频繁，产生的雷电过电压可达数千千伏，足以使电气设备绝缘结构发生闪络和损坏，引起停电事故，因此有必要对输电线路、发电厂和变电所的电气装置采取防雷保护措施。

  本章阐述雷电产生的原因、过程及雷电参数，避雷针、避雷线和避雷器等防雷设备的防雷原理，输电线路、发电厂和变电所的防雷保护原理和方法，以及接地的基本概念及原理。

8.1　雷电放电和雷电过电压

  雷电是一种恐怖而又壮观的自然现象，我国东周时《庄子》上有记述："阴阳分争故为电，阳阴交争故为雷，阴阳错行，天地大骇，于是有雷、有霆。"人们对雷电现象的科学认识始于 18 世纪中叶，著名科学家有富兰克林（Franklin）、M. B. 罗蒙诺索夫（Jiomohocob）、L. B. 黎赫曼（Phxmah）等，如著名的富兰克林风筝实验，第一次向人们揭示了雷电只不过是一种火花放电的秘密，他们通过大量实验取得了卓越成就，建立了现代雷电学说，认为雷击是云层中大量阴电荷和阳电荷迅速中和而产生的现象。特别是利用高速摄影、自动录波、雷电定向定位等现代测量技术对雷电进行的观测研究，大大丰富了人们对雷电的认识。

8.1.1　雷云的形成

  根据大量科学测试可知，地球本身就是一个电容器。通常大地稳定地带负电荷 500kC 左右，而地球上空存在一个带正电的电离层，这两者之间便形成一个已充电的电容器，它们之间的电压为 300kV 左右，并且场强为上正下负。

  能产生雷电的带电云层称为雷云。雷云的形成主要是由于含水气的空气的热对流效应。太阳的热辐射使地面部分水分化为蒸气，含水蒸气的空气受到炽热的地面烘烤而上升，会产生向上的热气流。热气流每上升 10km，温度下降约 10℃，热气流与高空冷空气相遇形成雨滴、冰雹等水成物，水成物在地球静电场的作用下被极化，形成热雷云。水平移动的冷气团或暖气团，在其前锋交界面也会因冷气团将湿热的暖气团提高而形成面积很大的锋面雷云。雷云的形成过程是综合性的。强气流将云中的水滴吹裂时，较大的残滴带正电，较小的水珠带负电，小水珠被气流带走，于是云的各部分带有不同的电荷，这是水滴破裂效应。水在结冰时，冰粒会带正电，没有结冰的被风吹走的小水珠将带负电，这是水滴结冰效应。雷云的形成也可能与气流、风速密切相关，而且与地球磁场也有一定的联系。雷云内部的不停运动和相互磨擦使雷云产生大量的带正、负电荷的小微粒，即所谓的摩擦生电。庞大的雷云就相当于一块带有大量正、负电荷的云块，而这些正、负电荷不断地产生，同时也在不断地复合，它与地球磁场磁力线产生切割，这就好像导体切割磁力线产生电流一样，云中的正、负电荷将产生定向移动。当正、负电荷积聚足够多时，将引起雷云间、雷云中或雷云对地的放电，由此可见，雷电源于大气的运动。

最后形成带正电的云粒子在云的上部，而带负电的水成物在云的下部，或者带负电的水成物以雨或雹的形式降落到地面。当上面所讲的带电云层一经形成，就形成雷云空间电场，实测表明，在离地面5～10km的高度主要是带正电荷的云层，在离地面1～5km的高度主要是带负电荷的云层，在其底部也往往有一块不大区域的正电荷聚集。

8.1.2 雷电放电过程

雷电放电过程

作用于电力系统的雷电过电压最常见的（约90%）是由带负电的雷云对地放电引起的，称为负下行雷，下面以负下行雷为例分析雷电放电过程。负下行雷通常包括若干次重复的放电过程，而每次可以分为先导放电、主放电和余辉放电三个阶段。

1. 先导放电阶段

当天空中有雷云时，因雷云带有大量电荷，由于静电感应作用，大地感应出与雷云相反的电荷。雷云与其下方的地面就形成一个已充电的电容器。雷云中的电荷分布是不均匀的，当雷云中的某个电荷密集中心的电场强度达到空气击穿场强（25～30kV/cm，有水滴存在时约10kV/cm）时，空气便开始电离，形成指向大地的一段微弱的导电通道，该过程称为先导放电。先导放电的开始阶段是跳跃式向前发展，每段发展的速度约4.5×10^7m/s，延续时间约为$1\mu s$，但每段推进约50m就有约30～90μs的脉冲间隔，因此它发展的平均速度只有$10^5 \sim 10^6$m/s。从先导放电的光谱分析可知，先导发展时其中心温度可达3×10^4K，在停歇时约为10^4K。先导中心的线电荷密度约为$(0.1 \sim 1) \times 10^{-3}$C/m，纵向电位梯度约为100～500kV/m，先导的电晕半径约为0.6～6m，先导放电常常表现为树枝状，这是由于放电是沿着空气电离最强、最容易导电的路径发展的。这些树枝状的先导放电通常只有一条放电分支达到大地。整个先导放电时间约0.005～0.01s，相应于先导放电阶段的雷电流很小，约为100A。

2. 主放电阶段

当先导放电到达大地，或与大地较突出的部分迎面会合以后，就进入主放电阶段。主放电过程是逆着负先导的通道由下向上发展的。在主放电中，雷云与大地之间所聚集的大量电荷，通过先导放电所开辟的狭小电离通道发生猛烈的电荷中和，放出巨大的光和热（放电通道温度可达15000～20000℃），使空气急剧膨胀震动，发生霹雳轰鸣，这就是雷电过程中强烈的闪电和震耳的雷鸣。在主放电阶段，雷击点有巨大的电流流过，大多数雷电流峰值可达数十乃至数百千安，主放电的时间极短，约为50～100μs，主放电电流的波头时间约为0.5～10μs，平均时间约为2.5μs。

3. 余辉放电阶段

当主放电阶段结束后，雷云中的剩余电荷继续沿主放电通道下移，使通道连续维持着一定余辉，称为余辉放电阶段。余辉放电电流仅数百安，但持续的时间可达 0.03 ~ 0.05s。

雷云中可能存在多个电荷中心，当第一个电荷中心完成上述放电过程后，可能引起其他电荷中心向第一个中心放电，并沿着第一次放电通路发展，因此，雷云放电往往具有重复性。每次放电间隔时间约为 0.6 ~ 800ms，即多次重复放电。据统计，55% 的落雷包含两次以上，重复 3 ~ 5 次的约占 25%，平均重复 3 次，最高记录 42 次。第二次及以后的先导放电速度快，称为箭形先导，主放电电流较小，一般不超过 50kA，但电流陡度大大增加。图 8-1 所示为负雷云下行雷过程。

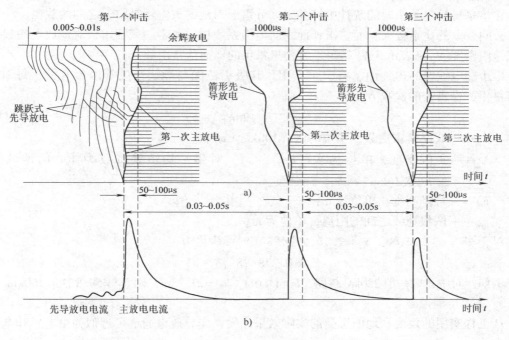

图 8-1　负雷云下行雷的过程

a）负下行雷的光学照片描绘图　b）放电过程中雷电流的变化过程

8.1.3　雷电参数

雷电放电受气象条件、地形和地质等许多自然因素影响，带有很大的随机性，因而表征雷电特性的各种参数也就具有统计的性质。许多国家选择在典型地区建立雷电观测点，进行长期而系统的雷电观察，将观察所得数据进行统计分析，得到相应的各种雷电参数，为雷电研究和防雷保护设计提供重要依据。主要的雷电参数有：雷暴日及雷暴小时、地面落雷密度、主放电通道波阻抗、雷电流极性、雷电流幅值、雷电流等值波形和雷电流陡度等。

1. 雷暴日及雷暴小时

表征一个地区雷电活动的频繁程度通常以该地区的雷暴日（T_d）或雷暴小时（T_h）来表示。雷暴日是指该地区平均一年内有雷电放电的平均天数，单位 d/a；雷暴小时是指平均一年内的有雷电的小时数，单位 h/a。统计时，在一天之内能听到雷声就算一个雷暴日，在一小时之内能听到雷声就算一个雷暴小时，一般一个雷暴日折合 3 个雷暴小时。我国国家标准 GB/T 50064—2014《交流电气装置的过电压保护和绝缘配合设计规范》中，将平均雷暴日不超过 15 日或地面落雷密度不超过 0.78 次/(km² · a) 的地区称为少雷区, 如西北地区; 将平均雷暴日超过 15 日但不超过 40 日或落雷密度超过 0.78 但不超过 2.78 次/(km² · a) 的地区称为中雷区, 如长江流域; 将平均雷暴日超过 40 日但不超过 90 日或地面落雷密度超过 2.78 但不超过 7.98 次/(km² · a) 的地区称为多雷区, 如华南大部分地区; 平均雷暴日超过 90 日或落雷密度超过 7.98 次/(km² · a) 以及根据运行经验雷害特殊严重的地区称为强雷区, 如海南岛和雷州半岛, 并绘制有全国雷暴日分布图, 作为防雷设计的依据。

2. 地闪密度 (地面落雷密度)

在雷暴日或雷暴小时的统计中, 并未区分雷云对地的放电还是雷云之间的放电。一般而言, 云间放电的比重较大, 而雷击地面才对电力系统构成危害。表征雷云对地放电的频繁程度以地闪密度 N_g 来表示, N_g 指每平方公里每年的地面落雷次数。

由于输电线路高出地面, 有引雷作用, 其吸引范围与导线高度等因素有关, 每 100km 线路每年遭受雷击的次数 N_L 为

$$N_L = 0.1 N_g (28 h_T^{0.6} + b) \tag{8-1}$$

式中　N_L——线路落雷次数, 单位为次/(100km · a);

　　　N_g——地闪密度, 单位为次/(km² · a)。对年平均雷暴日数为 40d 的地区暂取 2.78 次/(km² · a);

　　　h_T——杆塔高度, 单位为 m;

　　　b——两根地线之间的距离, 单位为 m。

对于 $T_d = 40$ 的地区, $N_g = 2.78$, 式 (8-1) 可简化为

$$N_L = 0.278 (28 h_T^{0.6} + b) \tag{8-2}$$

例如, 对中雷区一般 220kV 线路, $b = 11.6m$, $h_T = 27.25m$, 则 $N_L = 59.8$ 次/(100km · a)。

3. 主放电通道波阻抗

从工程实用的角度和地面感受的实际效果出发, 先导放电通道可近似为由电感和电容组成的均匀分布参数的导电通道, 其波阻抗为 $Z_0 = \sqrt{\dfrac{L_0}{C_0}}$ (L_0 为通道单位长度的电感量, C_0 为通道单位长度的电容量)。主放电通道波阻抗与主放电通道雷电流有关, 雷电流越大, 波阻抗越大。雷电通道等值波阻抗 Z_0 在不同的雷电流幅值 I 下宜区别对待, Z_0 随雷电流幅值变化的规律可按照图 8-2 确定。

4. 雷电流极性

当雷云电荷为负时, 所发生的雷云放电为负极性放电, 雷电流极性为负; 反之, 雷电流极性为正。实测统计资料表明, 不同的地形地貌, 雷电流正负极性比例不同, 负极性所占比例在 75% ~ 90% 之间, 因此, 防雷保护都取负极性雷电流进行研究分析。

5. 雷电流幅值

按 GB/T 50064—2014 标准, 一般我国雷暴日超过 20 的地区雷电流的概率分布为

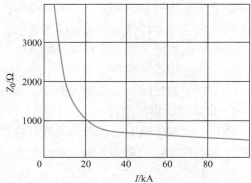

图 8-2　雷电流通道波阻抗和雷电流幅值的关系

$$\lg P = -\frac{I}{88}$$

或

$$P = 10^{-\frac{I}{88}} \tag{8-3}$$

式中　P——雷电流幅值超过 I 的概率；

　　　I——雷电流幅值，单位为 kA。

对除陕南以外的西北、内蒙古的部分雷暴日小于 20 的地区，雷电流的概率分布为

$$\lg P = -\frac{I}{44}$$

或

$$P = 10^{-\frac{I}{44}} \tag{8-4}$$

例如，按照经验公式（8-3）和式（8-4），可以得到我国一般地区雷电流幅值超过 88kA 的概率约为 10%，超过 100kA 的概率约为 7.3%；西北地区雷电流幅值超过 88kA 的概率约为 1%。

6. 雷电流等值波形

雷电流的幅值随各国自然条件的不同而差别较大，而测得的雷电流波形却基本一致。第一次负放电电流波形的波头较长，在峰值附近有明显的双峰；随后放电电流波形的波头较短，没有双峰，电流陡度远大于第一次放电，而电流幅值约为第一次放电的一半。放电之后，约有一半存在连续的后续电流，至少持续 40ms，电流从数十至 500kA，平均约 100kA。据统计，雷电流的波头 τ_f 在 $1 \sim 5\mu s$ 的范围内，多为 $2.5 \sim 2.6\mu s$；波长 τ_t 多在 $20 \sim 100\mu s$ 的范围内，平均约为 $50\mu s$；按 GB/T 50064—2014 标准，τ_f 取 $2.6\mu s$，τ_t 为 $50\mu s$，记为 $2.6/50\mu s$。

雷电冲击试验和防雷设计中常用的雷电流等效波形有双指数波、斜角波和半余弦波 3 种。与实际雷电流波形最接近的等效波形为双指数波，又称为雷电流的标准波形，如图 8-3a 所示，其表达式为

$$i = I_0(e^{\alpha t} - e^{\beta t}) \tag{8-5}$$

式中　I_0——某一固定的雷电流幅值；

　　　α、β——常数，由雷电流的波形确定。

197

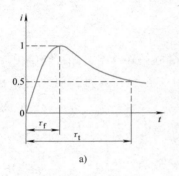
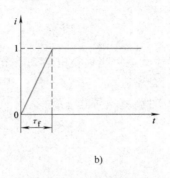
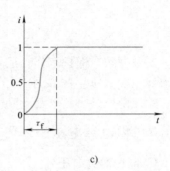

图 8-3　雷电流的等效波形

a）双指数波　b）斜角波　c）半余弦波

双指数波计算复杂，为了简化防雷计算，GB 50064—2014 标准建议架空线路防雷计算可采用双斜角波，如图 8-3b 所示，其波头陡度 a 由雷电流幅值 I 和波头时间 τ_f 决定，$a = I/\tau_f$，其波尾部分是无限长的，又称斜角平顶波。

与雷电波的波头较近似的波形是半余弦波，如图 8-3c 所示，其波头部分的表达式为

$$i = \frac{I}{2}(1 - \cos\omega t) \tag{8-6}$$

式中　ω——角频率，由波头 τ_f 决定，$\omega = \pi/\tau_f$。

半余弦波头仅在大跨越、特殊杆塔线路防雷设计中采用。

7. 雷电流陡度

雷电流陡度是指雷电流随时间上升的速度。雷电流陡度越大，对电气设备造成的危害也越大。雷电流陡度的直接测量更为困难，常常根据一定的幅值、波头和波形来推算。一般取波头形状为斜角波，波头按 $2.6\mu s$ 考虑，雷电流陡度 $a = I/2.6$。计算雷电流冲击波波头陡度出现的概率可用下列经验公式计算

$$\lg P_a = -\frac{a}{36}$$

或

$$P_a = 10^{-\frac{a}{36}} \tag{8-7}$$

式中　P_a——雷电流陡度超过 a 的雷电流的概率。

从式 (8-7) 可知，雷电流陡度超过 $30kA/\mu s$ 的雷电流的概率为 15%，雷电流陡度超过 $50kA/\mu s$ 的雷电流的概率为 4%，概率较低，一般取平均陡度约为 $30kA/\mu s$。

在半余弦波中，最大陡度出现在波头中间，即 $t = \tau_f/2$ 处，其值为

$$a_{\max} = \left(\frac{\mathrm{d}i}{\mathrm{d}t}\right)_{\max} = \frac{I\omega}{2} \tag{8-8}$$

平均陡度为

$$a_c = \frac{I}{\tau_f} = \frac{I\omega}{\pi} \tag{8-9}$$

因此，在给定雷电流幅值 I 和最大陡度 $a_{\max}$ 的情况下，可以求出余弦波头对应的角频率和波头

$$\omega = \frac{2a_{\max}}{I} \tag{8-10}$$

$$\tau_f = \frac{\pi I}{2a_{\max}} \tag{8-11}$$

要做好防雷保护工作，还要注意观察当地雷电活动季节的开始和终了日期。我国南方雷电季节一般从每年的 2 月开始，长江流域一般在 3 月，华北、东北在 4 月，西北迟到在 5 月。除江南以外，雷电活动到 10 月就基本停止了。

8.1.4　雷电过电压的形成

1. 直击雷过电压

雷击地面由先导放电转变为主放电的过程可以用一根已充电的垂直导线突然与被击物体接通来模拟，如图 8-4a 所示。Z 是被击物体与大地（零电位）之间的阻抗，σ （C/m）是先

导放电通道中电荷的线密度，开关 S 未闭合之前相当于先导放电阶段。当先导通道到达地面或与地面目标上发出的迎面先导相遇时，主放电即开始，相当于开关 S 合上。此时将有大量的正、负电荷沿通道相向运动，如图 8-4b 所示，使先导通道中的剩余电荷及云中的负电荷得以中和，这相当于有一电流波由下而上地传播，其值为 $i = \sigma v$，v 为逆向的主放电速度，单位为 m/s。这样一来，上述主放电过程可以看作有一负极性前行波从雷云沿着波阻抗为 Z_0 的雷电通道传播到 A 点的过程，由此把雷电放电过程简化成为一个数学模型，如图 8-4c 所示。进一步得到其电压源和电流源彼德逊等效电路，如图 8-4d 所示；u_0 和 i_0 分别是从雷云向地面传来的行波的电压和电流。

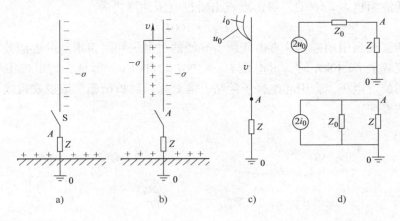

图 8-4　雷击大地时的计算模型

a）模拟先导放电　b）模拟主放电　c）主放电通道电路　d）等效电路

主放电电流 i_0 流过阻抗 Z 时，A 点的电位突然变为 $i_0 Z$，实际上，先导通道中的电荷密度 σ 和主放电的发展速度 v 是很难测定的，但主放电开始后流过 Z 的电流 i_0 的幅值却不难测得，而我们关心的恰是雷击点 A 的电位，所以从 A 点电位出发建立雷电放电的计算模型。

（1）雷直击于地面上接地良好的物体　根据雷电流的定义，这时流过雷击点 A 的电流即为雷电流 i。采用电流源彼德逊等效电路，相对于雷道波阻抗 Z_0（约为 300Ω），接地良好的被击物在雷电作用下的接地电阻 R_i 较小（一般小于 30Ω），$Z = R_i$ 可以忽略不计，则雷电流

$$i = \frac{Z_0}{Z_0 + Z} \times 2i_0 \approx 2i_0 \tag{8-12}$$

能实际测得的往往是雷电流幅值，可见沿雷道波阻抗 Z_0 下来的雷电入射波的幅值 $i_0 = I/2$，A 点的电压幅值 $U_A = IR_i$。

（2）雷直击于输电线路的导线　当雷直击于输电线路的导线时，如图 8-5 所示，雷击线路后，电流波向线路的两侧流动，如果电流电压均以幅值表示，则

$$i_Z = \frac{2U_0}{Z_0 + \dfrac{Z}{2}} = \frac{IZ_0}{Z_0 + \dfrac{Z}{2}} \tag{8-13}$$

导线被击点 A 的过电压幅值为

199

$$U_A = i_z \frac{Z}{2} = I \frac{Z_0 Z}{2Z_0 + Z} \tag{8-14}$$

若取导线的波阻抗 $Z = 400\Omega$，Z_0 取为 300Ω，当雷电流幅值 $I = 30kA$，被击点直击雷过电压 $U_A = 120I = 3600kV$。

再近似计算，假设 $Z_0 \approx Z/2$，即认为雷电波在雷击点未发生折射、反射，则式（8-14）简化为

$$U_A = \frac{1}{4} IZ \tag{8-15}$$

取导线的波阻抗 $Z = 400\Omega$，被击点直击雷过电压计算式为

$$U_A \approx 100I \tag{8-16}$$

这是目前工程当中用来估算直击或绕击导线的过电压和耐雷水平的近似公式。

当雷电流幅值 $I = 30kA$ 时，过电压 $U_A \approx 100I = 3000kV$，可见，雷电击中导线后，在导线上产生很高的过电压，会引起绝缘子闪络，需要采用防护措施，架设避雷线可有效地减少雷直击导线的概率。

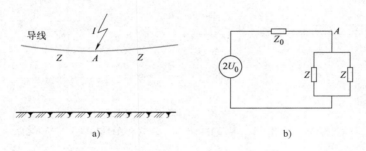

图 8-5　雷电直击线路导线

a）示意图　b）等效电路

2. 感应雷过电压

由于雷云对地放电过程中，放电通道周围空间电磁场的急剧变化，会在附近线路的导线上产生过电压。在雷云放电的先导阶段，先导通道中充满了电荷，如图 8-6a 所示，这些电荷对导线产生静电感应，在负先导附近的导线上积累了异号的正束缚电荷，而导线上的负电荷则被排斥到导线的远端。因为先导放电的速度很慢，所以导线上电荷的运动也很慢，由此引起的导线中的电流很小，同时由于导线对地泄漏电导的存在，导线电位与远离雷云处的导线电位相同。当先导到达附近地面时，主放电开始，先导通道中的电荷被中和，与之相应的导线上的束缚电荷得到解放，以波的形式向导线两侧运动，如图 8-6b 所示。电荷流动形成的电流 i 乘以导线的波阻抗 Z 即为两侧流动的静电感应过电压波 $U = iZ$。此外，先导通道电荷被中和时还会产生时变磁场，使架空导线产生电磁感应过电压波。由于主放电通道是和架空导线互相垂直的，互感不大，所以总的感应雷过电压幅值的构成是以静电感应分量为主。

工程实用计算中，雷云对地放电时，落雷处距架空导线的垂直距离 $S > 65m$ 时，无避雷线的架空线路导线上产生的感应雷过电压最大值可按下式估算

$$U_i \approx 25 \frac{Ih_c}{S} \tag{8-17}$$

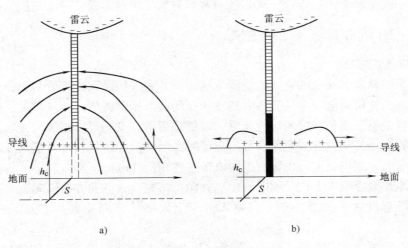

图 8-6　感应雷过电压的形成

a) 先导放电阶段　b) 主放电阶段

式中　U_i——雷击大地时感应雷过电压最大值，单位为 kV；

I——雷电流幅值，单位为 kA；

h_c——导线平均高度，$h_c = h - \dfrac{2}{3} f$（h 为杆塔处导线高度，f 为弧垂），单位为 m；

S——雷击点与线路的垂直距离，单位为 m。

感应雷过电压 U_i 的极性与雷电流极性相反。由式（8-17）可知，感应雷过电压与雷电流幅值 I 成正比，与导线悬挂平均高度 h_c 成正比。h_c 越高则导线对地电容越小，感应电荷产生的电压就越高；感应雷过电压与雷击点到线路的距离 S 成反比，S 越大，感应雷过电压越小。由于雷击地面时，被击点的自然接地电阻较大，式（8-17）中的最大雷电流幅值一般不会超过 100kA，可按 100kA 进行估算。实测表明，感应雷过电压的幅值一般约为 300 ~ 400kV，这可能引起 35kV 及以下电压等级线路的闪络，而对 110kV 及以上电压等级线路，一般不会引起闪络。避雷线会使导线上的感应过电压下降，耦合系数越大，导线上感应过电压越低。另外，由于各相导线上的感应过电压基本上相同，所以不会出现相间电位差和引起相间闪络。

与直击雷过电压相比，感应雷过电压的波形较平缓，波头时间在几微秒到几十微秒，波长较长，达数百微秒。

8.2　防雷保护设备

雷电放电作为一种强大的自然力的爆发是难以制止的，产生的雷电过电压可高达数百千伏，如不采取防护措施，将引起电力系统故障，造成大面积停电。目前人们主要是设法去躲避和限制雷电的破坏性，基本措施就是加装避雷针、避雷线、避雷器、防雷接地、电抗线圈、电容器组、消弧线圈和自动重合闸等防雷保护装置。

避雷针、避雷线用于防止直击雷过电压，避雷器用于防止沿输电线路侵入变电所的感应雷过电压。下面主要介绍避雷针、避雷线和避雷器的保护原理及其保护范围。

8.2.1　避雷针防雷原理及保护范围

1. 避雷针防雷原理

避雷针是明显高出被保护物体的金属支柱，其针头采用圆钢或钢管制成，其作用是吸引雷电击于自身，并将雷电流迅速泄入大地，从而使被保护物体免遭直接雷击。避雷针需有足够截面积的接地引下线和良好的接地装置，以便将雷电流安全可靠地引入大地。

当雷电的先导头部发展到距地面某一高度时，因避雷针位置较高且接地良好，在避雷针的顶端因静电感应而积聚了与先导通道中电荷极性相反的电荷，形成局部电场强度集中的空间，该电场即开始影响雷击先导放电的发展方向，将先导放电的方向引向避雷针，同时避雷针顶部的电场强度大大加强，产生自避雷针向上发展的迎面先导，增强了避雷针的引雷作用。

避雷针一般用于保护发电厂和变电所，可根据不同情况装设在配电构架上，或独立架设。

2. 避雷针的保护范围

表示避雷针的保护效能，通常采用保护范围的概念，只具有相对意义。避雷针的保护范围是指被保护物体在此空间范围内不致遭受直接雷击。我国使用的避雷针的保护范围的计算方法，是根据小电流雷电冲击模拟试验确定的（如图 5-34 所示），并根据多年运行经验进行了校验。保护范围是按照保护概率 99.9% 确定的空间范围（即屏蔽失效率或绕击率 0.1%）。

GB/T 50064—2014 标准采用折线法（我国 GB/T 50057—2010《建筑物防雷设计规范》采用滚球法，作为建筑物、信息系统的防雷计算），折线法确定避雷针的保护范围方法如下：

（1）单支避雷针　单支避雷针的保护范围如图 8-7 所示，在被保护物高度 h_x 水平面上的保护半径 r_x 应按下列公式计算

$$当 h_x \geq \frac{h}{2} 时 \qquad r_x = (h - h_x)p = h_a p \qquad (8\text{-}18)$$

$$当 h_x < \frac{h}{2} 时 \qquad r_x = (1.5h - 2h_x)p \qquad (8\text{-}19)$$

式中　r_x——避雷针在 h_x 水平面上的保护半径，单位为 m；

$\quad\quad h_x$——被保护物的高度，单位为 m；

$\quad\quad h$——避雷针的高度，单位为 m；

$\quad\quad h_a$——避雷针的有效高度，单位为 m；

$\quad\quad p$——高度影响系数，$h \leq 30m$，$p = 1$；

$\quad\quad\quad 30m < h \leq 120m$，$p = 5.5/\sqrt{h}$；$h > 120m$，$p = 120$。

按式（8-19）可计算出避雷针在地面上的保护半径 $r_x = 1.5hp$。

工程中多是已知被保护物体的高度 h_x，根据被保护物体的宽度和与避雷针的相对位置来确定出所需要的避雷针的高度 h，避雷针的高度一般

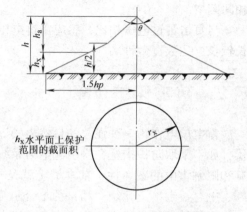

图 8-7　单支避雷针的保护范围

选用为 20 ~ 30m，此时 $\theta = 45°$。需要扩大保护范围，可采用两支以及多支避雷针作联合保护。

（2）两支等高避雷针　两支等高避雷针的保护范围如图 8-8 所示。两针外侧的保护范围按单支避雷针的计算方法确定。两针间的保护范围由于相互屏蔽效应而使保护范围增大，其范围按通过两针顶点及保护范围上部边缘最低点 O 的圆弧确定，圆弧的半径为 R'_O。O 点为假想避雷针的顶点，其高度按下式计算

$$b_x = 1.5(h_O - h_x)$$

$$h_O = h - \frac{D}{7p} \tag{8-20}$$

式中　h_O——两针间保护范围上部边缘最低点高度，单位为 m；

　　　D——两避雷针间的距离，单位为 m。

两针间 h_x 水平面上保护范围的一侧最小宽度 b_x 应按图 8-9 确定。当 $b_x > r_x$ 时，取 $b_x = r_x$，求得 b_x 后，可按图 8-8 绘出两针间的保护范围。

两针间距离与针高之比 D/h 不宜大于 5。

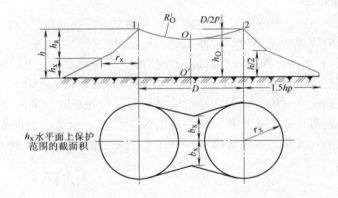

图 8-8　高度为 h 的两支等高避雷针的保护范围

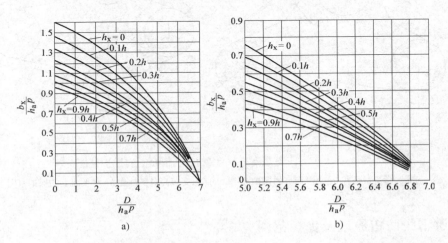

a)　　　　　　　　　　b)

图 8-9　两等高（h）避雷针间保护范围的一侧最小宽度（b_x）与 $D/h_a p$ 的关系

a) $D/h_a p = 0 ~ 7$　b) $D/h_a p = 5 ~ 7$

3. 两支不等高避雷针

两支不等高避雷针的保护范围如图 8-10 所示。两针外侧的保护范围分别按单支避雷针的计算方法确定。两针间的保护范围先按单支避雷针的计算方法，确定较高避雷针 1 的保护范围，然后由较低避雷针 2 的顶点，作水平线与避雷针 1 的保护范围相交于点 3，取点 3 为等效避雷针的顶点，再按两支等高避雷针的计算方法确定避雷针 2 和 3 间的保护范围。通过避雷针 2、3 顶点及保护范围上部边缘最低点的圆弧，其弓高应按下式计算

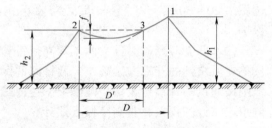

图 8-10 两支不等高避雷针的保护范围

$$f = \frac{D'}{7p} \tag{8-21}$$

式中 f——圆弧的弓高，单位为 m；

　　　D'——避雷针 2 和等效避雷针 3 间的距离，单位为 m。

4. 多支等高避雷针

由于发电厂或变电所的面积较大，实际上都采用多支等高避雷针保护。三支等高避雷针所形成的三角形的外侧保护范围分别按两支等高避雷针的计算方法确定。如在三角形内被保护物最大高度 h_x 水平面上，各相邻避雷针间保护范围的一侧最小宽度 $b_x \geqslant 0$ 时，则全部面积受到保护。三支等高避雷针在 h_x 水平面上的保护范围如图 8-11a 所示。

四支及以上等高避雷针所形成的四角形或多角形，可先将其分成两个或数个三角形，然后分别按三支等高避雷针的方法计算。如各边的保护范围一侧最小宽度 $b_x \geqslant 0$，则全部面积受到保护。如图 8-11b 所示为四支等高避雷针在 h_x 水平面上的保护范围。

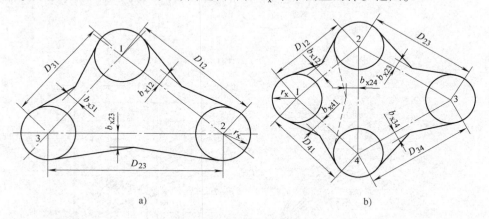

图 8-11 三、四支等高避雷针在 h_x 水平面上的保护范围

a）三支等高避雷针在 h_x 水平面上的保护范围 b）四支等高避雷针在 h_x 水平面上的保护范围

8.2.2 避雷线防雷原理及保护范围

避雷线，通常又称架空地线，简称地线。避雷线的防雷原理与避雷针相同，主要用于输电线路的保护，也可用来保护发电厂和变电所，近年来许多国家采用避雷线保护 500kV 大

型超高压变电所。用于输电线路时，避雷线除了防止雷电直击导线外，同时还有分流作用，以减少流经杆塔入地的雷电流从而降低塔顶电位，避雷线对导线的耦合作用还可以降低导线上的感应雷过电压。

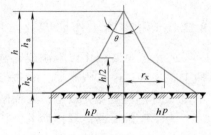

单根避雷线的保护范围如图 8-12 所示，在 h_x 水平面上每侧保护范围的宽度按下列公式计算

当 $h_x \geqslant \dfrac{h}{2}$ 时　　$r_x = 0.47(h - h_x)p$　（8-22）

当 $h_x < \dfrac{h}{2}$ 时　　$r_x = (h - 1.53 h_x)p$　（8-23）

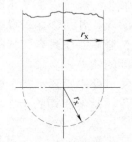

式中　r_x——h_x 水平面上每侧保护范围的宽度，单位为 m；

　　　h_x——被保护物的高度，单位为 m；

　　　h——避雷线的高度，单位为 m。

图 8-12 中，当避雷线的高度 $h \leqslant 30m$ 时，$\theta = 25°$。

图 8-12　单根避雷线的保护范围

两根等高平行避雷线的保护范围如图 8-13 所示。两线外侧的保护范围按单根避雷线的计算方法确定。两线间各横截面的保护范围由通过两避雷线 1、2 点及保护范围边缘最低点 O 的圆弧确定。O 点的高度应按下式计算

$$h_O = h - \dfrac{D}{4p} \tag{8-24}$$

式中　h_O——两避雷线间保护范围上部边缘最低点的高度，单位为 m；

　　　D——两避雷线间的距离，单位为 m。

表示避雷线对导线的保护程度，工程中还有更简单的表示方式，即采用保护角 α 来表示，如图 8-14 所示。保护角是指避雷线和外侧导线的连线与避雷线的垂线之间的夹角。保护角越小，避雷线就越可靠地保护导线免遭雷击。一般取保护角 $\alpha = 20° \sim 30°$，这时即认为导线已处于避雷线的保护范围之内。220 ~ 330kV 双避雷线线路，一般采用保护角 20°左右，500kV 一般保护角不大于 15°，山区宜采用较小的保护角。杆塔上两根避雷线间的距离不应超过导线与避雷线间垂直距离的 5 倍。

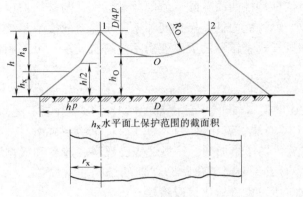

h_x 水平面上保护范围的截面积

图 8-13　两根平行避雷线的保护范围

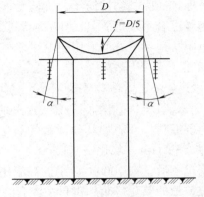

图 8-14　避雷线的保护角

8.2.3 避雷器工作原理及常用种类

避雷器是专门用以限制线路传来的雷电过电压或操作过电压的一种防雷装置。避雷器实质上是一种过电压限制器，与被保护的电气设备并联连接，当过电压出现并超过避雷器的放电电压时，避雷器先放电，从而限制了过电压的发展，使电气设备免遭过电压损坏。

为了使避雷器达到预期的保护效果，必须正确使用和选择避雷器，一般有以下基本要求：首先，避雷器应具有良好的伏秒特性曲线，并与被保护设备的伏秒特性曲线之间有合理的配合；其次，避雷器应具有较强的快速切断工频续流，快速自动恢复绝缘强度的能力。

目前避雷器类型主要以保护间隙和金属氧化物避雷器（常称氧化锌避雷器）为主。

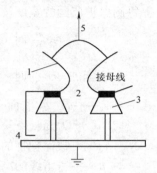

图 8-15　角形保护间隙
1—角形电极　2—主间隙
3—支柱绝缘子　4—辅助间隙
5—电弧的运动方向

1. 保护间隙

保护间隙是一种简单的避雷器，按其形状可分为：角形、棒形、环形和球形等，常用角形保护间隙如图 8-15 所示，采用角形间隙是为了使单相间隙动作时有利于灭弧。保护间隙除主间隙外，在其接地引下线中还串接有一个辅助间隙，目的是防止外物使主间隙意外短路而引起接地故障。

保护间隙的主间隙距离不应小于表 8-1 所列数值。辅助间隙的距离可采用表 8-1 所列数值。保护间隙与被保护设备并联连接，当雷电波侵入时，间隙先击穿，线路接地，从而保护了电气设备。保护间隙击穿后形成工频续流，当间隙能自行熄弧时，系统恢复正常运行，当间隙不能自行熄弧时，将引起断路器跳闸。为减少线路停电事故，应加装自动重合闸装置。

表 8-1　保护间隙的间隙距离

系统标称电压/kV	3	6	10	20	35
主间隙距离最小值/mm	8	15	25	100	210
辅助间隙距离/mm	5	10	10	15	20

保护间隙的结构简单，价格便宜，但伏秒特性曲线较陡，放电分散性大，与被保护设备的绝缘配合不理想，且动作后会形成截波，熄弧能力低。保护间隙适用于除有效接地系统和低电阻接地系统外的低压配电系统中，如排气式避雷器的灭弧能力不能符合要求，可采用保护间隙。

2. 金属氧化物避雷器

金属氧化物避雷器（MOA）出现于 20 世纪 70 年代，其内部的阀片是以氧化锌（ZnO）为主要原料，并添加其他微量的氧化铋（Bi_2O_3）、氧化钴（Co_2O_3）、氧化锰（MnO_2）、氧化锑（Sb_2O_3）、氧化铬（Cr_2O_3）等金属氧化物作添加剂，经过煅烧、混料、造粒和成型等工艺过程后，在 1000℃ 以上的高温中烧结而成。金属氧化物避雷器的结构非常简单，仅由相应数量的氧化锌阀片密封在瓷套内组成，所以也称氧化锌避雷器。

氧化锌阀片的特性与其微观结构密切相关。其微观结构主要由含有微量钴、锰等元素的氧化锌晶粒和包围它的晶界层组成。氧化锌晶粒的平均直径约为 $10\mu m$，电阻率很小，约 $1\sim 10\Omega\cdot cm$。晶界层主要由氧化铋形成，厚度约 $0.1\mu m$。晶界层的电阻率与所处的电场强度密切相关，在低电场强度作用下，晶界层的电阻率高达 $10^{10}\sim 10^{14}\Omega\cdot cm$；当电场强度增加到某一数值时，晶界层的电阻率会骤然下降。氧化锌阀片的非线性特性主要取决于晶界层。此外，晶界层还具有电介质的性质，其相对介电常数为 $1000\sim 2000$，因此，氧化锌阀片具有较大的固有电容。

氧化锌阀片具有极好的非线性伏安特性，如图 8-16 所示，可分为小电流区、非线性区和饱和区。电流在 1mA 以下的区域为小电流区，非线性系数 α 较大，约为 $0.1\sim 0.2$。在该区域，阀片具有明显的负温度系数，在 $-40\sim 100℃$ 范围内，约为 $-0.05\%/℃$。电流在 $1mA\sim 3kA$ 的区域为非线性区，非线性系数 α 大大下降，约为 $0.015\sim 0.05$，很接近理想值 $\alpha=0$，即使在 10kA 雷电流作用下，α 也仅为 0.1 左右，在非线性区域，阀片具有很小的正温度系数，有助于改善阀片并联运行的电流分布。在饱和区，由于电场强度较高，氧化锌晶粒的固有电阻逐渐起主要作用，使非线性变坏，所以氧化锌阀片在大电流时，伏安特性曲线明显上翘。

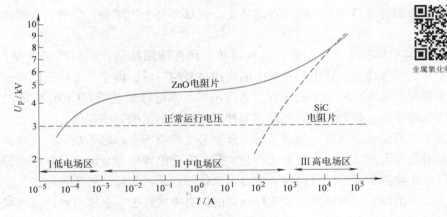

图 8-16　氧化锌阀片的伏安特性

氧化锌阀片的伏安特性与碳化硅阀片的伏安特性曲线相比较，两者在 10kA 下的残压基本相同，但在正常运行的额定电压下，碳化硅阀片流过的电流大约数百安，因而必须用间隙加以隔离；而氧化锌阀片流过的电流数量级只有 $10^{-5}A$，可以近似认为其续流为零，所以 MOA 可以不用串联放电间隙。

由于氧化锌阀片优异的非线性伏安特性，使 MOA 与碳化硅避雷器相比具有以下优点：

（1）保护性能好　虽然 10kA 雷电流下残压目前仍与碳化硅避雷器基本相同，但碳化硅避雷器要等到电压升高到间隙的冲击放电电压后才可将电流泄放。而 MOA 由于无间隙，放电没有时延，只要电压一升高，氧化锌阀片就能开始吸收过电压能量，抑制过电压的发展，在过电压的全部过程中都流过电流，吸收过电压能量，限制过电压。由于没有间隙，MOA 比碳化硅避雷器的伏秒特性曲线更加平坦，在陡波头冲击放电电压作用下，残压值升高也较小，使得 MOA 易于绝缘配合，增加安全裕度，换句话说，可使电力设备的绝缘水平降低。由于超高压、特高压系统电压很高，设备的体积和造价在很大程度上决定于绝缘水平，所以

金属氧化物避雷器

对于超高压、特高压系统来说，经济意义重大。

（2）无续流 由于在正常工作电压下流过氧化锌阀片的电流极小，接近于一绝缘体，所以可视为无续流。在雷击或操作过电压作用下，MOA 因无续流，只需吸收冲击过电压能量，而不需吸收续流能量，动作负载轻，所以在大电流长时间重复冲击后特性稳定，具有耐受多重雷击和重复发生的操作过电压能力。

（3）通流容量大 氧化锌阀片单位面积的通流能力为碳化硅电阻片的 4～5 倍，又没有工频续流引起串联间隙烧伤的制约。通流容量大的优点使得 MOA 完全可以用来限制操作过电压，也可以耐受一定持续时间的工频过电压。另外，由于氧化锌阀片的残压特性分散性低，电流分布较为均匀，还可以通过并联阀片或整只避雷器并联的方法来提高避雷器的通流能力，制成特殊用途的重载避雷器，用于特高压系统、长电缆系统或大电容器组的过电压保护。

（4）运行安全可靠 由于做成无间隙，解决了碳化硅避雷器因串联间隙所带来的污秽、内部气压变化使间隙放电电压不稳定等一系列问题，具有优越的陡波响应特性。此外，在伏安特性的非线性区，氧化锌阀片具有很小的正温度系数，MOA 的保护特性几乎不受温度、气压和污秽等环境条件的影响，性能稳定。内部零件大为减少，降低了出现故障的概率，可靠性高。

MOA 具有体积小，重量轻，结构简单，元件通用性强，运行维护方便，使用寿命长，造价相对较低等优点，在电力系统中的应用越来越广泛。由于其无续流的特性，还可制成直流避雷器及其他特殊用途的避雷器，如适用于气体绝缘变电所（GIS）中的避雷器、地下电缆系统的避雷器、高海拔地区的避雷器和严重污秽地区的避雷器等。

为了克服瓷套金属氧化物避雷器内部容易受潮及安全问题等缺陷，国外自 20 世纪 80 年代开始研制复合绝缘外套金属氧化物避雷器。复合绝缘外套金属氧化物避雷器是合成绝缘子和金属氧化物避雷器的综合结构，主要由氧化锌阀片、芯棒、外套绝缘裙、密封填充胶和金具等五部分组成，合理地发挥氧化锌阀片的优良电气性能、芯棒材料的高机械强度、外套绝缘裙的耐老化及耐漏电等特点。与瓷套金属氧化物避雷器相比，复合绝缘外套金属氧化物避雷器具有制造工艺简单、体积小、重量轻、散热性好和耐污性强的特点，在很大程度上消除了避雷器受潮的隐患、裙套爆炸的危险，成功地应用到线路上，提高了线路的耐雷水平。尤其可以提高雷电活动强烈、土壤电阻率很高或降低杆塔接地电阻有困难等地区输电线路的耐雷水平。还可以沿线安装硅橡胶伞套的 MOA 来限制操作过电压，以及限制紧凑型输电线路的相间操作过电压。

3. 金属氧化物避雷器电气特性的基本技术指标

（1）额定电压 是避雷器两端之间允许施加的最大工频电压有效值（单位为 kV），即在系统短时工频过电压直接加在氧化锌阀片上时，避雷器仍允许吸收规定的雷电及操作过电压能量，特性基本不变，不会发生热击穿。此额定电压与碳化硅避雷器的灭弧电压相对应，但含义不同，它是与热负载有关的量，是决定避雷器各种特性的基准参数。

（2）最大持续运行电压 是允许持续加在避雷器两端之间的最大工频电压有效值（单位为 kV），其值一般等于或大于系统运行最大工作相电压。该电压决定了避雷器长期工作的老化性能，即避雷器吸收过电压能量后温度升高，在此电压下能够平稳冷却，不会发生热击穿。

(3) 参考电压 包含工频参考电压和直流参考电压（单位为 kV），是指避雷器通过 1mA 工频电流阻性分量峰值或者 1mA 直流电流时，其两端之间的工频电压峰值或直流电压，通常用 U_1 表示。该电压大致位于氧化锌阀片伏安特性曲线由小电流区上升部分进入非线性区平坦部分的拐弯处，从该转折处开始，电流将随电压的升高而迅速增大，并起限制过电压作用，所以又称起始动作电压，也称为转折电压或拐点电压。通常工频参考电压大于或等于避雷器额定电压的峰值。

(4) 残压 残压是 MOA 的一个重要参数，指放电电流通过避雷器时，其两端之间出现的电压峰值（单位为 kV），包括三种放电电流波形下的残压，见表 8-2。所谓标称电流，是指冲击波形为 $8/20\mu s$ 的一定大小的放电电流峰值。避雷器的保护水平是三者残压的组合。其雷电过电压保护水平为标称冲击电流下的最大残压和陡波冲击电流下的最大残压除以 1.15 中的较大者；而操作过电压水平，则由操作冲击电流下的最大残压决定。

表 8-2 金属氧化物避雷器的残压

残压种类	放电电流峰值/kA	波前时间/半峰值时间/μs
陡波冲击电流下的残压	5, 10, 20	1/5
标称冲击电流下的残压	5, 10, 20	8/20
操作冲击电流下的残压	0.5, 1, 2	30/60

(5) 通流容量 表示阀片耐受通过电流的能力，通常用短持续时间（$4/10\mu s$）大冲击电流（$10 \sim 65kA$）作用两次和长持续时间（$0.5 \sim 3.2ms$）近似方波电流（$150 \sim 1500A$）多次作用来表征。我国目前大多用通过 2ms 方波电流值作为避雷器的通流容量。

(6) 电压比 指 MOA 通过波形为 $8/20\mu s$ 的标称冲击放电电流时的残压与其参考电压之比。电压比越小，表示非线性越好，通过冲击放电电流时的残压越低，避雷器的保护性能越好。目前，此值约为 $1.6 \sim 2.0$。

(7) 荷电率 是 MOA 的最大持续运行电压峰值与直流参考电压的比值。荷电率越高说明避雷器稳定性能越好，耐老化，能在靠近"转折点"长期工作。若荷电率等于极限值 1，就说明避雷器不会老化。荷电率一般采用 45% ~75% 或更大。在中性点非有效接地系统中，因单相接地时健全相上的电压峰值较高，所以一般选用较低的荷电率，而中性点有效接地系统则用较高的荷电率。

(8) 保护比 定义为标称放电电流下的残压与最大持续运行电压峰值的比值或电压比与荷电率之比，即

$$保护比 = \frac{标称放电电流下的残压}{最大持续运行电压(峰值)} = \frac{电压比}{荷电率} \tag{8-25}$$

可见，降低电压比或提高荷电率均可降低 MOA 的保护比，而保护比越小，MOA 的保护性能越好。目前 MOA 的保护比约等于 $1.6 \sim 1.7$，采用 4 个电阻片并联的办法，保护比的数值可降低到 1.38。

我国典型电站型和配电型避雷器的参数见附录。

8.3 电力系统防雷保护

8.3.1 输电线路的防雷保护

在整个电力系统的防雷中，输电线路的防雷问题最为突出。这是因为输电线路绵延数千里，地处旷野，又往往是周边地面上最为高耸的物体，因此极易遭受雷击。统计表明：在平均高度为 8m 的输电线路中，每 100km 线路年平均受雷击次数约为 4.8 次。又根据运行经验，电力系统中的停电事故有近 50% 是由雷击线路造成的。此外，线路落雷后，沿输电线路侵入发电厂、变电所的雷电波也是威胁电气设备，造成发电厂、变电所事故的主要因素之一。因此，提高输电线路的防雷性能，不仅直接可以减少雷击输电线路引起的雷击跳闸事故，还有利于发电厂、变电所电气设备的安全运行。

输电线路防雷性能的优劣，工程中主要用耐雷水平和雷击跳闸率两个指标来衡量。所谓耐雷水平，是指雷击线路绝缘不发生闪络的最大雷电流幅值（单位为 kA）。高于耐雷水平的雷电流击于线路会引起闪络，反之，则不会发生闪络；雷击跳闸率是指折算到雷暴日数为 40 的标准条件下，每 100km 线路每年由雷击引起的跳闸次数。这是衡量线路防雷性能的综合指标，显然，雷击跳闸率越低，说明线路防雷性能越好。

虽然，输电线路的防雷十分重要，但目前还不可能要求线路绝对防雷。输电线路防雷保护的任务在于：考虑线路通过地区的雷电活动强弱、该线路的重要性以及防雷设施投资与提高线路耐雷性能所得到的经济效益等因素，通过技术经济比较，采取合理措施，使输电线路达到规程规定的耐雷水平值的要求，尽可能降低雷击跳闸率。

1. 输电线路上的感应雷过电压

雷击线路附近地面时，在线路的导线上会产生感应雷过电压，这在 8.1.4 中已介绍。由于雷击地面时雷击点的自然接地电阻较大，雷电流幅值 I 一般不超过 100kA。实测证明，感应过电压一般不超过 300～400kV，对 35kV 及以下水泥杆线路会引起一定的闪络事故；对 110kV 及以上的线路，由于绝缘水平较高，所以一般不会引起闪络事故。

感应雷过电压同时存在于三相导线，故相间不存在电位差，只能引起对地闪络，如果两相或三相同时对地闪络即形成相间闪络事故。

当雷电击于挂有避雷线的导线附近大地时，则由于避雷线的屏蔽效应，导线上的感应电荷就会减少，导线上的感应雷过电压会降低。在避雷线的屏蔽作用下，导线上的感应过电压可用下列方法求得。

设避雷线和导线悬挂的对地平均高度分别为 h_g 和 h_c，若避雷线不接地，则根据式（8-17）可求得避雷线和导线上的感应过电压分别为 U_{ig} 和 U_{ic}，即

$$U_{ig} = 25\frac{Ih_g}{S}, U_{ic} = 25\frac{Ih_c}{S}$$

于是

$$U_{ig} = U_{ic}\frac{h_g}{h_c} \tag{8-26}$$

由于避雷线实际上是通过每基杆塔接地的，因此可以设想在避雷线上尚有一个 $-U_{ig}$ 电压，以此来保持避雷线为零电位，由于避雷线与导线间的耦合作用，此设想的 $-U_{ig}$ 电压将

在导线上产生耦合电压。k_0 为避雷线与导线间的几何耦合系数。有避雷线的架空线路导线上产生的感应雷过电压最大值可按下式估算

$$U'_{ic} = U_{ic} + (-k_0 U_{ig}) = U_{ic}\left(1 - k_0 \frac{h_g}{h_c}\right) = 25\frac{Ih_c}{S}\left(1 - k_0 \frac{h_g}{h_c}\right) \tag{8-27}$$

式中　k_0——导线和避雷线间的几何耦合系数，决定于导线和避雷线的几何尺寸及其排列位置；

　　　h_g——避雷线对地平均高度，单位为 m。

上式表明，由于避雷线的存在可使导线上的感应雷过电压由 U_i 下降为 U_i（$1-k_0$），耦合系数越大，导线上的感应雷过电压越低。

式（8-18）、式（8-27）只适用于落雷处距架空导线的垂直距离 $S > 65m$ 的情况，更近的雷击则被避雷线或杆塔所吸引而击于线路，当雷击杆塔时，不仅有雷电流通过杆塔并在塔顶产生电位，同时，空中迅速变化的电磁场还在导线上感应一相反符号的感应过电压 U_i。在无避雷线时，对一般高度（约 40m 以下）的线路，感应雷过电压的最大值可按下式计算

$$U_{im} = \alpha h_c \tag{8-28}$$

式中　U_{im}——雷击杆塔时导线上感应雷过电压最大值，单位为 kV；

　　　h_c——导线悬挂平均高度，单位为 m；

　　　α——感应过电压系数，其值等于以 kA/μs 计的雷电流陡度值，取 $\alpha = I/2.6$，单位为 kV/m。

有避雷线时，由于屏蔽效应，导线上的感应雷过电压最大值为

$$U'_{im} = \left(1 - \frac{h_g}{h_c}k_0\right)\frac{Ih_c}{2.6} \tag{8-29}$$

2. 输电线路的耐雷水平

我国 110kV 及以上线路一般全线都装设避雷线，而 35kV 及以下线路一般不装设避雷线，下面以带有避雷线的中性点直接接地系统线路为例，无避雷线线路与有避雷线线路的分析方法相同。有避雷线的线路遭受直击雷一般有 3 种情况：①雷击杆塔塔顶；②雷击避雷线档距中央；③雷电绕过避雷线击于导线。如图 8-17 所示。

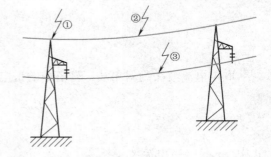

图 8-17　有避雷线线路直击雷的 3 种情况

（1）雷击杆塔塔顶时的耐雷水平　运行经验表明，雷击杆塔的次数与避雷线的根数和经过地区的地形有关，雷击杆塔次数与雷击线路总次数的比值称为击杆率 g，根据 GB 50064—2014，平原为 1/6，山区为 1/4，见表 8-3。

表 8-3　击杆率 g

避雷线根数	1	2
平原	1/4	1/6
山丘	1/3	1/4

雷击塔顶前，雷电通道的负电荷在杆塔及架空地线上产生感应正电荷；当雷击塔顶时，雷通道中的负电荷与杆塔及架空地线上的正感应电荷迅速中和形成雷电流，如图 8-18a 所示。雷击瞬间自雷击点（即塔顶）有一负雷电流波沿杆塔向下运动，另有两个相同的负电流波分别自塔顶沿两侧避雷线向相邻杆塔运动。与

此同时，自塔顶有一正雷电波沿雷电通道向上运动，此正雷电流波的数值与 3 个负电流波的数值总和相等，线路绝缘材料上的过电压即由这几个电流波所引起。

对于一般高度（40m 以下）的杆塔，在工程近似计算中采用图 8-18b 的集中参数等效电路进行分析计算，考虑到雷击点的阻抗较低，故略去雷电通道波阻的影响。图中 L_t 为杆塔的等效电感，单位为 μH；R_i 为被击杆塔的冲击接地电阻，单位为 Ω；L_g 为杆塔两侧相邻档避雷线的电感并联值，单位为 μH；i 是雷电流；i_R 是经避雷线分流的雷电流；i_t 是流经杆塔的雷电流。不同类型杆塔的等值电感可取表 8-4 所列数值。对单避雷线 L_g 约等于 $0.67l$；对双避雷线，约等于 $0.42l$；l 为档距长度，单位为 m。

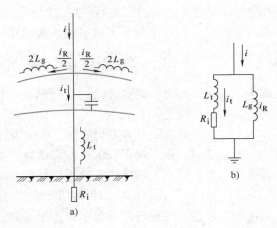

图 8-18 雷击塔顶时雷电流的分布及等效电路
a) 雷电流的分布 b) 等效电路

表 8-4 杆塔的电感和波阻的参考值

杆 塔 型 式	杆塔电感/($\mu H/m$)	杆塔波阻/Ω
无拉线钢筋混凝土单杆	0.84	250
有拉线钢筋混凝土单杆	0.42	125
无拉线钢筋混凝土双杆	0.42	125
铁 塔	0.50	150
门形铁塔	0.42	125

流经杆塔入地的电流 i_t 与总的雷电流 i 的比值称为分流系数 β，即

$$\beta = \frac{i_t}{i} \tag{8-30}$$

取雷电流波头为斜角波，杆塔中的雷电流波头也可近似取为斜角波，杆塔分流系数 β 为

$$\beta = \frac{1}{1 + \dfrac{L_t}{L_g} + \dfrac{R_i}{L_g}\dfrac{\tau_f}{2}} \tag{8-31}$$

式中 τ_f——雷电流波头长度，取 $2.6\mu s$。

对一般长度的档距，β 可参考表 8-5 所列数值。

表 8-5 一般长度的档距的线路杆塔分流系数 β

系统标称电压/kV	避雷线根数	β 值
110	单避雷线	0.90
	双避雷线	0.86
220	单避雷线	0.92
	双避雷线	0.88

（续）

系统标称电压/kV	避雷线根数	β 值
330	双避雷线	0.88
500	双避雷线	0.88

由于避雷线的分流作用，流经杆塔入地的电流 $i_t = \beta I$，于是可求出塔顶电位为

$$U_{top} = i_t R_i + L_t \frac{di_t}{dt} = \beta \left(I R_i + L_t \frac{di}{dt} \right) \tag{8-32}$$

取 $\dfrac{di}{dt} = \dfrac{I}{2.6}$，可写出塔顶电位幅值为

$$U_{top} = \beta I \left(R_i + \frac{L_t}{2.6} \right) \tag{8-33}$$

雷击杆塔顶部时，杆塔横担高度处电位与雷云电荷同为负极性，幅值为

$$U_a = \beta I \left(R_i + \frac{L_a}{2.6} \right) = \beta I \left(R_i + \frac{L_t}{2.6} \frac{h_a}{h_t} \right) \tag{8-34}$$

式中　U_a——横担高度处杆塔电压，单位为 kV；

L_a——横担以下塔身的电感，单位为 μH；

h_a——横担对地高度，单位为 m。

当塔顶电位为 U_{top} 时，则与塔顶相连的避雷线上也有相同的电位 U_{top}。由于避雷线与导线间的耦合作用，导线上产生耦合电压 $k U_{top}$，此电压与雷电流同极性；此外，根据式（8-27）在导线上还有感应雷过电压 $\left[-\left(1 - \dfrac{h_g}{h_c} k_0 \right) \dfrac{I h_c}{2.6} \right]$，此电压极性与雷电流相反，还有导线上的随机的工作电压 $U_{ph} \sin \omega t$。所以，导线端电压极性为正，幅值为

$$U_i = k U_{top} - \left(1 - \frac{h_g}{h_c} k_0 \right) \frac{I h_c}{2.6} + U_{phm} \sin \omega t \tag{8-35}$$

式中　k——导线和避雷线间的耦合系数，$k = k_1 k_0$；

k_1——电晕效应校正系数；

U_{phm}——导线上工作电压峰值，单位为 kV。

雷直击塔顶时，避雷线、导线上电压较高，出现冲击电晕，k 值应采用修正后的数值，校正系数 k_1 可参考表 8-6 所列数值。

表 8-6　雷直击塔顶时的电晕效应校正系数 k_1

标称电压/kV	20 ~ 35	66 ~ 110	220 ~ 330	500
双避雷线	1.1	1.2	1.25	1.28
单避雷线	1.15	1.25	1.3	—

工程中，对于 220kV 及以下线路，由于导线上工作电压所占比重较小，一般可以忽略。线路绝缘子串上两端电压为杆塔横担高度处电位和导线电位之差，故线路绝缘层上的电压幅值为

$$U_{li} = U_a - U_i = \beta I \left(R_i + \frac{L_t}{2.6} \frac{h_a}{h_t} \right) - \left[k U_{top} - \left(1 - \frac{h_g}{h_c} k_0 \right) \frac{I h_c}{2.6} \right]$$

将式 (8-33) 代入，得

$$U_{li} = \beta I \left(R_i + \frac{L_t}{2.6} \frac{h_a}{h_t} \right) - k \left[\beta I \left(R_i + \frac{L_t}{2.6} \right) \right] + \left(1 - \frac{h_g}{h_c} k_0 \right) \frac{Ih_c}{2.6}$$

$$= I \left[(1-k)\beta R_i + \left(\frac{h_a}{h_t} - k \right) \beta \frac{L_t}{2.6} + \left(1 - \frac{h_g}{h_c} k_0 \right) \frac{h_c}{2.6} \right] \qquad (8\text{-}36)$$

如线路绝缘层上的电压最大值 U_{li} 大于绝缘子串的正极性50%冲击放电电压 $U_{50\%}$，绝缘子串发生闪络，由于此时杆塔电位较导线电位为高，此类闪络称为反击。取 $U_{li} = U_{50\%}$，即可求出雷击杆塔顶部时的耐雷水平 I_1

$$I_1 = \frac{U_{50\%}}{(1-k)\beta R_i + \left(\dfrac{h_a}{h_t} - k \right) \beta \dfrac{L_t}{2.6} + \left(1 - \dfrac{h_g}{h_c} k_0 \right) \dfrac{h_c}{2.6}} \qquad (8\text{-}37)$$

当忽略杆塔、横担、避雷线和导线平均高度的差别时，雷击杆塔顶部时的耐雷水平 I_1 可简化为

$$I_1 = \frac{U_{50\%}}{(1-k) \left[\beta \left(R_i + \dfrac{L_t}{2.6} \right) + \dfrac{h_c}{2.6} \right]} \qquad (8\text{-}38)$$

如果雷击杆塔时雷电流超过线路的耐雷水平 I_{li}，就会引起线路闪络，这是由于接地的杆塔及避雷线电位升高所引起的，故此类闪络称为"反击"。"反击"这个概念很重要，因为原本被认为接了地的杆塔却带上了高电位，反过来对输电线路放电，把雷电压施加在线路上，并进而侵入变电所。因此，为了减少反击，必须提高线路的耐雷水平。

对于220kV以上超高压、特高压线路，工作电压对避雷线的屏蔽性能有一定影响，所以必须考虑，雷击时导线上工作电压的瞬时值及其极性作为一随机变量，各相导线上的工作电压要分别加以考虑，通过统计计算求得计及工作电压影响的雷击塔顶绝缘反击闪络的概率。目前按 GB/T 50064—2014 标准，有避雷线的线路，在一般土壤电阻率地区，其耐雷水平不宜低于表8-7所列数值。

表 8-7   有避雷线线路的耐雷水平

标称电压/kV	35	66	110	220	330	500
耐雷水平/kA	20~30	30~60	40~75	75~110	100~150	125~175

从式 (8-37) 可知，雷击杆塔时的耐雷水平，与绝缘子串的50%冲击放电电压、导线和避雷线间的耦合系数 k、分流系数 β、杆塔的冲击接地电阻 R_i、杆塔的等值电感 L_t、避雷线和导线的平均悬挂高度等参数有关，工程中如避雷线线路的耐雷水平达不到规程规定值，往往以降低杆塔接地电阻 R 和提高耦合系数 k 作为提高耐雷水平的主要手段。这是因为，对一般高度的杆塔，冲击接地电阻 R_i 上的电压降是塔顶电位的主要成分，因此降低接地电阻可以减小塔顶电位，以提高其耐雷水平；增加耦合系数 k 可以减少绝缘子串上的电压和感应过电压，同样可以提高其耐雷水平，常用措施是将单避雷线改为双避雷线，或在导线下方增设架空地线作为耦合地线，以增强导线与地线间的耦合作用，同时也增加了地线的分流作用。

(2) 雷击避雷线档距中央   雷击避雷线档距中央时，雷击点会出现较大的过电压，如图8-19所示，根据彼德逊法则，由式 (8-14)，雷击点 A 的电压为

$$U_A = i\frac{Z_0 Z_g}{2Z_0 + Z_g} \tag{8-39}$$

式中　Z_g——避雷线的波阻抗，单位为 Ω。

雷击点 A 处的电压波 U_A 沿两侧避雷线的相邻杆塔运动，经 $\dfrac{l}{2v_g}$ 时间（l 为档距长度，v_g 为避雷线中的波速）到达杆塔，由于杆塔的接地作用，在杆塔处有一负反射波返回雷击点；又经 $\dfrac{l}{2v_g}$ 时间，此负反射波到达雷击点，

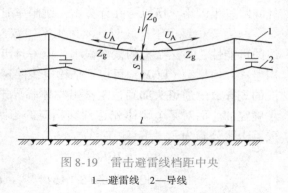

图 8-19　雷击避雷线档距中央
1—避雷线　2—导线

若此时雷电流尚未到达幅值，即 $2\dfrac{l}{2v_g}$ 小于雷电流波头时间，则雷击点的电位将下降，故雷击点 A 的最高电位出现在 $t = 2\dfrac{l}{2v_g} = \dfrac{l}{v_g}$ 时刻。

若雷电流取为斜角波头，即 $i = at$，则根据式（8-39）以 $t = \dfrac{l}{v_g}$ 代入，可得雷击点的最高电位 U_A 为

$$U_A = a\frac{l}{v_g}\frac{Z_0 Z_g}{2Z_0 + Z_g}$$

由于避雷线与导线间的耦合作用，在导线上产生耦合电压 kU_A（$k = k_1 k_0$，校正系数 k_1 可取 1.5），故雷击处避雷线与导线间的空气间隙 S 上所承受的最大电压 U_S 为

$$U_S = U_A(1-k) = a\frac{l}{v_g}\frac{Z_0 Z_g}{2Z_0 + Z_g}(1-k) \tag{8-40}$$

由此可见，U_S 与耦合系数 k、雷电流陡度 a 和档距长度 l 等因素有关。当 U_S 超过空气间隙 S 的抗电强度时，发生避雷线与导线间的闪络。利用式（8-40）并依据空气间隙 S 的放电电压，可以计算出不发生击穿的最小空气距离 S。经过我国多年运行经验的修正，GB/T 50064—2014 标准认为如果档距中央导线与避雷线间空气距离 S（15℃时，单位为 m）满足下述经验公式则一般不会出现击穿事故

$$S = 0.012l + 1 \tag{8-41}$$

式中　l——档距长度，单位为 m。

对于大跨越档距，若 $\dfrac{l}{v_g}$ 大于雷电流波头时间，则相邻杆塔来的负反射波到达雷击点 A 时，雷电流已过峰值，故雷击点的最高电位由雷电流峰值所决定，导线、地线间的距离 S 由雷击点的最高电位和间隙平均击穿强度所决定。大跨越档距中央导线与避雷线间空气距离 S 可按表 8-8 选择。

表 8-8　防止反击要求的大跨越档导线与避雷线间的距离

系统标称电压/kV	35	66	110	220	330	500
距离/m	3.0	6.0	7.5	11.0	15.0	17.5

运行经验表明，只要空气距离 S 满足上述要求，一般不会引起档距中央避雷线与导线空

气间隙发生闪络。所以，在计算雷击跳闸率时，不用考虑雷击避雷线档距中央的情况。

（3）雷电绕击于导线时的耐雷水平 装设避雷线的线路仍然有雷绕过避雷线而击于导线的可能性，虽然绕击的概率很小，但一旦出现此情况，往往会引起线路绝缘子的闪络。采用电气几何模型（EGM）可以评估输电线路避雷线的屏蔽性能，基本原理：由雷云向地面发展的先导放电通道头部到达距被击物体临界击穿距离（简称击距）的位置以前，击中点是不确定的。而对某个物体先达到其相应的击距时，即对该物体放电。击距与雷电流幅值有关，击距公式为

$$\left.\begin{array}{l} r_s = 10 I^{0.65} \\ r_c = 1.65(5.015 I^{0.578} - U_{ph})^{1.125} \\ r_g = [3.6 + 1.7 \ln(43 - h_c)] I^{0.65} \quad (h_c < 40\text{m}) \\ r_g = 5.5 I^{0.65} \quad (h_c \geq 40\text{m}) \end{array}\right\} \tag{8-42}$$

式中　U_{ph}——导线工作电压，单位为 MV；

　　　I——雷电流幅值，单位为 kA；

　　　h_c——导线平均高度，单位为 m；

　　　r_s——雷电对避雷线的击距，单位为 m；

　　　r_c——雷电对有工作电压的导线的击距，单位为 m；

　　　r_g——雷电对大地的击距，单位为 m。

电气几何模型将雷电的放电特性和线路结构尺寸联系起来，塔高、地面倾角、雷电流大小等因素的影响均予以考虑，和实际运行经验比较符合，已逐渐被各国所接受。

雷电绕击线路的电气几何模型如图 8-20 所示。分别以避雷线 S 和导线 C 为中心，以 r_s、r_c 为半径作弧线相交于 B 点，再以 r_g 作一水平线与以 C 为中

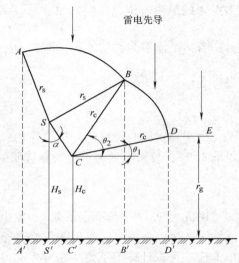

雷电先导

图 8-20　雷电绕击线路的电气几何模型

心的圆弧相交于 D 点。若雷电先导头部落入 $\overset{\frown}{AB}$ 弧面，放电击向避雷线，使导线得到保护，称 $\overset{\frown}{AB}$ 为保护弧。若先导头部落入 $\overset{\frown}{BD}$ 弧面，则击中导线，即避雷线的屏蔽保护失效而发生绕击，称 $\overset{\frown}{BD}$ 为暴露弧。若先导头部落入 DE 平面，则击中大地，故称 DE 平面为大地捕雷面。随着雷电流幅值增大，暴露弧 $\overset{\frown}{BD}$ 逐渐缩小，当雷电流幅值增大到 I_{max} 时 $\overset{\frown}{BD}$ 缩小为 0，即不再发生绕击。此时 $\theta_1 = \theta_2$，而

$$\theta_1 = \arcsin\left(\frac{r_g - H_c}{r_c}\right) \tag{8-43}$$

$$\theta_2 = \frac{\pi}{2} + \alpha - \arccos\left(\frac{r_c^2 + (\overline{SC})^2 - r_s^2}{2 r_c \overline{SC}}\right) \tag{8-44}$$

式中　H_c——导线对地高度；

　　　$\overline{SC}$——导线到避雷线的距离，单位为 m。

将式（8-42）代入，即可求出雷电流幅值 $I_{\max}$。

雷电流 I 下的绕击概率 P_α 可由下式计算

$$P_\alpha = \frac{\overline{B'D'}}{\overline{A'D'}} = \frac{r_c(\cos\theta_1 - \cos\theta_2)}{r_c\cos\theta_1 + \overline{A'C'}} \tag{8-45}$$

线路运行经验、现场实测和模拟试验均证明，雷电绕过避雷线直击导线的概率与避雷线对边导线的保护角、杆塔高度以及线路经过地区的地形、地貌、地质条件有关。按 GB/T 50064—2014 标准，绕击率 P_α 可用下式计算

对平原线路

$$\lg P_\alpha = \frac{\alpha\sqrt{h_t}}{86} - 3.9 \tag{8-46}$$

对山区线路

$$\lg P_\alpha = \frac{\alpha\sqrt{h_t}}{86} - 3.35 \tag{8-47}$$

式中　α——避雷线对边导线的保护角；

　　　h_t——杆塔高度，单位为 m。

并非所有绕击都会引起绝缘闪络，只有当雷电流大于绕击线路的耐雷水平时才会闪络。考虑线路上的工作电压，其等效电路如图 8-21 所示，导线上的工作电压是随机的，考虑最严重情况，即取与负极性雷电反极性的峰值，绕击时导线上的电压最大值为

$$U_A = I\frac{Z_0 Z_c}{2Z_0 + Z_c} - \frac{2Z_0}{2Z_0 + Z_c}U_{phm}\sin\omega t \tag{8-48}$$

式中　Z_c——导线的波阻抗，单位为 Ω；

　　　U_{phm}——导线上工作电压峰值，单位为 kV。

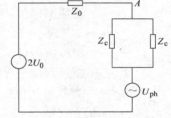

图 8-21　绕击线路的等效电路
（考虑线路上的工作电压）

产生的过电压极性与雷云电荷极性相同。若绕击时导线上的电压幅值超过线路绝缘子串的冲击闪络电压，则绝缘子串将发生闪络，计算绕击时的耐雷水平 I_2 可令 U_A 等于绝缘子串负极性 50% 闪络电压 $U_{50\%}$，即

$$I_2 = \left(U_{50\%} + \frac{2Z_0}{2Z_0 + Z_c}U_{phm}\right)\frac{2Z_0 + Z_c}{Z_0 Z_c} \tag{8-49}$$

对于 220kV 及以下线路，可以忽略导线上的工作电压，GB/T 50064—2014 标准取 $Z_0 \approx Z_c/2$，架空导线波阻抗 $Z_c = 400\Omega$，雷绕击导线时的耐雷水平 I_2 可近似求得

$$I_2 \approx \frac{U_{50\%}}{100} \tag{8-50}$$

3. 输电线路的雷击跳闸率

雷电流超过线路的耐雷水平，会引起线路绝缘发生冲击闪络，这时，雷电流沿闪络通道入地，但持续时间只有几十微秒，线路断路器来不及动作。闪络后是否会引起线路跳闸，还要看闪络能不能转化成稳定的工频电弧。绝缘子串和空气间隙在冲击闪络之后，转变为稳定的工频电弧的概率称为建弧率，以 η 表示，与沿绝缘子串和空气间隙的平均运行电压梯度有关，可用下式表示

217

$$\eta = (4.5E^{0.75} - 14) \times 10^{-2} \tag{8-51}$$

式中 E——绝缘子串的平均运行电压梯度，单位为 kV（有效值）/m。

对有效接地系统，有

$$E = \frac{U_N}{\sqrt{3} l_i} \tag{8-52}$$

对中性点绝缘、消弧线圈接地系统，有

$$E = \frac{U_N}{2l_i + l_m} \tag{8-53}$$

式中 U_N——线路额定电压，单位为 kV；

$\quad l_i$——绝缘子串的放电距离，单位为 m；

$\quad l_m$——木横担线路的线间距离，对铁横担和钢筋混凝土横担线路，$l_m = 0$。

如 $E \leq 6$ kV（有效值）/m，建弧率很小，可近似认为 $\eta = 0$。

雷击杆塔顶部发生闪络并建立电弧引起跳闸的次数 $n_1 = N_L g P_1 \eta$，雷绕过避雷线击于导线发生闪络并建立电弧引起跳闸的次数 $n_2 = N_L P_\alpha P_2 \eta$。有避雷线线路的雷击跳闸率 n 可按下式计算

$$n = n_1 + n_2 = N_L \eta (g P_1 + P_\alpha P_2) \tag{8-54}$$

式中 N_L——落雷次数，单位为次/（100km·a）；

$\quad \eta$——建弧率；

$\quad g$——击杆率；

$\quad P_1$——超过雷击杆塔顶部时耐雷水平的雷电流概率；

$\quad P_2$——超过雷绕击导线时耐雷水平的雷电流概率；

$\quad P_\alpha$——绕击率（包括平原和山区）。

对 $T_d = 40$ 的地区，用式（8-2）代入式（8-54）可得雷击跳闸率为

$$n = 0.278(28h_T^{0.6} + b)\eta(g P_1 + P_\alpha P_2) \tag{8-55}$$

例 某220kV双避雷线线路杆塔如图8-22所示，绝缘子串由 13×X-4.5 组成，其正极性电压 $U_{50\%}$ 为1200kV，杆塔冲击接地电阻 R_i 为7Ω，避雷线半径 $r = 5.5$mm，弧垂7m，导线弧垂12m，地闪密度为2.6次/（km²·a）其他数据标注在图中，试求该线路的耐雷水平和雷击跳闸率。

解 （1）计算避雷线平均高度 h_g 和导线平均高度 h_c

$$h_g = (23.4 + 2.2 + 3.5)\text{m} - \frac{2}{3} \times 7\text{m} = 24.5\text{m}$$

$$h_c = 23.4\text{m} - \frac{2}{3} \times 12\text{m} = 15.4\text{m}$$

（2）双避雷线对外侧导线的几何耦合系数

$$k_0 = \frac{\ln\dfrac{\sqrt{39.9^2 + 1.7^2}}{\sqrt{9.1^2 + 1.7^2}} + \ln\dfrac{\sqrt{39.9^2 + 13.3^2}}{\sqrt{9.1^2 + 13.3^2}}}{\ln\dfrac{2 \times 24.5}{\dfrac{5.5}{1000}} + \ln\dfrac{\sqrt{49^2 + 11.6^2}}{11.6}} = 0.237$$

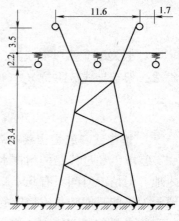

图 8-22　某 220kV 双避雷线
线路杆塔（单位：m）

考虑电晕影响，查表 8-6，电晕下的耦合系数 $k_1 = 1.25$，修正后的耦合系数为

$$k = k_1 k_0 = 1.25 \times 0.237 = 0.296$$

（3）计算杆塔电感和雷击杆塔时分流系数。查表 8-4，铁塔的电感为 $0.5\,\mu\text{H/m}$。

$$L_t = 29.1 \times 0.5\,\mu\text{H} = 14.5\,\mu\text{H}$$

查表 8-5，分流系数 $\beta = 0.88$。

（4）计算雷击杆塔时耐雷水平，根据式（8-37）得

$$I_1 = \frac{1200\text{kV}}{(1 - 0.296) \times 0.88 \times 7\Omega + \left(\dfrac{25.6}{29.1} - 0.296\right) \times 0.88 \times \dfrac{14.5}{2.6}\Omega + \left(1 - \dfrac{24.5}{15.4} \times 0.237\right) \times \dfrac{15.4}{2.6}\Omega}$$

$$= 110\text{kA}$$

（5）计算雷绕击于导线时的耐雷水平，根据式（8-50）得

$$I_2 = \frac{1200\text{kV}}{100\Omega} = 12\text{kA}$$

根据式（8-3），得到雷电流超过 I_1 和 I_2 的概率分别为 $P_1 = 5.6\%$，$P_2 = 73.1\%$。

（6）计算击杆率、绕击率和建弧率。

查表 8-3，得击杆率 $g = 1/4$。由 $\tan\alpha = 1.7/5.7$，得保护角 $\alpha = 16.6°$，根据式（8-47）得山丘地区 $\lg P_\alpha = \dfrac{16.6\sqrt{29.1}}{86} - 3.35 = -2.31$，得绕击率 $P_\alpha = 0.49\%$。

按式（8-52），$E = \dfrac{220}{\sqrt{3} \times 2.2}\text{kA/m} = 57.735\text{kA/m}$

再根据式（8-51），得建弧率 $\eta = (4.5E^{0.75} - 14) \times 10^{-2} = 0.80$

（7）根据式（8-1）和式（8-54），计算线路跳闸率

$$n = 0.1 \times 2.6 \times (11.6 + 28 \times 29.1^{0.6}) \times 0.80 \times \left(\frac{1}{4} \times \frac{5.6}{100} + \frac{0.49}{100} \times \frac{73.1}{100}\right) \text{次/(100km·a)}$$

$$= 0.82\text{ 次/(100km·a)}$$

4. 输电线路的防雷措施

输电线路的防雷主要要做好以下"四道防线"：防止输电线路导线遭受直击雷；防止输电线路受雷击后绝缘发生闪络；防止雷击闪络后建立稳定的工频电弧；防止工频电弧后引起中断电力供应。在确定输电线路防雷方式时，还应全面考虑线路的重要程度、系统运行方式、线路经过地区雷电活动的强弱、地形地貌的特点和土壤电阻率的高低等条件，结合当地原有线路运行经验，根据技术经济比较的结果，因地制宜地采取合理的保护措施。

（1）架设避雷线　避雷线是高压输电线路最基本的防雷措施，其主要作用是防止雷电直击导线。此外，还对雷电流有分流作用，以减小流入杆塔的雷电流，使塔顶电位下降；对导线有耦合作用，降低导线上的感应过电压。

我国有关标准规定，330kV 及以上应全线架设双避雷线；220kV 宜全线架设双避雷线；110kV 线路一般全线架设避雷线，但在少雷区或运行经验证明雷电活动轻微的地区可不沿全线架设避雷线；35kV 及以下线路，一般不沿全线架设避雷线。避雷线对导线的保护角一般采用 20°~30°。220~330kV 双避雷线线路，一般采用 20°左右，500kV 一般不大于 15°，山区宜采用较小的保护角。杆塔上两根避雷线间的距离不应超过导线与避雷线间垂直距离的 5 倍。研究表明，提高特高压输电线路耐雷性能的主要措施是采用更小的保护角，1000kV 保

护角一般不大于 10°，耐张杆塔和转角杆塔要有更小的保护角，对山区也可能要取负保护角。

为了降低正常工作时避雷线中电流引起的附加损耗和将避雷线兼作通信用，可将避雷线经小间隙对地绝缘起来，其间隙值应根据避雷线上感应电压的续流熄弧条件和继电保护的动作条件确定，一般采用 10~40mm。在海拔 1000m 以上的地区，间隙应相应加大。雷击时此小间隙击穿避雷线接地。

（2）降低杆塔接地电阻　对于一般高度的杆塔，降低杆塔接地电阻是提高线路耐雷水平、防止反击的有效措施。标准规定，有避雷线的线路，每基杆塔（不连避雷线时）的工频接地电阻，在雷季干燥时不宜超过表 8-9 所列数值。

表 8-9　有避雷线的线路杆塔的工频接地电阻

土壤电阻率/（Ω·m）	100 及以下	100~500	500~1000	1000~2000	2000 以上
接地电阻/Ω	10	15	20	25	30

土壤电阻率低的地区应充分利用杆塔自然接地电阻，采用与线路平行的地中伸长地线的办法，因其与导线间的耦合作用而降低了绝缘子串上的电压，从而提高线路的耐雷水平。在高土壤电阻率的地区，如接地电阻很难降低到 30Ω 时，可采用 6~8 根总长不超过 500m 的放射形接地体，或配合使用降阻剂。

（3）架设耦合地线　雷电活动强烈的地方和经常发生雷击故障的杆塔和线段，在降低杆塔接地电阻有困难时，可以在导线下方 4~5m 处架设耦合地线，其作用是增加避雷线与导线间的耦合作用以降低绝缘子串上的电压；此外，耦合地线还可增加对雷电流的分流作用。运行经验表明，耦合地线对减少雷击跳闸率效果是很显著的，约可降低 50% 左右。

（4）采用不平衡绝缘方式　在现代高压及超高压线路中，同杆架设的双回路线路日益增多，对此类线路在采用通常的防雷措施尚不能满足要求时，还可采用不平衡绝缘方式来降低双同路雷击同时跳闸率，以保证不中断供电。也就是使两回路的绝缘子串片数有差异，雷击时绝缘子串片少的回路先闪络，闪络后的导线相当于地线，增加了对另一回路导线的耦合作用，提高了另一回路的耐雷水平，不致发生闪络，以保证另一回路可继续供电。一般认为，两回路绝缘水平的差异宜为 $\sqrt{3}$ 倍相电压（峰值），差异过大使线路总故障率增加。

（5）采用中性点非有效接地方式　对于 35kV 及以下的线路，一般不采用全线架设避雷线的方式，而采用中性点不接地或经消弧线圈接地的方式。绝大多数的单相接地故障能够自动消除，不致引起相间短路和跳闸；而在两相或三相着雷时，雷击引起第一相导线闪络并不会造成跳闸，闪络后的导线相当于地线，增加了耦合作用，使未闪络相绝缘子串上的电压下降，从而提高了线路的耐雷水平。我国的消弧线圈接地方式运行效果较好，雷击跳闸率约可降低 1/3 左右。

（6）装设避雷器　一般在线路交叉处和在高杆塔上装设排气式避雷器以限制过电压。在雷电活动强烈、土壤电阻率很高或降低杆塔接地电阻有困难等地区，装设重量较轻的复合绝缘外套金属氧化物避雷器。该避雷器由氧化锌阀片和串联间隙组成，并接在线路绝缘子两端，雷击造成线路绝缘闪络，串联间隙放电，由于非线性电阻的限流作用，通常能在 1/4 工频周期内把工频电弧切断，断路器不必动作。运行经验表明，线路型复合绝缘外套金属氧化物避雷器能够消除或大大减少线路的雷击跳闸率。

（7）加强绝缘　对于大跨越杆塔，超高压、特高压线路杆塔，由于其高度较高，感应过电压和绕击率随高度而增加，可采用在杆塔上增加绝缘子片数。全高超过 40m 有避雷线的杆塔，每增高 10m，应增加一个绝缘子，适当增加导线与避雷线间空气距离，减小保护角等措施。对 35kV 及以下线路，可采用瓷横担绝缘子以提高冲击闪络电压。

（8）装设自动重合闸装置　由于雷击造成的闪络大多能在跳闸后自行恢复绝缘性能，所以重合闸成功率较高，据统计，我国 110kV 及以上高压线路重合闸成功率为 75%～90%；35kV 及以下线路重合闸成功率约为 50%～80%。因此，各级电压的线路都应尽量装设自动重合闸装置。

8.3.2　发电厂和变电所的防雷保护

发电厂和变电所是电力系统的枢纽，设备相对集中，一旦发生雷害事故，往往导致发电机、变压器等重要电气设备的损坏，更换和修复困难，并造成大面积停电，严重影响国民经济和人民生活。因此，发电厂和变电所的防雷保护要求十分可靠。

发电厂和变电所遭受雷害一般来自两方面：一方面是雷直击于发电厂、变电所；另一方面是雷击输电线路后产生的雷电波沿该导线侵入发电厂、变电所。

对直击雷的保护，一般采用避雷针或避雷线，根据我国的运行经验，凡装设符合规程要求的避雷针（线）的发电厂和变电所绕击和反击事故率是非常低的，约每年每百所 0.3 次。

由于雷击线路比较频繁，沿线路侵入的雷电波的危害是发电厂、变电所雷害事故的主要原因，雷电流幅值虽受到线路绝缘的限制，但发电厂、变电所电气设备的绝缘水平比线路绝缘水平低，主要措施是在发电厂、变电所内安装合适的避雷器以限制电气设备上的过电压峰值，同时设置进线保护段以限制雷电流幅值和降低侵入波的陡度。对于直接与架空线路相连的发电机（一般称为直配电机），除在发电机母线上装设避雷器外，还应装设并联电容器以降低发电机绕组侵入波的陡度，保护发电机匝间绝缘和中性点绝缘不受损坏。

1. 直击雷过电压的防护

直击雷防护的措施主要是装设避雷针或避雷线，使被保护设备处于避雷针或避雷线的保护范围之内，同时还必须防止雷击避雷针或避雷线时引起与被保护物的反击事故。

当雷击独立避雷针时，如图 8-23 所示，雷电流经避雷针及其接地装置在避雷针高度为 h 处和避雷针的接地装置上出现高电位 u_A（kV）和 u_G（kV）

$$u_A = iR_i + L\frac{di}{dt} \tag{8-56}$$

$$u_G = iR_i \tag{8-57}$$

式中　i——流过避雷针的雷电流，单位为 kA；

　　　R_i——避雷针的冲击接地电阻，单位为 Ω；

　　　L——避雷针的等效电感，单位为 μH；

　　　$\dfrac{di}{dt}$——雷电流的上升陡度，单位为 kA/μs。

取 i 为 100kA，上升平均陡度 $\dfrac{di}{dt} = \dfrac{100}{2.6}$ kA/μs = 38.5 kA/μs，

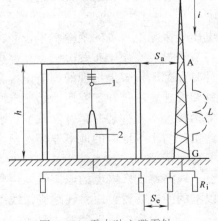

图 8-23　雷击独立避雷针
1—母线　2—变压器

避雷针的单位电感为 $1.3\mu H/m$，则得

$$u_A = 100R_i + 50h, \quad u_G = 100R_i$$

为了防止避雷针与被保护的配电构架或设备之间的空气间隙 S_a 被击穿而造成反击事故，必须要求 S_a 大于一定距离，取空气的平均耐压强度为 $500kV/m$；为了防止避雷针接地装置和被保护设备接地装置之间在土壤中的间隙 S_e 被击穿，必须要求 S_e 大于一定距离，取土壤的平均耐电强度为 $300kV/m$，S_a 和 S_e 应满足下式要求

$$S_a \geqslant 0.2R_i + 0.1h \tag{8-58}$$
$$S_e \geqslant 0.3R_i \tag{8-59}$$

式中　S_a——空气中距离，单位为 m；

　　　　S_e——地中距离，单位为 m；

　　　　h——避雷针校验点的高度，单位为 m。

同理，若采用避雷线防直击雷，对一端绝缘另一端接地的避雷线，与配电装置带电部分、发电厂和变电所电气设备接地部分以及架构接地部分间的距离应符合下列要求

$$S_a \geqslant 0.2R_i + 0.1(h + \Delta l) \tag{8-60}$$

式中　h——避雷线支柱的高度，单位为 m；

　　　　Δl——避雷线上校验的雷击点与接地支柱的距离，单位为 m。

对两端接地的避雷线

$$S_a \geqslant \beta'[0.2R_i + 0.1(h + \Delta l)] \tag{8-61}$$

式中　β'——避雷线分流系数

$$\beta' \approx \frac{l_2 + h}{l_2 + \Delta l + 2h} \tag{8-62}$$

式中　l_2——避雷线上校验的雷击点与另一端支柱间的距离，$l_2 = l' - \Delta l$，单位为 m。其中 l' 为避雷线两支柱间的距离，单位为 m。

对一端绝缘另一端接地的避雷线，按式（8-47）校验。对两端接地的避雷线应按下式校验

$$S_e \geqslant 0.3\beta'R_i \tag{8-63}$$

一般情况下，避雷针和避雷线的间隙距离 S_a 不宜小于 5m，S_e 不宜小于 3m。

35kV 及以下的变电所，需要架设独立避雷针。对于 110kV 及以上的变电所，由于此类电压等级配电装置的绝缘水平较高，可以将避雷针架设在配电装置的构架上。构架避雷针具有节约投资、便于布置等优点，但更应注意反击问题，在土壤电阻率不高的地区，雷击避雷针时在配电构架上出现的高电位不会造成反击事故，但在土壤电阻率大于 $2000\Omega \cdot m$ 的地区，宜架设独立避雷针。变压器是变电所中最重要而绝缘水平又较弱的设备，一般在变压器的门形构架上不允许装避雷针（线）。要求在其他装置避雷针的构架埋设辅助集中接地装置，且避雷针与主接地网的地下连接点至变压器接地线与主接地网的地下连接点，沿接地体的距离不得小于 15m。

线路终端杆塔上的避雷线能否与变电所构架相连，也主要考虑是否发生反击。110kV 及以上的配电装置可以将线路避雷线引至出线门形架上，但在土壤电阻率大于 $1000\Omega \cdot m$ 的地区，应加设集中接地装置；对 35~60kV 配电装置，一般不允许线路避雷线与出线门形架相连，只在土壤电阻率不大于 $500\Omega \cdot m$ 的地区允许，但同样需加设集中接地装置。

变电所采用避雷线防直击雷，所选避雷线要有足够的截面积和机械强度，以免由于避雷线断线引起母线短路的严重故障，只要结构布置合理，设计参数选择正确，同样可以起到可靠的防雷效果。近年来国内外新建的 500kV 变电所多有采用避雷线保护的趋势。

发电厂的主厂房、主控制室和配电装置室一般不装设直击雷保护装置，以免发生反击事故和引起继电保护误动作。

列车电站的电气设备装在金属车厢内，受到车厢一定程度的屏蔽作用，在少雷区或中雷区，可不设直击雷保护，但在多雷区，为防止反击，宜用避雷针或避雷线保护。

2. 侵入波过电压的防护

变电所中限制雷电侵入波过电压的主要措施是装设避雷器，需要正确选择避雷器的类型、参数，合理确定避雷器的数量和安装位置。如果三台避雷器分别直接连接在变压器的三个出线套管端部，只要避雷器的冲击放电电压和残压低于变压器的冲击绝缘水平，变压器就得到可靠的保护。

但在实际中，变电所有许多电气设备需要防护，而电气设备总是分散布置在变电所内，常常要求尽可能减少避雷器的组数（一组三台避雷器），又要保护全部电气设备的安全，加上布线上的原因，避雷器与电气设备之间总有一段长度不等的距离。在雷电侵入波的作用下，被保护电气设备上的电压与避雷器上的电压不相同，下面以保护变压器为例来分析避雷器与被保护电气设备间的距离对其保护作用的影响。

如图 8-24 所示，设侵入波为波头陡度为 a、波速为 v 的斜角波 $u(t) = at$，避雷器与变压器间的距离为 l，不考虑变压器的对地电容，点 B、T 的电压可用网格法求得，如图 8-25 所示，避雷器动作前看作开路，动作后看作短路；分析时不取统一的时间起点，而以各点开始出现电压时为各点的时间起点。行波从 B 点到达 T 所需时间 $\tau = l/v$。

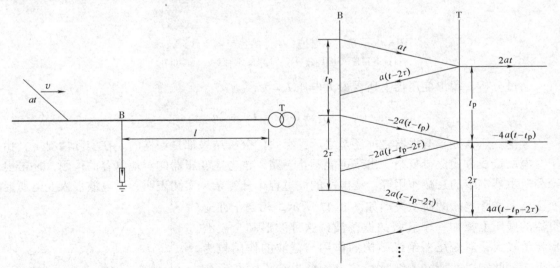

图 8-24　避雷器保护变压器的简单接线　　　图 8-25　分析避雷器和变压器上电压的行波网格图

先分析 B 点电压。T 处反射波尚未到达 B 点时，$u_B(t) = at\,(t < 2\tau)$；T 处反射波到达 B 点后至避雷器动作前（假设避雷器的动作时间 $t_p > 2\tau$）

$$u_B(t) = at + a(t - 2\tau) = 2a(t - \tau)$$

在避雷器动作瞬间，即 $u_B(t) = 2a(t_p - \tau)$；

避雷器动作后，避雷器上的电压就是避雷器的残压 U_r，相当于在 B 点加上一个负电压波 $-2a(t - t_p)$，此时

$$u_B(t) = 2a(t - \tau) - 2a(t - t_p) = 2a(t_p - \tau) = U_r$$

电压 $u_B(t)$ 的分析波形如图 8-26a 所示。再分析 T 点电压。雷电侵入波到达变压器端点之后

$$u_T(t) = 2at(t < t_p)$$

在避雷器动作瞬间，即

$$u_T(t) = 2at_p = 2a(t_p - \tau + \tau) = 2a(t_p - \tau) + 2a\tau = U_r + 2a\tau$$

当 $t_p < t < t_p + 2\tau$ 时

$$u_T(t) = 2at - 4a(t - t_p) = -2a(t - 2t_p)$$

当 $t = t_p + 2\tau$ 时

$$u_T(t) = 2a(t_p + 2\tau) - 4a(t_p + 2\tau - t_p) = 2a(t_p - 2\tau) = U_r - 2a\tau$$

电压 $u_T(t)$ 的分析波形如图 8-26b 所示。

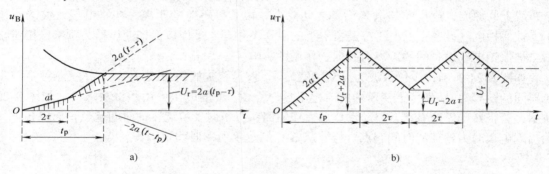

图 8-26　避雷器保护变压器的各点电压分析波形

a）避雷器上电压 $u_B(t)$　　b）变压器上电压 $u_T(t)$

通过分析，得出变压器上所受最大电压 U_T 为

$$U_T = U_r + 2a\tau = U_r + 2a\frac{l}{v} \tag{8-64}$$

无论变压器处于避雷器之前还是之后，上式的分析结果都是一样的。在实际情况下，由于变电所接线方式比较复杂。出线可能不止一路，再考虑变压器的对地电容的作用，冲击电晕和避雷器电阻的衰减作用等，变电所的波过程十分复杂。实测表明，雷电波侵入变电所时变压器上实际电压的典型波形如图 8-27 所示。相当于在避雷器的残压上叠加一个衰减的振荡波，这种波形和全波波形相差较大，对变压器绝缘结构的作用与截波的作用较为接近，因此常以变压器绝缘承受截波的能力来说明在运行中该变压器承受雷电波的能力。变压器承受截波的能力称为多次截波耐压值 U_j，根据实践经验，对变压器而言，$U_j = 0.87U_{j3}$（U_{j3} 为变压器三次截波冲击试验电压）。

取变压器的冲击耐压强度为 U_j，可求出避雷器与变压

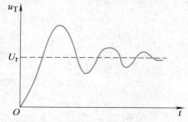

图 8-27　变压器上实际
电压的典型波形

器的最大允许电气距离，即避雷器的保护距离 l_m 为

$$l_m = \frac{U_j - U_r}{2\dfrac{a}{v}} = \frac{U_j - U_r}{2a'} \tag{8-65}$$

式中　a'——电压沿导线升高的空间陡度，$a' = \dfrac{a}{v}$，单位为 kV/m。

　　高压变电所一般在每组母线上装设一组避雷器。普通阀式避雷器和金属氧化物避雷器与主变压器间的电气距离可分别参照表 8-10 和表 8-11 确定，全线有避雷线进线长度取 2km，进线长度在 1~2km 间时的电气距离按补插法确定。电气距离超过表中的参考值，可在主变压器附近增设一组避雷器。表 8-11 中数据是在 110kV 及 220kV 金属氧化物避雷器标称放电电流下的残压分别取 260kV 及 520kV 时得到。其他电器的绝缘水平高于变压器，对其他电器的最大距离可相应增加 35%。

表 8-10　普通阀式避雷器至主变压器间的最大电气距离　　　　　（单位：m）

系统标称电压 /kV	进线长度 /km	进 线 路 数			
		1	2	3	≥4
35	1	25	40	50	55
	1.5	40	55	65	75
	2	50	75	90	105
66	1	45	65	80	90
	1.5	60	85	105	115
	2	80	105	130	145
110	1	45	70	80	90
	1.5	70	95	115	130
	2	100	135	160	180
220	2	105	165	195	220

注：35kV 也适用于有串联间隙金属氧化物避雷器的情况。

表 8-11　金属氧化物避雷器至主变压器间的最大电气距离　　　　　（单位：m）

系统标称电压 /kV	进线长度 /km	进 线 路 数			
		1	2	3	≥4
110	1	55	85	105	115
	1.5	90	120	145	165
	2	125	170	205	230
220	2	125	195	235	265
330	2	90	140	170	190

注：本表也适用于电站碳化硅磁吹避雷器（FM）的情况。

　　超高压、特高压变电所由于限制线路上操作过电压的要求，在变电所线路断路器的线路侧必然安装有金属氧化物避雷器，变压器回路也要求安装有金属氧化物避雷器，至于变电所母线上是否安装金属氧化物避雷器以及各避雷器与被保护设备的电气距离，则需要通过数字

仿真计算予以确定。

3. 变电所的进线段保护

变电所的进线段保护是对雷电侵入波保护的一个重要辅助措施，就是在临近变电所 1 ~ 2km 的一段线路上加强防护。当线路全线无避雷线时，这段线路必须架设避雷线；当沿全线架设有避雷线时，则应提高这段线路的耐雷水平，以减少这段线路内绕击和反击的概率。进线段保护的作用在于限制流经避雷器的雷电流幅值和侵入波的陡度。

未沿全线架设避雷线的 35 ~ 110kV 架空送电线路，当雷直击于变电所附近的导线时，流过避雷线的电流幅值可能超过 5kA，而陡度也会超过允许值。因此应在变电所 1 ~ 2km 的进线段架设避雷线作为进线段保护，要求保护段上的避雷线保护角宜不超过 20°，最大不应超过 30°；110kV 及以上有避雷线架空送电线路，把 2km 范围内进线作为进线保护段，要求加强防护，如减小避雷线的保护角 α 及降低杆塔的接地电阻 R_i。要求进线保护段范围内的杆塔耐雷水平，达到表 8-5 的最大值，以使避雷器电流幅值不超过 5kA（在 330 ~ 500kV 级为 10kA），而且必须保证来波陡度 a 不超过一定的允许值。35 ~ 110kV 变电所的进线段保护接线如图 8-28 所示。

在图 8-28 的标准进线段保护方式中，安装了排气式避雷器 FA。这是因为在雷季，线路断路器、隔离开关可能经常开断而线路侧又带有工频电压（热备用状态），沿线袭来的雷电波（其幅值为 $U_{50\%}$）在此处碰到了开路的末端，于是电压可上升到 $2U_{50\%}$，这时可能使开路的断路器和隔离开关对地放电，引起工频短路，将断路

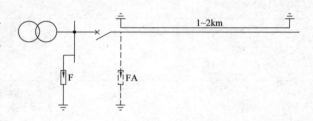

图 8-28　35 ~ 110kV 变电所的进线段保护接线

器或隔离开关的绝缘支座烧毁，为此在靠近隔离开关或断路器处装设一组排气式避雷器 FA。但在断路器闭合运行时雷电侵入波不应使 FA 动作，也即此时 FA 应在变电所避雷器 F 保护范围之内，如 FA 在断路器闭合运行时侵入波使之放电，则造成截波，可能危及变压器纵绝缘与相间绝缘。若缺乏适当参数的排气式避雷器，则 FA 可用阀式避雷器代替。

采取进线段保护以后，最不利的情况是进线段首端落雷，由于受线路绝缘放电电压的限制，雷电侵入波的最大幅值为线路冲击放电电压 $U_{50\%}$；行波在 1 ~ 2km 的进线段来回一次的时间需要 $\frac{2l}{v} = \frac{2 \times (1000 ~ 2000)}{300} \mu s = (6.7 ~ 13.7) \mu s$，在此时间内，流经避雷器的雷电流已过峰值，因此可以不计折射、反射波及其以后过程的影响，只按照原侵入波进行分析计算。作出如图 8-28 所示的彼德逊等效电路，避雷器的端电压按残压 U_r 表示，可求得流经避雷器的电流 I_F 为

$$I_F = \frac{2U_{50\%} - nU_r}{Z} \tag{8-66}$$

式中　n——变电所进线的总回路数。

根据式（8-66）可以求出各级变电所单回路（$n = 1$）时流过避雷器的电流 I_F，见表 8-12。由表可知，1 ~ 2km 长的进线段可将流经避雷器的雷电流幅值限制在 5kA（或 10kA）以下。

表 8-12　进线段外落雷时各级变电所流经避雷器的雷电流最大计算值

额定电压 /kV	避雷器型号	残压 U_r 最大值 /kV	线路绝缘的 $U_{50\%}$/kV	I_F 最大值 /kA	变压器的三次截波耐压 U_{j3}/kV	变压器的多次截波耐压 U_j/kV
35	Y5W—41/130	130	350	1.43	225	196
110	Y5W—100/260	260	700	2.85	550	478
220	Y5W—200/520 Y10W—200/496	520 496 (10kA)	1200~1410	4.7~5.75 4.76~5.81	1090	949
330	Y10W5—300/693	693 (10kA)	1645	6.49	1300	1130
500	Y10W5—444/995	995 (10kA)	2060~2310	7.81~9.06	1771	1540

在最不利的情况下，雷电侵入波具有直角波头，由于 $U_{50\%}$ 已大大超过导线的临界电晕电压，冲击电晕使波形发生变化，波头变缓，根据式（7-31）可求得进入变电所雷电流的陡度为

$$a = \frac{u}{\Delta\tau} = \frac{u}{\left(0.5 + \dfrac{0.008u}{h_c}\right)l} \tag{8-67}$$

$$a' = \frac{a}{v} = \frac{a}{300} \tag{8-68}$$

用式（8-67）和式（8-68）计算出各级变电所中雷电侵入波沿导线升高的空间陡度 a'，列于表 8-13。

表 8-13　变电所侵入波的计算用陡度

额定电压/kV	侵入波的计算用陡度/（kV/m）	
	1km 进线段	2km 进线段或全线有避雷线
35	1.0	0.5
110	1.5	0.75
220	1	1.5
330	1	2.2
550		2.5

对于 35kV 小容量变电所，可根据负荷的重要性及雷电活动的强弱等条件适当简化保护接线，因为变电所范围小，避雷器距变压器的距离一般在 10m 以内，故侵入波陡度 a 允许增加，变电所进线段的避雷线长度可减少到 500~600m。为了限制流入变电所避雷器的雷电流幅值，在进线首端可装设一组排气式避雷器或保护间隙，但其接地电阻不应超过 5Ω，如图 8-29 所示。

4. 变压器防雷保护的几个具体问题

（1）变压器中性点防雷保护　在 7.5 节中已讨论了变压器绕组中的波过程。当三相来

波时，在变压器中性点的电压理论上会达到绕组首端电压的两倍，因此需要考虑变压器中性点的保护问题。

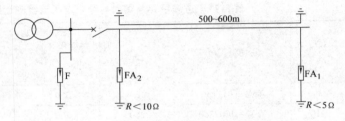

图 8-29　35kV 小容量变电所的简化进线保护

对于中性点不接地、消弧线圈接地和高电阻接地系统，变压器是全绝缘的，即中性点的绝缘与相线端的绝缘水平相等。由于三相来波的概率只有 10%，机会很小，据统计约 15 年才有一次；大多数侵入波来自线路较远处，陡度较小；实际变电所有多路进线，非雷击进线有分流作用，进一步减少了流经避雷器中的雷电流；流经避雷器中的雷电流一般只有 1.4～2.0kA，避雷器的残压要比 5kA 时的残压减少 20% 左右；变压器绝缘水平有一定裕度等原因，运行经验表明，这种电网的雷害故障一般每 100 台一年只有 0.38 次，实际上是可以接受的，因此标准规定，35～60kV 变压器中性点一般不装设保护装置。但多雷区单进线变电所且变压器中性点引出时，宜装设保护装置；中性点接有消弧线圈的变压器，如有单进线运行可能，为了限制开断两相短路时线圈中磁能释放所引起的操作过电压，应在中性点装设保护装置，该保护装置可任选金属氧化物避雷器或普通阀式避雷器，并在非雷雨季节也不能退出运行。

我国 110kV 及以上的系统是有效接地系统，运行时一部分变压器的中性点是直接接地的，同时为了限制单相接地电流和满足继电保护的需要，一部分变压器的中性点是不接地的。这种系统的变压器中性点大多是分级绝缘，即变压器中性点绝缘水平要比相线端低得多，如我国 220kV 和 110kV 变压器中性点的绝缘等级分别为 110kV 和 35kV，标准规定，中性点不接地的变压器，如采用分级绝缘且未装设保护间隙，应在中性点装设雷电过电压保护装置，宜选变压器中性点用金属氧化物避雷器。中性点也有采用全绝缘，此时中性点一般不加保护，但变电所为单进线且为单台变压器运行，也应在中性点装设雷电过电压保护装置。

变压器和高压并联电抗器的中性点经接地电抗器接地时，中性点上应装设金属氧化物避雷器保护。

（2）三绕组变压器的防雷保护　双绕组变压器在正常运行时，高、低压侧断路器都是闭合的，两侧都有避雷器保护。三绕组变压器正常运行时可能出现高、中压绕组工作而低压绕组开路的情况，此时，在高压或中压侧有雷电侵入波作用，由于低压绕组对地电容较小，开路的低压绕组上的静电感应分量可达很高的数值，危及绝缘结构。为了限制这种过电压，在低压绕组直接出口处对地加装避雷器即可，当低压绕组接有 25m 以上金属外皮电缆时，因对地电容增大，可不必再装避雷器。中压绕组虽然也有开路的可能，但其绝缘水平较高，一般不装避雷器。

（3）自耦变压器的防雷保护　自耦变压器除有高、中压自耦绕组之外，还有三角形接线的低压非自耦绕组。设 A 为高压端，A' 为中压端，高压侧与中压侧绕组的电压比为 k。高低压绕组运行而中压开路时，若有侵入波从高压端线路袭来，绕组中电位的起始与稳态分布以及最大电位包络线都和中性点接地的绕组相同，如图 8-30a 所示。在开路的中压端子 A' 上出现的最大电压约为高压侧电压 U_0 的 $2/k$ 倍，这可能使处于开路状态的中压端套管闪络，因此在中压侧与断路器之间应装设一组避雷器。

中低压绕组运行而高压开路时，若有侵入波从中压端线路袭来，起始与稳态分布以及最大电位包络线如图 8-30b 所示。由 A' 到 A 端绕组的稳态电位分布是由 A' 到中性点 O 稳态分布的电磁感应所形成，高压端稳态电压为 kU'_0，由 A' 到 A 端绕组的初始电位分布与末端开路的变压器绕组相同，在振荡过程中高压端子上出现的最大电压约为中压侧电压 U'_0 的 $2k$ 倍，将危及开路状态的高压端绝缘结构，因此在高压侧与断路器之间应装设一组避雷器。自耦变压器的防雷保护接线如图 8-31 所示。

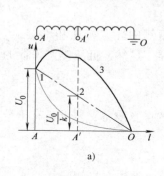
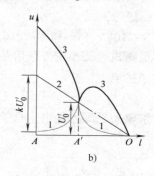
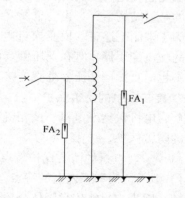

图 8-30　自耦变压器中有雷电侵入波是的最大电位包络线　　　图 8-31　自耦变压器的防雷保护接线
a) 高压端 A 进波　b) 中压端 A' 进波
1—初始电压分布　2—稳态电压分布　3—最大电位包络线

（4）配电变压器的防雷保护　配电变压器的防雷保护接线如图 8-32 所示，其 $3\sim10\text{kV}$ 侧应装设阀式避雷器 FS—3～10 或保护间隙来保护，应将 FS 的接地端直接同变压器金属外壳连接后共同接地，以免将接地电阻 R 上的压降加到变压器绝缘结构上。但是，当雷电流流过时，变压器外壳具有 iR 的电位，可能由金属外壳向 220/380V 低压侧反击。为了避免变压器低压侧绕组的损坏，必须将低压侧的中性点也连接在变压器的金属外壳上，即构成变压器高压侧 FS 的接地端点、低压绕组的中性点和变压器金属外壳三点联合接地。

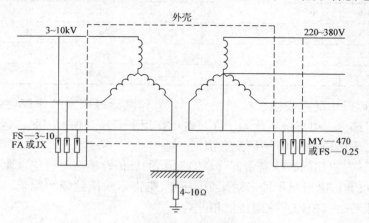

图 8-32　配电变压器的保护接线

然而，即使在上述情况下，仍会在高压侧绕组产生正变换和反变换过电压。正变换过电压是指雷直击于低压线或低压线遭受感应雷过电压，此时通过电磁耦合，将低压侧过电压按电压比关系传到高压侧，由于高压侧绝缘水平的裕度比低压侧小，会损坏高压侧绕组。反变换过电压是指雷击高压线路或高压线路遭受感应雷过电压，高压侧避雷器动作，冲击大电流在接地电阻上产生压降 iR，此电压将同时作用于低压绕组的中性点上，而低压侧出线相当于经不大的导线波阻接地，因此 iR 的绝大部分都加在低压绕组上，经过电磁耦合，在高压绕组上同样会按电压比关系感应出过电压。由于高压绕组出线端的电位被避雷器限制，所以由低压侧感应到高压侧的这一高电压沿高压绕组分布，在中性点上达到最大值，可将中性点附近的绝缘结构击穿，也会危及绕组的纵绝缘。

为了限制上述正、反变换过电压，3～10kV Yyn 和 Yy（低压侧中性点接地和不接地）接线的配电变压器，宜在低压侧装设一组阀式避雷器或击穿熔断器。显然，低压侧避雷器的接地端也应直接同变压器外壳连接后共同接地。

5. 旋转电机的防雷保护

旋转电机包括发电机、调相机和大型电动机等，是电力系统的重要设备，要求具有十分可靠的防雷保护。

（1）旋转电机的防雷保护特点

1）由于结构和工艺上的特点，在相同电压等级的电气设备中，旋转电机的绝缘水平是最低的。因为它只能依靠固体介质绝缘，不能像变压器那样放在绝缘油中。制造过程中可能产生气隙和受到损伤，容易发生局部游离。试验证明，电机主绝缘结构的冲击系数接近于1（变压器的冲击系数为2～3）。旋转电机主绝缘结构的出厂冲击耐压值见表8-14。

表8-14　电机冲击耐压与避雷器的特性比较

电机额定电压/kV	电机出厂工频试验电压（有效值）/kV	电机出厂冲击耐压估计值（幅值）/kV	同级变压器出厂冲击耐压估计值（幅值）/kV	运行中交流耐压 $2.5U_e$（幅值）/kV	运行中直流耐压 $2.5U_e$ /kV	相应的磁吹避雷器3kA残压（幅值）/kV	相应的金属氧化物避雷器3kA残压（幅值）/kV
3.15	$2U_e+1$	10.3	43.5	6.7	7.9	9.5	7.8
6.3	$2U_e+1$	19.2	60	13.4	15.8	19	15.6
10.5	$2U_e+3$	34.0	80	22.3	26.3	31	26
13.8	$2U_e+3$	43.3	108	29.3	34.5	40	34.2
15.75	$2U_e+3$	48.8	108	33.4	39.4	45	39

2）电机在运行中受到发热、机械振动、臭氧和潮湿等因素的作用使绝缘材料容易老化。特别在槽口部分，电场极不均匀，在过电压作用下容易受伤，因此，运行中电机主绝缘结构的实际冲击耐压较表8-14中所列数值低。

3）保护旋转电机用的磁吹避雷器（FCD型）的保护性能与电机绝缘水平的配合裕度很小，从表8-14可知，电机出厂冲击耐压值与磁吹避雷器残压勉强相配合，金属氧化锌避雷器残压则勉强能与运行中的直流耐压值相配合。

4）由于电机绕组的匝间电容 C 很小，所以当冲击波作用时，匝间所受电压为 $\dfrac{a\Delta l}{v}$，要使该电压低于电机绕组的匝间耐压，必须把来波陡度 a 限制得很低，试验结果表明，为了保护匝间绝缘必须将侵入波陡度限制在 5kV/μs 以下。

5）电机绕组中性点一般是不接地的，三相进波时在直角波头情况下，中性点电压可达进波电压的两倍，因此必须对中性点采取保护措施。试验证明，侵入波陡度降低时，中性点过电压也随之减小，当侵入波陡度降至 2kV/μs 以下时，中性点过电压不超过进波的过电压。

电机不经变压器直接与架空配电线连接的称为直配电机，经过变压器后再与架空线路连接的称为非直配电机。直配电机直接受雷电侵入波的作用，可靠性比非直配电机差，故我国规定，单机容量为 60MW 以上的电机不允许采取直配方式。

（2）直配电机的防雷保护 作用在直配电机上的雷电过电压有两类：一类是与电机相连的架空线路上的感应雷过电压，另一类是由雷直击于与电机相连的架空线路而引起的。其中感应雷过电压出现的机会较多。其防雷保护的主要措施为：

1）发电机出线母线上装一组 MOA 或 FCD 型避雷器，以限制侵入波幅值，取其 3kA 下的残压与电机的绝缘水平相配合，保护电机主绝缘结构。

2）采用进线段保护，一般采用电缆段与排气式避雷器配合的典型进线段保护，它们联合作用以限制流经避雷器中的雷电流幅值使之小于 3kA。

3）在发电机母线上装设一组并联电容器，包括电缆段电容在内一般每相电容应为 0.25～0.5μF，可以限制雷电侵入波的陡度 a 使之小于 2kV/μs，同时可以降低感应雷过电压使之低于电机冲击耐压强度，保护电机匝间绝缘和中性点绝缘。

4）发电机中性点有引出线时，中性点应加装避雷器保护，如电机绕组中性点并未引出，则每相母线并联电容应增至 1.5～2.0μF。

有电缆段的直配电机保护接线如图 8-33a 所示，雷直击于电缆首端的架空线路，排气式避雷器 FE_2 动作，电缆芯线与外皮经 FE_2 短接在一起，雷电流流过 FE_2 和接地电阻 R_1 所形成的电压 iR_1 同时作用在芯线和外皮上，沿着外皮有电流 i_2 流向电机侧，于是在电缆外皮本身的电感 L_2 上出现压降 $l_2 \dfrac{di_2}{dt}$，此压降是由环绕外皮的磁力线变化所造成的。这些磁力线也必然全部环绕芯线，在芯线上同时感应出一个大小等于 $L_2 \dfrac{di_2}{dt}$ 的反电动势，这个反电动势将阻止雷电流从电缆首端 A 点沿芯线向电机流动，也即限制了流经避雷器 F 的雷电流。因电缆外皮末端的接地引下线总有电感 L_3 存在，iR_1 与 $L_2 \dfrac{di_2}{dt}$ 之间有差值，差值越大，则流经芯线的电流越大。

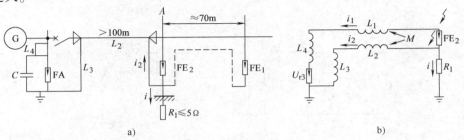

图 8-33 有电缆段的进线保护接线

a）直配电机的保护接线 b）等值电路

L_1—电缆芯线的自感 L_2—电缆外皮的自感 L_3—电缆外皮接地线的自感

L_4—电缆芯线末端到 F 连线的自感 M—电缆外皮与芯线间的互感 U_{r3}—F 在 3kA 下的残压

根据图 8-33b 的等效电路，经计算表明，当电缆长度为 100m，电缆末端金属护层接地引下线到地网的距离为 12m，R_1 为 5Ω 时，即使在电缆段首端发生直击雷，且雷电流幅值为 50kA 时，流过母线每相避雷器 F 的电流不会超过 3kA。通常将流经每相避雷器 F 的雷电流为 3kA 时所对应的电缆首端的雷电流值定义为电机的耐雷水平，故上述情况下电机的耐雷水平为 50kA。

当沿架空线有雷电侵入波时，由于电缆波阻抗远比架空线小，侵入波到达 A 点时将发生负反射，使 A 点电压降低，FE_2 不易动作，若 FE_2 不动作，不能发挥电缆段的限流作用，流经避雷器 F 的电流有可能超过 3kA。为了避免这种情况发生，可将 FE_2 前移 70m 左右至 FE_1 位置，70m 架空线的电感约为 $1.6 \times 70 \mu H = 110 \mu H$（或在电缆首端 A 点与 FE_2 之间加装 $100 \sim 300 \mu H$ 的电感），来波首先作用在此电感上，使得 FE_1 端部的电压有所增高，易于使 FE_1 放电；FE_1 的接地端应与电缆外皮的接地装置相连接，连接线悬挂在杆塔导线下面 $2 \sim 3m$ 处，以增加两线间的耦合。采用这种方式虽可使 FE_1 放电，但放电后，由于从 FE_1 的接地端到电缆首端金属护层的连接线上的电压降不能全部耦合到导线上，所以沿导线向电缆芯线流入的电流就增大了，遇强雷时，可能使流经 F 的雷电流超过每相 3kA。为防止这一情况，应在电缆首端再加装一组 FE_2，强雷时 FE_2 放电，这样电缆段的限流作用才可以充分发挥。

大容量（$25 \sim 60MW$）直配电机的典型防雷保护接线如图 8-34 所示，图中 L 是为了限制工频短路电流而装设的电抗器，L 前加设一组避雷器 F_1 是为了保护电抗器和电缆终端。由于 L 的存在，侵入波到达 L 处发生反射时电压升高，F_1 动作使流经 F_2 的电流进一步得到限制。若无合适的排气式避雷器，可用阀式避雷器 FS_1 和 FS_2 代替，如图 8-34b 所示，因为阀式避雷器放电后有一定残压，使电缆段的限流作用大为降低。因此需将阀式避雷器向前移 150m 左右，并将这段架空线用避雷线保护。该避雷器 FS_1 的接地端应与电缆的金属外皮和避雷线连在一起接地，利用避雷线与导线间的耦合增加限流作用。接地电阻 R 不应大于 3Ω。

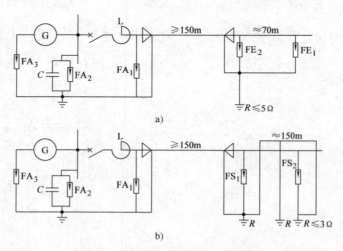

图 8-34　$25 \sim 60MW$ 直配电机的防雷保护接线

a）使用排气式避雷器　b）使用阀式避雷器

中等容量（6～25MW）的直配电机，其防雷保护接线同图 8-34 类似，只是电缆段的长度要求可减小，不小于 100m 即可。小容量（6000kW 以下）或少雷区的直配电机可不用电缆进线段，其保护接线如图 8-35 所示。对于 3kV、6kV 线路，要求 $l_0/R \geqslant 200$；对于 10kV 线路，要求 $l_0/R \geqslant 150$。一般进线长度可取为 450～600m，如果 FE 的接地电阻达不到上述要求，可在 $l_0/2$ 处再装设

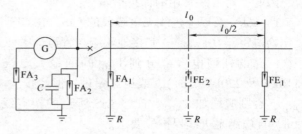

图 8-35　1500kW～6000kW（不含 6000kW）直配电机和少雷地区 60MW 及以下直配电机的保护接线

一组排气式避雷器 FE_2，如图中虚线所示，图中避雷器 FA_1 是用来保护开路状态的断路器和隔离开关。

（3）非直配电机的防雷保护　60MW 以上的电机（其中包括 60MW 的电机）一般都经变压器升压后接至架空输电线。国内外的运行经验说明，这种非直配电机在防雷上比直配电机可靠得多，一般不需要装设避雷器和电容器。在多雷区的非直配电机，宜在电机出线上装设一组旋转电机用的避雷器。如电机与升压变压器之间的母线桥或组合导线无金属屏蔽部分的长度大于 50m 时，除应有直击雷保护外，还应采取防止感应过电压的措施，即在电机母线上装设每相不小于 $0.15\mu F$ 的电容器或磁吹避雷器。此外，在电机的中性点上还宜装设灭弧电压为相电压的阀式避雷器。

6. 气体绝缘变电所的防雷保护

气体绝缘变电所（GIS）是将除变压器以外变电所内的高压电气设备及母线封闭在一个接地的金属壳内，壳内充以 3～4 个大气压的 SF_6 气体作为相间及相对地的绝缘。GIS 变电所具有体积小，占地面积小，维护工作量小，不受周围环境条件影响，对环境无电磁干扰，运行性能可靠等优点。在大型水电工程和城市高压电网的建设中，应用日益广泛。与敞开式变电所相比，GIS 变电所防雷保护和绝缘配合方面有以下特点。

1）GIS 绝缘结构具有比较平坦的伏秒特性。其冲击系数约为 1.2～1.3，其雷电冲击绝缘水平与操作冲击绝缘水平比较接近，而且负极性击穿电压比正极性击穿电压低。因此，GIS 变电所的绝缘水平主要决定于雷电冲击水平，需采用性能优异的金属氧化物避雷器加以保护。

2）GIS 的波阻抗一般在 60～100Ω，约为架空线路的 1/5，雷电侵入波从架空线路传入 GIS，折射系数较小，折射电压也就较小，对 GIS 的雷电侵入波保护有利。

3）GIS 结构紧凑，各电气设备之间的距离较小，避雷器离被保护设备较近，因此可使雷电过电压限制在更低的水平。

4）GIS 绝缘结构中完全不允许产生电晕，因为一旦产生电晕，绝缘材料会立即发生击穿，导致整个 GIS 变电所绝缘的破坏。因此，要求 GIS 过电压保护有较高的可靠性，并且在设备的绝缘配合上要留有足够的裕度。

5）由于 GIS 的封闭性，所以电气设备不会因受大气污秽、降水等的影响而降低绝缘强度。但需指出，对 SF_6 气体的洁净程度和所含水分却要求极严，同时对导体和内壁的光洁度也要求极高，否则绝缘强度大幅度下降。

因此，对 GIS 常用的保护措施为：

1）66kV 及以上进线无电缆段的 GIS，在 GIS 管道与架空线路连接处应装设无间隙金属氧化物避雷器（F_{MO1}），其接地端应与管道金属外壳连接，如图 8-36 所示。如变压器或 GIS 一次回路的任何电气部分到 F_{MO1} 间的最大电气距离不超过 50m（66kV 级时）和 130m（110kV 及 220kV 级时），或虽然超过，但经校验装一组避雷器能符合保护要求时，可只装 F_{MO1}；否则应增加 F_{MO2}。连接 GIS 管道的架空线路应采用进线段保护，其长度不应小于 2km，且应满足进线保护段要求。

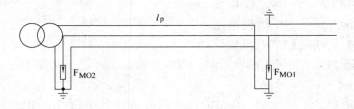

图 8-36　无电缆段进线的 GIS 保护接线

2）66kV 及以上进线有电缆段的 GIS，在电缆与架空线路的连接处应装设金属氧化物避雷器（F_{MO1}），其接地端应与电缆的金属外皮连接。对三芯电缆，末端的金属外皮应与 GIS 管道金属外壳连接并接地，如图 8-37a 所示。对单芯电缆，末端的金属护层应经金属氧化物电缆护层保护器（FC）接地，如图 8-37b 所示。电缆末端至变电所或 GIS 一次回路的任何电气部分间的最大电气距离不超过 50m（66kV 级时）和 130m（110kV 及 220kV 级时），或虽超过，但经校验装一组避雷器即能符合保护要求时，可只装 F_{MO1}；否则应增加 F_{MO2}。与电缆相连的 2km 架空线应满足进线保护段要求。

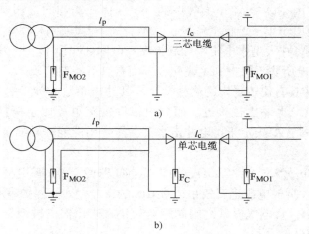

图 8-37　有电缆段进线的 GIS 保护接线

a）三芯电缆段进线　b）单芯电缆段进线

8.3.3　雷电监测定位技术

1. 雷电监测定位系统的发展历程

雷电监测定位是实施精准防雷的基础。雷电监测定位技术是通过测量雷电辐射的声、光、电磁场等信息，进而确定雷电放电的空间位置和放电参数。雷电定位系统（LLS）能够大面积、高精度、连续实时监测雷电信息，能遥测并显示云对地放电（地闪）的时间、位置、雷电流峰值和极性、回击次数以及每次回击的参数，并通过分时彩色图能清晰显示雷暴的运动轨迹。当前的雷电定位系统运用了全球卫星定位系统（GPS）、卫星通信和地理信息系统（GIS）等高新技术，形成了实时动态的多用途大型雷电监测预警系统。

现代雷电监测定位技术始于 20 世纪 70 年代末，由于航天发射遭遇雷击事件，美国科学家 M. A. Uman 和 E. P. Krider 提出并实现的。经过不断的发展，美国雷电定位系统在定位原理上经历了方向—时差—综合定位系统的发展；在范围上经历了从局部区域到全国联网，形成了国家级雷电监测网，并实现了雷电信息产业化。目前，已有 40 多个国家建立了雷电定位系统，用于电力、石油石化、通信、航天航空和防灾减灾等领域。

我国自 20 世纪 80 年代末从美国引进雷电定位系统，并结合我国的国情开展雷电监测定位与系统研发工作。1993 年第一套国产 LLS 在安徽电网投入工程运用。目前，我国已实现全国电网的雷电监测与信息共享，我国是美国之后第二个拥有雷电定位技术领域自主知识产权的国家。

2. 雷电监测定位系统的原理

雷电监测主要是基于雷电的声、光、电磁场等信息，目前主要有地基监测技术、星载监测技术。地基监测技术又包括甚低频/低频（VLF/LF）定位技术、甚高频（VHF）定位技术。星载监测技术主要包括星载光学监测技术、星载甚高频监测技术。

雷电定位系统主要由监测站、数据处理及系统控制中心（简中心站）、用户工作站或雷电信息系统 3 个部分构成，如图 8-38 所示。在雷电发生时，会产生强大的光、声和电磁辐射，最适合大范围监测的信号就是电磁辐射场。雷电电磁辐射场主要以低频/甚低频（LF/VLF）沿地球表面方式传播，其传播范围可达数百公里或更远，取决于其放电能量。雷电电磁辐射及传播示意图如图 8-39 所示。

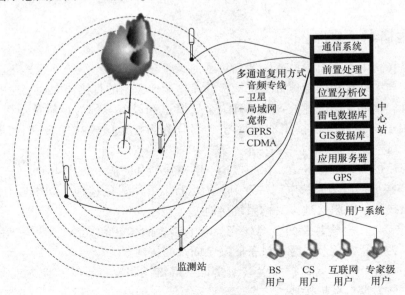

图 8-38　雷电定位系统示意图

235

雷电定位系统可以应用时差法探测器，对雷电进行探测、定位，获得雷击数据之后，再传输给中央处理机。收到雷电回击数据后，中央处理机进行实时交汇处理，从而给出每一雷电回击的位置、强度等相关参数，然后将这些参数传输给雷电信息系统，并在雷电信息系统生成数据库。以探测得出的数据为依据，雷电信息系统与全球定位系统结合起来，在地图图层上，给出雷击的位置及相关参数，并开放数据库，供给用户访问、使用。

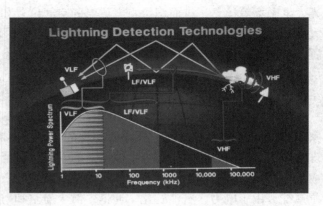

图 8-39　雷电电磁辐射及传播示意图
（LF/VLF 以地波、地电离层中的天波传播，传播距离较远；
VHF 以射线方式传播、受地球曲率控制，传播距离较近）

3. 雷电监测定位系统在电力系统中的应用

在输电线路中，有效应用雷电定位系统，可以调度实时系统，提取雷击点时间，迅速获得输电线路故障时间、雷击次数、故障位置与输电线的距离、区域内雷电情况等数据，为雷击故障点查找、故障排除等提供有效的数据支持，减少维修人员故障排查工作的劳动量和时间，还可以对故障点进行快速修复，减少停电给居民造成的不便。雷电定位系统所收集到的历年雷电定位信息、各时段雷电参数，结合输电线路的运行环境、导线排列、杆塔类型及当地气候、季节、天气等情况，还可用于地区输电线路的日常运行维护、防雷策略的制定，以预防为主、治理为辅，从而减少雷击给输电线路造成的危害，确保供电安全。

8.4　接地的原理

8.4.1　接地概念及分类

接地就是指将电力系统中电气装置和设施的某些导电部分，经接地线连接至接地极。埋入地中并直接与大地接触的导体称为接地极，兼作接地极用的直接与大地接触的各种金属构件、金属井管、钢筋混凝土建筑物的基础、金属管道和设备等称为自然接地极。电气装置、设施的接地端子与接地极连接用的金属导电部分称为接地线。接地极和接地线合称接地装置。

接地按用途可分为工作接地、保护接地、防雷接地和防静电接地 4 种。

（1）工作接地　电力系统电气装置中，为运行需要所设的接地，如中性点的直接接地、中性点经消弧线圈、电阻接地，又称系统接地。

（2）保护接地　电气装置的金属外壳、配电装置的构架和线路杆塔等，由于绝缘损坏有可能带电，为防止其危及人身和设备的安全而设的接地。

（3）防雷接地　为雷电保护装置（避雷针、避雷线和避雷器等）向大地泄放雷电流而设的接地，也称为雷电保护接地。

（4）防静电接地　为防止静电对易燃油、天然气储罐、氢气储罐和管道等的危险作用而设的接地。

8.4.2 接地电阻、接触电压和跨步电压

大地是个导电体,当其中没有电流流通时是等电位的,通常人们认为大地具有零电位。大地具有一定的电阻率,如果有电流经过接地极注入,电流以电流场的形式向大地作半球形扩散,则大地就不再保持等电位,将沿大地产生电压降。设土壤电阻率为 ρ,大地内的电流密度为 δ,则大地中必然呈现相应的电场分布,其电场强度为 $E = \rho\delta$。在靠近接地极处,电流密度 δ 和电场强度 E 最大,离电流注入点越远,地中电流

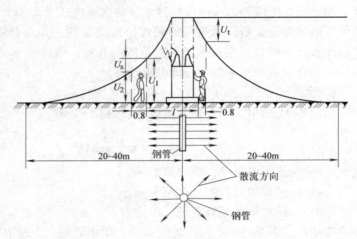

图 8-40 接地装置的电位分布
U_t—接触电压 U_s—跨步电压

密度和电场强度就越小,因此可以认为在相当远(约 20~40m)处,地中电流密度已接近零,电场强度 E 也接近零,该处的电位为零电位。电位分布曲线如图8-40所示。

接地装置对地电位 u 与通过接地极流入地中电流 i 的比值称为接地电阻。根据流入的接地电流性质,工频电流作用时呈现的电阻称为工频接地电阻,用 R_e 表示;冲击电流作用时呈现的电阻称为冲击接地电阻,用 R_i 表示。一般不特殊说明,则指的是工频接地电阻,因为测量接地电阻时用的是工频电源。

人处于分布电位区域内,可能有两种方式触及不同电位点而受到电压的作用。当人触及漏电外壳,加于人手脚之间的电压,称为接触电压,即通常按人在地面上离设备水平距离为 0.8m 处于设备外壳、架构或墙壁离地面的垂直距离 1.8m 处两点间的电位差,称为接触电位差,即接触电压 U_t。当人在分布电位区域内跨开一步,两脚间(水平距离 0.8m)的电位差,称为跨步电位差,即跨步电压 U_s。当接地电流 i 为定值时,接地电阻越大,电压越高,此时地面上的接地物体也就具有了较高电位,有可能引起大的接触电位差和跨步电位差,也有可能引起其他带电部分间绝缘的闪络,从而危及人身安全和电气设备的绝缘,因此要力求降低接地电阻。

为了降低接地电阻,首先要充分利用自然接地极,如钢筋混凝土杆、铁塔基础、发电厂和变电所的构架基础等,大多数情况下单纯依靠自然接地极是不能满足要求的,需要增设人工接地装置,人工接地装置有水平敷设、垂直敷设以及既有水平又有垂直敷设的复合接地装置。水平敷设人工接地极的可采用圆钢、扁钢,垂直敷设的可采用角钢、钢管,埋于地表面下 0.5~1m 处。水平接地极多用扁钢,宽度一般为 20~40mm,厚度不小于 4mm,或者用直径不小于 6mm 的圆钢。垂直接地极一般用角钢(20mm × 20mm × 3mm ~ 50mm × 50mm × 5mm)或钢管,长度一般为 2.5m。由于金属的电阻率远小于土壤的电阻率,所以接地极本身的电阻在接地电阻中忽略不计。

在土壤电阻率较高的岩石地区，为了减小接地电阻，有时需要加大接地体的尺寸，主要是增加水平埋设的扁钢的长度，通常称这种接地极为伸长接地极。由于冲击电流等效频率甚高，接地极自身的电感会产生很大影响，此时接地极表现出具有分布参数的传输线的阻抗特性，加之火花效应的出现使伸长接地极的电流流通成为一个很复杂的过程。一般是在简化的条件下通过理论分析，对这一问题作定性的描述，并结合实验以得到工程应用的依据。通常，伸长接地极只是在 40~60m 的范围内有效，超过这一范围接地阻抗基本上不再变化。

下面介绍典型接地极的接地电阻计算。

1. 垂直接地极

如图 8-41 所示，单根垂直接地体，当 $l \gg d$ 时

$$R_{ev} = \frac{\rho}{2\pi l}\left(\ln\frac{8l}{d} - 1\right) \tag{8-69}$$

式中 ρ——土壤电阻率，单位为 $\Omega \cdot m$；

l——接地极的长度，单位为 m；

d——接地极的等效直径，单位为 m。

接地极用圆钢时，d 为圆钢的直径；用钢管时，d 为钢管的外径；用扁钢时，d 为扁钢宽度 b 的一半，即 $d = 0.5b$；用角钢时，$d = 0.84b$，b 为角钢每边宽度。

当单根接地极的接地电阻不能满足要求时，可用多根垂直接地极并联，如图 8-42 所示。但因散流效果相互屏蔽的缘故，所以 n 根并联后的接地电阻比各个单独接地极电阻 R_1 的并联值要大些，此时

$$R_e = \frac{R_1}{n}\frac{1}{\eta} \tag{8-70}$$

式中 η——利用系数，$\eta \leqslant 1$。

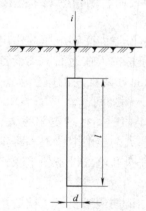

图 8-41 单根垂直接地极

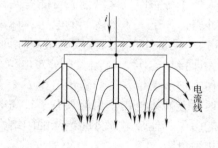

图 8-42 多根垂直接地极

η 与相邻接地极之间的距离 S 有关，当两根并联时 η 约为 0.9，6 根并联时 η 约为 0.7，一般 η 在 0.65~0.8 左右。

2. 水平接地极

如图 8-43 所示，埋入地下 h 深度的水平接地极的接地电阻为

$$R_{eh} = \frac{\rho}{2\pi l}\left(\ln\frac{l^2}{hd} + A\right) \tag{8-71}$$

式中 h ——水平接地极埋设深度，单位
为 m；

A ——水平接地极的形状系数，可
按形状查表 8-15。

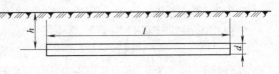

图 8-43 水平接地极

表 8-15 水平接地极的形状系数

序号	1	2	3	4	5	6	7	8	9	10
接地极形状	▬	∟	人	〇	＋	□	✕	✳	✳	✳
形状系数 A	−0.6	−0.18	0	0.48	0.89	1	2.19	3.03	4.71	5.65

3. 复合接地装置

复合接地装置以水平接地体为主，且边缘闭合，其接地电阻为

$$R_n = \frac{\sqrt{S}}{L_0}\left(3\ln\frac{L_0}{\sqrt{S}} - 0.2\right)\left[0.213\frac{\rho}{\sqrt{S}}(1+B) + \frac{\rho}{2\pi L}\left(\ln\frac{S}{9hd} - 5B\right)\right] \quad (8\text{-}72)$$

$$B = \frac{1}{1 + 4.6\dfrac{h}{\sqrt{S}}}$$

式中 S ——接地网的总面积，单位为 m²；

L_0 ——接地网的外缘边线总长度，单位为 m；

L ——水平接地极的总长度，单位为 m。

人工接地极工频接地电阻的简易计算式，可采用表 8-16 所列公式。

表 8-16 人工接地极工频接地电阻简易计算式

接地极	简易计算式	备注
垂直接地极	$R \approx 0.3\rho$	长度为 3m 左右的垂直接地极
水平接地极	$R \approx 0.03\rho$	长度为 60m 左右的水平接地极
复合接地网	$R \approx 0.5\dfrac{\rho}{\sqrt{S}} = 0.28\dfrac{\rho}{r}$	S 为大于 100m² 的闭合接地网的面积，r 为与接地网面积 S 等效的圆的半径；单位为 m

4. 冲击接地电阻

在流过冲击电流时，由于冲击电流幅值很大，接地极的电位很高，在其周围的土壤中会产生强烈的火花放电，这部分土壤的电阻率大为降低，成为良好的导体，相当于增大了接地极的尺寸，减少了工频接地电阻，这种效应称为火花效应。另一方面，由于雷电流的等效频率较高，这就使接地极自身电感的影响增大，阻碍电流向接地极远端流通，接地装置的利用程度降低，使冲击接地电阻增加，接地装置的长度越长，则电感效应越显著，冲击接地电阻增加越多，这种现象称为电感影响。因此对于水平敷设的接地极，为了得到在冲击电流作用下较好的接地效果，要求单根水平敷设的伸长接地极的长度有一定限制，一般在 40～60m。

由于上述两方面原因，同一接地装置的冲击接地电阻数值上不等同于工频接地电阻，通常把冲击接地电阻 R_i 与工频接地电阻 R_e 的比值，称为接地装置的冲击系数 α，即

$$\alpha = \frac{R_i}{R_e} \quad (8\text{-}73)$$

239

冲击系数 α 一般小于 1, 当采用伸长接地极时, 可能因电感效应而大于 1。

单根接地极或杆塔接地装置的冲击接地电阻为

$$R_i = \alpha R_e \qquad (8\text{-}74)$$

复合接地装置为了减少相邻接地极的屏蔽作用, 垂直接地极的间距不应小于其长度的两倍, 水平接地极的间距不宜小于 5m。

由 n 根等长水平放射形接地极组成的接地装置, 其冲击接地装置可按下式计算

$$R_i = \frac{R_{ih}}{n} \frac{1}{\eta_i} \qquad (8\text{-}75)$$

式中　R_{ih}——每根水平放射形接地极的冲击接地电阻, 单位为 Ω;

　　　η_i——冲击利用系数。

由水平接地极连接的 n 根垂直接地极组成的接地装置, 其冲击接地电阻可按下式计算

$$R_i = \frac{R_{iv}/n \times R_{ih}}{R_{iv}/n + R_{ih}} \frac{1}{\eta_i} \qquad (8\text{-}76)$$

式中　R_{iv}——每根垂直接地极的冲击接地电阻, 单位为 Ω。

自然接地极的冲击利用系数 η_i 在 $0.4 \sim 0.7$, 工频利用系数 $\eta \approx \eta_i/0.7$; n 根人工水平射线的 η_i 在 $0.65 \sim 1.0$, 以水平接地极的垂直接地极的 η_i 在 $0.65 \sim 0.85$, 工频利用系数 $\eta \approx \eta_i/0.9$。

8.4.3　接地和接零保护

1. 发电厂、变电所的接地保护

电力系统中的工作接地、保护接地和防雷接地是很难完全分开的, 发电厂、变电所中的接地网实际是集工作接地、保护接地和防雷接地为一体的良好接地装置。一般的作法是: 除利用自然接地极以外, 根据保护接地和工作接地要求敷设一个统一的接地网, 然后再在避雷针和避雷器安装处增加 $3 \sim 5$ 根集中接地极以满足防雷接地的要求。

按照工作接地要求, 发电厂、变电所电气装置保护接地的接地电阻应满足

$$R_e \leqslant \frac{2000}{I} \qquad (8\text{-}77)$$

式中　R_e——考虑到季节变化的最大接地电阻, 单位为 Ω;

　　　I——计算用的流经接地装置的入地短路电流, 单位为 A。

当接地装置的接地电阻不符合上式要求时, 可通过技术措施增大接地电阻, 但不得大于 5Ω。

接地网以水平接地极为主, 应埋于地表以下 $0.6 \sim 0.8$m, 以免受到机械损坏, 并可减少冬季土壤表层冻结和夏季水分蒸发对接地电阻的影响, 网内铺设水平均压带, 做成如图 8-44 所示的长孔接地网, 或做成方孔接地网。接地网中两水平接地带之间的距离 D 一般可取为 $3 \sim 10$m, 按保护接地的接触电位差和跨步

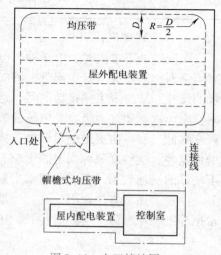

图 8-44　人工接地网

电位差校核以后再予以调整，接地网的外缘应围绕设备区域连成闭合环形，角上圆弧形半径为 $D/2$，入口处铺设成帽檐式均压带。这种接地网的总接地电阻可按式（8-72）计算或按表 8-16 的简易公式计算，数值一般在 $0.5 \sim 5\Omega$ 的范围内。

2. 输电线路的接地保护

高压线路每一杆塔都有混凝土基础，它也起着接地极的作用，其接地装置通过引线与避雷线相连，目的是使击中避雷线的雷电流通过较低的接地电阻而进入大地。高压线路杆塔的自然接地极的工频接地电阻简易计算式 $R \approx k\rho$，各种型式接地装置简易计算式系数 k 列于表 8-17 中，ρ 为土壤电阻率。多数情况下单纯依靠自然接地电阻是不能满足要求的，需要装设人工接地装置，才能满足线路杆塔接地电阻（见表 8-9）要求。

表 8-17　各种型式接地装置的工频接地电阻简易计算式系数 k

杆塔 型式	钢筋混凝土杆				铁　塔			门 形 杆 塔			V 形拉线的门形杆塔		
	单杆	双杆	拉线 单、双杆	一个 拉线盘	深埋式	装配式	深埋装 配综合	深埋式	装配式	深埋装 配综合	深埋式	装配式	深埋装 配综合
系数 k	0.3	0.2	0.1	0.28	0.07	0.1	0.05	0.04	0.06	0.03	0.045	0.09	0.04

3. 计算用土壤电阻率 ρ

接地电阻除与接地极的形状、尺寸大小有关外，还跟土壤电阻率 ρ 密切相关。土壤电阻率 ρ 主要取决于其化学成分及湿度大小，计算防雷接地装置所采用的土壤电阻率应取雷季中最大可能的数值，一般按下式计算

$$\rho = \rho_0 \psi \tag{8-78}$$

式中　ρ——土壤电阻率，单位为 $\Omega \cdot m$；

　　　ρ_0——雷季中无雨时所测得的土壤电阻率，单位为 $\Omega \cdot m$；

　　　ψ——考虑土壤干燥所取的季节系数，采用表 8-18 所列数值。

表 8-18　防雷保护接地装置的季节系数

埋深/m	ψ 值	
	水平接地极	$2 \sim 3m$ 垂直接地极
0.5	$1.4 \sim 1.8$	$1.2 \sim 1.4$
$0.8 \sim 1.0$	$1.25 \sim 1.45$	$1.15 \sim 1.3$
$2.5 \sim 3.0$	$1.0 \sim 1.1$	$1.0 \sim 1.1$

注：测定土壤电阻率时，如土壤比较干燥，则应采用表中的较小值；如比较潮湿，则应采用较大值。

大地表面的土壤有多种类型，几种典型土壤的电阻率见表 8-19，一般应以实测值作为设计依据。

表 8-19　几种典型土壤的电阻率

土壤类别	电阻率 $\rho/(\Omega \cdot m)$	土壤类别	电阻率 $\rho/(\Omega \cdot m)$
沼泽地	$5 \sim 40$	砂砾土	$2000 \sim 3000$
泥土、粘土、腐植土	$20 \sim 200$	山地	$500 \sim 3000$
沙土	$200 \sim 2500$	—	—

习题与思考题

8-1　试述雷电放电的基本过程及各阶段的特点。

8-2　试述雷电流幅值的定义，分别计算下列雷电流幅值出现的概率：30kA、50kA、88kA、100kA、150kA、200kA。

8-3　雷电过电压是如何形成的？

8-4　某变电所配电构架高11m，宽10.5m，拟在构架侧旁装设独立避雷针进行保护，避雷针距构架至少5m。试计算避雷针最低高度。

8-5　设某变电所的4支等高避雷针，高度为25m，布置在边长为42m的正方形的4个顶点上，试绘出高度为11m的被保护设备，试求被保护物高度的最小保护宽度。

8-6　什么是避雷线的保护角？保护角对线路绕击有何影响？

8-7　试分析排气式避雷器与保护间隙的相同点与不同点。

8-8　试比较普通阀式避雷器与金属氧化物避雷器的性能，说说金属氧化物避雷器有哪些优点？

8-9　试述金属氧化物避雷器的特性和各项参数的意义。

8-10　限制雷电过电压破坏作用的基本措施是什么？这些防雷设备各起什么保护作用？

8-11　平原地区110kV单避雷线线路水泥杆塔如图8-45所示，绝缘子串由$6×X-7$组成，长为1.2m，其正极性$U_{50\%}$为700kV，杆塔冲击接地电阻R_i为7Ω，导线和避雷线的直径分别为21.5mm和7.8mm，15℃时避雷线弧垂2.8m，下导线弧垂5.3m，地闪密度为1.58次/(km²·a)，其他数据标注在图8-45中，单位为：m，试求该线路的耐雷水平和雷击跳闸率。

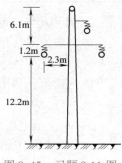

图8-45　习题8-11图

8-12　某平原地区550kV输电线路档距为400m，导线水平布置，导线悬挂高度为28.15m，相间距离为12.5m，15℃时弧垂12.5m。导线四分裂，半径为11.75mm，分裂距离0.45m（等值半径为19.8cm）。两根避雷线半径5.3mm，相距21.4m，其悬挂高度为37m，15℃时弧垂9.5m。杆塔电杆15.6μH，冲击接地电阻为10Ω。线路采用28片XP—16绝缘子，串长4.48m，其正极性$U_{50\%}$为2.35MV，负极性$U_{50\%}$为2.74MV，地闪密度为2.58次/(km²·a)，试求该线路的耐雷水平和雷击跳闸率。

8-13　为什么110kV及以上线路一般采用全线架设避雷线的保护措施，而35kV及以下线路不采用？

8-14　输电线路防雷有哪些基本措施？

8-15　变电所进线段保护的作用和要求是什么？

8-16　试述变电所进线段保护的标准接线中各元件的作用。

8-17　某110kV变电所内装有FZ—110J型阀式避雷器，其安装点到变压器的电气距离为50m，运行中经常有两路出线，其导线的平均对地高度为10m，试确定应有的进线保护段长度。

8-18　试述旋转电机绝缘的特点及直配电机的防雷保护措施。

8-19　说明直配电机防雷保护中电缆段的作用。

8-20　试述气体绝缘变电所防雷保护的特点和措施。

8-21　什么是接地？接地有哪些类型？各有何用途？

8-22　什么是接地电阻、接触电压和跨步电压？

8-23　试计算如图8-42所示接地装置的冲击接地电阻。已知垂直接地极是由6根直径为1.8cm、长3m的圆管组成，土壤电阻率为200Ω·m，雷电流为40A时冲击系数α为0.5，冲击利用系数η_i为0.7。

8-24　某220kV变电所，采用∏形布置，变电所面积为194.5m×201.5m，土壤电阻率为300Ω·m，试估算其接地网的工频接地电阻。

第 9 章

内部过电压与绝缘配合

在电力系统中，经常出现一类电压，其产生根源在电力系统内部，通常都是因系统内部电磁能量的积聚和转换而引起，称之为内部过电压。

内部过电压可按其产生原因而分解为操作过电压和暂时过电压，也可以按持续时间的长短来区分，一般操作过电压的持续时间在 0.1s（5 个工频周波）以内，而暂时过电压的持续时间要长得多。

其中操作过电压中所指的"操作"并非狭义的开关倒闸操作，而应理解为"电网参数的突变"，它可能由倒闸操作引起，也可能因故障产生的过渡过程而引起。与暂时过电压相比，操作过电压通常具有幅值高、存在高频振荡、强阻尼和持续时间短的特点。其危害性极大，若不及时防治，有可能使电气设备绝缘击穿而损坏或造成停电事故，因此应引起足够的重视。

常见的操作过电压主要包括：切断空载线路过电压、空载线路合闸过电压、切除空载变压器过电压和断续电弧接地过电压等几种。前三种属于中性点直接接地的系统。近年来由于断路器及其他设备性能的改善，切除空载线路过电压和切除空载变压器过电压已经显得不严重了，因此在超高压系统中以合闸（包括重合闸）过电压最为严重。断续电弧接地过电压属于中性点非直接接地系统，其防护措施是使系统中性点经消弧线圈接地。

暂时过电压包括工频电压升高和谐振过电压。

绝缘配合是高电压技术的一个中心问题，是根据设备在系统中可能承受的过电压并考虑保护装置和设备绝缘的特性来确定耐受强度，以最低的经济成本把各种过电压所引起的绝缘损坏概率降低到可接受的水平，即最终确定电气设备的绝缘水平。这就要在技术上处理好各种电压、各种限压措施和设备绝缘耐受能力三者之间的配合关系，以及在经济上协调投资费、维护费和事故损失费三者之间的关系。随着电力系统电压等级的提高，电网系统越来越复杂，正确解决电力系统绝缘配合问题显得更加重要。

9.1 切除空载线路过电压

切除空载线路是电网中常见操作之一，在切除空载线路的过程中，虽然断路器切断的是几十安到几百安的电容电流，比短路电流小得多，但如果使用的断路器灭弧能力不强，在切断这种电容电流时就可能出现电弧的重燃，从而引起电磁振荡，造成过电压。在实际电网中常遇到切除空载线路过电压引起阀式避雷器爆炸、断路器损坏、套管或线路绝缘子闪络等情况。下面我们分析这种过电压的产生机理。

9.1.1 产生原理

用单相集中参数的简化等效电路来进行分析，如图 9-1 所示，在 S 断开之前线路电压 $u_C(t) = e(t)$，设第一次熄弧（设时间为 t_1）发生断路器的工频电容电流 $i_C(t)$ 过零时（如图 9-2 所示），线路上电荷无处泄放，$u_C(t)$ 保留为 E_m，触头间电压 $u_r(t)$ 为

$$u_r(t) = e(t) - E_m = E_m(\cos\omega t - 1) \tag{9-1}$$

经过半个周期以后，$e(t)$ 变为 $-E_m$，这时两触头间的电压即恢复电压为 $2E_m$。此时，如果触头间的介质的绝缘强度没有得到很好恢复，或绝缘强度恢复的上升速度不够快，则可能在 t_2 时刻发生电弧重燃，相当于一次反极性重合闸，$u_{C_{max}}$ 达到 $-3E_m$。设在 $t = t_3$ 时，回路振荡的角频率 $\omega_0 = 1/\sqrt{LC_T}$，大于工频下的 ω 电容电流第一次过零时熄弧，则 $u_C(t)$ 将保持，又经过 $T/2$ 后，$e(t)$ 又达最大值，触头间电压 $u_r(t)$ 为 $-4E_m$。若此时触头再度重燃，则会导致更高幅值的振荡，$u_{C_{max}}$ 达 $+5E_m$。依此类推，每工频半周重燃一次，线路电压将达很高数值，直至触头间绝缘强度足够高，不再重燃为止。线路上的过电压不断增大，一直达到很高的数值。

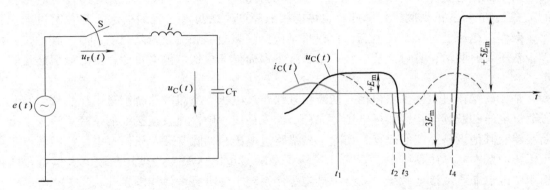

图 9-1 切除空载线路时的等值计算电路图　　　图 9-2 切除空载线路过电压的发展过程

实际上受到一系列复杂因素的影响，切除空载线路的过电压不可能无限增大。当过电压较高时，线路上将产生强烈的电晕，电晕损耗消耗过电压波的能量，引起过电压波的衰减，限制了过电压的增高。

9.1.2 影响因素和降压措施

上述的分析是按照理想化的最严重条件来进行的，有助于帮助我们了解这种过电压的产生机理。实际上电弧的重燃不一定等到电源电压达到最大值时才发生，熄弧也不一定在高频电流一次过零时完成。这样，线路上的残余电压可能降低，从而减小了触头间的恢复电压和重燃过电压。因此，为了决定某一具体条件下最大可能的过电压，经常需要十几次的重复测试。下面介绍与切除空载线路相关的因素。

1. 断路器的性能

要想避免切除空载线路过电压，最根本的措施就是改进断路器的灭弧性能，使其尽量不重燃。采用灭弧性能好的现代断路器，可以防止或减少电路重燃的次数，使过电压的最大值降低。不过，重燃次数不是决定过电压大小的唯一依据，有时也会出现一次重燃过电压的幅

值高于多次重燃过电压幅值的情况。

2. 中性点的接地方式

中性点非有效接地的系统中，三相断路器在不同的时间分闸会形成瞬间的不对称电路，中性点会发生位移，过电压明显增高；一般情况下比中性点有效接地时切除空载线路过电压高出约 20%。

3. 母线上有其他出线

母线上有其他出线相当于加大母线电容，电弧重燃时残余电荷迅速重新分配，改变了电压的起始值，使其更接近稳态值，使得过电压减小。

4. 线路侧装有电磁式电压互感器等设备

电压互感器等设备的存在将使线路上的剩余电荷有了附加的释放路径，降低线路上的残余电压，从而降低了重燃过电压。

切除空载线路过电压出现比较频繁，而且波及全线，所以成为选择电网绝缘水平的主要依据之一。所以采取适当措施来消除和限制这种过电压，对于降低电网的绝缘水平有很大的意义。主要措施如下：

（1）改善断路器的结构，避免发生重燃现象　断路器的重燃是产生这种过电压的最根本原因，因此最有效的措施就是改善断路器的结构，提高触头间介质的恢复强度和灭弧能力，避免发生重燃现象。20 世纪 70 年代以前，在 110～220kV 系统中，由于断路器的重燃问题没有得到很好的解决，致使出现很高幅值的过电压。但随着现代断路器设计制造水平的提高，如压缩空气断路器以及 SF_6 断路器等大大改善了灭弧性能，基本上达到了不重燃的要求。

（2）断路器加装并联电阻
这也是降低触头间的恢复电压、避免电弧重燃的一种有效措施。图 9-3 是这种断路器一般采取的两种接线方式。在分闸时先断开主触头 1，经过一定时间间隔后再断开辅助触头 2。合闸时的动作顺序刚好与上述相反。在切除空载

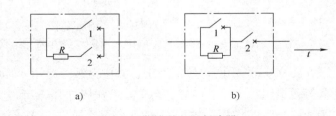

图 9-3　带并联电阻断路器
1—主触头　2—辅助触头　R—并联电阻

线路时，首先，打开主触头 1，这时电阻 R 被串联在回路之中，线路上的剩余电荷通过 R 向外释放。这时主触头 1 的恢复电压就是 R 上的压降，显然要想使得主触头不发生电弧重燃，R 越小越好。第二步，辅助触头 2 断开，由于恢复电压较低，一般不会发生重燃。即使发生重燃，由于 R 上有压降，沿线传播的电压波远小于没有 R 时的数值。所以，从这个方面考虑，又希望 R 大一些。综合以上两方面考虑，并考虑 R 的热容量，这种分闸电阻的阻值一般处于 $1000～3000\Omega$ 的范围内，这样的并联电阻也称为中值并联电阻。

（3）利用避雷器保护　安装在线路首端和末端的 ZnO 或磁吹避雷器，也能有效地限制这种过电压的幅值。

（4）泄流设备的装设　将并联电抗器或电磁式互感器接在线路侧，可以使线路上的残余电荷得以泄放或产生衰减振荡，最终降低断路器间的恢复电压，减少重燃的可能性，从而降低过电压。

9.2　空载线路合闸过电压

电力系统中，空载线路合闸过电压也是一种常见的操作过电压。通常分为两种情况：即正常操作和自动重合闸。由于初始条件的差别，重合闸过电压的情况更为严重。近年来由于采用了种种措施（如采用不重燃断路器、改进变压器铁心材料等）限制或降低了其他幅值更高的操作过电压，空载线路合闸过电压的问题显得更加突出。特别在超高压或特高压电网的绝缘配合中，这种过电压已经成为确定电网水平的主要依据。

9.2.1　发展过程

1. 正常合闸的情况

这种操作通常出现在线路检修后的试送电，此时线路上不存在任何异常（如接地），线路电压的初始值为零。正常合闸时，若三相接线完全对称，且三相断路器完全同步动作，则可按照单相电路进行分析研究。在这里用集中参数等效电路的方法分析这种过电压的发展机理。

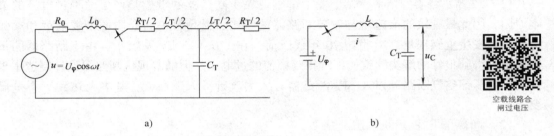

图 9-4　合闸示意图

a）合闸空载线路过电压时的集中参数等效电路　b）简化等效电路

在图 9-4a 所示的等效电路中，其中空载线路用 T 形等效电路来代替，R_T、L_T、C_T 分别为其等效电阻、电感和电容，R_0、L_0 为电源的电阻和电感。在作定性分析时，还可忽略电源和线路电阻的作用，这样可进一步简化成图 9-4b 所示的简单振荡回路，其中电感 $L = L_0 + \dfrac{L_T}{2}$。若取合闸瞬间为时间起算点（$t=0$），则电源电压的表达式为

$$u(t) = U_\varphi \cos\omega t \tag{9-2}$$

由电路建立微分方程，根据初始条件，可求得

$$u_C = U_\varphi(1 - \cos\omega_0 t) = U_\varphi - U_\varphi\cos\omega_0 t \tag{9-3}$$

其中，U_φ 为稳态分量；$-U_\varphi\cos\omega_0 t$ 为自由振荡分量，当仅关心过电压的幅值时，显然有

过电压幅值 = 稳态值 + 振荡幅值 = 稳态值 +（稳态值 – 起始量）

　　　　　= 2 × 稳态值 – 起始量

对于空载线路，线路上不存在残余电压，起始值为零，故可得

$$u_{C_{max}} = 2U_\varphi$$

实际上，回路存在电阻和能量损耗，振荡是衰减的，通常以衰减系数 δ 来表示，式（9-3）将变成

$$u_C = U_\varphi(1 - e^{-\delta t}\cos\omega_0 t) \tag{9-4}$$

式（9-4）中衰减系数 δ 与图 9-4 中的总电阻 $\left(R_0 + \dfrac{R_T}{2}\right)$ 成正比。其波形如图 9-5 所示，最大值 u_C 略小于 $2U_\varphi$。

再者，电源电压并非直流电压 U_φ，而是工频交流电压 $u(t)$，这时的 $u_C(t)$ 表达式为

$$u_C = U_\varphi(\cos\omega t - e^{-\delta t}\cos\omega_0 t) \tag{9-5}$$

其波形如图 9-5b 所示。

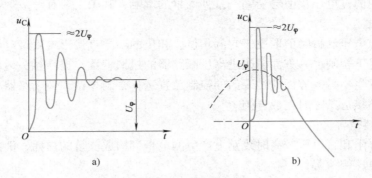

图 9-5　合闸过电压波形
a) 电源电压为直流电压　b) 电源电压为工频交流电压

由于回路中存在的损耗，我国实测的过电压最大倍数为 $1.9 \sim 1.96$ 倍。

2. 自动重合闸的情况

以上是正常合闸的情况，空载线路 L 没有残余电荷，初始电压 $u_C(0) = 0$。如果是自动重合闸的情况，那么条件更为不利，主要原因在于这时线路上有一定残余电荷和初始电压，重合闸时振荡更加激烈。

自动重合闸是线路发生跳闸故障后，由自动装置控制而进行的合闸操作。图 9-6 为系统中常见的单相短路故障的示意图。在中性点直接接地系统中，A 相发生对地短路，短路信号先后到达断路器 Q_2、Q_1。断路器 Q_2 先跳闸，在断路器 Q_2 跳开后，流过断路器 Q_1 中健全相的电流是线路电容电流，故当电压电流相位相

图 9-6　重合闸示意图

差 90°时，断路器 Q_1 跳闸，于是在健全相线路上留有残余电压。考虑到线路存在单相接地、空载线路的容升效应，该残余电压的数值会略高于 U_φ，平均残压为 $1.3 \sim 1.4U_\varphi$ 时，在断路器 Q_1 重合前，线路上的残余电压通过线路泄漏电阻入地，残余电压的下降速度与线路绝缘子的污秽情况、气候条件相关。

设 Q_1 重合闸之前，线路残余电压已下降 30%，即 $(1 - 0.3) \times (1.3 \sim 1.4U_\varphi) = (0.91 \sim 0.98)U_\varphi$。考虑最严重的情况，即重合闸时电源电压为 $-U_\varphi$，则重合闸时暂态过程中的过电压为 $-U_\varphi + [-U_\varphi - (0.91 \sim 0.98)U_\varphi] = (-2.91 \sim -2.98)U_\varphi$。在实际过程中，由于在重合闸时电源电压不一定在峰值，也不一定与线路残余电压极性刚好相反，这时过电压还要

247

低些。

若采用单相重合闸只切除故障相，则因线路上不存在残余电荷和初始电压，不会出现高幅值的重合闸过电压。因此可知，在合闸过电压中，以三相重合闸的情况最为严重。

9.2.2　影响因素和降压措施

若考虑三相合闸不同时期所引起的各相互相影响，以及空载长线路的电容效应等，则出现的过电压倍数可能比前述数值还要高。但应指出，以上的分析是考虑的最严重、最不利的情况。实际出现的过电压幅值会受到一系列因素的影响，其中主要有：

1. 合闸相位

合闸时电源电压的瞬时值取决于它的相位，相位的不同直接影响着过电压幅值，若需要在较有利的情况下合闸，一方面需改进高压断路器的机械特性，提高触头运动速度，防止触头间预击穿的发生；另一方面通过专门的控制装置选择合闸相位，使断路器在触头间电位极性相同或电位差接近于零时完成合闸。

2. 线路损耗

线路上的电阻和过电压较高时线路上产生的电晕都构成能量的损耗，消耗了过渡过程的能量，使得过电压幅值降低。

3. 线路上残压的变化

在自动重合闸过程中，由于绝缘子存在一定的泄漏电阻，大约有 0.5s 的间歇期，线路残压下降 10% ~ 30%。有助于降低重合闸过电压的幅值。另外，如果在线路侧接有电磁式电压互感器，那么它的等效电感和等效电阻与线路电容构成一阻尼振荡回路，使残余电荷在几个工频周期内泄放一空。

以上为过电压幅值的一些影响因素，合闸过电压的限制、降低措施主要有：

（1）装设并联合闸电阻　是限制这种过电压最有效的措施。如图 9-3 所示，不过这时应先合辅助触头 2、后合主触头 1。整个合闸过程的两个阶段对阻值的要求是不同的：在合辅助触头 2 的第一阶段，R 对振荡起阻尼作用，使过渡过程中的过电压最大值有所降低。R 越大，阻尼作用越大，过电压就越小，所以希望选用较大的阻值；大约经过 8 ~ 15ms，开始合闸的第二阶段，主触头 1 闭合，将 R 短接，使线路直接与电源相连，完成合闸操作。在第二阶段，R 值越大，过电压也越大，所以希望选用较小的阻值。因此，合闸过电压的高低与电阻值有关，某一适当的电阻值下可将合闸过电压限制到最低。图 9-7 为 500kV 开关并联合闸电阻 R 与过电压倍数 K_0 的关系曲线，当采用 450Ω 的并联电阻时，过电压可限制在 2 倍以下。

（2）控制合闸相位　通过一些电子装置来控制断路器的动作时间，在各相合闸时，将电源电压的相位角控制在一定范围内，以达到降低过电压的目的。具有这种功能的同电位合闸断路器在国外已研制成功。它既有精确、稳定的机械特性，又有检测触头间电压（捕捉同电位瞬间）的二次选择回路。

（3）利用避雷器来保护　安装在线路首端和末端（线路断路器的线路侧）的 ZnO 或磁吹避雷器，

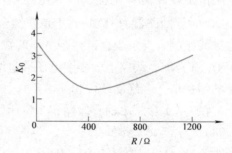

图 9-7　合闸电阻 R 与过电压倍数 K_0 的关系

均能对这种过电压进行限制，如果采用的是现代 ZnO 避雷器，有可能将这种过电压的倍数限制到 1.5~1.6，因而可不必在断路器中安装合闸电阻。

9.3　切除空载变压器过电压

切除空载变压器也是电力系统中常见的一种操作。正常运行时，空载变压器表现为一个励磁电感。因此切除空载变压器就是开断一个小容量电感负荷，这时会在变压器和断路器上出现很高的过电压。系统中利用断路器切除空载变压器、并联电抗器及电动机等都是常见的操作方式，都属于切断感性小电流的情况。

9.3.1　发展过程

研究表明：在切断 100A 以上的交流电流时，开关触头间的电弧通常都是在工频电流自然过零时熄灭的。在这种情况下，等效电感中储藏的磁场能量为零，因此在切除过程中不会产生过电压。但切除空载变压器时，所切除的是变压器的空载电流，其值非常小，只有几安到几十安。断路器的灭弧能力相对于这种电流就显得很强大，从而使空载电流未过零之前就因强制熄弧而切断，即所谓的截流现象。见图 9-8 中的简化等效电路，图中 L_T 为变压器的励磁电感，C_T 为变压器绕组及连接线的对地电容（其值处于数百到数千微法的范围内）。因为在工频电压作用下，$i_C \ll i_L$，流过空载变压器的电流几乎就是流过励磁电感的电流。

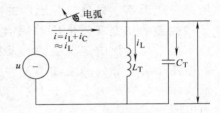

图 9-8　切除空载变压器等效电路

假如空载电流 $i = I_0$ 时发生截断（即由 I_0 突然降到零），此时电源电压为 U_0，则切断瞬间在电感和电容中所储存的能量分别为

$$\left.\begin{array}{l} W_L = \dfrac{1}{2} L_T I_0^2 \\[2mm] W_T = \dfrac{1}{2} C_T U_0^2 \end{array}\right\} \tag{9-6}$$

此后即在 L_T、C_T 构成的振荡回路中发生电磁振荡，在某一瞬间，全部电磁能量均变为电场能量，这时电容 C_T 上出现最大电压 $U_{\max}$，根据能量守恒定律

$$\frac{1}{2} C_T U_{\max}^2 = \frac{1}{2} L_T I_0^2 + \frac{1}{2} C_T U_0^2 \tag{9-7}$$

$$U_{\max} = \sqrt{\frac{L_T}{C_T} I_0^2 + U_0^2} \tag{9-8}$$

如略去截流瞬间电容上所储存的能量 $\dfrac{1}{2} C_T U_0^2$，则

$$U_{\max} = \sqrt{\frac{L_T}{C_T} I_0^2} = Z_T I_0 \tag{9-9}$$

式中　Z_T——变压器的特征阻抗，$Z_T = \sqrt{\dfrac{L_T}{C_T}}$。

截流现象通常发生在电流曲线的下降部分，设 I_0 为正值，则相应的 U_0 必须为负值。当开关中突然灭弧时，L_T 中的电流 i_T 不能突变，继续向 C_T 充电，使电容上的电压从 "$-U_0$" 向更大的负值方向增大，如图9-9所示，此后在 L_0-C_T 回路中出现衰减性振荡，其频率为 $f=\dfrac{1}{2\pi\sqrt{L_T C_T}}$。

以上介绍的是理想化的切除空载变压器过电压的发展过程，实际过程往往要复杂得多，断路器触头间会发生多次电弧重燃，这是因为截流在造成过电压的同时，也在断路器的触头间形成了很大的恢复电压，而且恢复电压上升速度很快。因此在切除过程中，当触头之间分开的距离还不够大时，可能发生重燃。

在多次重燃的过程中，能量的减少限制了过电压的幅值。与切除空载线路的情况正相反，重燃对降低过电压是有利因素。另外，变压器的参数显然也影响切空变过电压的幅值，又由于在振荡过程中变压器铁心及铜线的损耗，相当部分的磁能会消失，因而实际的过电压大大低于上述的最大过电压。

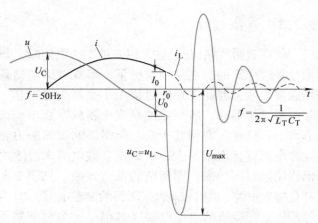

图9-9　截流前后变压器上的电压和电流波形

9.3.2　影响因素和限制措施

这种过电压的影响因素主要有：

1. 断路器性能

由式（9-9）可知，这种过电压的幅值近似地与截流值 I_0 成正比，而截流值与断路器性能有关，每种类型的断路器每次开断时的截流值 I_0 有很大的分散性。但其最大可能值有一定的限度，且基本上保持稳定，因而成为一个重要的指标；切除小电流的电弧时性能差的断路器（如多油断路器）由于截流能力不强，所以切除空载变压器过电压也比较低。而切除小电流性能好的断路器（如 SF_6，空气断路器）由于截流能力强，其切除空载变压器过电压较高。另外，如果断路器去游离作用不强时（由于灭弧能力差），截流后在断路器触头间可引起电弧重燃，使变压器侧的电容电场能量向电源释放，从而降低了这种过电压。

2. 变压器特性

首先是变压器的空载励磁电流 I_L 或电感 L_T 的大小对 U_{max} 会有一定的影响。空载励磁电流大小与变压器容量有关，也与变压器铁心所采用的导磁材料有关。近年来，随着优质导磁材料的应用日益广泛，变压器的励磁电流减小很多；此外，变压器绕组改用纠结式绕法以及增加静电屏蔽等措施使对地电容 C_T 有所增大，过电压有所降低。

此外，变压器的相数、中性点接地方式、断路器的断口电容，以及与变压器相连的电缆线段、架空线段都会对切除空载变压器过电压产生影响。

3. 采用避雷器保护

这种过电压的幅值是比较大的，国内外大量实测数据表明：通常它的倍数为 2~3，有10%左右可能超过 3.5 倍，极少数更高达 4.5~5.0 倍甚至更高。但是这种过电压持续时间短、能量小，因而要加以限制并不困难。

　　4. 装设并联电阻

　　在断路器的主触头上并联一线性或非线性电阻，也能有效地降低这种过电压，不过为了发挥足够的阻尼作用和限制励磁电流作用，其限值应接近于被切电感的工作励磁阻抗（数万欧），故为高值电阻，这对于限制切、合空载线路过电压显得有些太大了。

9.4　断续电弧接地过电压

　　如果中性点不接地电网中的单相接地电流（电容电流）较大，接地点的电弧不能自熄，而以断续电弧的形式存在，会产生另一种严重的操作过电压——断续电弧接地过电压。

　　通常，这种电弧接地过电压不会使符合标准的良好电气设备的绝缘结构发生损坏。但是如果系统中常常有一些弱绝缘的电气设备或设备绝缘在运行中可能急剧下降，以及设备绝缘中有某些潜伏性故障在预防性试验中未检查出来等情况；在这些情况下，遇到电弧接地过电压时就可能发生危险。在少数情况下还可能出现对正常绝缘结构也有危险的高幅值过电压。因为这种过电压波及面较广，单相不稳定电弧接地故障在系统中出现的机会又很多（可能达到65%），且这种过电压一旦发生，持续时间较长。因此，电弧接地过电压对中性点绝缘系统的危害性是不容忽视的。

9.4.1　发展过程

　　为了能很好地阐明这种过电压发展的物理过程，现假定电弧的熄灭是发生在工频电流过零的时刻。为了使分析不致过于复杂，可作下列简化：①略去线间电容的影响；②设各相导线的对地电容均相等，即 $C_1 = C_2 = C_3 = C_0$，如图 9-10a 所示的等效电路，其中故障点的电弧以发弧间隙 F 来代替，中性点不接地方式相当于图中中性点 N 处的开关 S 呈断开状态。设接地故障发生于 A 相，而且是正当 $\dot{U}_A$ 经过幅值 U_φ 时发生，这样 A 相导线的电位立即变为零，中性点电位 $\dot{U}_N$ 由零升至相电压，即 $\dot{U}_N = -\dot{U}_A$，B、C 两相的对地电压都升高到线电压 $\dot{U}_{BA}$、$\dot{U}_{CA}$。

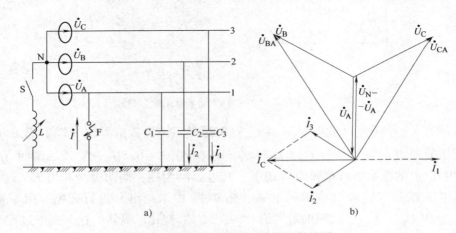

图 9-10　单相接地故障电路图和相量图

a）电路图　b）相量图

如以 $\dot{U}_A$、$\dot{U}_B$、$\dot{U}_C$ 代表三相电源电压；以 u_1、u_2、u_3 代表三相导线的对地电压，即 C_1、C_2、C_3 上的电压，则通过以下分析即可得出图 9-11 所示的过电压发展过程。

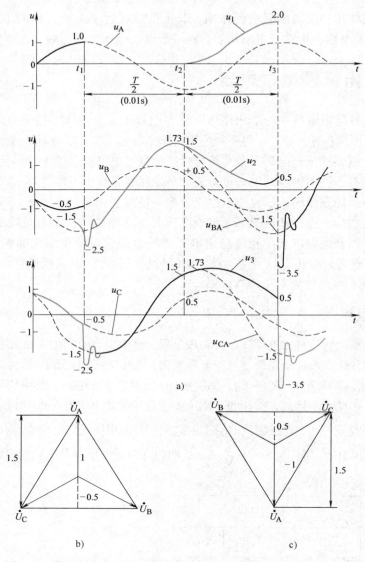

图 9-11 在工频电流过零时熄弧的断续电弧接地过电压的发展过程

设 A 相在 $t = t_1$ 瞬间（此时 $u_A = +U_\varphi$）对地发弧，发弧前瞬间（以 t^- 表示）三相电容上的电压分别为 $u_1(t_1^-) = +U_\varphi$，$u_2(t_1^-) = u_3(t_1^-) = -0.5U_\varphi$，发弧后瞬间（以 t_1^+ 表示），A 相 C_1 上的电荷通过电弧泄入地下，其电压降为零；而两健全相电容 C_2、C_3 则由电源的线电压 U_{BA}、U_{CA} 经过电源的电感（图 9-11 中未画出）进行充电，由原来的电压 "$-0.5U_\varphi$" 向 U_{BA}、U_{CA}，此时的瞬时值 "$-1.5U_\varphi$" 变化。显然，这一充电过程是一个高频振荡过程，其振荡频率取决于电源的电感和导线的对地电容 C。

可见三相导线电压的稳态值分别为

$$u_1(t_1^+) = 0, u_2(t_1^+) = u_{BA}(t_1) = -1.5U_\varphi, u_3(t_1^+) = u_{CA}(t_1) = -1.5U_\varphi$$

在振荡过程中，C_2、C_3 上可能达到的最大电压均为

$$u_{2m}(t_1) = u_{3m}(t_1) = 2(-1.5U_\varphi) - (-0.5U_\varphi) = -2.5U_\varphi$$

过渡过程结束后，U_2 和 U_3 等于 U_{BA} 和 U_{CA}，如图 9-10b 所示。

如果故障电流很大，那么在工频电流过零时（t_2），电弧也不一定能熄灭，这是稳定电弧的情况，不同于断续电弧的范畴。反之，如果电弧是不稳定的，就可能产生更高的过电压。A 相接地后，弧道中不但有工频电流，还会有幅值更高的高频电流。如果在高频电流分量过零时电弧不熄灭，则故障点的电弧将持续燃烧半个工频周期 $\left(\dfrac{T}{2}\right)$，直到工频电流分量过零时才熄灭（$t_2$ 瞬间）。由于工频电流分量 $\dot{I}_C$ 与 $\dot{U}_A$ 的相位差为 $90°$，t_2 正好是 $U_A = -U_\varphi$ 的瞬间。

t_2 瞬间熄弧后，又会出现新的过渡过程。这时三相导线上的电压初始值分别为

$$u_1(t_2^-) = 0, u_2(t_2^-) = u_3(t_2^-) = +1.5U_\varphi$$

由于中性点不接地，各相导线电容上的初始电压在熄弧后仍将保留在系统内（忽略对地泄漏电导），但将在三相电容上重新分配，这个过程实际上是 C_2、C_3 通过电源电感给 C_1 充电的过程，其结果是三相电容上的电荷均相等。从而使三相导线的对地电压亦相等。

即使对地绝缘的中性点上产生一对地直流偏移电压 $U_N(t_2)$

$$U_N(t_2) = \frac{0 \times C_1 + 1.5U_\varphi C_2 + 1.5U_\varphi C_3}{C_1 + C_2 + C_3} = 1.0U_\varphi$$

故障点熄弧后，三相电容上的电压应是对称的三相交流电压分量和三相相等的直流电压分量叠加而得，即熄弧后的电压稳态值分别为

$$u_1(t_2^+) = u_A(t_2) + U_N = -U_\varphi + U_\varphi = 0$$
$$u_2(t_2^+) = u_B(t_2) + U_N = 0.5U_\varphi + U_\varphi = 1.5U_\varphi$$
$$u_3(t_2^+) = u_C(t_2) + U_N = 0.5U_\varphi + U_\varphi = 1.5U_\varphi$$
$$u_1(t_2^+) = u_1(t_2^-)$$
$$u_2(t_2^+) = u_2(t_2^-)$$
$$u_3(t_2^+) = u_3(t_2^-)$$

可见三相电压的新稳态值均与起始值相等，因此在 t_2 瞬间熄弧时没有振荡现象出现。

再经过半个周期 $\left(\dfrac{T}{2}\right)$，即在 $t_3 = t_2 + \dfrac{T}{2}$ 时，故障相电压达到最大值 $2U_\varphi$，如果这时故障点再次发弧，u_1 又突然降为零，电网中再一次出现过渡过程。

这时在电弧重燃前，三相电压初始值分别为

$$u_1(t_3^-) = 2U_\varphi$$
$$u_2(t_3^-) = u_3(t_3^-) = U_N + u_B(t_3) = U_\varphi + (-0.5U_\varphi) = 0.5U_\varphi$$

新的稳态值为

$$u_1(t_3^+) = 0$$
$$u_2(t_3^+) = u_{BA}(t_3) = -1.5U_\varphi$$

$$u_3(t_3^+) = u_{CA}(t_3) = -1.5U_\varphi$$

B、C 两相电容 C_2、C_3 经电源电感从 $0.5U_\varphi$ 充电到 $-1.5U_\varphi$，振荡过程中过电压的最大值可达

$$u_{2m}(t_3) = u_{3m}(t_3) = 2(-1.5U_\varphi) - (0.5U_\varphi) = -3.5U_\varphi$$

以后发生的隔半个工频周期的熄弧与再隔半个周期的电弧重燃，其过渡过程与上面完全重复，且过电压的幅值也与之相同。从以上分析可以看到，中性点不接地系统中发生断续电弧接地时，非故障相上最大过电压为 3.5 倍，而故障相上的最大过电压为 2.0 倍。

长期以来大量试验研究表明：故障点电弧在工频电流过零时和高频电流过零时熄灭都是可能的。一般来说，发生在大气中的开放性电弧往往要到工频电流过零时才能熄灭；而在强烈去电离的条件下（例如发生在绝缘油中的封闭性电弧或刮大风时的开放弧），电弧往往在高频电流过零时就能熄灭。在后一种情况下，理论分析所得到的过电压倍数比上述结果更大。

此外，电弧的燃烧和熄灭由于受到发弧部位的周围媒质和大气条件等的影响，具有很强的随机性质，因而它所引起的过电压值具有统计性质。在实际电网中，由于发弧不一定在故障相上的电压正好为幅值时，熄弧也不一定发生在高频电流第一次过零时，导线相间存在一定的电容，线路上存在能量损耗，过电压下将出现电晕而引起衰减等因素的综合影响，这种过电压的实测值不超过 $3.5U_\varphi$，一般在 $3.0U_\varphi$ 以下。但由于这种过电压的持续时间可以很长，波及范围很广，因而是一种危害性很大的过电压。

9.4.2 防护措施

为了消除电弧接地过电压，最根本的途径是消除间歇性电弧。若中性点接地，一旦发生单相接地，接地点将流过很大的短路电流，断路器将跳闸，从而彻底消除电弧接地过电压。目前 110kV 及以上电网大多采用中性点直接接地的运行方式。但是如果在电压等级较低的配电网中，其单相接地故障率相对很大，如采用中性点直接接地方式，必将引起断路器频繁跳闸，这不仅要增加大量的重合闸装置，增加断路器的维修工作量，又影响供电的连续性。所以我国 35kV 及以下电压等级的配电网采用中性点经消弧线圈接地的运行方式。

消弧线圈是一个具有分段铁心（带间隙的）的可调线圈，其伏安特性不易饱和，如图 9-12 所示。假设 A 相发生了电弧接地。A 相接地后，流过接地点的电弧电流除了原先的非故障相通过对地电容 C_2、C_3 的电容电流相量和 $(\dot{I}_B + \dot{I}_C)$ 外，还包括流过消弧线圈 L 的电感电流 $\dot{I}_L$（A 相接地后，消弧线圈上的电压即为 A 相的电源电压）。相量分析如图 9-12b 所示。由于 $\dot{I}_L$ 和 $(\dot{I}_B + \dot{I}_C)$ 相位反向，所以可通过适当选择电感电流 $\dot{I}_L$ 的值，使得接地点中流过的电流 $\dot{I}_d = \dot{I}_L + (\dot{I}_B + \dot{I}_C)$ 的数值足够小，使接地电弧能很快熄灭，且不易重燃，从而限制了断续电弧接地过电压。

通常把消弧线圈电感电流补偿系统对地电容电流的百分数称为消弧线圈的补偿度。根据补偿度的不同，消弧线圈可以处于三种不同的运行状态。

1. 欠补偿 $I_L < I_C$

表示消弧线圈的电感电流不足以完全补偿电容电流，此时故障点流过的电流（残流）为容性电流。

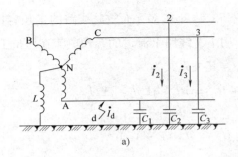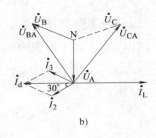

图 9-12 中性点经消弧线圈接地后的电路图及相量图

a) 电路图 b) 相量图

2. 全补偿 $I_L = I_C$

表示消弧线圈的电感电流恰好完全补偿电容电流，此时消弧线圈与并联后的三相对地电容处于并联谐振状态，流过故障点的电流为非常小的电阻性泄漏电流。

3. 过补偿 $I_L > I_C$

表示消弧线圈的电感电流不仅完全补偿电容电流而且还有数量超出，此时流过故障点的电流（残流）为感性电流。

通常消弧线圈采用过补偿 5% ~ 10% 运行。之所以采用过补偿是因为电网发展过程中可以逐渐发展成为欠补偿运行，不至于出现采用欠补偿时因为电网的发展而导致脱谐度过大，失去消弧作用；其次若采用欠补偿，在运行中因部分线路退出而可能形成全补偿，产生较大的中性点偏移，可能引起零序网络中产生严重的铁磁谐振过电压。

9.5 工频电压升高

作为暂时过电压中的一种，工频电压升高的倍数不大，一般不会对电力系统的绝缘直接造成危害，但是它在绝缘裕度较小的超高压输电系统中仍应注意，这是因为：

1) 由于工频电压升高大都在空载或轻载条件下发生，与多种操作过电压的发生条件相同或相似，所以它们有可能同时出现、相互叠加，也可以说多种操作过电压往往就是在工频电压升高的基础上发生和发展的，所以在设计高压电网的绝缘时，应计及它们的联合作用。

2) 工频电压升高是决定某些过电压保护装置工作条件的重要依据，例如避雷器的灭弧电压就是按照电网单相接地时健全相上的工频电压升高来选定的，所以它直接影响到避雷器的保护特性和电力设备的绝缘水平。

3) 由于工频电压升高是不衰减或弱衰减现象，持续的时间很长，对设备绝缘及其运行条件也有很大的影响。例如有可能导致油纸绝缘内部发生局部放电、污秽绝缘子发生沿面闪络、导线上出现电晕放电等。

下面分别介绍电力系统中常见的几种工频电压升高的产生机理及降压措施。

1. 空载长线电容效应引起的工频电压升高

输电线路在长度不太大时，可用集中参数的电阻、电感和电容来代替，图 9-13a 给出了它的 T 形等效电路，图中 R_0、L_0 为电源的内电阻和内电感，R_T、L_T、C_T 为 T 形等效电路中的线路等值电阻、电感和电容，$e(t)$ 为电源相电势。由于线路空载，就可简化成一 R、L、C 串联电路，如图 9-13b 所示。一般 R 要比 X_L 和 X_C 小得多，而空载线路的工频容抗 X_C 又要大于工频感抗 X_L，因此在工频电动势 $\dot{E}$ 的作用下，线路上流过的容性电流在感抗上造成的压降 $\dot{U}_L$ 将使容抗上的电压 $\dot{U}_C$ 高于电源电动势。其关系式为

$$\dot{E} = \dot{U}_R + \dot{U}_L + \dot{U}_C = R\dot{I} + jX_L\dot{I} - jX_C\dot{I} \tag{9-10}$$

若忽略 R 的作用，则

$$\dot{E} = \dot{U}_L + \dot{U}_C = j\dot{I}(X_L - X_C) \tag{9-11}$$

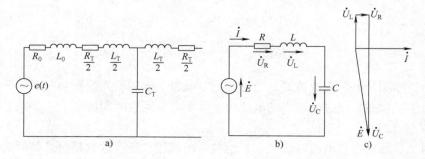

图 9-13　空载长线的电容效应

a) T 形等效电路　b) 简化等效电路　c) 相量图

由于电感与电容上的压降反相，且 $U_C > U_L$，可见电容上的压降大于电源电动势，如图 9-13c 所示。

随着输电电压的提高、输送距离的增长，在分析空载长线的电容效应时，也需要采用分布参数等效电路，但基本结论与前面所述相似。为了限制这种工频电压升高现象，大多采用并联电抗器来补偿线路的电容电流以削弱电容效应，效果十分显著。

2. 不对称短路引起的工频电压升高

不对称短路是电力系统中最常见的故障形式，当发生单相或两相对地短路时，健全相上的电压都会升高，其中单相接地引起的电压升高更大一些。此外，阀式避雷器的灭弧电压通常也就是依据单相接地时的工频电压升高来选定的，所以下面只讨论单相接地的情况。

单相接地时，故障点各相的电压、电流是不对称的，为了计算健全相上的电压升高，通常采用对称分量法和复合序网进行分析，不仅计算方便，且可计及长线的分布特性。

当 A 相接地时，可求得 B、C 两健全相上的电压为

$$\left.\begin{array}{l} \dot{U}_B = \dfrac{(a^2 - 1)Z_0 + (a^2 - a)Z_2}{Z_0 + Z_1 + Z_2}\dot{U}_{A0} \\[3mm] \dot{U}_C = \dfrac{(a - 1)Z_0 + (a^2 - a)Z_2}{Z_0 + Z_1 + Z_2}\dot{U}_{A0} \end{array}\right\} \tag{9-12}$$

式中　$\dot{U}_{A0}$——正常运行时故障点处 A 相电压；

Z_1、Z_2、Z_0——从故障点看进去的电网正序、负序和零序阻抗；$a = e^{j\frac{2\pi}{3}}$。

对于电源容量较大的系统，$Z_1 \approx Z_2$，若再忽略各序阻抗中的电阻分量 R_0、R_1、R_2，则式（9-12）可改写成

$$\dot{U}_{B} = \left(-\frac{1.5\frac{X_0}{X_1}}{2+\frac{X_0}{X_1}} - j\frac{\sqrt{3}}{2} \right)\dot{U}_{A0} \left.\right\} \tag{9-13}$$

$$\dot{U}_{C} = \left(-\frac{1.5\frac{X_0}{X_1}}{2+\frac{X_0}{X_1}} + j\frac{\sqrt{3}}{2} \right)\dot{U}_{A0}$$

$\dot{U}_{B}$、$\dot{U}_{C}$ 的模值为

$$U_{B} = U_{C} = \sqrt{3}\frac{\sqrt{\left(\frac{X_0}{X_1}\right)^2+\left(\frac{X_0}{X_1}\right)+1}}{\frac{X_0}{X_1}+2}U_{A0} = KU_{A0} \tag{9-14}$$

其中，

$$K = \sqrt{3}\frac{\sqrt{\left(\frac{X_0}{X_1}\right)^2+\left(\frac{X_0}{X_1}\right)+1}}{\frac{X_0}{X_1}+2} \tag{9-15}$$

系数 K 称为接地系数，表示单相接地故障时健全相的最高对地工频电压有效值与无故障时对地电压有效值之比。根据式（9-15）即可画出图 9-14 中的接地系数 K 与 X_0/X_1 的关系曲线。

下面按电网中性点接地方式分别分析健全相电压升高的程度。

对中性点不接地（绝缘）的电网，X_0 取决于线路的容抗，故为负值。单相接地时健全相上的工频电压升高约为额定（线）电压 U_n 的 1.1 倍，避雷器的灭弧电压按 110% U_n 选择，可称为"110% 避雷器"。

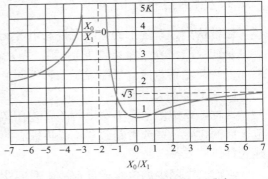

图 9-14　单相接地时健全相的电压升高

对中性点经消弧线圈接地的 35 ~ 60kV 电网，在过补偿状态下运行时，X_0 为很大的正值，单相接地时健全相上电压接近等于额定电压 U_n，故采用"100% 避雷器"。

对中性点有效接地的 110 ~ 220kV 电网，X_0 为不大的正值，$X_0/X_1 \leqslant 3$。单相接地时健全相上的电压升高不大于 1.4 U_{A0}（$\approx 0.8U_n$），故采用的是"80% 避雷器"。

3. 甩负荷引起的工频电压升高

当输电线路在传输较大容量时，断路器因某种原因而突然跳闸甩掉负荷时，会在原动机与发电机内引起一系列机电暂态过程，是造成工频电压升高的又一原因。

在发电机突然失去部分或全部负荷时，通过励磁绕组的磁通因须遵循磁链守恒原则而不会突变，与其对应的电源电动势 E'_d 维持原来的数值。原先负荷的电感电流对发电机主磁通的去磁效应突然消失，而空载线路的电容电流对主磁通起助磁作用，使 E'_d 反而增大，要等

到自动电压调节器开始发挥作用时，才逐步下降。

另一方面，从机械过程来看，发电机突然甩掉一部分有功负荷后，因原动机的调速器有一定惯性，在短时间内输入原动机的功率来不及减少，使发电机转速增大、电源频率上升，不但发电机的电动势随转速的增大而升高，而且还会加剧线路的电容效应，从而引起较大的电压升高。

最后，在考虑线路的工频电压升高时，如果同时计及空载线路的电容效应、单相接地及突然甩负荷等三种情况，那么工频电压升高可达到相当大的数值（例如2倍相电压）。实际运行经验表明：在一般情况下，220kV及以下的电网中不需要采取特殊措施来限制工频电压升高；但在330~500kV超高压电网中，应采用并联电抗器或静止补偿装置等措施，将工频电压升高限制到1.3~1.4倍相电压以下。

9.6 谐振过电压

电力系统中存在大量储能元件，即储存静电能量的电容元件（导线的对地电容和相间电容，串、并联补偿电容器组，过电压保护用电容器，各种设备的杂散电容等）和储存磁能的电感元件（变压器、互感器、发电机、消弧线圈、电抗器及各种杂散电感等）。当系统中出现扰动时（操作或发生故障），这些电感、电容元件就有可能形成各种不同的振荡回路，引起谐振过电压。

9.6.1 谐振过电压的类型

通常认为，系统中的电阻元件和电容元件均为线性元件，而电感元件则可分为三类：一类也是线性的（在一定条件下），第二类是非线性的，还有一类是电感值呈周期性变化的电感元件。与之相对应，可能发生三种不同形式的谐振现象。

1. 线性谐振过电压

这种电路中的电感 L 与电容 C、电阻 R 一样，都是线性参数，即它们的值都不随电流、电压而变化。这些或者是磁通不经过铁心的电感元件，或者是铁心的励磁特性接近线性的电感元件。

它们与电网中的电容元件形成串联回路，当电网的交流电源频率接近于回路的自振频率时，回路的感抗和容抗相等或相近而互相抵消，回路电流只受回路电阻的限制而可达很大的数值，这样的串联谐振将在电感元件和电容元件上产生远远超过电源电压的过电压。

限制这种过电流和过电压的方法是使回路脱离谐振状态或增加回路的损耗。在电力系统设计和运行时，应设法避开谐振条件以消除这种线性谐振过电压。

2. 参数谐振过电压

系统中某些元件的电感会发生周期性变化，例如发电机转动时，其电感的大小随着转子位置的不同而周期性地变化。当发电机带有电容性负载（例如一段空载线路）时，若存在不利的参数配合，就有可能引发参数谐振现象。有时将这种现象称为发电机的自励磁或自激过电压。

由于回路中有损耗，所以只有当参数变化所吸收的能量（由原动机供给）足以补偿回路的损耗时，才能保证谐振的持续发展。从理论上来说，这种谐振的发展将使振幅无限增大，而不像线性谐振那样受到回路电阻的限制；但实际上当电压增大到一定程度后，电感一定会出现饱和现象，使回路自动偏离谐振条件，过电压不致无限增大。

发电机在正式投入运行前，设计部门要进行自激的校核，避开谐振点，因此一般不会出现参数谐振现象。

3. 铁磁谐振过电压

当电感元件带有铁心时，一般都会出现饱和现象，这时电感不再是常数，而是随着电流或磁通的变化而改变，在满足一定条件时，会产生铁磁谐振现象。铁磁谐振过电压具有一系列不同于其他谐振过电压的特点，可在电力系统中引发某些严重事故，下面作比较详细的分析。

9.6.2　铁磁谐振过电压

为了探讨这种过电压最基本的物理过程，可利用图 9-15 中最简单的 LC 串联谐振电路。不过这时的 L 是一只带铁心的非线性电感，电感值是一个变数，因而回路也就没有固定的自振频率，同一回路中，既可能产生振荡频率等于电源频率的基频谐振，也可以产生高次谐波（例如 2 次、3 次、5 次等）和分次谐波（例如 $\frac{1}{2}$ 次、$\frac{1}{3}$ 次、$\frac{1}{5}$ 次等）谐振，具有各种谐波谐振的可能性是铁磁谐振的一个重要特点。为了简化和突出基频谐振的基本物理概念，可略去回路中各种谐波的影响，并忽略回路中一定会有的能量损耗。

在图 9-16 中分别画出了电感上的电压 U_L 及电容上的电压 U_C 与电流 I 的关系（电压、电流均以有效值表示）。由于电容是线性的，所以 $U_C(I)$ 是一条直线 $U_C = \frac{1}{\omega C}I$；随着电流的增大，铁心出现饱和现象，电感 L 不断减小，设两条伏安特性曲线相交于 P 点。

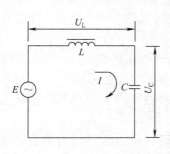

图 9-15　串联铁磁谐振电路

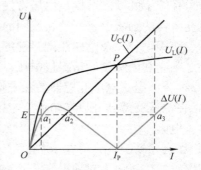

图 9-16　串联铁磁谐振电路的特性曲线

由于 $\dot U_L$ 与 $\dot U_C$ 的相位相反，当 $\omega L > \frac{1}{\omega C}$，即 $U_L > U_C$ 时，电路中的电流是感性的；但当 $I > I_P$ 以后，$U_C > U_L$，电流变为容性。由回路元件上的压降与电源电动势的平衡关系可得

$$\dot E = \dot U_L + \dot U_C \tag{9-16}$$

上面的平衡式也可以用电压降总和的绝对值 ΔU 来表示，即

$$E = \Delta U = |U_L - U_C| \tag{9-17}$$

ΔU 与 I 的关系曲线 $\Delta U(I)$ 亦在图 9-16 中绘出。

电动势 E 与 ΔU 曲线相交点，就是满足上述平衡方程的点。由图 9-16 中可以看出，有

a_1、a_2、a_3 三个平衡点，但这三点并不都是稳定的。研究某一点是否稳定，可假定回路中有一微小的扰动，分析次扰动是否能使回路脱离改点。例如 a_1 点，若回路中电流稍有增加，$\Delta U > E$，即电压降大于电动势，使回路电流减小，回到 a_1 点。反之，若回路中电流稍有减小，$\Delta U < E$，电压降小于电动势，使回路电流增大，同样回到 a_1 点。因此 a_1 点是稳定点。用同样的方法分析 a_2、a_3 点，即可发现 a_3 点也是稳定点，而 a_2 是不稳定点。

　　同时，从图 9-16 中可以看出，当电动势较小时，回路存在两个可能的工作点 a_1、a_3，而当 E 超过一定值以后，可能只存在一个工作点。当有两个工作点时，若电源电动势是逐渐上升的，则能处在非谐振工作点 a_1。为了建立起稳定的谐振点 a_3，回路必须经过强烈的扰动过程，例如发生故障，断路器跳闸，切除故障等。这种需要经过过渡过程建立的谐振现象称为铁磁谐振的"激发"。而且一旦"激发"起来以后，谐振状态就可以保持很长时间，不会衰减。

　　根据以上分析，基波的铁磁谐振有下列特点：

　　1）产生串联铁磁谐振的必要条件时，电感和电容的伏安特性必须相交，即

$$\omega L > \frac{1}{\omega C} \tag{9-18}$$

因而，铁磁谐振可以在较大范围内产生。

　　2）对铁磁谐振电路，在同一电源电动势作用下，回路可能有不只一种稳定工作状态。在外界激发下，回路可能从非谐振工作状态跃变到谐振工作状态，电路从感性变为容性，发生相位反倾，同时产生过电压与过电流。

　　3）铁磁元件的非线性是产生铁磁谐振的根本原因，但其饱和特性本身又限制了过电压的幅值，此外，回路中的损耗，会使过电压降低，当回路电阻值大到一定数值时，就不会出现强烈的谐振现象。

　　电力系统中的铁磁谐振过电压常发生在非全相运行状态中，其中电感可以是空载变压器或轻载变压器的励磁电感、消弧线圈的电感、电磁式电压互感器的电感等。电容是导线的对地电容、相间电容以及电感线圈对地的杂散电容等。

　　为了限制和消除铁磁谐振过电压，人们已找到了许多有效的措施。

　　1）改善电磁式电压互感器的励磁特性，或改用电容式电压互感器。

　　2）在电压互感器开口三角形绕组中接入阻尼电阻，或在电压互感器一次绕组的中性点对地接入电阻。

　　3）在有些情况下，可在 10kV 及以下的母线上装设一组三相对地电容器，或用电缆段代替架空线段，以增大对地电容，从参数搭配上避开谐振。

　　4）在特殊情况下，可将系统中性点临时经电阻接地或直接接地，或投入消弧线圈，也可以按事先规定投入某些线路或设备以改变电路参数，消除谐振过电压。

9.7　绝缘配合

9.7.1　绝缘配合的原则与方法

1. 绝缘配合的原则

电力系统的运行可靠性主要由停电次数及停电时间来衡量。尽管停电原因很多，但绝缘

结构的击穿是造成停电的主要原因之一，因此电力系统运行的可靠性，在很大程度上决定于设备的绝缘水平和工作状况。而如何选择采用合适的限压措施及保护措施，在不过多增加设备投资的前提下，既限制可能出现的高幅值过电压，保证设备与系统安全可靠地运行，又降低对各种输变电设备绝缘水平的要求，减少主要设备的投资费用，这些已日益得到重视，那就是绝缘配合问题。

所谓绝缘配合就是根据设备在系统中可能承受的各种电压（工作电压及过电压），并考虑限压装置的特性和设备的绝缘特性来确定必要的耐受强度，把作用于设备上的各种电压所引起的绝缘结构损坏和影响连续运行的概率，降低到在经济和运行上能接受的水平。这就要求在技术上处理好各种电压、各种限压措施和设备绝缘耐受能力三者之间的配合关系，以及在经济上协调设备投资费、运行维护费和事故损失费（可靠性）三者之间的关系。这样，既不因绝缘水平取得过高使设备尺寸过大，造价太贵，造成不必要的浪费；也不会由于绝缘水平取得过低，虽然一时节省了设备造价，但增加了运行中的事故率，导致停电损失和维护费用大增，最终不仅造成经济上更大的浪费，而且造成供电可靠性的下降。

在上述绝缘配合总体原则确定的情况下，对具体的电力系统如何选取合适的绝缘水平，还要按照不同的系统结构、不同的地区以及电力系统不同的发展阶段来进行具体的分析。

绝缘配合的最终目的就是确定电气设备的绝缘水平，所谓电气设备的绝缘水平是指设备可以承受（不发生闪络、放电或其他损坏）的试验电压值。考虑到设备在运行时要承受运行电压、工频过电压及操作过电压，对电气设备绝缘水平规定了短时工频试验电压，对外绝缘水平还规定了干状态和湿状态下的工频放电电压；考虑到在长期工作电压和工频过电压作用下内绝缘的老化和外绝缘的抗污秽性能，规定了设备的长时间工频试验电压；考虑到雷电过电压对绝缘结构的作用，规定了雷电冲击试验电压等。

对于 220kV 及以下的设备和线路，雷电过电压一直是主要威胁，因此在选取设备的绝缘水平时应首先考虑雷电冲击的作用，即以限制雷电过电压的主要措施——阀式避雷器的保护水平为基础来确定设备的冲击耐受电压，而一般不采用专门限制内部过电压的措施。

在超高压系统中，随着电压等级的提高，操作过电压的幅值随之增大，对设备与线路的绝缘水平要求更高，绝缘结构的造价以更大比例的提高。例如，在 330kV 及以上的超高压绝缘配合中，操作过电压起主导作用。处于污秽地区的电网，外绝缘的强度受污秽的影响大大降低，恶劣气象条件时会发生污闪事故。因此，此类电网的外绝缘水平主要由系统最大运行电压决定。另外，在特高压电网中，由于限压措施的不断完善，过电压可降到 1.6 ~ 1.8（pu）甚至更低。

2. 绝缘配合的基本方法

从电力系统绝缘配合的发展阶段来看，大体经历了三个过程。

（1）多级配合　1940 年以前，避雷器的保护性能及电气特性较差，不能把它的特性作为绝缘配合的基础，因此采用多级配合的方法。多级配合的原则是：价格越昂贵、修复越困难、损坏后果严重的绝缘结构，其绝缘水平应选得越高。如图 9-17 所示，变电站的绝缘水平分成 4 个等级。多级配合的缺点是：由于冲击闪络和击穿电压的分散性，为了使上一级伏秒特性的下限高于下一级，如图 9-17 以 50% 伏秒特性表示的四级配合特性的上限，相邻两级的 50% 伏秒特性之间应保持 15% ~ 20% 的距离。因此，采用多级配合的方法会把处于图中最高位置的内绝缘水平提得很高。

261

（2）惯用法　是到目前为止已被广泛采用的方法。这个方法是按作用于绝缘结构上的最大过电压和最小绝缘强度的概念来配合的，即首先确定设备上可能出现的最危险的过电压；然后根据经验乘上一个考虑各种因素的影响和一定裕度的系数，从而决定绝缘结构应耐受的电压水平。但由于过电压幅值及绝缘强度都是随机变量，很难按照一个严格的规则去估计它们的上限和下限，因此用这一原则选定绝缘强度常要求有较大

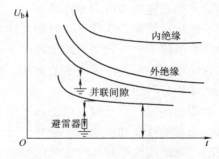

图 9-17　变电站的绝缘水平四等级示意图

的安全裕度，即所谓配合系数（或安全裕度系数），而且也不可能定量地估计可能的事故率。

确定电气设备绝缘水平的基础是避雷器的保护水平（雷电冲击保护水平和操作冲击保护水平），因而需将设备的绝缘水平与避雷器的保护水平进行配合。雷电或操作冲击电压对绝缘结构的作用，在某种程度上可以用工频耐压试验来等价。工频耐受电压与雷电过电压、操作过电压的等价关系如图 9-18 所示，图中 β_1、β_2 为雷电和操作冲击电压换算成等效工频电压的冲击系数。

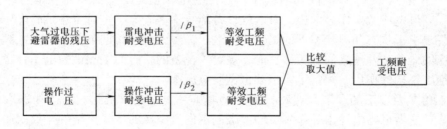

图 9-18　确定工频试验电压

可见，工频耐压值在某种程度上代表了绝缘对雷电过电压、操作过电压的耐受水平，即凡通过了工频耐压试验的设备，可以认为在运行中能保证一定的可靠性。由于工频耐压试验简便易行，220kV 及以下设备的出厂试验应逐个进行工频耐压试验。而 330～500kV 设备的出厂试验只有在条件不具备时，才允许用工频耐压试验代替。

（3）统计法　由于对非自恢复绝缘性能进行绝缘放电概率的测定费用很高，难度也很大，目前难于使用统计法，仍主要采用惯用法。对于降低绝缘水平经济效益不是很显著的 220kV 及以下系统，通常仍采用惯用法。对 330kV 及以上系统，设备的绝缘强度在操作过电压下的分散性很大，降低绝缘水平具有显著的经济效益。因而国际上自 20 世纪 70 年代以来，相继推荐采用统计法对设备的自恢复绝缘性能进行绝缘配合，从而也可以用统计法对各项可靠性指标进行预估。

统计法是根据过电压幅值和绝缘的耐电强度都是随机变量的实际情况，在已知过电压幅值和绝缘闪络电压的概率分布后，用计算的方法求出绝缘闪络的概率和线路的跳闸率，在进行了技术经济比较的基础上，正确地确定绝缘水平。这种方法不只定量地给出设计的安全程度，并能按照使设备费、每年的运行费以及每年的事故损失费的总和为最小的原则，确定一

个输电系统的最佳绝缘性能设计方案。

设 $f(u)$ 为过电压的概率密度函数，$p(u)$ 为绝缘结构的放电概率函数，如图 9-19 所示，出现过电压 u 并损坏绝缘结构的概率为 $p(u)f(u)\mathrm{d}u$，将此函数积分得

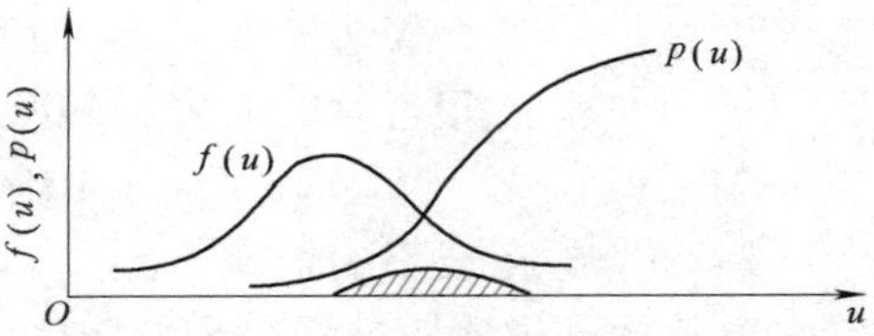

图 9-19 绝缘故障概率的估算

$$A = \int_0^\infty p(u)f(u)\mathrm{d}u \qquad (9\text{-}19)$$

这就是图 9-19 中阴影部分的总面积，即为绝缘结构在过电压下遭到损坏的可能性，也就是由某种过电压造成的事故的概率，即故障率。

从图 9-19 中可以看到，在一定的过电压条件下，即 $f(u)$ 不变，若增加绝缘强度，$p(u)$ 曲线向右移动，阴影部分面积减小，即绝缘故障概率减小，其代价是设备投资增大；若降低绝缘强度，$p(u)$ 曲线向左移动，阴影面积增大，绝缘故障概率增大，设备维护及事故损失费增大，当然，相应地设备投资费减小。因此，可用统计法按需要对敏感因素作调整，进行一系列试验性设计与故障率的估算，根据技术经济的比较，在绝缘成本和故障概率之间进行协调，在满足预定故障率的前提下，选择合理的绝缘水平。

利用统计法进行绝缘配合时，绝缘裕度不是选定的某个固定数，而是与绝缘故障率的一定概率相对应的。统计法的主要困难在于随机因素较多，而且各种统计数据的概率分布有时并非已知，因而实际上采用得更多的是对某些概率进行一些假定后的简化统计法。

(4) 简化统计法 在简化统计法中，对过电压和绝缘特性两条概率曲线的形状作出一些通常认为合理的假定（如正态分布），并已知其标准偏差。根据这些假定，上述两条概率分布曲线就可以用与某一参考概率相对应的点表示出来，称为"统计过电压"和"统计耐受电压"。在此基础上可以计算绝缘结构的故障率。在此说明，绝缘配合的统计法至今只能用于自恢复绝缘性能，主要是输变电的外绝缘。

9.7.2 变电站电气设备绝缘水平的确定

电气设备包括电机、变压器、电抗器、断路器和互感器等。所谓某一电压等级电气设备的绝缘水平，就是指该设备可以承受（不发生闪络、击穿或其他损坏）的试验电压标准。这些试验电压标准在各国的国家标准中都有明确的规定。由于电气设备在运行时要承受运行电压、工频过电压、雷电过电压及内部过电压的作用，相应的在试验电压中分别规定了各种电气设备绝缘结构的工频试验电压（1min）、雷电冲击试验电压及操作冲击试验电压。考虑到在运行电压和工频过电压作用下绝缘材料的老化和外绝缘的污秽性能，还规定了某些设备的长时间工频试验电压。

1. 雷电过电压下的绝缘配合

电气设备在雷电过电压下的绝缘水平通常用它们的基本冲击绝缘水平（BIL）来表示，它可由下式求得

$$\mathrm{BIL} = K_1 U_{\mathrm{P(L)}} \qquad (9\text{-}20)$$

式中 $U_{\mathrm{P(L)}}$——阀式避雷器在雷电过电压下的保护水平（kV），通常简化为配合电流下的残压 U_R 表示，在惯用法中该值按避雷器通过 5kA（对超高压用 $10 \sim 15$kA）雷电流时的残压决定；

K_1——雷电过电压下的配合系数，其值处于 1.25 ~ 1.4 的范围内。国际电工委员会规定 $K_1 \geqslant 1.2$；而我国根据自己的经验，规定在电气设备与避雷器距离很近时取 1.25，相距较远时取 1.4，即

$$BIL = (1.25 \sim 1.4) U_R \tag{9-21}$$

2. 操作过电压下的绝缘配合

在按内部过电压进行绝缘配合时，一般不考虑谐振过电压，因为谐振过电压应该在系统设计和选择运行方式时就避免出现。此外，也一般不单独考虑工频电压升高，而是把它的影响包括在最大长期工作电压内。因此，可以把内部过电压的绝缘配合归结为操作过电压下的绝缘配合。

对不同的电压等级，由于避雷器的保护对象不同，绝缘配合的方法也有所不同。对于 220kV 及以下的电网，由于操作过电压对正常的绝缘结构无危险，故不要求避雷器动作，避雷器只用作雷电过电压的防护措施。我国标准规定的 220kV 及以下线路的操作过电压计算倍数 K_0 见表 9-1。对于这类变电所的电气设备来说，其操作冲击绝缘水平（SIL）可按下式求得

$$SIL = K_S K_0 U_\varphi \tag{9-22}$$

式中 K_S——操作过电压的绝缘配合系数。

表 9-1 操作过电压的计算倍数 K_0

系统额定电压/kV	中性点接地方式	相对地操作过电压计算倍数
35 及以下	有效接地（经小电阻）	3.2
66 及以下	非有效接地	4.0
110 ~ 220	有效接地	3.0

对于 330kV 及以上电网，目前普遍采用氧化锌或磁吹避雷器来同时限制雷电与操作过电压。对于氧化锌避雷器，它等于规定的操作冲击电流下的残压值；而对于磁吹避雷器，它等于下面两个电压的较大者：①在 250/2500μs 标准操作冲击电压下的放电电压；②规定的操作冲击电流下的残压值。

对于这类变电所的电气设备来说，其操作冲击绝缘水平应按下式计算

$$SIL = K_S U_{P(S)} \tag{9-23}$$

式中 K_S 的取值一般在 1.15 ~ 1.25 之间。

操作配合系数 K_S 较雷电配合系数 K_1 小，主要是因为操作波的波前陡度远小于雷电波，被保护设备与避雷器之间的电气距离所引起的电压差很小，可忽略不计。

3. 工频绝缘水平的确定

假如在进行工频耐压试验时所采用的试验电压仅仅比被试品的额定电压高，那么它的目的只限于检验绝缘材料在工频工作电压和工频电压升高下的电气性能。但是实际上，短时工频耐压试验所采用的试验电压值往往比额定相电压高数倍，那是因为对于 220kV 及其以下的设备，往往采用比较简便的短时工频耐压试验等效地代替雷电冲击和操作冲击试验，图 9-20 为短时工频试验电压确定流程图。不过对于超高压电气设备而言，用短时工频耐压代替操作过电压对绝缘水平可能要求更高，且二者等价性不能确切肯定，所以 IEC 规定：对于 300kV 及以上的设备，绝缘结构在操作过电压下的性能用操作冲击耐压试验来检验；在雷电冲击下的性能用雷电冲击耐压试验来检验，而不能用工频耐压试验来代替。

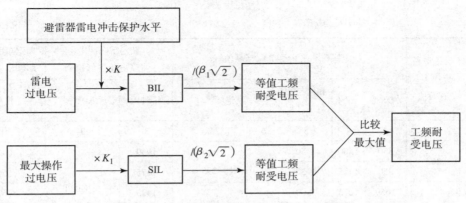

图 9-20　短时工频试验电压确定流程图

4. 长时间工频高压试验

当内绝缘的老化和外绝缘的污染对绝缘结构在工频工作电压和过电压下的性能有影响时，还需要进行长时间的工频高压试验。显然，由于试验的目的不同，长时间工频高压试验时所加的试验电压和加压时间均与短时工频耐压试验不同。

根据我国电力系统发展情况及电器制造水平，结合我国电力系统的运行经验，并参考IEC 推荐的绝缘配合标准，在我国国家标准 GB/T 311.1—2012《高压输变电设备绝缘配合》中对各电压等级电气设备的试验电压作出了规定，见表 9-2 ～ 表 9-6。

表 9-2　电压范围 I （1kV < U_m ≤252kV） 的标准绝缘水平　　　　（单位：kV）

系统标称电压 U_n （有效值）	设备最高电压 U_m （有效值）	额定雷电冲击耐受电压（峰值）		额定短时工频耐受电压（有效值）
		系列 I	系列 II	
3	3.6	20	40	18
6	7.2	40	60	25
10	12.0	60	75 90	30/42③；35
15	18	75	95 105	40；45
20	24.0	95	125	50；55
35	40.5	185/200①		80/95③；85
66	72.5	325		140
110	126	450/480①		185；200
220	252	(750)②		(325)②
		850		360
		950		395
		1050		460

注：系统标称电压 3～20kV 所对应设备系列I的绝缘水平，在我国仅用于中性点直接接地（包括小电阻接地）系统。

① 该栏斜线下的数据仅用于变压器类设备的内绝缘。

② 220kV 设备，括号内的数据不推荐使用。

③ 该栏斜线上的数据为设备外绝缘在湿状态下的耐受电压（或称为湿耐受电压）；斜线下的数据为设备外绝缘在干燥状态下的耐受电压（或称为干耐受电压）。在分号"；"之后的数据仅用于变压器类设备的内绝缘。

表 9-3　电压范围 Ⅱ（$U_m > 252\text{kV}$）的标准绝缘水平　　　　　　（单位：kV）

系统标称电压 U_n（有效值）	设备最高电压 U_m（有效值）	额定操作冲击耐受电压（峰值）					额定雷电冲击耐受电压（峰值）		额定短时工频耐受电压（有效值）
		相对地	相间	相间与相对地之比	纵绝缘②		相对地	纵绝缘	相对地
1	2	3	4	5	6	7	8	9	10③
330	363	850	1300	1.50	950	850（+295）①	1050	见 GB/T 311.1—2012 中 6.10 条约规定	(460)
		950	1425	1.50			1175		(510)
500	550	1050	1675	1.60	1175	1050（+450）①	1425		(630)
		1175	1800	1.50			1550		(680)
		1300④	1950	1.50			1675		(740)
750	800	1425	—	—	1550	1425（+650）①	1950		(900)
		1550	—	—			2100		(960)
1000	1100	—	—	—	1800	1675（+900）①	2250	2400	(1100)
		1800	—	—			2400	2400（+900）①	

① 第7栏和第9栏括号中的数值是加在同一极对应端子上的反极性工频电压的峰值。

② 绝缘的操作冲击耐受电压选取第6栏或第7栏的数值，决定于设备的工作条件，在有关设备标准中规定。

③ 第10栏括号内的短时工频耐受电压值 IEC 60071-1 未予规定。

④ 表示除变压器以外的其他设备。

表 9-4　各类设备的雷电冲击耐受电压　　　　　　（单位：kV）

系统标称电压（有效值）	设备最高电压（有效值）	额定雷电冲击耐受电压（峰值）						截断雷电冲击耐受电压（峰值）
		变压器	并联电抗器	耦合电容器、电压互感器	高压电力电缆	高压电器类	母线支柱绝缘子、穿墙套管	变压器类设备的内绝缘
3	3.6	40	40	40	—	40	40	45
6	7.2	60	60	60	—	60	60	65
10	12	75	75	75	—	75	75	85
15	18	105	105	105	105	105	105	115
20	24	125	125	125	125	125	125	140
35	40.5	185/200①	185/200①	185/200①	200	185	185	220
66	72.5	325	325	325	325	325	325	360
		350	350	350	350	350	350	385
110	126	450/480①	450/480①	450/480①	450	450	450	530
		550	550	550	550	550		
220	252	850	850	850	850	850	850	950
		950	950	950	950 1050	950 1050	950 1050	1050

（续）

系统标称电压（有效值）	设备最高电压（有效值）	额定雷电冲击耐受电压（峰值）						截断雷电冲击耐受电压（峰值）
		变压器	并联电抗器	耦合电容器、电压互感器	高压电力电缆	高压电器类	母线支柱绝缘子、穿墙套管	变压器类设备的内绝缘
330	363	1050	—	—	—	1050	1050	1175
		1175	1175	1175	1175 / 1300	1175	1175	1300
500	550	1425	—	—	1425	1425	1425	1550
		1550	1550	1550	1550	1550	1550	1675
		—	1675	1675	1675	1675	1675	—
750	800	1950	1950	1950	1950	1950	1950	2145
		—	2100	2100	2100	2100	2100	2310
1000	1100	2250	2250	2250	2250	2250	2550	2400
		—	2400	2400	2400	2400	2700	2560

注：表中所列的 3~20kV 的额定雷电冲击耐受电压为表 9-2 中系列 Ⅱ 绝缘水平。

　　对高压电力电缆是指热态状态下的耐受电压。

① 斜线下的数据仅用于该类设备的内绝缘。

表 9-5　各类设备的短时（1min）工频耐受电压（有效值）　　（单位：kV）

系统标称电压（有效值）	设备最高电压（有效值）	内绝缘、外绝缘（湿试/干试）				母线支柱绝缘子	
		变压器	并联电抗器	耦合电容器、高压电器类、电压互感器、电流和穿墙套管	高压电力电缆	湿试	干试
1	2	3①	4①	5②	6②	7	8
3	3.6	18	18	18/25		18	25
6	7.2	25	25	23/30		23	32
10	12	30/35	30/35	30/42		30	42
15	18	40/45	40/45	40/55	40/45	40	57
20	24	50/55	50/55	50/65	50/55	50	68
35	40.5	80/85	80/85	80/95	80/85	80	100
66	72.5	140	140	140	140	140	165
		160	160	160	160	160	185
110	126	185/200	185/200	185/200	185/200	185	265
220	252	360	360	360	360	360	450
		395	395	395	395	395	495
					460		
330	363	460	460	460	460		
		510	510	510	510 / 570	570	

267

（续）

系统标称电压（有效值）	设备最高电压（有效值）	内绝缘、外绝缘（湿试/干试）				母线支柱绝缘子	
		变压器	并联电抗器	耦合电容器、高压电器类、电压互感器、电流和穿墙套管	高压电力电缆	湿试	干试
500	550	630	630	630	630		
		680	680	680	680	680	
				740	740		
750	800	900	900	900	900	900	
				960	960		
1000	1100	1100③	1100	1100	1100	1100	

注：表中 330～1000kV 设备的短时工频耐受电压仅供参考。

① 该栏斜线下的数据为该类设备的内绝缘和外绝缘干耐受电压；栏斜线上的数据为该类设备的外绝缘湿耐受电压。

② 该栏斜线下的数据为该类设备的外绝缘干耐受电压。

③ 对于特高压电力变压器，工频耐受电压时间为 5min。

表 9-6　电力变压器中性点绝缘水平　　　　　（单位：kV）

系统标称电压（有效值）	设备最高电压（有效值）	中性点接地方式	雷电全波和截波耐受电压（峰值）	短时工频耐受电压（有效值）（内、外绝缘，干试与湿试）
110	126	不固定接地	250	95
220	252	固定接地	185	85
		不固定接地	400	200
330	363	固定接地	185	85
		不固定接地	550	230
500	550	固定接地	185	85
		经小电抗接地	325	140
750	800	固定接地	185	85
1000	1100	固定接地	325	140
			185	85

9.7.3　架空输电线路绝缘水平的确定

输电线路发生的事故主要是绝缘子串的沿面放电和导线对杆塔或线与线之间的击穿。输电线路的绝缘水平，一般不需要考虑与变电站的绝缘配合，通常是以保证一定的耐雷水平为前提，在污秽地区或操作过电压被限制到较低数值的情况下，线路绝缘水平主要是由最大工作电压决定。

确定输电线路的绝缘水平主要指确定绝缘子串的片数和线路绝缘的空气间隙，这两种绝缘介质均属于自恢复性绝缘。除了某些 330kV 和 500kV 线路采用简化统计法做绝缘配合外，其余 500kV 及以下线路仍采用惯用法作绝缘配合。

1. 绝缘子串中绝缘子片数的确定

在根据杆塔机械载荷选定绝缘子型式之后，需要确定每串绝缘子的片数，以满足下列要求：①在工作电压下不发生污闪；②雨天时在操作过电压作用下不发生闪络（湿闪）；③具有一定的雷电冲击耐压强度，保证一定的线路耐雷水平。

确定绝缘子串的片数的具体做法简介如下：

（1）按工作电压下所要求的泄漏距离（爬电比距）S 决定所需绝缘子片数 n　绝缘子串应有足够的沿面爬电比距以防止在工作电压下发生污闪。具体的做法是：按工作电压下所需求的泄漏距离决定所需绝缘子片数，然后按操作过电压及耐雷水平的要求进行验算。爬电比距定义为

$$S = \frac{n\lambda}{U} \tag{9-24}$$

式中　n——每串绝缘子的片数；

λ——每片绝缘子的爬电距离，单位为 cm；

U——线路的额定电压（有效值），单位为 kV。

对于不同的污秽地区要求一定的爬电比距 S_0，必须满足 $S \geqslant S_0$，否则污闪事故比较严重，会造成很大损失。GB/T 26218.1—2010《污秽条件下使用的高压绝缘子的选择和尺寸确定　第 1 部：定义、信息和一般原则》中把外绝缘按污染程度划分为 0、Ⅰ、Ⅱ、Ⅲ、Ⅳ级，其中 0 级相应于无明显污秽地区。各级要求的最小爬电比距值见表 9-7。

表 9-7　最小爬电比距分级数值

外绝缘污秽等级	最小爬电比距/(cm·kV⁻¹)		外绝缘污秽等级	最小爬电比距/(cm·kV⁻¹)	
	线路	电站设备		线路	电站设备
0	1.39	1.48	Ⅲ	2.5	2.5
Ⅰ	1.6	1.6	Ⅳ	3.1	3.1
Ⅱ	2.0	2.0	—	—	—

由此可得出根据最高工作线电压确定每串绝缘子的片数为

$$n_1 \geqslant \frac{S_0 U}{\lambda} \tag{9-25}$$

由于泄漏比距 S_0 的取值是总结运行经验得出的，因此最大工作电压与额定电压的差别以及零值绝缘子（运行中，在机械及电的作用下，众多的线路绝缘子中总有个别绝缘子会丧失绝缘性能，起不到绝缘的作用，称之为"零值绝缘子"）的影响等因素已经包括在内。所以式（9-25）按标称电压计算，且不需要再考虑零值绝缘子而增加绝缘子个数。

（2）按内部过电压进行验算　绝缘子串除应在长期工作电压下不发生闪络外，还应耐受操作过电压的作用。即绝缘子串的湿闪电压在考虑大气状态等影响因素并保持一定的裕度后，应大于可能出现的操作过电压，通常取 10% 的裕度，则绝缘子的工频或操作湿闪电压 U_{sh} 为

$$U_{sh} = 1.1 k_0 U_{xg} \tag{9-26}$$

式中　k_0——操作过电压的计算倍数；

U_{xg}——最高运行相电压。

在实际运行中，不能排除零值绝缘子存在的可能性。目前我国规定，绝缘子串中应预留的零值绝缘子数为：35～220kV 线路，直线杆 1 片，耐张杆 2 片；对于 330kV 及以上线路，直线杆 1～2 片，耐张杆 2～3 片。

（3）按大气过电压进行验算　一般情况下，大气过电压对确定绝缘子串的片数影响是

不大的，因为耐雷水平不完全取决于绝缘子片数，而主要取决于各项防雷措施的综合效果，因此它仅作验算条件。即使耐雷水平达不到规程的下限值，也不一定必须增加绝缘子的片数，因为还可以采用降低杆塔接地电阻等措施来提高线路的耐雷水平。但在特殊高杆塔或高海拔地区，雷电过电压成为确定绝缘子片数的决定因素。

综合工作电压、操作过电压及雷电过电压三方面的要求。实际线路杆塔一般采用的绝缘子的片数 n 在表 9-8 中列出。海拔在 1000m 及以上时，由于空气密度降低，绝缘子串的闪络电压随之下降，确定绝缘子片数时应进行校正。

表 9-8　各级电压线路悬垂绝缘串应有的绝缘子片数

线路额定电压/kV	35	66	110		220	330	500
中性点接地方式	非直接接地		直接接地	非直接接地	直接接地		
按工作电压要求的 n_1 值	2	4	6 ~ 7		12 ~ 13	18 ~ 19	28
按操作过电压要求的 n_2 值	3	5	7	7 ~ 8	12 ~ 13	17 ~ 18	19
按雷电过电压要求的 n_3 值	3	5	7	7	13	19	25 ~ 28
实际采用的 n	3	5	7	7	13	19	28

由于耐张串所受机械负荷较大，易于损坏，预留零值绝缘子片数应较直线杆多一片。对变电所内绝缘子串，因其重要性较大，每片绝缘子数可按线路耐张杆选取。

2. 导线对杆塔的空气间隙的确定

输电线路的空气间隙主要有：导线对大地、导线对导线、导线对架空地线、导线对杆塔及横担。输电线路绝缘水平不仅取决于绝缘子片数，也取决于塔头上空气间隙的距离，而且后者对线路造价的影响远大于前者。

要使绝缘子串与空气间隙的绝缘能力都得以充分地发挥，应该使空气间隙的击穿电压与绝缘子串的闪络电压大致相等，这种配合原则的合理性是不难理解的。确定间隙距离时，同样要根据工作电压、操作过电压和雷电过电压分别计算，同时还要考虑导线受风力而使绝缘子串偏斜的不利因素。就间隙所承受的电压来看，雷电过电压最高，操作过电压次之，工作电压最低；但电压的作用时间则恰恰相反。由于工作电压长时间作用在导线上，故计算相应的风偏角 θ_0 时，应考虑 20 年一遇的最大风速（约 25 ~ 35m/s）；操作过电压持续时间较短，通常在计算其风偏角 θ_s 时，取计算风速等于 $0.5V_{max}$；雷电过电压持续时间最短，而且强风与雷击点同在一处，塔头上的风偏角出现的概率很小，因此通常取计算风速等于 10 ~ 15m/s，空气间距如图 9-21 所示。

三种情况下空气间距的计算方法如下。

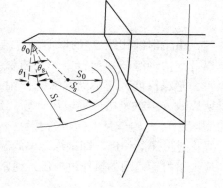

图 9-21　塔头上的风偏角

（1）按工作电压确定风偏后的间隙 S_1　为保证其在工作电压下不发生闪络，即 S_1 的工频放电电压为

$$U_1 = k_1 U_X \tag{9-27}$$

式中　k_1——安全系数，它是考虑空气密度变化的影响（约下降 8%）、空气湿度变化的影响（约下降 9%）以及其他因素如工频电压升高等不利因素的影响。对

中性点有效接地的 220kV 及以下线路，$k_1 = 1.6$；对 330 ~ 500kV 线路，$k_1 = 1.7$；对中性点非有效接地的电网，$k_1 = 2.5$（计及单相接地运行）。

（2）按操作过电压确定风偏后的间隙 S_2 为保证其在操作过电压下不发生闪络，等效工频放电电压 U_2 为

$$U_2 = 1.2 k_0 U_X \tag{9-28}$$

式中   系数 1.2——考虑电压波形、空气湿度和密度以及其他不利因素并留有一定裕度的系数；

k_0——过电压倍数；

U_X——最高运行相电压的幅值。

（3）按雷电过电压确定绝缘子串风偏后的空气间隙 S_3 应使其冲击强度与非污秽地区绝缘子串的冲击放电电压相适应。根据我国 110 ~ 330kV 线路的运行经验，S_3 在雷电冲击波下 50% 放电电压取为绝缘子串相应电压的 85%，其目的是尽量减少绝缘子串的闪络概率，以免损坏绝缘子。

按以上要求所得到的间隙见表 9-9。确定 S_1、S_2 和 S_3 后，即可确定与之对应的绝缘子串在垂直位置时对杆塔的水平距离。它们是 $S_1 + l\sin\theta_1$、$S_2 + l\sin\theta_2$、$S_3 + l\sin\theta_3$，选三者中最大的一个即可，其中 l 为绝缘子串长度。一般情况下，对空气间隙的确定起决定作用的是雷电过电压。

表 9-9   各级电压线路最小空气间隙   （单位：cm）

额定电压/kV	35	60	110		154		220	330	500
			直接接地	非直接接地	直接接地	非直接接地			
X—4.5 型绝缘子个数	3	5	7	7	10	10	13	19	28
工作电压要求的 S_1 值	10	20	25	40	35	55	65	100	125
操作过电压要求的 S_2 值	25	50	70	80	100	110	145	220	270
雷电过电压要求的 S_3 值	45	65	100	100	140	140	190	260	370

注：对发电厂、变电所，计算 S 值时应增加 10% 的裕度。海拔超过 1000m 时，应按相关规定进行校正。

习题与思考题

9-1   试用集中参数等效电路来分析切除空载线路过电压。

9-2   空载线路合闸过电压产生的原因和影响因素是什么？

9-3   某 220kV 线路全长 500km，电源阻抗 $X_S = 115\Omega$，线路参数为 $L_0 = 1.0$mH/km，$C_0 = 0.015\mu$F/km，设电源的电动势为 $E = 1.0$p. u.，求线路空载时首末端的电压。

9-4   切除空载线路过电压与切除空载变压器时产生过电压的原因有何不同？断路器灭弧性能对这两种断路器有何影响？

9-5   请分析如果适当增加变压器高压侧对地的分布电容，对切除空载变压器时的过电压幅值有何影响？

9-6   断路器中电弧的重燃对这种过电压有什么影响？

9-7   试分析在电弧接地引起的过电压中，若电弧不是在工频电流过零时熄灭，而是在高频振荡电流过零时熄灭，过电压发展情况如何？

9-8   试述消除断续电弧接地过电压的途径。

9-9   试确定 220kV 线路杆塔的空气间隙距离和每串绝缘子的片数，假定该线路在非污秽地区。

9-10   简述绝缘配合的基本原则和常用方法。

9-11   请分析在变电所的各类高压设备中，为何主变压器内部的绝缘水平要求最高？

附录 典型的电站和配电用避雷器参数

（单位：kV）

避雷器额定电压 U_n（有效值）	避雷器持续运行电压 U_c（有效值）	标称放电电流 20kA 等级 电站避雷器				标称放电电流 10kA 等级 电站避雷器				标称放电电流 5kA 等级 电站避雷器				标称放电电流 5kA 等级 配电避雷器			
		陡波冲击电流残压（峰值）不大于	雷电冲击电流残压（峰值）不大于	操作冲击电流残压 不大于	直流1mA参考电压 不小于	陡波冲击电流残压（峰值）不大于	雷电冲击电流残压（峰值）不大于	操作冲击电流残压 不大于	直流1mA参考电压 不小于	陡波冲击电流残压（峰值）不大于	雷电冲击电流残压（峰值）不大于	操作冲击电流残压 不大于	直流1mA参考电压 不小于	陡波冲击电流残压（峰值）不大于	雷电冲击电流残压（峰值）不大于	操作冲击电流残压 不大于	直流1mA参考电压 不小于
5	4.0	—	—	—	—	—	—	—	—	15.5	13.5	11.5	7.2	17.3	15.0	12.8	7.5
10	8.0	—	—	—	—	—	—	—	—	31.0	27.0	23.0	14.4	34.6	30.0	25.6	15.0
12	9.6	—	—	—	—	—	—	—	—	37.2	32.4	27.6	17.4	41.2	35.8	30.6	18.0
15	12.0	—	—	—	—	—	—	—	—	46.5	40.5	34.5	21.8	52.5	45.6	39.0	23.0
17	13.6	—	—	—	—	—	—	—	—	51.8	45.0	38.3	24.0	57.5	50.0	42.5	25.0
51	40.8	—	—	—	—	—	—	—	—	154.0	134.0	114.0	73.0	—	—	—	—
84	67.2	—	—	—	—	—	235	—	—	254	221	188	121	—	—	—	—
90	72.5	—	—	—	—	264	250	201	130	270	235	201	130	—	—	—	—
96	75	—	—	—	—	280	260	213	140	288	250	213	140	—	—	—	—
100	78	—	—	—	—	291	266	221	145	299	260	221	145	—	—	—	—
102	79.6	—	—	—	—	297	281	226	148	305	266	226	148	—	—	—	—
108	84	—	—	—	—	315	500	239	157	323	281	239	157	—	—	—	—
192	150	—	—	—	—	560	520	426	280	—	—	—	—	—	—	—	—
200	156	—	—	—	—	582	532	442	290	—	—	—	—	—	—	—	—
204	159	—	—	—	—	594	562	452	296	—	—	—	—	—	—	—	—
216	168.5	—	—	—	—	630	698	478	314	—	—	—	—	—	—	—	—
288	219	—	—	—	—	782	727	593	408	—	—	—	—	—	—	—	—
300	228	—	—	—	—	814	742	618	425	—	—	—	—	—	—	—	—
306	233	—	—	—	—	831	760	630	433	—	—	—	—	—	—	—	—
312	237	—	—	—	—	847	789	643	442	—	—	—	—	—	—	—	—
324	246	—	—	—	—	880	960	668	459	—	—	—	—	—	—	—	—
420	318	1 170	1 046	858	565	1 075	1 015	852	565	—	—	—	—	—	—	—	—
444	324	1 238	1 106	907	597	1 137	1 070	900	597	—	—	—	—	—	—	—	—
468	330	1 306	1 166	956	630	1 198		950	630	—	—	—	—	—	—	—	—

参 考 文 献

[1] 文远芳. 高电压技术 [M]. 武汉：华中科技大学出版社，2001.

[2] 张纬绂，何金良，高玉明. 过电压防护及绝缘配合 [M]. 北京：清华大学出版社，2002.

[3] 周启龙，刘恒赤. 高电压技术 [M]. 北京：中国水利水电出版社，2004.

[4] 严璋，朱德恒. 高电压绝缘技术 [M]. 北京：中国电力出版社，2002.

[5] 周泽存，沈其工，方瑜，等. 高电压技术 [M]. 2版. 北京：中国电力出版社，2004.

[6] 关根志. 高电压工程基础 [M]. 北京：中国电力出版社，2003.

[7] 梁曦东，陈昌渔，周远翔. 高电压工程 [M]. 北京：清华大学出版社，2003.

[8] 张一尘. 高电压技术 [M]. 北京：中国电力出版社，2005.

[9] 刘振亚. 特高压电网 [M]. 北京：中国经济出版社，2005.

[10] 赵智大. 高电压技术 [M]. 北京：中国电力出版社，1999.

[11] 邱毓昌，施围，张文元. 高电压工程 [M]. 西安：西安交通大学出版社，1995.

[12] 重庆大学，南京工学院. 高电压技术 [M]. 北京：水利电力出版社，1981.

[13] 解广润. 电力系统过电压 [M]. 北京：水利电力出版社，1985.

[14] 屠志健，张一尘. 电气绝缘与过电压 [M]. 北京：中国电力出版社，2005.

[15] 唐兴祚. 高电压技术 [M]. 重庆：重庆大学出版社，1991.

[16] 周泽存. 高电压技术 [M]. 北京：水利电力出版社，1988.

[17] 赵家礼，张庆达. 变压器诊断与修理 [M]. 北京：机械工业出版社，1998.

[18] 胡启凡，曹利安，等. 变压器试验技术 [M]. 北京：机械工业出版社，2000.

[19] 华中工学院，上海交通大学. 高电压实验技术 [M]. 北京：水利电力出版社，1983.

[20] 中野义映. 高电压技术 [M]. 张乔根，译. 北京：科学出版社，2004.

[21] 胡国根，王战铎. 高电压技术 [M]. 重庆：重庆大学出版社，1996.

[22] 斯捷潘楚克，基那可夫. 高电压技术 [M]. 姜公超，译. 北京：机械工业出版社，1990.

[23] 格拉尔，帕尔曼. 高电压测试与设计 [M]. 顾乐观，等译. 重庆：重庆大学出版社，1989.

[24] 王昌长，李福祺，高胜友. 电力设备在线检测与故障诊断 [M]. 北京：清华大学出版社，2006.

[25] 吴广宁. 电气设备状态检测的理论与实践 [M]. 北京：清华大学出版社，2005.

[26] 金维芳. 电介质物理学 [M]. 北京：机械工业出版社，1997.

[27] 科埃略. 电介质材料及其介电性能 [M]. 北京：科学出版社，2000.

[28] 科埃略. 电介质物理学 [M]. 北京：科学出版社，1984.

[29] 简克良. 高电压技术 [M]. 北京：中国铁道出版社，1989.

[30] 张积之. 固态电介质的击穿 [M]. 杭州：杭州大学出版社，1994.

[31] 殷之文. 电介质物理学 [M]. 北京：科学出版社，2003.

[32] 陈季丹，刘子玉. 电介质物理学 [M]. 北京：机械工业出版社，1982.

[33] WARNE D F. Newnes Electrical Engineer's Handbook [M]. Boston：Newnes Press，2000.

[34] KHALIL DENNO. High Voltage Engineering in Power Systems [M]. Florida：CRC Press，1992.

[35] HUGH M RYAN. High Voltage Engineering and Testing [M]. 2nd ed. NewYork：The Institute of Electrical Engineering' Press，2001.

[36] KUFFEL E，ZAENGL W S. High – Voltage Engineering Fundamentals [M]. Cambridge：Pergamon Press，1984.

[37] 张晓星，田双双，肖淞，等．SF$_6$替代气体研究现状综述［J］．电工技术学报，2018，33（12）：2883-2893.

[38] 李祎，张晓星，等．环保绝缘气体 C4F7N 研究及应用进展 I：绝缘及电、热分解特性［J］．电工技术学报，2021，36（17）：3535-3552.

[39] 邓云坤，张博雅，等．新型气体绝缘与放电基础及应用［M］．北京：机械工业出版社，2021.

[40] 陈家宏，张勤，冯万兴，等．中国电网雷电定位系统与雷电监测网［J］．高电压技术，2008，34（3）：425-431.